Franz Mayinger

Strömung und Wärmeübergang in Gas-Flüssigkeits-Gemischen

Springer-Verlag Wien GmbH

o. Prof. Dr.-Ing. Franz Mayinger
Lehrstuhl A für Thermodynamik,
Technische Universität München,
Bundesrepublik Deutschland

Ursprünglich erschienen bei Springer Vienna 1982.
Softcover reprint of the hardcover 1st edition 1982

IBM-Composersatz: Springer-Verlag Wien
Umbruch und Druck: Novographic, Ing. Wolfgang Schmid, Wien

Mit 155 Abbildungen

CIP-Kurztitelaufnahme der Deutschen Bibliothek

Mayinger, Franz:
Strömung und Wärmeübergang in Gas-Flüssigkeits-Gemischen / Franz Mayinger. – Wien; New York: Springer, 1982.

ISBN 978-3-7091-3823-6 ISBN 978-3-7091-3822-9 (eBook)
DOI 10.1007/978-3-7091-3822-9

Vorwort

Die Literatur über strömende Gas-Flüssigkeits-Gemische und deren Wärmetransport-Eigenschaften hat in den vergangenen beiden Jahrzehnten, genährt durch eine Vielzahl von Forschungsarbeiten, hauptsächlich auf den Gebieten Energiewandlung, Kerntechnik, Chemie-Ingenieurwesen, Umwelttechnik und Wasserwirtschaft, einen Umfang erreicht, der es dem einzelnen äußerst schwer macht, den Stand des Wissens zu überschauen. Konferenzen, Symposien, sogenannte Workshops und spezielle Kurse versuchten durch Übersichtsvorträge und zusammenfassende Darstellung von Teilgebieten die auf verschiedene Anwendungsbereiche verstreute und teilweise in ihren Aussagen widersprüchliche Literatur zu ordnen und auf das Wesentliche zu kondensieren. Die daraus entstandenen großvolumigen Sammelwerke in Form von Proceedings und Textbüchern sind zwar für den Spezialisten wertvolle Nachschlage- und Fortbildungswerke, erfordern aber für den, der den Einstieg in dieses Fachgebiet beabsichtigt oder der sich einen Überblick über die Gesetze zweiphasiger Strömungen verschaffen will, viel Mühe und Einarbeitung. Andere Bücher konzentrieren sich häufig auf Teilgebiete, die dafür eingehender behandelt werden können, oder beleuchten das Gesamtgebiet aus der Sicht eines speziellen Anwendungszweckes, wie z.B. dem der Kerntechnik.

Auf der anderen Seite fordern der Zwang zur rationelleren Gestaltung zweiphasig durchströmter Apparate und Maschinen, das geschärfte Bewußtsein für sicherheitstechnische Belange, neue Technologien bei der Energiewandlung, aktuelle Aufgaben in der Klima-, Kälte- und Umwelttechnik oder Probleme in der Erdölgewinnung und -verarbeitung, bis hin zu Prozessen in der Biotechnik, in zunehmendem Maße die Ausbildung von Ingenieuren und Physikern in der Zweiphasenströmung. Das vorliegende Buch soll hier einen Beitrag leisten. Es wurde in seinem Umfang bewußt knapp gehalten, in dem Bemühen, den Stoff von den physikalischen Grundlagen her zu behandeln und so sowohl den Studenten als auch den Praktiker nicht nur mit den wichtigen Gesetzen zweiphasiger Strömungen vertraut zu machen, sondern ihm auch das Rüstzeug für die Arbeit bei der Auslegung und Konstruktion von Apparaten und Maschinen zu vermitteln, die von Gas-Flüssigkeits-Gemischen durchströmt sind.

An den Anfang gestellt sind die Erhaltungssätze für Masse, Energie und Impuls in der Strömung, und es werden dann die wichtigsten Strömungsphänomene, wie die Verteilung der Phasen und deren Geschwindigkeitsunterschiede, beschrieben. Einen breiten Raum nimmt die für den Praktiker wichtige Berechnung des Druckverlustes in Rohrleitungen und in Apparatekomponenten ein. Die Kapitel über kritisches Ausströmen und Druckwellenausbreitung werden vornehmlich den mit sicherheitstechnischen Fragen in der Energie- und Verfahrenstechnik befaßten Ingenieur interessieren. Breiter Raum ist dem Wärmeübergang beim Sieden – angefangen vom Blasensieden bis hin zum Filmsieden – gewidmet, und es wird auch der Versuch unternommen, den Stand des Wissens über den Wärme- und Stofftransport an den Phasengrenzen kurz darzustellen. Ähnlichkeitsbetrachtungen sollen helfen, Meßergebnisse aus der Literatur in ihrer Aussage zu verallgemeinern und Versuchs- und Forschungsarbeiten gezielter zu planen. Schließlich werden in einem Kapitel über Meßverfahren die spezifischen Anforderungen an die Instrumentierung und an die Experimentiertechnik in strömenden Gas-Flüssigkeits-Gemischen dargestellt. Hier wird vor allem auch der Versuch gemacht, den Leser mit neuesten Meßmethoden, wie z.B. der holographischen Interferometrie, etwas vertraut zu machen. Bewußt nicht eingegangen wurde auf Spezialgebiete, wie z.B. Rektifikationsprozesse, Blasensäulen oder auf zweiphasige Strömungsphänomene in kerntechnischen Anlagen, ohne deren technische Wichtigkeit verkennen zu wollen. Das Buch wurde auch bewußt auf Gas-Flüssigkeits-Gemische beschränkt. Viele Ansätze lassen sich aber auf Gemische von in Flüssigkeit oder in Gas transportiertem Feststoff übertragen, wenn man einfach eine der beiden Phasen in ihrem Volumen und in ihrer Form als unveränderlich behandelt.

Trotz des Bemühens, die Zweiphasenströmung von ihren physikalischen Grundlagen her zu beschreiben, war es meist nicht möglich, lückenlose und detaillierte theoretische Ableitungen für die oft komplizierten Gesetzmäßigkeiten der Strömungs- und Wärmetransportphänomene und der daraus entwickelten Gleichungssysteme und Formeln zu bringen, da dies den Umfang des Buches gesprengt hätte. Der Leser, der sich zum Experten auf diesem Gebiet heranbilden will oder der für eine bestimmte Auslegungsaufgabe sehr tief in die Detailproblematik einsteigen muß, wird deshalb auf die Literatur verwiesen.

Man kann mit Recht Zweifel äußern, ob es einer einzelnen Person angesichts der ungeheuren Flut von Literatur heute überhaupt noch möglich ist, das ganze Gebiet der Zweiphasenströmung zu überschauen. Zwei Umstände gaben mir trotzdem den Mut, in diesem Buch den Versuch eines Überblickes über dieses Gebiet zu wagen: Einmal hat sich gerade in jüngster Zeit das früher sehr unscharfe und mit erheblichen Lücken behaftete Bild über den Stand unseres Wissens in der Zweiphasenströmung erheblich vereinheitlicht, konkretisiert und vervollständigt, und zum anderen scheint mir der Bedarf an einem sowohl hinsichtlich seines Umfanges als auch seiner Darstellungsweise leicht lesbaren Buches gerade jetzt wegen der Nachfrage aus der Praxis nach in der Zweiphasenströmung ausgebildeten Ingenieuren und Physikern sehr gestiegen zu sein. Bei der Darstellung der physikalischen Gesetze habe ich deshalb der anschaulichen Beschreibung vor der theoretisch vertieften Behandlung den Vorzug gegeben.

Frau D. Schmitt hat in unermüdlicher Arbeit und mit viel Geduld das Manuskript in eine lesbare Form gebracht. Herr R. Scholz hat mit großem Geschick die Bilder gestaltet und gezeichnet und Herr Y. Chen hat beim Lesen der Korrekturen mitgearbeitet. Ihnen allen möchte ich für die wertvolle Hilfe zum Gelingen dieses Buches sehr herzlich danken. Für wertvolle Ratschläge und Hinweise bin ich insbesondere vielen meiner Mitarbeiter zu Dank verpflichtet. Nicht zuletzt möchte ich dem Springer-Verlag Wien für die angenehme Zusammenarbeit und die sorgfältige Ausführung des Buches danken.

München, im Februar 1982 F. Mayinger

Inhaltsverzeichnis

I. Adiabate Gas-Flüssigkeits-Strömungen

I.1. Strömende Gas-Flüssigkeits-Gemische, ihre Anwendung und ihre Besonderheiten

Die erste historisch belegte Anwendung eines Gas-Flüssigkeits-Gemisches geht auf die Zeit vor Christi Geburt zurück. Archimedes berichtet von einer Dampfkanone, bei der Stahlkugeln mittels eines expandierenden Dampf-Wasser-Gemisches durch ein Kupferrohr gedrückt wurden und so verschossen wurden. Aus wenig späterer Zeit stammt auch die Erfindung der „Dampfkugel", einer beheizten mit Wasser gefüllten Bronze-Hohlkugel mit einer kleinen seitlichen Öffnung, durch die Dampf mit hoher Geschwindigkeit austrat. Die Rückstoßkraft – der Impuls – des Dampfes brachte das Gefäß, wie Heron von Alexandria berichtet, in Drehung. Für die Auslegung und den Betrieb dieser „Maschine" wären eigentlich schon eine ganze Reihe ingenieur- und naturwissenschaftlicher Kenntnisse über die Gas-Flüssigkeits-Strömung notwendig gewesen. Der Wärmeübergang von der heißen Wand an das Wasser und der Siedevorgang im Gefäß bestimmen die für den Drehimpuls notwendige ausströmende Dampfmenge. Der Druck im Gefäß stellt sich ein als Gleichgewicht zwischen ausströmender und durch Sieden nachgelieferter Dampfmenge. Bei hohem Wasserstand im Gefäß steht ein Gemisch aus Dampf und Flüssigkeit an der Ausströmöffnung an, was je nach Druck im Behälter Schallgeschwindigkeit erreichen kann, die in sehr komplizierter Weise nicht nur von der Siedetemperatur, sondern auch von der Zusammensetzung des Gemisches und von der konstruktiven Gestaltung der Düse abhängt. Das austretende Gemisch kann schließlich in der Atmosphäre durch Entspannung nochmals nachverdampfen.

Die erste technische Anwendung, wenn auch noch im handwerklichen Maßstab, fand diese Dampfkugel wesentlich später, nämlich Anfang des 17. Jahrhunderts, im ersten Prototyp der Reaktionsturbine. Wenig später wurden dann auch die ersten Kolbenmaschinen gebaut, die mit Dampf-Wasser-Gemischen arbeiteten.

Manche Gesetze und Phänomene der Gas-Flüssigkeits-Gemische und des Wärmetransportes beim Sieden wurden eher zufällig und ungewollt entdeckt, bei Untersuchungen, die eigentlich etwas ganz anderes zum Ziele hatten. Der deutsche Arzt Johann Gottlob Leidenfrost veröffentlichte 1756 einen Aufsatz über „Einige spezielle Eigenschaften von Wasser im Feuer". Er berichtete darin über einen Versuch, bei dem er einen Wassertropfen in einem glühenden Löffel beobachtete, der zwischen sich und der heißen Wand einen Dampffilm bildete und darauf eine rollende Bewegung ausführte. Ziel dieses Versuches war es nicht, die

Siedephänomene und damit auch das Filmsieden zu studieren, bei dem die Flüssigkeit von der Wand durch einen dünnen isolierenden Dampffilm getrennt ist, obwohl wir dies heute noch das Leidenfrostsche Phänomen nennen. Leidenfrost wollte vielmehr seinen Kollegen eine Methode an die Hand geben, mit der man in einfacher Weise den Wassergehalt im Alkohol bestimmen konnte, da möglichst reiner Alkohol damals ein vielverwendetes Wund- und Heilmittel war. Gießt man Alkohol, der Wasser enthält, auf den glühenden Löffel, so fängt der Alkohol sofort zu brennen an, und zurück bleibt ein Wassertropfen, aus dessen Größe man auf den Wassergehalt im Alkohol schließen kann.

Die technische Anwendung kam mit der Erfindung der Dampfmaschine, die James Watt 1769 mit einem außenliegenden Kondensator versah, wodurch sich der Wirkungsgrad erheblich steigern ließ. Dampfmaschinen wurden über Jahrzehnte, ja fast über 2 Jahrhunderte gebaut, ohne daß man den Siedevorgang, geschweige denn die Gesetzmäßigkeiten der Gas-Flüssigkeits-Strömung physikalisch fundiert verstand. Dieser Mangel an Kenntnis forderte seinen Zoll, sowohl hinsichtlich der Wirtschaftlichkeit als auch hinsichtlich der Sicherheit. Die Ausnutzung des Brennstoffes war gering und zahlreiche Dampfkessel explodierten wegen Überhitzung, da die Gesetze der Wärmeübertragung beim Sieden und insbesondere die maximal zulässige Heizflächenbelastung, die wir heute kritische Heizflächenbelastung nennen, und bei der das Blasensieden in Filmsieden umschlägt, nicht bekannt waren. Dampfkesselexplosionen ereigneten sich nicht nur bei stationären Anlagen, sondern wurden vor allem von Lokomotiven und Dampfschiffen berichtet. Man darf diese leidvollen Erfahrungen nicht als Leichtsinn der Ingenieure von damals abtun. Jede Entwicklung braucht ihre Zeit, und für die aufwendige Erforschung der komplizierten Gesetze zweiphasiger Strömungen und des Wärmetransportes beim Phasenwechsel mußte erst das Kapital – im Sinne der naturwissenschaftlichen Vorbildung der Ingenieure und auch der dazu notwendigen großen finanziellen Aufwendungen – erarbeitet werden. Systematische Forschung setzte anfangs der 30er Jahre dieses Jahrhunderts ein. Sie begann mit den Untersuchungen des Wärmeübergangs beim Sieden. Ende der 30er und anfangs der 40er Jahre erfolgten dann Beiträge zu speziellen Strömungsphänomenen und zum Druckverlust in Gas-Flüssigkeits-Gemischen. Diese Untersuchungen hatten vor allem das Ziel, die Auslegung von energie- und verfahrenstechnischen Anlagen zu verbessern.

Nach dem 2. Weltkrieg – Anfang der 50er Jahre – stieg dann die Zahl der jährlich veröffentlichten Forschungsarbeiten über Zweiphasenströmung und Sieden exponentiell an. Während sie in den 30er und Anfang der 40er Jahre noch zwischen 10 und 50 jährlichen Publikationen in der Weltliteratur lag, wird sie 1950 auf 100, 1960 auf über 200 und 1970 auf über 500 geschätzt. Was waren die Gründe für diese weltweite Verstärkung der Forschungsaktivitäten?

Diesmal galt nicht, wie bei der eingangs erwähnten Dampfkanone von Archimedes, das römische Sprichwort, daß der Krieg der Vater aller Dinge sei. Der Zwang zu besserer Wirtschaftlichkeit und größerer Zuverlässigkeit forderte zunächst bei konventionellen Apparaten in der Energietechnik und in der chemischen Industrie neue und physikalisch besser fundierte Erkenntnisse über die Gesetze der Gas-Flüssigkeits-Strömungen und des Phasenwechsels. Wesentlich stärkere Impulse für die Forschung gab aber dann die Entwicklung der Nukleartechnik. Sie erforderte nicht nur genauere und zuverlässigere fluiddynamische Auslegungsdaten, sondern drang wegen ihrer großen Leistungsdichten, besonders aber wegen ihrer äußerst hohen Sicherheitsforderungen in bis dahin nicht erforschte Gebiete vor. Untersuchungen zum Sicherheitsverhalten von wassergekühlten Kernreaktoren nahmen deshalb auch im vergangenen Jahrzehnt den breitesten Raum bei der Erforschung der Gesetzmäßigkeiten von Gas-Flüssigkeits-Gemischen, insbesondere auch bei instationären Strömungszuständen ein. In jüngster Zeit verlagert sich dieses Interesse auf das spezielle stoffliche Verhalten von in der chemischen Industrie verarbeiteten oder verwendeten Fluiden. Es kamen und kommen aber auch andere und neue Bereiche, wie die Klimatechnik, die Tieftemperaturtechnik, die Meerwasserentsalzung oder die Luft- und Raumfahrt hinzu.

Die Entwicklung von elektronischen Großrechenanlagen ermöglicht es heute, äußerst umfangreiche Systeme von Differentialgleichungen in kurzer Zeit numerisch zu lösen, und die numerische Mathematik wird in jüngster Zeit mehr und mehr zu Hilfe genommen, um mit Gas-Flüssigkeits-Gemischen betriebene Apparate und Maschinen auszulegen. Dies bedeutet, daß Strömungs- und Wärmeübertragungsphänomene physikalisch besser und detaillierter als bisher bekannt sein müssen, um sie richtig und exakt mathematisch beschreiben zu können, hat aber auch den Vorteil, daß vielfach eine mathematische Darstellung in differentieller Form ausreicht, da die Rechenmaschine hinreichend schnell integrieren kann. Die Darstellung hat sich deshalb von einfachen empirischen Formeln – z.B. Potenzfunktionen – zu aufwendigen Differentialgleichungen gewandelt. Ihre Zusammenfassung und Behandlung erfolgt in Rechenprogrammen, die heute schon kommerziell gehandelt werden, und bei denen die Gefahr besteht, daß Benutzer die in dieser speziellen Disziplin nicht hinreichend gut vorgebildet sind, nach der Methode der Abstimmung eines Radioapparates an den im Programm zugänglichen Knöpfen drehen, bis der vermeintlich richtige Ton erzielt ist, ohne zu wissen, was innen tatsächlich verstimmt wird.

Aus der Strömung einphasiger Fluide – Gase oder Flüssigkeiten – kennen wir verschiedene Darstellungs- und Klassifizierungsmöglichkeiten der Bewegungsformen: Wir können einteilen nach Dimensionen – eindimensional oder mehrdimensional –, nach Randbedingungen – Durchströmung von Rohren oder Umströmung fester Körper –, nach Zustandsverhalten – inkompressibel oder kompressibel –, nach dominierenden Kräften – schleichend, laminar oder turbulent – und nach Strömungsmedien, wie Gase oder Flüssigkeiten. In zweiphasigen Strömungen, in denen Stoffe zwei verschiedener Aggregatszustände im Gemisch vorhanden sind, können wir diese Einteilung prinzipiell auch anwenden. Die Variationsmöglichkeiten des Strömungszustandes eines Gas-Flüssigkeits-Gemisches sind jedoch wesentlich vielfältiger als die eines einphasigen Fluides, da jeder Geschwindigkeit je nach der örtlichen Konzentration von Gas und Flüssigkeit eine beliebige Dichte zugeordnet werden kann.

Bei der Strömung von Gas-Flüssigkeits-Gemischen müssen wir aber eine zusätzliche Klassifizierung machen. Gas und Flüssigkeit können aus demselben Stoff oder auch aus unterschiedlichen Komponenten bestehen. Im erstgenannten Fall, bei dem wir auch von Dampf-Flüssigkeits-Gemischen sprechen, spielt das thermodynamische Gleichgewicht der Phasen eine wesentliche zusätzliche Rolle.

Bei Temperatur- oder Druckänderungen kann Dampf kondensieren oder Flüssigkeit verdampfen. Dies tritt bereits ein durch den Druckverlust, den ein Gemisch beim Durchströmen eines langen Rohres erleidet. Durch Ausdampfvorgänge, die das thermodynamische Gleichgewicht wieder herstellen, ändert sich die Zusammensetzung des Gemisches laufend, und man kann deshalb hier im strengen Sinne nie von einer voll ausgebildeten Strömung sprechen.

Gemische aus nicht kondensierbaren Gasen und Flüssigkeiten – z.B. Luft-Wasser – können dagegen meist rein fluiddynamisch und ohne Rücksicht auf thermodynamisches Gleichgewicht oder Temperaturausgleich behandelt werden. Druckänderung führt zwar hier auch zur Expansion oder Kompression des Gases, die Massenanteile an Gas und Flüssigkeit bleiben jedoch konstant.

Für Gas-Flüssigkeits-Gemische gelten im Prinzip dieselben Erhaltungssätze der Masse der Energie und des Impulses wie für einphasige Fluide, je nach Aussageziel müssen jedoch die Bilanzgrenzen u.U. wesentlich enger gezogen werden. Gas und Flüssigkeit können mit unterschiedlichen Geschwindigkeiten strömen, und für eine Aussage über den örtlichen Transport an Masse, Energie oder Impuls ist es notwendig, die Zusammensetzung des Gemisches an jeder Stelle – Dampfgehalt genannt – und die Geschwindigkeit jeder Phase zu kennen.

Jede der beiden Phasen kann in kontinuierlicher oder in diskontinuierlicher Form sowie laminar oder turbulent strömen. In einer Ringströmung z.B. bei der sich die Flüssigkeit als Film an der Wand und das Gas als Kern in der Mitte eines Rohres befindet, fließen beide Phasen kontinuierlich, während in einer Nebel- oder Sprühströmung das Gas kontinuierlich und die Flüssigkeit diskontinuierlich strömen. Schließlich ist bei der Blasenströmung das Gas in Form von Blasen diskontinuierlich in der kontinuierlich fließenden Flüssigkeit verteilt.

Bei der Beschreibung strömender Gas-Flüssigkeits-Gemische müssen deshalb die Besonderheiten der örtlichen Verteilung der Phasen und ihrer Geschwindigkeit beachtet werden. Austauscheffekte zwischen den Phasen, längs des Laufweges, können das Bild erheblich ändern. Ausgehend von den Erhaltungssätzen für Masse, Energie und Impuls müssen wir uns zunächst mit der Phasenverteilung und der örtlichen Geschwindigkeit beschäftigen, bevor wir den für die technische Anwendung besonders wichtigen Druckverlust berechnen und seine Abhängigkeit von den verschiedenen fluiddynamischen Einflüssen verstehen können. Zu Beginn wollen wir dabei voraussetzen, daß die beiden Phasen aus unterschiedlichen Komponenten bestehen und nicht ineinander übergehen können.

I.2. Erhaltungssätze für die Strömung von Gas-Flüssigkeits-Gemischen

Gas-Flüssigkeits-Gemische unterliegen in ihrem Strömungsverhalten wie einphasige Fluide den Erhaltungsgesetzen für Masse, Impuls und Energie. Allgemein formuliert sagt der Erhaltungssatz aus, daß der Unterschied zwischen dem in ein Bilanzgebiet – auch System genannt – einfließenden Quantitätsstrom und dem daraus abfließenden gleich der im Bilanzgebiet ge- oder entspeicherten Quantität sein muß.

Die Anwendung des Erhaltungssatzes und seine Formulierung in Bilanzgleichungen erfordert zunächst eine klare Umgrenzung des Bilanzgebietes und eine sorgfältige Erfassung aller zu- und abfließenden Ströme. Für die eindimensionale

Bewegung eines Quantitätsstromes durch einen von dichten Wänden umgebenen rechteckigen Kanal der Kantenlänge dy und dx läßt sich die Bilanz über das Volumenelement der Länge dz in einfacher Weise aufstellen. Wegen der seitlichen dichten Wände kann der Quantitätsstrom $\dot{Q}u$ nur in z-Richtung erfolgen und ein etwa auf der Abströmseite zu beobachtender Überschuß muß der zeitlichen Entspeicherung $\partial \dot{Q}u / \partial t$ aus dem Bilanzgebiet entsprechen. Zur Verdeutlichung sollen alle Ströme mit einem Punkt über dem Formelzeichen versehen werden, so daß $\dot{Q}u$ einen Quantitätsstrom, Qu die im Bilanzgebiet verbleibende oder entnommene Quantität bedeuten. Damit läßt sich der Erhaltungssatz in einfacher Weise mathematisch formulieren

$$\left[\dot{Q}u + \frac{\partial (\dot{Q}u)}{\partial z} dz \right] - \dot{Q}u = - \frac{\partial (Qu)}{\partial t} \tag{1}$$

und man erhält für die Quantitätsänderung im Bilanzgebiet

$$\frac{\partial (\dot{Q}u)}{\partial z} dz + \frac{\partial (Qu)}{\partial t} = 0 \tag{2}$$

Wir können diesen einfachen Ansatz unmittelbar auf den Massenstrom $\dot{M}$ durch das Bilanzvolumen (siehe Abb. 1) sowie für die darin gespeicherte Masse M

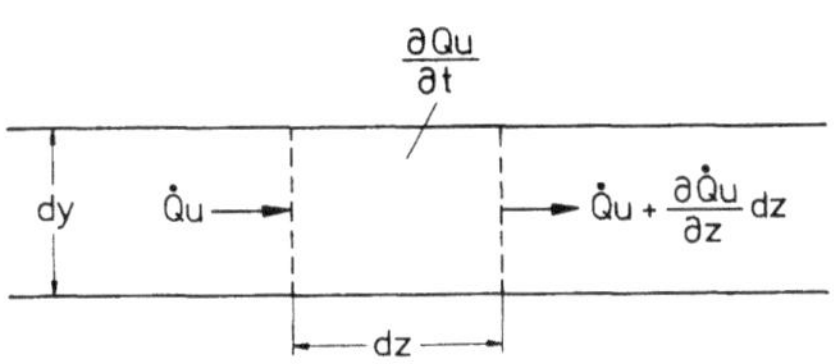

Abb. 1. Bilanz eines Quantitätsstromes im eindimensionalen Kanal

anwenden und erhalten

$$\frac{\partial \dot{M}}{\partial z} dz + \frac{\partial M}{\partial t} = 0 \tag{3}$$

Setzen wir einphasige Strömung – also reines Gas oder reine Flüssigkeit – voraus und definieren wir eine mittlere Transportgeschwindigkeit w

$$w = \frac{\dot{M}}{A \rho} \tag{4}$$

wobei wir den Strömungsquerschnitt mit $A = dx \cdot dy$ und die Dichte des Fluides mit ρ bezeichnen, so erhalten wir mit $M = \rho \cdot dx \cdot dy \cdot dz$ nach einer einfachen Umrechnung die bekannte Kontinuitätsgleichung für eindimensionale einphasige Strömung.

$$\frac{\partial (\rho w)}{\partial z} + \frac{\partial \rho}{\partial t} = 0 \tag{5}$$

Die gleichen Quantitätsüberlegungen können wir auch für die Strömung eines Gas-Flüssigkeits-Gemisches anstellen, wobei wir aus Gründen der besseren Anschaulichkeit und der einfacheren Darstellung annehmen wollen, daß, wie in Abb. 2 skizziert, die Flüssigkeit als Film an den Wänden und das Gas im Kern

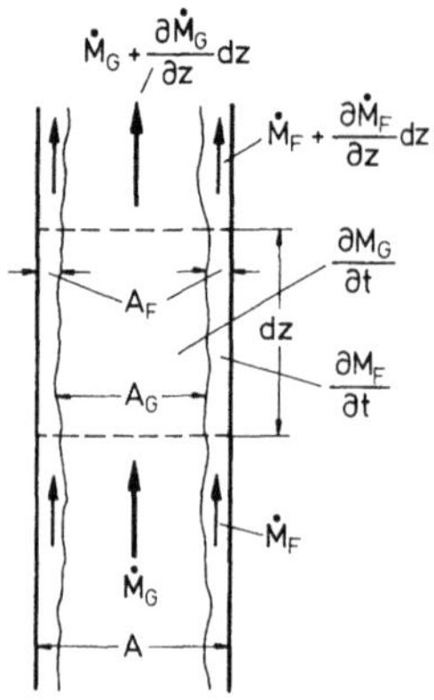

Abb. 2. Mengenstrombilanz für Gas-Flüssigkeits-Strömung

strömen. Wir müssen jetzt für jede der beiden Phasen die Mengenbilanz aufstellen, die wir aber in einer Gleichung zusammenfassen:

$$\frac{\partial \dot{M}_F}{\partial z} dz + \frac{\partial \dot{M}_G}{\partial z} dz + \frac{\partial M_F}{\partial t} + \frac{\partial M_G}{\partial t} = 0 \tag{6}$$

Bevor wir Gl. (6) so umformen können, daß daraus unmittelbar eine Aussage über die Geschwindigkeit des Gases oder der Flüssigkeit im Kanal gemacht werden kann, müssen wir noch einige Bezeichnungen und Definitionen für das Gas-Flüssigkeits-Verhältnis einführen.

In Abb. 2 nimmt das Gas den Strömungsquerschnitt A_G ein, und das gesamte, im Bilanzgebiet momentan vorhandene Gasvolumen beträgt $A_G \cdot dz$, wenn man annimmt, daß sich über den kurzen Strömungsweg dz der Querschnitt des Gaskernes nicht ändert. Analog dazu ist der Strömungsquerschnitt der Flüssigkeit A_F und ihr Volumen $A_F \cdot dz$. Der Volumenanteil des Gases im Bilanzgebiet $V = A \cdot dz$ ergibt sich dann zu

$$\epsilon = \frac{A_G\,dz}{A\,dz} = \frac{V_G}{V} = \frac{A_G}{A_G + A_F} \tag{7}$$

und wird örtlicher volumetrischer Dampfgehalt der Strömung genannt. Mit dem Zusammenhang zwischen Volumen und Masse $M = V \cdot \rho$ läßt sich dann auch ein örtlicher auf die Masse bezogener Gasanteil x definieren

$$x = \frac{V_G\,\rho_G}{V_G\,\rho_G + V_F\,\rho_F} = \frac{M_G}{M_G + M_F} = \frac{M_G}{M} \tag{8}$$

der in der Thermodynamik als Dampfgehalt eines Gemisches bekannt ist.

Statt der momentan im Bilanzvolumen vorhandenen Quantitäten kann man auch die Ströme der Phasen durch das Bilanzgebiet betrachten. Es läßt sich dann der auf den Massenstrom bezogene Strömungsgehalt $\dot{x}$ des Gemisches

$$\dot{x} = \frac{\dot{M}_G}{\dot{M}_G + \dot{M}_F} = \frac{\dot{M}_G}{\dot{M}} \tag{9}$$

und mit der Umrechnung über die Dichte der Anteil $\dot{\epsilon}$ des Gases am Volumenstrom

$$\dot{\epsilon} = \frac{\dot{M}_G/\rho_G}{M_G/\rho_G + \dot{M}_F/\rho_F} = \frac{\dot{V}_G}{\dot{V}_G + \dot{V}_F} = \frac{\dot{V}_G}{\dot{V}} \tag{10}$$

definieren.

Der Zusammenhang zwischen den auf die jeweiligen Ströme bezogenen Gasanteilen und den örtlichen Gasflüssigkeitsverhältnissen läßt sich leicht herstellen, wenn wir uns an die Definition der Transportgeschwindigkeit (Gl. (4)) erinnern und für das Geschwindigkeitsverhältnis w_G/w_F die Bezeichnung Schlupf s

$$s = \frac{w_G}{w_F} \tag{11}$$

einführen. Der Zusammenhang zwischen örtlichem, volumetrischen Dampfgehalt ϵ und dem auf die Masse bezogenen Strömungsdampfgehalt $\dot{x}$ ergibt sich dann zu

$$s = \frac{\dot{x}}{1-\dot{x}} \; \frac{1-\epsilon}{\epsilon} \; \frac{\rho_F}{\rho_G} \tag{12}$$

Wir nehmen dabei an, daß die Geschwindigkeiten der beiden Phasen nicht gleich sind, was in der Natur auch meist gegeben ist. Dieser einfache Zusammenhang zwischen Strömungsdampfgehalt und örtlichem Dampfgehalt sowie den Geschwindigkeiten von Gas und Flüssigkeit resultiert allein aus den getroffenen Definitionen. Er enthält keine physikalische Aussage über das Strömungverhalten des Gemisches. Nur bei gleicher Geschwindigkeit von Gas und Flüssigkeit ist $\dot{x} = x$ und $\epsilon = \dot{\epsilon}$.

I.2.1. Die Kontinuitätsgleichung von Gas-Flüssigkeits-Gemischen

In Anlehnung an die Gln. (3) und (5) und unter Verwendung von Abb. 2 können wir jetzt in einfacher Weise die Kontinuitätsgleichung für die eindimensionale Strömung eines Gas-Flüssigkeits-Gemisches aufstellen. Wir drücken dabei in Gl. (6) die Massenströme über die in Gl. (4) definierte Transportgeschwindigkeit aus und beschreiben die im Bilanzgebiet vorhandenen Massen über die Dichte der jeweiligen Phase und das von der Phase eingenommene Volumen $A_G \cdot dz$ bzw. $A_F \cdot dz$.

$$\frac{\partial}{\partial z}\left[(1-\epsilon)\,\rho_F\, w_F + \epsilon\,\rho_G\, w_G\right] + \frac{\partial}{\partial t}\left[(1-\epsilon)\rho_F + \epsilon\,\rho_G\right] = 0 \tag{13}$$

Hierbei haben wir den vom Gas eingenommenen Querschnitt gemäß der Definition in Gl. (7) mit ϵ und den der Flüssigkeit mit $1-\epsilon$ bezeichnet. Die Ausdrücke $\rho_F w_F$ und $\rho_G w_G$ sind nichts anderes als die Mengenstromdichten der Flüssigkeit $\dot{m}_F$ bzw. des Gases $\dot{m}_G$. In Gleichung (13) sind sowohl die Geschwindigkeiten als auch die Dichten und der örtliche volumetrische Dampfgehalt Funktionen des Ortes oder besser des Strömungsweges. Die Dichte als Funktion des Ortes läßt sich anschaulich und einfach dadurch erläutern, daß man sich den Druckabfall $\partial p/\partial z$ längs des Strömungsweges vergegenwärtigt und dann

$$\frac{\partial \rho}{\partial z} = \frac{\partial \rho}{\partial p}\,\frac{\partial p}{\partial z} \tag{14}$$

setzt. Für die flüssige Phase kann die Kompressibilität in der Regel vernachlässigt werden. Es empfiehlt sich auch zu prüfen, ob diese Annahme nicht auch für die gasförmige Phase getroffen werden kann, was immer dann zulässig ist, wenn die Strömungsgeschwindigkeit hinreichend klein gegen die Schallgeschwindigkeit, d.h. die Fortpflanzungsgeschwindigkeit einer Druckstörung ist.

Die in Gleichung (13) formulierte Mengenbilanz für beide Phasen läßt durchaus zu, daß sich innerhalb des Bilanzgebietes Phasenwechselvorgänge einstellen, d.h. daß Flüssigkeit verdampft, Gas in der Flüssigkeit absorbiert wird oder Dampf kondensiert. Auch können sich die Geschwindigkeitsverhältnisse zwischen den Phasen ändern. Aussagen hierüber lassen sich aus der Kontinuitätsgleichung nicht machen, da sie keine Information über den Energieaustausch und den Impulsaustausch zwischen den Phasen enthält.

I.2.2. Energiebilanz

Die allgemeinen Quantitätsbetrachtungen, von denen wir zu Beginn dieses Kapitels ausgingen, lassen sich auch auf Energieströme anwenden. Energie kann in verschiedenen Formen, z.B. als

potentielle Energie
kinetische Energie
technische Arbeit
Verschiebearbeit
Enthalpie
innere Energie
Wärme

auftreten.

In Gas-Flüssigkeits-Gemischen, in denen durch Kondensation der gasförmigen oder Verdampfen der flüssigen Phase ein Phasenwechsel stattfindet, überwiegt die Änderung der Enthalpie und der inneren Energie, welche durch Wärmeströme über die Kanalwand kompensiert werden müssen, gegenüber der anderer Energieformen bei weitem. Eine einfache Abschätzung zeigt, daß wegen der hohen Verdampfungswärme der meisten technisch interessierenden Stoffe die Änderung der kinetischen Energie, der potentiellen Energie oder auch die im Bilanzvolumen dissipierte Energie nur einige Promille bis wenige Prozent der auch bei geringen Verdampfungs- oder Kondensationsraten zwischen den Phasen umgesetzten Energie, also der Verdampfungsenthalpie, betragen. Technische Arbeit kann ebenfalls außer Betracht bleiben, da Pumpen oder Kompressoren mit Gas- Flüssigkeits-Gemischen nicht arbeiten und bei Kraftmaschinen – Turbinen oder Kolbenmotoren – dieser fluiddynamische Zustand nicht nur aus Gründen des schlechten Wirkungsgrades, sondern insbesondere wegen der Erosionsgefahr vermieden wird.

Damit kann die Energiebilanz eines durch den Kanalabschnitt der Länge dz strömenden Dampf-Flüssigkeits-Gemisches, entsprechend Abb. 3, in einfacher Weise angesetzt werden. Die Änderung des Enthalpiestromes bei Durchlaufen des Bilanzgebietes muß gleich sein dem über die Kanalwände zu- oder abgeführten Wärmestrom $\dot{Q}$ und der im Bilanzvolumen in der Zeiteinheit ge- oder entspeicherten inneren Energie U. Der Wärmestrom $\dot{Q}$ wird in der Praxis häufig als das Produkt aus Wärmestromdichte $\dot{q}$ und der beheizten Fläche A_b dargestellt. Der

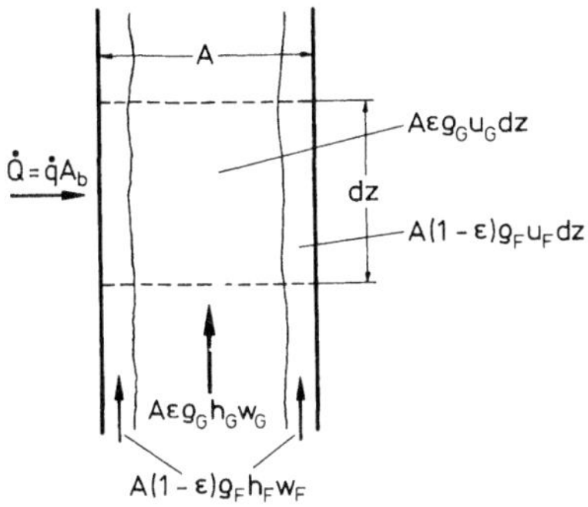

Abb. 3. Energiebilanz für Dampf-Flüssigkeits-Strömung

Enthalpiestrom ist auf die vom Dampf und der Flüssigkeit bestrichenen Flächen $A\,\epsilon$ bzw. $A \cdot (1 - \epsilon)$ und die gespeicherte innere Energie auf die entsprechenden Volumenabschnitte $A \cdot \epsilon\, dz$ bzw. $A \cdot (1 - \epsilon) \cdot dz$ aufzuteilen. Die beheizte Fläche A_b kann man auch über den beheizten Umfang U_b des Kanales und über die Länge des Bilanzvolumens dz ausdrücken. Mit der bereits erwähnten Vernachlässigung der kinetischen, potentiellen und dissipierten Energie erhält man dann Gl. (15).

$$A \frac{\partial}{\partial t} [(1-\epsilon)\rho_F u_F + \epsilon\rho_G u_G] dz + A \frac{\partial}{\partial z} [(1-\epsilon) w_F \rho_F h_F + $$

$$+ \epsilon w_G \rho_G h_G] dz = q \cdot A_b = q \cdot U_b \cdot dz \tag{15}$$

In der Praxis ist es meist umständlich, mit zwei kalorischen Zustandsgrößen, nämlich der spezifischen Enthalpie für Flüssigkeit und Gas h_F, h_G und der spezifischen inneren Energie u_F, u_G zu arbeiten. In der Praxis ist es deshalb meist üblich, die innere Energie im Speicherterm der Bilanz von Gl. (15) durch die Enthalpie zu ersetzen, was angesichts der ohnehin vielseitig eingeschränkten Genauigkeit zweiphasiger Rechnungen auch zulässig ist.

$$\frac{\partial}{\partial t} [(1-\epsilon)\rho_F h_F + \epsilon\rho_G h_G] +$$

$$+ \frac{\partial}{\partial z} [(1-\epsilon) w_F \rho_F h_F + \epsilon w_G \rho_G h_G] = q \frac{U_b}{A} \tag{16}$$

Eine Bilanzgleichung für zweiphasige Systeme mit nicht kondensierbaren Gasen und Flüssigkeiten geringen Dampfdruckes, aber auch adiabate Dampf-Flüssigkeits-Systeme müßte mit der kinetischen, der potentiellen und der dissipierten Energie formuliert werden. Eine zuverlässige Aussage über den Energieaustausch zwischen den Phasen und über die Reibung an der Wand bedarf dann jedoch zusätzlicher Informationen über die Wechselwirkung der Kräfte im Gemisch. Deshalb verzichtet man häufig bei solchen fluiddynamischen Bedingungen auf einen Ansatz für die Energiebilanz und greift statt dessen auf die Impulsgleichung zurück.

I.2.3. Impulsgleichung

Die Wechselwirkung der Kräfte zwischen den Phasen und mit der Wand ist in einer Zweiphasen-Strömung äußerst kompliziert und vielseitig. Die an die Strömung angreifenden Kräfte lassen sich jedoch in bekannter Weise unterteilen in

Impuls
Schubspannung
Gewicht bzw. Auftrieb und
Druck.

Bei einer Bilanz dieser Kräfte ist sorgfältig auf deren Richtung zu achten. Für eine senkrecht nach oben gerichtete Strömung sind diese Richtungen in Abb. 4 skizziert. Die Schubspannung an der Wand wirkt stets der Strömungsrichtung entgegen; für Aufwärtsströmung also nach unten. In der gleichen Richtung ist auch die Schwerkraft anzusetzen. Schwieriger werden die Überlegungen bei der Impulsbetrachtung, da hier gut zwischen actio und reactio zu unterscheiden ist. Eine Beschleunigung des Fluids im Kanal, d.h. eine Vergrößerung des Impulsstromes zwischen unterer und oberer Grenze des Bilanzvolumens resultiert in einer nach unten gerichteten Trägheitskraft. Damit bleibt als einzige treibende Kraft für die Strömung nur der Druck übrig, der für das in Abb. 4 skizzierte Bei-

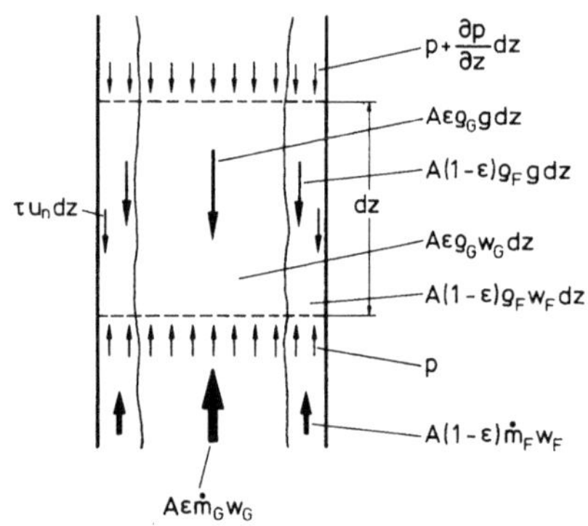

Abb. 4. Kräftebilanz

spiel am Eintritt des Bilanzvolumens größer sein muß als am Austritt. In Gas-Flüssigkeits-Gemischen kann bei konstantem Kanalquerschnitt eine Impulsänderung nicht nur durch instationäre Strömung, sondern auch unter stationären Bedingungen durch Phasenwechsel – Verdampfen oder Kondensieren – verursacht werden.

Beachtet man, daß der an den Bilanzgrenzen ein- und austretende Impulsstrom mit dem Massenstrom und der dazugehörigen Geschwindigkeit, der im Bilanzgebiet ge- oder entspeicherte Impuls aber mit den dort momentan vorhandenen Massen gebildet werden muß, und drückt man die Oberfläche der Kanalwand, an der Schubspannungsübertragung erfolgt, über den benetzen Umfang U_n und die Höhe des Bilanzvolumens dz aus, so kann man die Kräftebilanz in der Form darstellen

$$\frac{\partial}{\partial t}\left[(1-\epsilon)\rho_F w_F + \epsilon\rho_G w_G\right] + \frac{\partial}{\partial z}\left[(1-\epsilon)\rho_F w_F^2 + \epsilon\rho_G w_G^2\right] + \\ + \left[(1-\epsilon)\rho_F + \epsilon\rho_G\right]g + \tau\frac{U_n}{A} = \frac{\partial p}{\partial z} \tag{17}$$

Die Mengenstromdichten von Gas und Flüssigkeit $\dot{m}_G$ und $\dot{m}_F$ sind dort durch das Produkt aus Dichte und Geschwindigkeit $\rho_G w_G$, $\rho_F w_F$ ersetzt.

Mit den Bilanzen für die Masse, Gl. (13), für die Energie, Gl. (16) und für die auf das Fluid wirkenden Kräfte, Gl. (17), ist die Strömung hinsichtlich der Erhaltungssätze – im Englischen "conservation laws" genannt – vollständig formuliert. Die aus den Erhaltungssätzen abgeleiteten 3 Bilanzgleichungen enthalten aber mehr als 3 Unbekannte, nämlich den volumetrischen Dampfgehalt ϵ, die Geschwindigkeiten w_G und w_F, den Druckabfall $\partial p/\partial z$ und die den Reibungsdruckverlust repräsentierende Schubspannung τ. Die Stoffwerte ρ_G, ρ_F, h_G und h_F können thermodynamischen Tabellenwerken entnommen oder über Zustandsgleichungen berechnet werden.

Für die Lösung des Gleichungssystems sind also zusätzliche Informationen notwendig, die z.B. den Massen- oder Stoffaustausch, den Energie- und Wärmetransport sowie die Impuls- und Schubspannungsübertragung zwischen den Phasen und an der Wand beschreiben. Diese Gleichungen müssen aus physikalischen Gesetzen der Wärme- und Stoffübertragung und der Mechanik abgeleitet werden. Gesetze für solche physikalischen Phänomene werden im Englischen "constitution laws" bezeichnet. Für eine vollständige Beschreibung der zweiphasigen Strömung ist demnach jetzt eine sorgfältige und detaillierte Darstellung solcher constitution laws, d.h. eine theoretische Analyse oder eine auf Experimenten aufbauende empirische Formulierung thermo- und hydrodynamischer Effekte in Gas-Flüssigkeits-Strömungen notwendig.

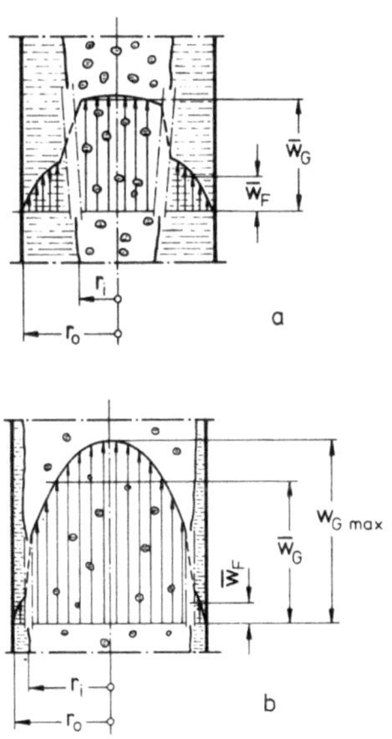

Abb. 5. Geschwindigkeitsverteilung bei a) niedrigen und b) hohen Dampfgehalten

Für eine exakte Formulierung der Austauschvorgänge zwischen den Phasen fehlen bis heute die Kenntnisse. Dies liegt daran, daß sie meßtechnisch nur äußerst schwierig zugänglich sind. Man hilft sich dadurch, daß man einen Teil der in den Gln. (13), (16) und (17) enthaltenen unbekannten Variablen – z.B. den volumetrischen Dampfgehalt ϵ oder das Geschwindigkeitsverhältnis w_G/w_F und den durch die Schubspannung τ repräsentierten Druckverlust – durch auf Messungen abgestützte empirische oder halbempirische Beziehungen darstellt.

Bei den bisherigen Betrachtungen gingen wir davon aus, daß jeder der beiden Phasen eine repräsentative mittlere Geschwindigkeit – wir hatten sie Transportgeschwindigkeit genannt – zuzuordnen ist. In Wirklichkeit weist sowohl der Gaskern als auch der Flüssigkeitsring ein Geschwindigkeitsprofil über den Querschnitt auf und die Gasströmung ist auch in der Regel nicht frei von Flüssigkeitstropfen. Der örtliche Verlauf der Geschwindigkeit über den Querschnitt ist, wie in Abb. 5 für verschiedene Dampfgehalte skizziert, abhängig von der Dicke der Flüssigkeitsschicht an der Wand und von der Konzentration der Tropfen im Gaskern. Mittelwerte der Strömungsgeschwindigkeiten für Gas und Flüssigkeit können erheblich von den örtlichen Gegebenheiten abweichen und es kommt deshalb dem Verfahren der Mittelung große Bedeutung zu. Eine korrekte Mittelung muß aber nicht nur über den Querschnitt, sondern auch über die Länge des Strömungskanales und über die Zeit erfolgen. Die Situation wird noch komplizierter, wenn man bedenkt, daß die in Abb. 5 skizzierte Phasenverteilung eine der einfachen Strömungsformen darstellt und andere Gas-Flüssigkeits-Verteilungen, wie Blasenströmung, Kolbenblasenströmung oder der Übergangsbereich zwischen Blasen- und Ringströmung, wesentlich größere zeitliche und örtliche Geschwindigkeitsänderungen aufweisen.

Bei der Mittelung muß man zwischen den Mittelwerten über die Zeit, über eine Fläche – z.B. den Strömungsquerschnitt – und über ein Volumen unterscheiden. Häufig muß auch die Mittelung auf das jeweilige Gebiet einer Phase beschränkt bleiben, nämlich immer dann, wenn an der Phasengrenze große Unterschiede in der Geschwindigkeit vorhanden sind. Die Dichte und die Enthalpie des Fluids ändern sich an der Phasengrenze immer sprunghaft. Trotzdem wird in der Literatur oft über die Phasengrenzen hinweg gemittelt [1 – 3]. Der Mittelwertbildung muß eine Vorstellung – ein sogenanntes Modell – für das physikalische Verhalten der Strömung zugrundeliegen. Die einfachste und mathematisch am leichtesten zu handhabende, aber von den physikalischen Realitäten meist am weitesten abliegende Annahme ist die, daß Flüssigkeit und Gas mit derselben und darüberhinaus im gesamten Querschnitt mit konstanter Geschwindigkeit fließen. Man spricht dann von dem

homogenen eindimensionalen Modell.

Aus der einphasigen Strömung kennen wir das Bild der laminaren – parabelförmig – und der turbulenten Geschwindigkeitsverteilung über den Querschnitt eines Kanales. Auch in der Zweiphasen-Strömung muß sich, wie wir bereits in Abb. 5 sahen, eine Geschwindigkeitsverteilung über den Querschnitt einstellen und wir können, wenn wir nun schrittweise von der einfachsten Annahme des homogenen Modells zu komplizierteren Vorstellungen gehen, unterstellen, daß zwar nach wie vor lokal, d.h. in jedem Stromfaden, die beiden Phasen mit derselben Geschwindigkeit strömen, aber eine Geschwindigkeitsverteilung über den Querschnitt aufweisen. Wir kommen dann zum

örtlich homogenen, zweidimensionalen Modell,

das auch Bankoff-Modell [4] genannt wird.

Man kann nun wieder zurückgehen auf die Vorstellung querschnittgleicher, aber jetzt für jede Phase unterschiedlicher Geschwindigkeit und kommt dann zum

eindimensionalen Schlupfmodell,

das auch als eindimensionales Zweigeschwindigkeits-Modell oder Wallis-Modell [5] bezeichnet wird.

Kombiniert man beide Annahmen, nämlich die einer Geschwindigkeitsverteilung über den Querschnitt und die der ungleichen Geschwindigkeiten beider Phasen, so erhält man das

zweidimensionale Zweigeschwindigkeitsmodell,

auch Zuber-Findlay-Modell [6] genannt.

Die über den ganzen Strömungsquerschnitt gemittelte Volumenstromdichte von Gas und Flüssigkeit ist nur beim eindimensionalen, homogenen Modell gleich. Bereits beim zweidimensionalen, örtlich homogenen Modell sind Unterschiede dann vorhanden, wenn die flüssige und die gasförmige Phase nicht gleichmäßig auf den Strömungsquerschnitt verteilt sind. Eine Konzentration der Gasphase im wandfernen Bereich hoher Geschwindigkeiten führt zu größeren mittleren Volumenstromdichten als bei der flüssigen Phase. Für eine Auswahl des der physikalischen Realität jeweils am nächsten kommenden Modells muß also nicht nur die Geschwindigkeitsverteilung, sondern auch die Phasenverteilung über den Querschnitt bekannt sein, um z.B. die kinetische Energie oder den Impuls einer Strömung berechnen zu können. Dies ist eine erhebliche Erweiterung des Informationsbedarfes bei Gas-Flüssigkeits-Gemischen gegenüber einphasigen Fluiden, da bei diesen von konstanter Dichte über den Querschnitt ausgegangen werden kann, zumindest solange die Strömungsgeschwindigkeit hinreichend weit von der Schallgeschwindigkeit entfernt ist. Wir müssen uns deshalb im nächsten Kapitel mit der Phasenverteilung und den Strömungsformen eines Gas-Flüssigkeits-Gemisches befassen.

I.3. Strömungsformen

Die Ausbildung der Phasengrenzen und die Verteilung der Phasen im Gemisch wird von verschiedenen Kräften beeinflußt. Die Oberflächenspannung wird versuchen, das Gas zu Blasen und die Flüssigkeit zu Tropfen zu formen. Dem entgegen können örtliche Druckunterschiede – z.B. der Druckabfall längs eines Rohres – Strömungswiderstände und Auftriebskräfte wirken. Aus der alltäglichen Beobachtung von in einem Wasserbad aufsteigenden Gas- oder Dampfblasen wissen wir, daß der Strömungswiderstand der sich gegen die ruhende Flüssigkeit bewegenden Blase diese von der Kugelform zur Ellipsoidform abflacht.

Quandt [7] hat deshalb schon früh versucht, die Strömungsform in Kanälen und Rohren mit Hilfe der an den Phasen angreifenden Kräfte vorherzusagen. Er ging davon aus, daß im wesentlichen 3 Kräfte, nämlich die axiale Druckkraft dF_p

$$dF_p = \left[\frac{\zeta_{2ph}\, \bar{\rho}\, w^2}{d_h} + \bar{\rho}\, g \right] A\, dz \tag{18}$$

die Schwerkraft dF_g

$$dF_g = \rho_F\, g\, A\, dz \tag{19}$$

und die Kraft dF_σ aus der Oberflächenspannung σ an den Phasengrenzen

$$dF_\sigma = \frac{C\,\sigma}{d_h^2}\,A\,dz \tag{20}$$

das Strömungsbild bestimmen. In Gleichung (18) ist ζ_{2ph} ein gedachter Reibungsbeiwert der zweiphasigen Strömung und die axiale Druckkraft ergibt sich damit als Summe aus Druckverlust längs der Strömungsachse und Druckänderung infolge der Zu- oder Abnahme der geodätischen Höhe. Die Konstante C in Gl. (20) läßt sich unter der Annahme, daß die Blase weder schrumpft noch wächst und keine äußeren Strömungskräfte an ihr angreifen, aus einer einfachen Überlegung bestimmen, aus der wir auch lernen, daß die Blase in ihrem Inneren einen höheren Druck als die sie umgebende Flüssigkeit haben muß.

Wir betrachten hierzu einen kalottenförmigen beliebig gewölbten Ausschnitt aus der Blase, wie er in Abb. 6 skizziert ist.

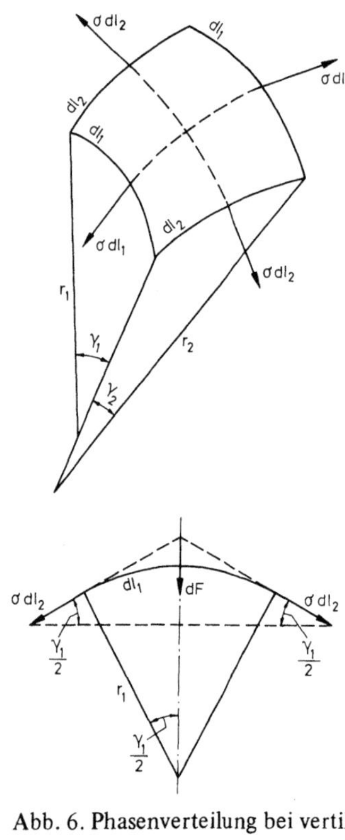

Abb. 6. Phasenverteilung bei vertikaler Aufwärtsströmung im Rohr

Die Krümmung wird durch die Radien r_1 und r_2 festgelegt und wir nehmen an, daß für den betrachteten differentiellen Ausschnitt die Winkel γ_1 und γ_2 so klein sind, daß

$$\gamma_1 \approx \frac{dl_1}{r_1} \qquad \gamma_2 \approx \frac{dl_2}{r_2} \tag{21}$$

gilt, d.h. daß man die Funktionswerte von Sinus und Tangens gleich dem Bogenmaß setzen kann. Die aus der Oberflächenspannung resultierende Kraft ergibt sich dann zu

$$dF_\sigma = \sigma\, \gamma_1\, dl_2 + \sigma\, \gamma_2\, dl_1 \tag{22}$$

der man die Kraft aus dem inneren Überdruck

$$dF_p = p\, dl_1\, dl_2 \tag{23}$$

gleichsetzen muß, woraus schließlich für das Gleichgewicht der Kräfte und damit für die Stabilität der Blase die Bedingung resultiert

$$p_G - p_F = \sigma \left(\frac{1}{r_1} + \frac{1}{r_2} \right) \tag{24}$$

Für eine kugelförmige Blase ist die Krümmung der Kalotte in jeder Richtung gleich und man erhält als notwendigen Überdruck in der Blase $p_G - p_F$, der gegen die Oberflächenspannung ein Schrumpfen der Blase verhindert

$$p_G - p_F = \frac{2\,\sigma}{r} \tag{25}$$

Für die Berechnung der Konstanten C in dem Ansatz von Quandt, Gl. (20), müßte jetzt zusätzlich noch das Verhältnis von Blasenradius zu Kanalradius bzw. von Blasenquerschnitt zu Kanalquerschnitt bekannt sein, da dort d_h den hydraulischen Durchmesser des Kanals darstellt.

Die Vorstellung von Quandt,

– daß die Gasphase gleichmäßig in Form von Blasen in der Strömung verteilt ist, wenn die Kraft aus der Oberflächenspannung überwiegt,
– daß sich die Gasblasen zu größeren Gasgebilden, sogenannten Kolbenblasen agglomerieren, wenn der Auftrieb das Strömungsgeschehen beherrscht, und
– daß Gas und Flüssigkeit sich über den Querschnitt weitgehend separieren, wenn die axialen Druckkräfte groß gegenüber den anderen genannten Kräften sind,

ist durchaus plausibel. Ein Vergleich der daraus abgeleiteten Ansätze mit experimentellen Beobachtungen zeigte jedoch nur beschränkte Übereinstimmung. Man ist deshalb auf eine experimentelle Bestimmung der Phasenverteilung und die Darstellung der Ergebnisse in Diagrammen und empirischen Ansätzen angewiesen.

Charakteristische Formen der Phasenverteilung bei vertikaler Aufwärtsströmung im Rohr sind in Abb. 7a dargestellt. Die am besten bekannte, da mit herkömmlichen photographischen Mitteln am leichtesten zu beobachtende Strömungsform der Phasenverteilung ist die Blasenströmung. Hiebei sind kleine Gasblasen in der Flüssigkeit verteilt. Sie berühren sich selten, solange ihre Abmessungen etwa gleich sind. Wenig Berührungen zwischen den Blasen erfolgen, da die auftriebsbedingten Aufstiegsgeschwindigkeiten etwa gleich groß sind. Blasen bis 1 mm Durchmesser haben kugelförmige Gestalt, größere Blasen werden durch die Auftriebs- und Widerstandskräfte elliptisch verformt. In zähen Flüssigkeiten und bei hohen Oberflächenspannungen können die Blasen auch sehr dicht gepackt sein. Sie stehen dann in heftiger Wechselwirkung miteinander.

Mit zunehmendem Gasgehalt in der Flüssigkeit können – insbesondere bei kleinen Strömungsgeschwindigkeiten – die Blasen im Laufe der Aufwärtsströ-

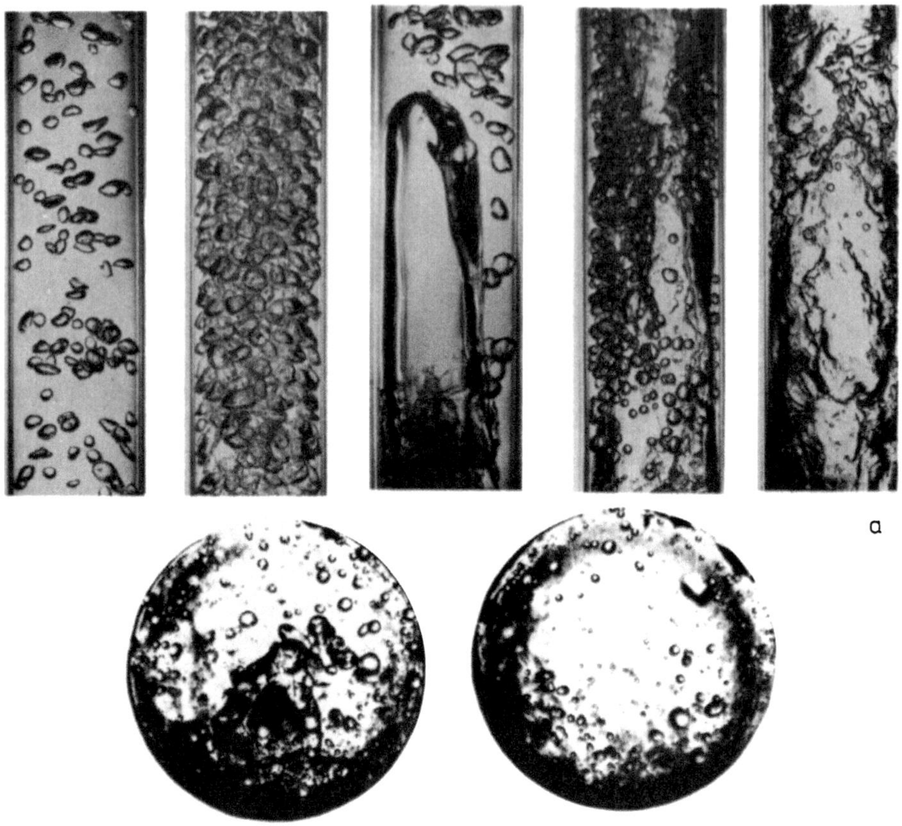

a

b

Abb. 7. Photographische Aufnahmen der Phasenverteilung in vertikaler Strömung a) quer (zur Verfügung gestellt von J. M. Delhaye CENG, Grenoble), b) in Strömungsrichtung

mung zu größeren kolbenförmigen Gasbereichen agglomerieren und man spricht dann von Kolbenblasenströmung. Jede der großen Kolbenblasen ist am vorderen Ende abgerundet, am hinteren flach und zieht in ihrem Nachlauf einen Schwarm kleinerer Blasen mit sich. Der Flüssigkeitsfilm zwischen Kolbenblase und Wand zeigt eine Abwärtsbewegung und wird hinter der Blase wieder nach oben gewirbelt. Erhöht man den Gasanteil weiter, so werden die Kolbenblasen länger und schließlich beginnen die Flüssigkeitsbrücken zwischen den einzelnen Kolbenblasen durchzubrechen, wobei der wandnahe Bereich stark mit Gasblasen durchsetzt ist. Man spricht dann von Schaumströmung. Mit weiter zunehmendem Gasgehalt separiert sich die flüssige von der gasförmigen Phase und es kommt zur Ringströmung, eine Strömungsform, bei der eine fast blasenfreie Flüssigkeitsschicht an der Wand strömt und im Kern dieses Flüssigkeitsringes die Gasphase eingeschlossen ist, die jedoch Flüssigkeitstropfen mit sich führt. Abhängig von dem Geschwindigkeitsunterschied zwischen Gaskern und Wandflüssigkeit sowie von der Dicke dieser Flüssigkeitsschicht bildet sich eine glatte oder wellige Phasengrenzfläche aus. Die Tropfen im Gaskern entstehen dadurch, daß durch Scherkräfte zwischen dem schneller strömenden Gas und dem welligen Flüssigkeitsfilm Flüssigkeitsteilchen abgelöst werden, die durch Turbulenz und Diffusion in die Gasströmung wandern und schließlich wieder an den wandnahen Flüssigkeitsfilm abgeschieden werden. Verschiedentlich wurde auch eine periodische Konzentration der Tropfen zu wolkenartigen Gebilden beobachtet [8], die in unregelmäßigen Abständen durch den Kanal ziehen. Bei starker Beheizung der Wand oder wenn hohe Scherkräfte eines schnell strömenden Gaskernes an der Flüssigkeitsschicht angreifen, wird diese von der Wand abgedampft bzw. abgerissen, und man spricht dann von Sprüh- oder Nebelströmung, da auch bei großer Wandüberhitzung noch über lange Strecken Flüssigkeitstropfen im Gaskern existieren und mitgetragen werden.

Die photographischen Aufnahmen der Phasenverteilung bei verschiedenen Strömungsformen in Abb. 7 wurden sowohl quer als auch in Strömungsrichtung gemacht. Die Aufnahmen quer zur Strömungsrichtung sind zwar anschaulicher, quantitativ bessere Informationen über die Phasenverteilung aber geben Aufnahmen in Strömungsrichtung, die allerdings einer besonderen Meßtechnik bedürfen. Sie zeigen deutlich, daß bei Ringströmung der Flüssigkeitsfilm an der Wand keineswegs eine gleichmäßige Dicke aufweist und am Übergang zwischen Schaum- und Ringströmung sich sogar Flüssigkeitsbrücken über dem Gaskern bilden können [9].

I.3.1. Strömungsformen für vertikale Kanäle

Am einfachsten können die Bereiche und die Übergangsgrenzen der verschiedenen Strömungsformen in sogenannten Strömungsbilderkarten dargestellt werden. Für die Auswahl der als Koordinaten zu wählenden Parameter dieser Strömungsbilderkarten gibt es in der Literatur verschiedene Vorschläge. Einer der ersten stammt von Bennett und Collier [10], die als Abszisse den Dampfgehalt $\dot{x}$ und als Ordinate die Mengenstromdichte $\dot{m}$ des Gemisches wählten. Es ergeben sich dann, wie aus Abb. 8 für eine Dampfwasserströmung von 70 bar ersichtlich,

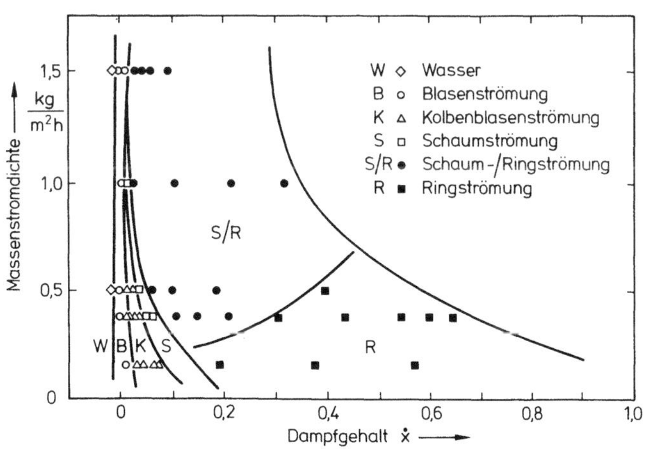

Abb. 8. Strömungsbilderkarte nach Bennett und Collier [10]

enge Gebiete für Blasen-, Kolbenblasen- und Schaumströmung. Die Ringströmung nimmt weite Bereiche von Dampfgehalt und Gemischgeschwindigkeit ein.

Mit zunehmender Gemischgeschwindigkeit verdichten sich die Flüssigkeitstropfen zu Wolken. Die Gültigkeit dieser Art der Strömungsbilderkarte ist sehr beschränkt. Für jeden Stoff und jeden Druck muß eine eigene Karte gezeichnet werden.

Etwas allgemeinere Aussagekraft hat die von Hewitt und Roberts [8] vorgeschlagene Darstellungsweise. Als Abszisse wird dabei die kinetische Energie der flüssigen Phase

$$\dot{m}^2 (1 - \dot{x})^2 / \rho_F$$

und als Ordinate die der gasförmigen Phase

$$\dot{m}^2 \dot{x}^2 / \rho_G$$

aufgetragen. Es ergeben sich dann die in Abb. 9 abgegrenzten Gebiete für die ver-

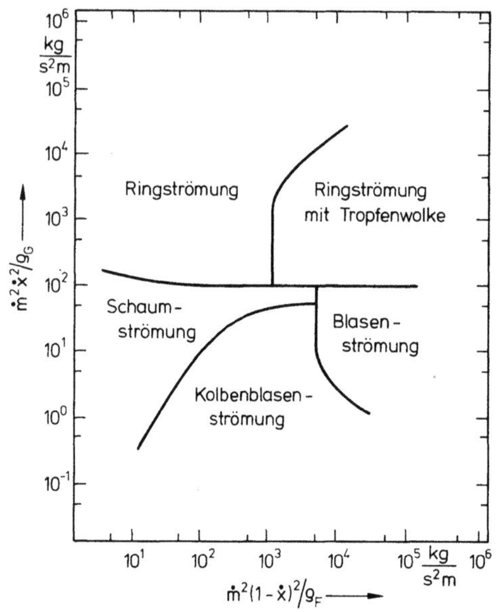

Abb. 9. Strömungsbilderkarte nach Hewitt und Roberts [8]

schiedenen Strömungsformen. Experimentell bestätigt wurde diese Strömungsbilderkarte für Luft-Wasser-Gemische bis 6 bar und für Dampf-Wasser-Gemische bis zu 70 bar. Für die Mengenstromdichte $\dot{m}$ und für den Dampfgehalt $\dot{x}$ sind Mittelwerte einzusetzen, die man unter der einfachen Annahme erhält, daß das Gemisch gleichmäßig über den Querschnitt verteilt ist.

Taitel und Dukler [11] versuchten einen physikalischen Ansatz für die Vorhersage des Übergangs zwischen den verschiedenen Strömungsbereichen zu finden. Sie gingen dabei indirekt zurück auf die Überlegung, daß die an den Phasen angreifenden Kräfte – Auftrieb, Oberflächenspannung und Druckdifferenzen – maßgebend für die Phasenverteilung sein müssen. Mit diesen Kräften bilden sie dimensionslose Kenngrößen, die sie als Koordinaten für die Strömungsbilderkarten verwandten. Es gelang allerdings nicht mehr, alle Strömungsformen in einer Karte darzustellen.

Für den Übergang von Blasen- zu Kolbenblasenströmung benützten Taitel und Dukler ein Diagramm, bei dem als Ordinate das Verhältnis der scheinbaren mittleren Geschwindigkeiten $\bar{w}_{Fs}/\bar{w}_{Gs}$ der beiden Phasen aufgetragen ist.

$$\bar{w}_{Fs} = \frac{(1-\dot{x})\,\dot{m}}{\rho_F} \tag{26}$$

$$\bar{w}_{Gs} = \frac{\dot{x}\,\dot{m}}{\rho_G} \tag{27}$$

Die Abszisse stellt einen dimensionslosen Ausdruck dar, der mit der scheinbaren mittleren Geschwindigkeit der Gasphase, dem Auftrieb und der Oberflächenspannung gebildet wird.

$$\bar{w}_{Gs}\,\rho_F^{\frac{1}{2}}\,[g\,(\rho_F-\rho_G)\,\sigma]^{-\frac{1}{4}} \tag{28}$$

Die in Abb. 10 eingezeichnete Grenze zwischen Blasen- und Kolbenblasen-

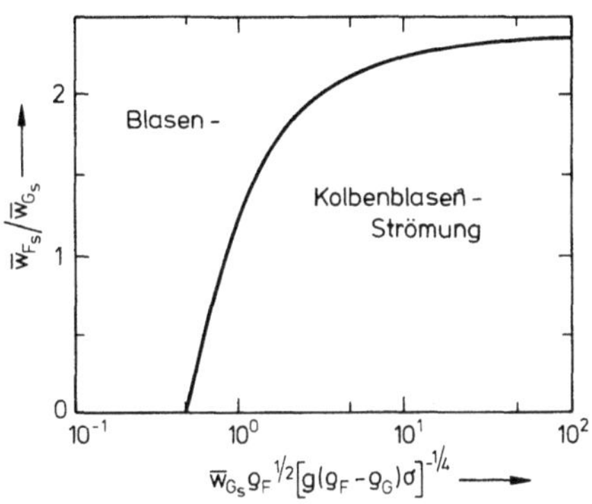

Abb. 10. Übergang zwischen Blasen- und Kolbenblasenströmung nach Taitel und Dukler [11]

strömung läßt sich auch durch die Gleichung

$$\frac{\bar{w}_{Fs}}{\bar{w}_{Gs}} = 2{,}34 - 1{,}07\,\frac{[g\,(\rho_F-\rho_G)\,\sigma]^{\frac{1}{4}}}{w_{Gs}\,\rho_F^{\frac{1}{2}}} \tag{29}$$

wiedergeben.

Für den Übergang zwischen Kolbenblasen- und Schaumströmung sind wichtige Einflußgrößen die Strömungsraten $\dot{m}$ von Flüssigkeit und Gas. Taitel und Dukler verwandten deshalb zur Abgrenzung zwischen beiden Strömungsformen den auf das Volumen bezogenen Strömungsdampfgehalt ϵ und als Abszisse eine modifizierte Froude-Zahl

$$Fr = \frac{\bar{w}}{\sqrt{g\,d}} \tag{30}$$

wobei eine mittlere scheinbare Geschwindigkeit als Summe der beiden mittleren Phasengeschwindigkeiten definiert wurde.

$$\bar{w} = \bar{w}_{Fs} + \bar{w}_{Gs} \tag{31}$$

In der modifizierten Froude-Zahl ist für d der Durchmesser des Rohres einzusetzen. Die Grenze zwischen Kolbenblasen- und Schaumströmung ist, wie man aus Abb. 11 sieht, auch von einer fiktiven mittleren Reynolds-Zahl der Flüssigkeit

$$\frac{\overline{w}_{Fs}\, d}{\nu_F}$$

abhängig, wodurch der Einfluß der kinematischen Viskosität der Flüssigkeit ν_F berücksichtigt werden kann.

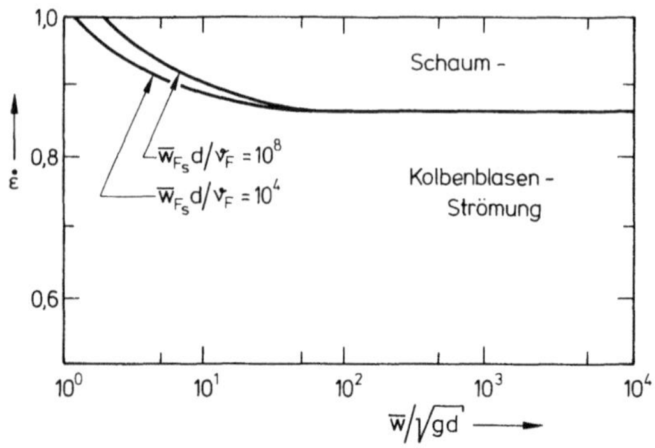

Abb. 11. Übergang zwischen Kolbenblasen- und Schaumströmung nach Taitel und Dukler [11]

Für den Übergang zwischen Schaumströmung und Ringströmung gehen Taitel und Dukler von der Vorstellung aus, daß unterhalb einer bestimmten Geschwindigkeit die Tropfen nicht länger im Gaskern getragen werden können und daß für die Bildung eines kontinuierlichen Gaskernes aus dem Schaum der

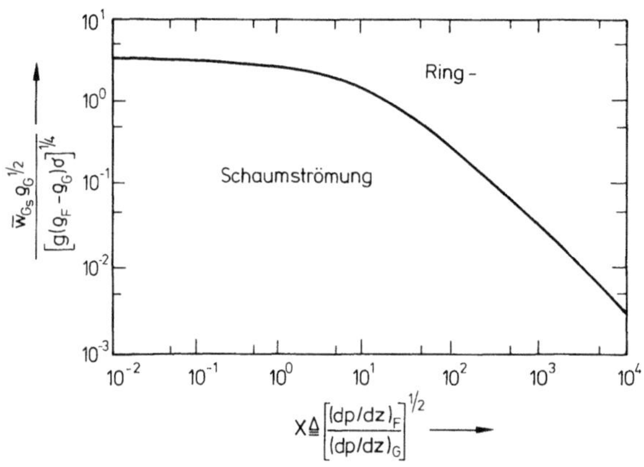

Abb. 12. Übergang von Schaum- zu Ringströmung nach Taitel und Dukler [11]

Druckabfall in Strömungsrichtung maßgebend ist. Daraus folgen in Abb. 12 für die Ordinate die Kutateladze-Zahl

$$Ku = \frac{\overline{w}_{Gs}\, \rho_G^{\frac{1}{2}}}{[g\,(\rho_F - \rho_G)\,\sigma]^{\frac{1}{4}}} \tag{32}$$

und für die Abszisse die Wurzeln aus dem Verhältnis des Reibungsdruckverlustes der flüssigen und der gasförmigen Phase

$$X = \left[\frac{(dp/dz)_F}{(dp/dz)_G} \right]^{\frac{1}{2}} \tag{33}$$

wobei angenommen wird, daß jede der beiden Phasen jeweils alleine im Rohr strömt. Diesen Parameter werden wir später noch als Lockhart/Martinelli-Kennzahl X kennenlernen. Die Grenzkurve in Abb. 12 zwischen Schaum- und Ringströmung läßt sich analytisch auch in der Form darstellen,

$$\frac{\bar{w}_{Gs}\, \rho_G^{\frac{1}{2}}}{[g(\rho_F - \rho_G)\sigma]^{\frac{1}{4}}} = 3{,}09 \; \frac{(1 + 20X + X^2)^{\frac{1}{2}} - X}{(1 + 20X + X^2)^{\frac{1}{2}}} \tag{34}$$

die sich für kleine Werte der Martinelli-Kennzahl zu

$$\frac{\bar{w}_{Gs}\, \rho_G^{\frac{1}{2}}}{[g(\rho_F - \rho_G)\sigma]^{\frac{1}{4}}} = 3{,}09 \qquad \text{für } X \ll 1 \tag{35}$$

und für große Martinelli-Zahlen zu

$$\frac{\bar{w}_{Gs}\, \rho_G^{\frac{1}{2}}}{[g(\rho_F - \rho_G)\sigma]^{\frac{1}{4}}} = \frac{30{,}9}{X} \qquad \text{für } X \gg 1 \tag{36}$$

vereinfacht. Bei der Anwendung der Taitel-Dukler-Methode muß man zuerst mit Hilfe von Abb. 10 prüfen, ob Blasenströmung vorliegt, dann auf Abb. 11 übergehen, und wenn schließlich auch die Bedingungen der Kolbenblasenströmung nicht gegeben sind, kann Abb. 12 für die Abgrenzung zwischen Schaum- und Ringströmung verwendet werden.

I.3.2. Strömungsformen für vertikale Abwärtsströmung

Für abwärts gerichtete Strömung in vertikalen Kanälen, bei der sowohl die Flüssigkeit als auch das Gas nach unten strömen, wurden ähnliche Strömungsformen beobachtet [12] wie bei Aufwärtsströmung, also auch Blasen-, Kolbenblasen-, Schaum- und Ringströmung. Bei der Blasenströmung sind allerdings die Blasen mehr in der Kanalmitte konzentriert, und bei Kolbenblasenströmung sind die Gaskolben an der Unterseite stärker abgeflacht und die obere halbkugelförmige Spitze symmetrischer ausgebildet als bei Aufwärtsströmung. Der herabfließende Flüssigkeitsfilm bei Ringströmung kann größere Dicken annehmen als unter den Bedingungen der Aufwärtsströmung, bei denen ja der Transport des flüssigen Filmes durch Schubspannung aus der Gasströmung sowie durch Druckabfall erfolgt, und es können deshalb in den Film in größerem Umfang Gasblasen eingelagert sein.

Oshinowo und Charles [12] schlugen eine Strömungsbilderkarte – Abb. 13 – für die Bedingungen der senkrecht nach unten gerichteten Abwärtsströmung, zur Unterscheidung der Phasenverteilung, vor. Sie reduzierten die Zahl der die Phasenverteilung bestimmenden thermo- und fluiddynamischen Parameter auf 2

Kenngrößen, die in Gl. (30) definierte Froude-Zahl und eine Kennzahl Λ für die Stoffeigenschaften

$$\Lambda = \left(\frac{\eta_F}{\eta_W}\right) \left[\left(\frac{\rho_F}{\rho_W}\right) \left(\frac{\sigma}{\sigma_W}\right)^3 \right]^{-\frac{1}{4}} \tag{37}$$

Die Stoffkennzahl berücksichtigt in der dynamischen Viskosität der Flüssigkeit η_F die Schubspannungsübertragung zwischen Gas und Flüssigkeit, in der Dichte ρ_F den Auftrieb und in der Oberflächenspannung σ die Tendenz zur minimalen Oberflächenenergie. Der Index W in der Gl. (37) bezieht sich auf Wasser und rührt daher, daß Oshinowo und Charles bei ihren Experimenten Zweiphasengemische verwendeten, die zwar aus verschiedenen Flüssigkeiten und Luft bestanden, alle Werte aber auf die Ergebnisse mit Wasser-Luft-Gemischen bezogen. Für die mit W bezeichneten Zustandsgrößen sind deshalb die Stoffwerte von Wasser bei 20° C einzusetzen.

Als 3. Kenngröße ziehen Oshinowo und Charles den auf das Volumen bezogenen Strömungsdampfgehalt heran, und in der von ihnen vorgeschlagenen Strömungsbilderkarte – Abb. 13 – ist die Wurzel aus dem Verhältnis von Gasvolumenstrom zu Flüssigkeitsvolumenstrom über einer einfachen Funktion der Froude-Zahl und der Stoffwertkennzahl Λ aufgetragen. Die Kurven in Abb. 13

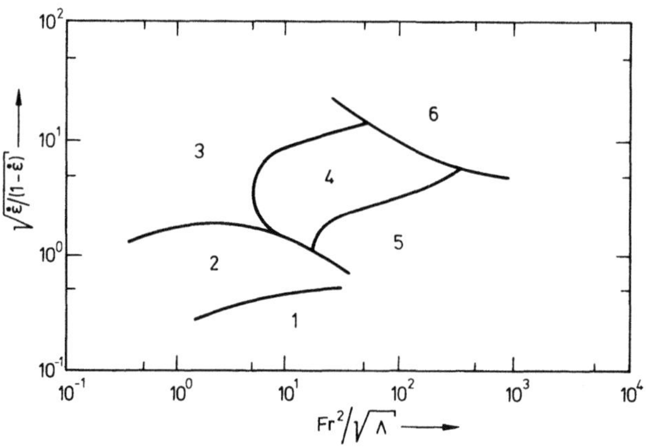

Abb. 13. Abgrenzung der Strömungsformen bei Abwärtsströmung nach Oshinowo und Charles [12], *1* Blasen-, *2* Kolbenblasen-, *3* Rieselfilm-, *4* blasendurchsetzte Rieselfilm-, *5* Schaum- und *6* Ring-Sprühströmung

sind dabei so zu verstehen, daß sie die Bereiche der verschiedenen Strömungszustände annähernd voneinander abgrenzen, keineswegs aber ist zu unterstellen, daß bei Überschreiten einer solchen Kurve eine Strömungsform plötzlich in eine andere umschlägt. Die Grenzlinien sind zudem noch mit erheblichen Unsicherheiten behaftet.

I.3.3. Strömungsformen in horizontalen und geneigten Rohren

In einer horizontal orientierten Strömung sind die Möglichkeiten der Phasenverteilung zahlreicher als bei vertikalen Kanälen. Dies rührt vor allem daher, daß die Schwerkraft jetzt nicht parallel, sondern rechtwinkelig zur Strömungsrichtung wirkt und so eine asymmetrische Phasenverteilung begünstigt, während die Strömungskräfte eine Symmetrisierung der Konfigurationen bewirken. In einer Flüssigkeit bei niedrigem Gasgehalt vorhandene Gasblasen werden deshalb dem Auftrieb folgend nach Abb. 14 im oberen Bereich des zylindrischen Kanales eine höhere Konzentration aufweisen als im unteren. Erhöht man den Gasgehalt unter Beibehaltung des Mengenstroms der Flüssigkeit, so schließen sich die im oberen Rohrsegment angesammelten Gasblasen zu Kolbenblasen zusammen. Bei weiterer Verstärkung der Gaszufuhr verschwinden die Flüssigkeitsbrücken zwischen den Blasenkolben, und die beiden Phasen trennen sich nahezu vollkommen in Form einer Schichtenströmung, mit Gas als der oberen und Flüssigkeit als der unteren Schicht.

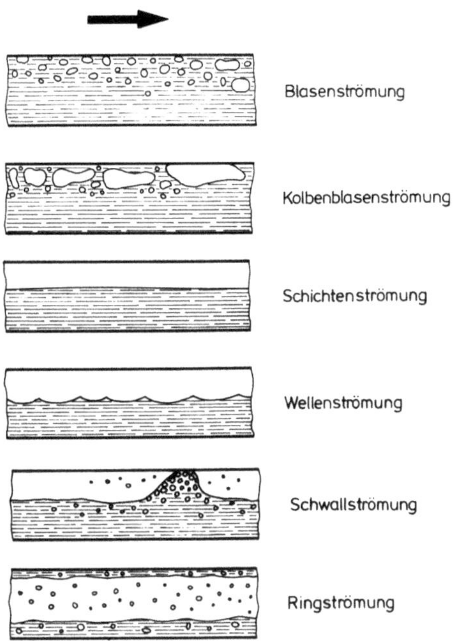

Abb. 14. Strömungsformen im horizontalen Rohr

Erhöht man nun die Geschwindigkeiten von Gas und Flüssigkeit im Rohr, so machen sich die Schubspannungskräfte an der Phasengrenze bemerkbar, was – wegen des schneller strömenden Gases – zu einer welligen Oberfläche der Flüssigkeit führt. Oberflächenwellen in Flüssigkeiten haben eine geringe Fortpflanzungsgeschwindigkeit und bei hohem Gasdurchsatz kann der Geschwindigkeitsunterschied zwischen Gas und Flüssigkeit wesentlich größer sein als die maximal mögliche Wanderungsgeschwindigkeit der Oberflächenwelle. Dies führt schließlich qualitativ zu einem ähnlichen Effekt, wie er bei Überschallströmung einphasiger Fluide in Form von Stoßwellen zu beobachten ist. Hier jedoch steilen sich nicht Druckwellen, sondern die Oberflächenwellen der Flüssigkeit zu einem Flüssigkeitsschwall auf, was Schwallströmung genannt wird.

Bei geringerem Flüssigkeitsgehalt, aber hohem Gasdurchsatz überkommen die Strömungskräfte die Schwerkraft, und im Bestreben möglichst geringen Entropiezuwachses, also geringer Energiedissipation durch Reibungsdruckverlust, bildet das Gemisch die Form der Ringströmung aus. Bei sehr hohen Geschwindigkeiten können die Schubspannungskräfte des schneller strömenden Gases die Haftkräfte der Flüssigkeit an der Wand überwiegen, es verschwindet dann auch der Flüssigkeitsfilm, und es kommt zu der Sprühströmung, die auch Nebelströmung genannt wird.

Für die Petrochemie, aber auch für die Auslegung von Kondensatoren, war die zuverlässige Vorhersage der Phasenverteilungsformen bei horizontaler Strömung schon früh von Interesse. Baker [13] schlug bereits in den 50er Jahren ein Diagramm – Abb. 15 – vor, nach dem die Phasenverteilungsformen im horizon-

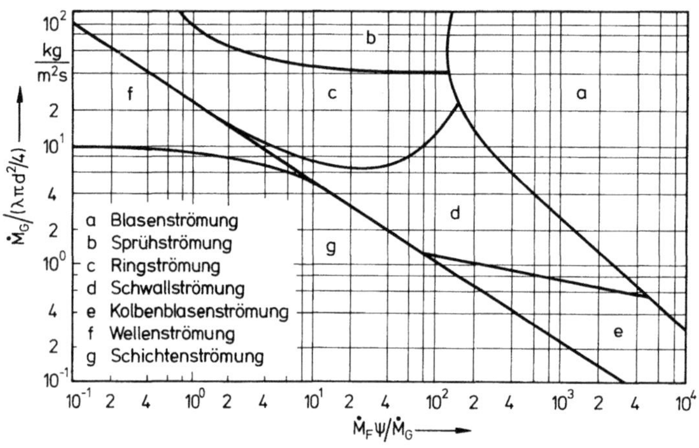

Abb. 15. Strömungsbilderkarte nach Baker [13] für horizontale Rohrströmung

talen Rohr klassifiziert werden können. Als Koordinaten trug Baker die Produkte und Quotienten aus den Stoffwertfunktionen λ und ψ

$$\lambda = \left[\left(\frac{\rho_G}{\rho_L}\right)\left(\frac{\rho_F}{\rho_W}\right)\right]^{\frac{1}{2}} \tag{38}$$

$$\psi = \left(\frac{\sigma_W}{\sigma}\right)\left[\left(\frac{\eta_F}{\eta_W}\right)\left(\frac{\rho_W}{\rho_F}\right)^2\right]^{\frac{1}{3}} \tag{39}$$

sowie aus den Massenströmen von Flüssigkeit $\dot{M}_F$ und Gas $\dot{M}_G$ auf. In den Gleichungen (38) und (39) steht der Index W für Wasser von 20° C und der Index L für Luft von Atmosphärendruck und 20° C. Wie wir es bereits für vertikale Abwärtsströmung gesehen haben, sind auch hier die Ergebnisse auf das Strömungsverhalten eines Wasser-Luft-Gemisches bezogen. Historisch gesehen war es Baker, der zuerst dieses Bezugssystem wählte, und Oshinowo und Charles haben das Verfahren übernommen. Die Bakersche Auftragungsweise wurde verschiedentlich (z.B. [14]) überarbeitet. Es basiert im wesentlichen auf Versuchen mit organischen Fluiden, insbesondere Öl-Luft-Gemischen, und wird auch heute noch in der Petrochemie verwendet.

Auf mehr theoretischer Basis entwickelten Mandhane [15] sowie darauf aufbauend Taitel und Dukler [16] ein Verfahren und ein Diagramm zur Abgrenzung der Strömungsformen in horizontalen und auch in geneigten Rohren. Die dabei verwendeten Einflußgrößen sind uns aus den Überlegungen zu den Strömungsformen in vertikalen Rohren bereits bekannt. Es sind dies die scheinbaren mittleren Geschwindigkeiten von Flüssigkeit und Gas $\overline{w}_{Fs}$, $\overline{w}_{Gs}$ (Gl. (26) und (27)), der das Verhältnis der Reibungsdruckverluste von Flüssigkeit und Gas darstellende Martinelli-Parameter X (Gl. (33)) und das Dichteverhältnis zwischen Flüssigkeit und Gas.

Die Grenzkurven zwischen den Strömungsformen in Abb. 16 folgen längs der

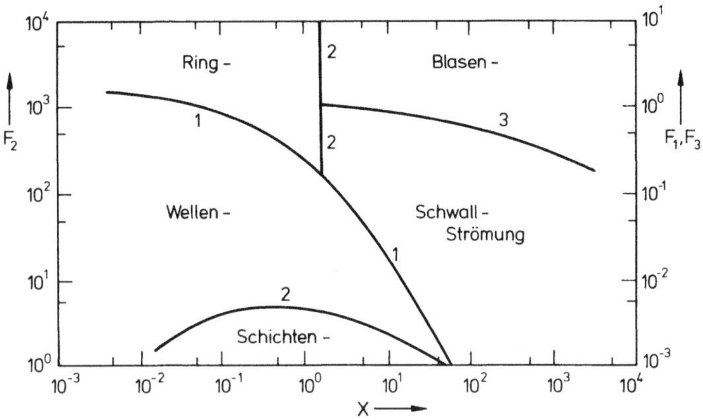

Abb. 16. Grenzen für Strömungsformen in horizontalen und geneigten Rohren nach Taitel und Dukler [16]

Ordinate unterschiedlichen Funktionen. Für den Übergang zwischen welliger Strömung und Schwall- bzw. Ringströmung – Kurve *1* in Abb. 16 – wird die Grenze gemäß der Funktion F_1

$$F_1 = \left(\frac{\rho_G}{\rho_F - \rho_G} \right)^{\frac{1}{2}} \frac{\overline{w}_{Gs}}{(d\,g \cos\beta)^{\frac{1}{2}}} \tag{40}$$

festgelegt. F_1 ist das Produkt aus dem Dichteverhältnis der Phasen und der Froude-Zahl. Der Winkel β in Gl. (40) gibt die Neigung gegenüber der Horizontalen an, wobei die Zählung im Uhrzeigersinn erfolgt, also für Abwärtsströmung ein positiver Wert des Winkels zu verwenden ist. Das beginnende Aufwerfen von Wellen in einer Schichtenströmung läßt sich mit der Funktion F_2

$$F_2 = \frac{\rho_G\, \overline{w}_{Gs}^2\, \overline{w}_{Fs}}{(\rho_F - \rho_G) g\, \nu_F \cos\beta} \tag{41}$$

vorhersagen, und die Grenze zwischen Blasenströmung und Schwall-, Kolbenblasenströmung ist nach Taitel und Dukler bestimmt durch den Betrag des Reibungsdruckverlustes $|dp/dz|_F$ der reinen flüssigen Phase, d.h. wenn der flüssige Anteil allein im Rohr strömen würde, und durch den Auftrieb des Gases $(\rho_F - \rho_G)g$

$$F_3 = \left[\frac{|dp/dz|_F}{(\rho_F - \rho_G) g \cos\beta} \right]^{\frac{1}{2}} \tag{42}$$

In Gleichung (41) geht auch die kinematische Viskosität der Flüssigkeit ν_F ein, da die Wellenbildung durch Schubspannungskräfte zwischen Gas und Flüssigkeit verursacht wird.

Für den Umschlag von Ringströmung zu Blasen-, Kolbenblasen- oder Schwallströmung fanden Taitel und Dukler ein sehr einfaches Kriterium, er findet längs X = const. statt.

Die Kenntnis der Strömungsformen und der Phasenverteilung in einem Zweiphasengemisch ist für theoretische Analysen von großer Bedeutung, da daraus Informationen über die Größe der Phasengrenzflächen, über die Wechselwirkungen zwischen den Phasen und damit über den Impuls-, Wärme und Stoffaustausch abgeleitet werden können. Bisher sind diese Kenntnisse jedoch noch sehr bescheiden, wenn auch in der Literatur, wie in diesem Kapitel dargelegt, verschiedene Ansätze und Diagramme zur Vorhersage der Phasenverteilung angeboten werden. Alle Experimente, auf denen diese in ihrer endgültigen Form stets empirischen Ansätze basieren, wurden an Rohren geringer Abmessungen – bis etwa 50 mm Durchmesser – durchgeführt. Für große Rohrleitungen fehlen Angaben über die zu erwartende Phasenverteilung in der Literatur völlig. Einfache Stabilitätsbetrachtungen lassen jedoch den Schluß zu, daß bestimmte Strömungsformen, wie z.B. die Kolbenblasenströmung, in großen Rohrleitungen nicht existieren können und sich die Symmetrie der Strömung nicht in dem Maße einstellen kann, wie man das bei kleinen Rohrleitungen gewohnt ist. Dieser Mangel an zuverlässigen und präzisen theoretischen Ansätzen für die Vorhersage der Phasenverteilung ist ein Grund dafür, daß auch bei der Berechnung fluiddynamischer Größen, die für die Auslegung von Apparaten und Anlagen unmittelbar von praktischer Bedeutung sind, wie z.B. des Reibungsdruckverlustes oder des Wärme- und Stofftransportes zwischen den Phasen, heute noch überwiegend empirische oder zumindest halbempirische Ansätze verwendet werden, wie wir in den folgenden Kapiteln sehen werden.

Noch verwickelter werden die Verhältnisse, wenn man die Strömungsverteilung in Rohrbündeln betrachtet, da hier neben den stark unterschiedlichen Strömungsgeschwindigkeiten und der gegenüber dem Kreisquerschnitt wesentlich komplizierteren Geometrie auch noch Mischungseffekte zwischen den von 3 oder 4 Rohren bzw. Stäben teilweise umschlossenen Unterkanälen zu berücksichtigen sind. Hinzu kommt noch, daß die meßtechnische Erfassung der Phasenverteilung in Rohrbündeln wesentlich schwieriger ist als in zylindrischen Kanälen, wobei der Klassifizierung in die definierten und diskutierten Strömungsformen aufgrund der experimentellen Beobachtungen ohnehin ein erheblicher subjektiver Spielraum zugestanden werden muß. Für das bessere Verständnis der Austauschvorgänge in Gas-Flüssigkeits-Gemischen und damit für die Ableitung zuverlässigerer Gleichungen zur Auslegung zweiphasig durchströmter Apparate bedarf es in erheblichem Maße zusätzlicher, grundlegender Untersuchungen experimenteller und theoretischer Art über die Ausbildung der Strömungsformen und die Phasenverteilung.

I.4. Örtlicher volumetrischer Dampfgehalt und Schlupf

Bei der Behandlung von Gas-Flüssigkeits-Gemischen spricht man häufig von Strömungsmodellen. Gemeint sind dabei verschiedene, mehr oder weniger idealisierte Vorstellungen, die das fluiddynamische Verhalten der Strömung nachbilden sollen und die in mathematische Ansätze gekleidet werden. Wichtig sind dabei die Annahmen über die absoluten und relativen Werte der Geschwindigkeiten beider Phasen und deren Verteilung über den Strömungsquerschnitt. Gas und Flüssigkeit haben im allgemeinen unterschiedliche Geschwindigkeit; in erster Linie nicht deshalb, weil das Gas einen Auftrieb erfährt, sondern insbesondere bei hohen Mengenströmen, weil der Druckabfall längs des Strömungsweges auf das Gas wegen seiner geringeren Dichte eine größere Beschleunigung auswirkt als auf die Flüssigkeit. Bei der Berechnung der Strömung von Gas-Flüssigkeits-Gemischen durch Rohrleitungen und Kanäle hat es sich eingebürgert, nicht so sehr mit der Relativgeschwindigkeit zwischen den beiden Phasen, sondern mit dem Verhältnis der beiden Geschwindigkeiten, dem in Gl. (11) definierten Schlupf

$$s = \frac{w_G}{w_F}$$

zu arbeiten. Dieser Schlupf ist mit dem örtlichen volumetrischen Dampfgehalt ϵ und dem auf die Masse bezogenen Strömungsdampfgehalt $\dot{x}$, wie bereits in Gl. (12) dargelegt wurde, verknüpft.

$$s = \frac{\dot{x}}{1-\dot{x}} \quad \frac{1-\epsilon}{\epsilon} \quad \frac{\rho_F}{\rho_G}$$

In der Praxis ist meist der Strömungsdampfgehalt gegeben, sei es über die zufließenden Mengenströme von Gas und Flüssigkeit oder bei Verdampfern und Kondensatoren aus dem Wärmetransport durch die Kanalwand über eine einfache Energiebilanz. Die Dichten von Gas und Flüssigkeit liegen durch den thermodynamischen Zustand des Gemisches fest und es ist demnach in einem Rechenmodell nurmehr eine der beiden Größen, der Schlupf oder der örtliche volumetrische Dampfgehalt, wählbar bzw. für physikalische Annahmen manipulierbar, die zweite liegt über Gl. (12) fest.

Fluiddynamische Rechenmodelle in der Literatur formulieren deshalb entweder den örtlichen volumetrischen Dampfgehalt oder den Schlupf. Treibende Kräfte für den Schlupf sind der Auftrieb und der Druckabfall längs des Kanales. Behindert wird die Voreilgeschwindigkeit des Gases gegenüber der Flüssigkeit durch den Impulsaustausch zwischen den Phasen, der umso größer ist, je besser die Phasen ineinander dispergiert sind, also z.B. bei Blasenströmung oder bei Sprühströmung. Daraus ist ohne weiteres einleuchtend, daß die Strömungsform einen wesentlichen Einfluß auf den Schlupf hat. Die geringste Wechselwirkung zwischen den Phasen existiert bei Ringströmung, da hier die Phasengrenzfläche ein Minimum aufweist und bei glatter Oberfläche des Flüssigkeitsfilmes nur Schubspannungskräfte, aber keine Impulskräfte übertragen werden. Aus diesen einfachen anschaulichen Überlegungen über die den Geschwindigkeitsunterschied zwischen Gas und Flüssigkeit treibenden und hindernden Kräfte ist leicht einzusehen, daß der Schlupf zunimmt mit

– dem Dichteverhältnis zwischen Flüssigkeit und Gas

– kleiner Viskosität der Flüssigkeit und
– Strömungsformen, die eine weitgehende Separation der beiden Phasen begünstigen.

Zu beachten ist, daß wegen seiner Definition der Schlupf in Sonderfällen auch extreme Werte annehmen kann, nämlich den Wert Unendlich, wenn Gas durch eine in Ruhe befindliche Flüssigkeit perlt, und den Wert Null, wenn Flüssigkeit durch einen mit stagnierendem Gas gefüllten Raum tropft oder rieselt. In den meisten technisch interessierenden Fällen nimmt der Schlupf Werte zwischen 1 und 10 an, und für höhere Drücke – bei Dampfflüssigkeits-, also Einkomponentenströmungen, 30 bis 90 % des kritischen Druckes – schränkt sich dieser Bereich auf Schlupfwerte von 1,7 bis 1,1 ein.

Der vertretbare und handhabbare mathematische Aufwand zwingt bei Gas-Flüssigkeits-Strömungen noch mehr als bei einphasigen Fluiden zur Mittelwertbildung. Es wird deshalb auch meist mit einem mittleren Schlupf gerechnet, wobei man die Geschwindigkeiten von Gas und Flüssigkeit über den Strömungsquerschnitt mittelt und dann zueinander ins Verhältnis setzt. Bei Geschwindigkeitsverteilungen, die in Kanalmitte ein Maximum aufweisen und naturgemäß an der Wand den Wert Null annehmen müssen, ergibt sich für den so definierten Mittelwert des Schlupfes selbst dann eine Zahl größer als 1, wenn man annimmt, daß in jedem Stromfaden Gas und Flüssigkeit mit derselben Geschwindigkeit strömen, da die Gasphase im Kanalzentrum, also im Bereich größerer örtlicher Geschwindigkeiten, meist stärker konzentriert ist als in Wandnähe. Ergebnisse von Rechenmodellen werden deshalb über die Annahmen zu den örtlichen Wechselwirkungen zwischen Gas und Flüssigkeit hinaus noch durch das unterstellte Geschwindigkeitsprofil und durch die Art der Mittelwertbildung beeinflußt.

I.4.1. Ansätze für den Schlupf

In der Literatur gibt es zahlreiche Ansätze zur Berechnung des Schlupfes. Neben einigen theoretischen Analysen sind sie meist rein empirischer Natur. Einer der ersten und einfachsten theoretischen Ansätze stammt von Levy. Er nahm an, daß beide Phasen getrennt voneinander, also nicht ineinander dispergiert, strömen, und setzte für jede Phase die Impulsgleichung und die Bernoulli-Gleichung an. Die Wechselwirkung zwischen den Phasen beschränkte er weitgehend auf die Schubspannungsübertragung, da er die Masse des Gases und damit dessen Impuls vernachlässigte. Er kam zu der Beziehung

$$s = \sqrt{\frac{\rho_F}{\rho_G}\,\epsilon} \tag{43}$$

die wegen des darin enthaltenen örtlichen volumetrischen Dampfgehaltes mit Gl. (12) kombiniert werden muß und dann den Schlupf implizit als Funktion des Strömungsdampfgehaltes $\dot{x}$ und der Dichten von Flüssigkeit und Gas beschreibt.

$$s = \frac{\dot{x}}{1-\dot{x}} \left(\frac{2}{s^2} - \frac{\rho_G}{\rho_F}\right) \left(\frac{\rho_F}{\rho_G}\right)^2 \tag{44}$$

Als zwar einfacher, aber doch rein theoretischer Ansatz enthält die Gleichung von Levy keine empirischen Faktoren. Bei einem Vergleich mit eigenen Messungen [17] stellte aber Levy fest, daß zwischen Messung und Rechnung Abweichungen bis zu 50 % auftraten.

Häufig angewandt wird in der Praxis der empirische Ansatz von Marchaterre und Hoglund [18]

$$\begin{aligned} s = \exp \{ & \exp [-0{,}45791 - 0{,}12487 (\ln Fr) - \\ & - 0{,}020795 (\ln Fr)^2] + \exp [-1{,}1231 - \\ & - 0{,}10296 (\ln Fr) - 0{,}03033 (\ln Fr)^2] \ln \varphi + \\ & + \exp [-3{,}9782 + 0{,}157 (\ln Fr) - \\ & - 0{,}0128796 (\ln Fr)^2] (\ln \varphi)^2 \} \end{aligned} \tag{45}$$

die den Schlupf als doppelte Exponentialfunktion der Froude-Zahl und eines Dampfgehaltparameters

$$\varphi = \frac{\dot{x}}{1 - \dot{x}} \quad \frac{\rho_F}{\rho_G} \tag{46}$$

formulieren. Marchaterre und Hoglund entwickelten ihren Ansatz für verdampfendes Wasser in Kernreaktoren und gingen deshalb von der Annahme aus, daß das Fluid einphasig flüssig dem Siedekanal zuströmt. Die Froude-Zahl Fr ist mit dieser mittleren Zulaufgeschwindigkeit $\bar{w}_0$ und dem hydraulischen Durchmesser des Kanales d_h gebildet.

$$Fr = \frac{\bar{w}_0^2}{g\, d_h} \tag{47}$$

Für Anwendungszwecke, bei denen der Zulauf nicht einphasig flüssig erfolgt, ist für $\bar{w}_0$ diejenige Transportgeschwindigkeit einzusetzen, die sich ergäbe, wenn die gesamte Menge flüssig strömen würde. Marchaterre und Hoglund geben den Gültigkeitsbereich

$$0{,}2 \leqslant \varphi \leqslant 100$$
$$1 \leqslant Fr \leqslant 100$$
$$\bar{w}_0 > 0{,}25 \text{ m/s}$$

für ihre Beziehung an. Die Gleichung gilt nur für aufwärts gerichtete Strömung. In Abb. 17, in der die Ergebnisse der Schlupfanalyse von Marchaterre und Hoglund graphisch dargestellt sind, ist der Bereich der Froude-Zahl bis $Fr = 0{,}01$ erweitert. Die dort abzulesenden Werte für Froude-Zahlen unterhalb 1 sind graphisch extrapoliert und nicht mehr mit Gl. (45) zu berechnen.

In vielen praktischen Fällen sind für erste, abschätzende Überschlagsrechnungen einfache Beziehungen erwünscht. Für den Schlupf können hier der Ansatz von Ahmad [19]

$$s = \left(\frac{\rho_F}{\rho_G} \right)^{0{,}205} \left(\frac{m\, d_h}{\eta_F} \right)^{-0{,}016} \tag{48}$$

sowie der von Friedel [20]

$$s = \frac{\{\epsilon + [0{,}539\, \dot{\epsilon} (1 - \dot{\epsilon})^{0{,}561} Fr^{-0{,}312} (1 - p/p_{krit})^{1{,}016}] \} \dot{V}}{\epsilon\, \bar{w}_F} \tag{49}$$

herangezogen werden. Die Formel von Friedel geht auf Arbeiten von Kowalczewski [21] und von Kütükcüoglu [22] zurück. Gleichung (49) hat den Gültigkeitsbereich

$$0{,}1 < \frac{p}{p_{\text{krit}}} < 0{,}6$$

$$500\ \frac{\text{kg}}{\text{m}^2\ \text{s}} < \dot{m} < 4000\ \frac{\text{kg}}{\text{m}^2\ \text{s}}$$

$$0{,}006\ \text{m} < d_{\text{h}} < 0{,}015\ \text{m}$$

und ist an Kältemittel (R 12) angepaßt. In Gleichung (49) ist der örtliche volumetrische Dampfgehalt ϵ aus Gl. (12) zu ersetzen und die Froude-Zahl ist nach Gl. (47) definiert. $\dot{V}$ ist der gesamte Volumenstrom durch den Kanal und w_{F} ist die mittlere Geschwindigkeit der flüssigen Phase, die den relativen Querschnitt $(1 - \epsilon)$ einnimmt. Der Zusammenhang zwischen dem gesamten Volumenstrom $\dot{V}$ und dem volumetrischen Strömungsdampfgehalt ϵ ist in Gl. (10) zu finden.

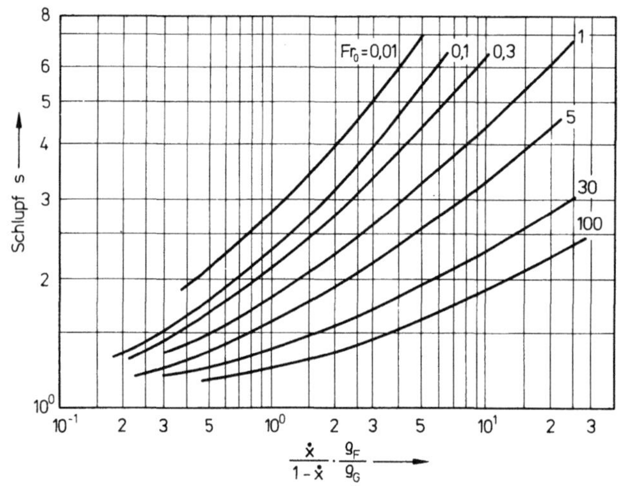

Abb. 17. Schlupf nach Marchaterre und Hoglund [18]

I.4.2. Ansätze für den örtlichen volumetrischen Dampfgehalt

Eines der ersten Rechenmodelle zur Bestimmung des örtlichen volumetrischen Dampfgehaltes stammt von Bankoff [23]. Dieses Modell mündet zwar in seiner Endformulierung in eine Schlupfbeziehung, ist aber nach den physikalischen Annahmen eine Dampfgehaltsanalyse. Es setzt eine disperse Verteilung von Dampfblasen in der flüssigen Phase, also eine Blasenströmung, voraus, bei der die Blasenkonzentration im Zentrum des Kanales am größten ist und zur Wand hin abnimmt. Bankoff nimmt weiterhin an, daß im jeweiligen Stromfaden der Schlupf zwischen Gas und Flüssigkeit vernachlässigt werden kann, also daß unmittelbar benachbarte Teilchen mit gleicher Geschwindigkeit strömen. Im Mittel ergibt sich dann trotzdem eine höhere Transportgeschwindigkeit des Dampfes, da er im Bereich höherer Strömungsgeschwindigkeiten größere Konzentrationen aufweist als in den langsamen Randzonen. Mit diesen Annahmen kann

Bankoff das Gemisch als quasi einphasige Strömung betrachten, deren Dichte von der Mitte zur Wand zunimmt.

Er geht deshalb von dem bekannten Potenzsatz

$$\frac{w_r}{w_{max}} = \left(\frac{r}{R}\right)^{\frac{1}{m}} \tag{50}$$

für die Geschwindigkeitsverteilung über den Radius r aus und nimmt analog an, daß auch die Verteilung des volumetrischen Dampfgehaltes ϵ_r durch eine ähnliche Funktion

$$\frac{\epsilon_r}{\epsilon_{max}} = \left(\frac{r}{R}\right)^{\frac{1}{n}} \tag{51}$$

dargestellt werden kann. Der Radius r zählt dabei von der Wand ($r = 0$) bis zur Kanalmitte ($r = R$). Geschwindigkeit und örtlicher Dampfgehalt sind über die Mengenbilanz bzw. die daraus resultierende Kontinuitätsgleichung miteinander verknüpft, die zur Ermittlung eines über den Querschnitt gemittelten, in Hinblick auf den Strömungsweg jedoch örtlichen volumetrischen Dampfgehaltes ϵ integriert werden muß. Bankoff kommt schließlich zu der Beziehung

$$\epsilon = \frac{K}{1 + \frac{1-\dot{x}}{\dot{x}} \frac{\rho_G}{\rho_F}} = K\,\dot{\epsilon} \tag{52}$$

in der K als Strömungsfaktor definiert ist, der über die in Gln. (50) und (51) getroffenen Annahmen zu

$$K = \frac{2\,(m+n+mn)\,(m+n+2mn)}{(n+1)\,(2n+1)\,(m+1)\,(2m+1)} \tag{53}$$

festgelegt werden kann. Abhängig von den für das Strömungsprofil getroffenen Annahmen kann K zwischen 0,5 und 1 variieren.

Der bequemeren Handhabung halber gibt Bankoff die empirische Beziehung

$$K = 0{,}71 + 0{,}00145\,\frac{p}{\text{bar}} \tag{54}$$

für den Strömungsfaktor K an, die nur eine Funktion des Druckes p ist, der, um die Gleichung dimensionslos zu machen, durch seine Dimension dividiert ist. Diese empirische Beziehung beschränkt die Anwendung des Bankoffschen Ansatzes auf Wasser-Dampfströmungen, während bei Verwendung von Gl. (53) und der Annahme einer Geschwindigkeits- und Dampfverteilung über den Querschnitt, durch welche die Exponenten m und n festgelegt werden, der Ansatz von Bankoff generelle Gültigkeit hat.

Aus diesem Ansatz für den volumetrischen Dampfgehalt entwickelte Bankoff schließlich den Schlupfansatz

$$s = \frac{1-\epsilon}{K-\epsilon} \tag{55}$$

der später von Jones [24] zu

$$s = \frac{1-\epsilon}{K^* - \epsilon + (1-K^*)\,\epsilon^o} \tag{56}$$

erweitert wurde. In der Jonesschen Gleichung ist der Strömungsfaktor K^* und der Exponent o aus den empirischen Beziehungen

$$K^* = 0{,}71 + 13{,}1 \frac{p}{10^4 \text{ bar}} \tag{57}$$

$$o = 3{,}33 + 2{,}61 \frac{p}{10^3 \text{ bar}} + 96{,}8 \left(\frac{p}{10^3 \text{ bar}} \right)^2 \tag{58}$$

zu berechnen. Die Gleichungen (56) bis (58) gelten nur für Wasser.

Die von Bankoff getroffene Annahme, daß in jedem Stromfaden keine Relativgeschwindigkeit zwischen Gas und Flüssigkeit vorhanden ist, ist eine Vereinfachung, die nur in Ausnahmen – Sprühströmung oder Bläschenströmung – annähernd, im allgemeinen aber nicht zutrifft. Zuber und Findlay [25] haben deshalb das Bankoffsche Modell erweitert und verallgemeinert, indem sie auch den Beitrag örtlicher Relativgeschwindigkeiten zwischen den Phasen in eine theoretische Analyse einarbeiteten. Für die Beschreibung der örtlichen Relativgeschwindigkeit griffen sie auf eine Arbeit von Behringer [26] zurück, der als einer der ersten die örtliche Relativgeschwindigkeit zwischen den Phasen betrachtete und unter Vernachlässigung von Änderungen der Geschwindigkeit und der Dampfgehaltskonzentration über dem Querschnitt die Beziehung für die Geschwindigkeit der Dampfblasen w_{Bl} im Gemisch

$$w_{\mathrm{Bl}} = \frac{\dot{V}_{\mathrm{F}}}{A} + \frac{\dot{V}_{\mathrm{G}}}{A} + w_{\mathrm{Bl}\infty} \tag{59}$$

ableitete. Darin stellen A den gesamten Strömungsquerschnitt und $w_{\mathrm{Bl}\infty}$ die Endgeschwindigkeit einer einzelnen Gasblase dar, die in einer ruhenden Flüssigkeit unbeeinflußt von der Wand aufsteigt. Diese Beziehung läßt sich in den volumetrischen Dampfgehalt umrechnen, wenn man eine sogenannte Leerrohr-Gasgeschwindigkeit

$$w_{\mathrm{G}0} = \frac{\dot{V}_{\mathrm{G}}}{A} = \dot{\epsilon}\, w_{\mathrm{Bl}} \tag{60}$$

einführt, worunter man diejenige Geschwindigkeit versteht, die das Gas annehmen würde, wenn es alleine und gleichmäßig über den gesamten Kanalquerschnitt verteilt im Kanal strömt. Formt man in der Beziehung von Behringer (Gl. (59)) den Ausdruck V/A um, so erhält man für die beiden Phasen

$$\frac{\dot{V}_{\mathrm{F}}}{A} = w_{\mathrm{Ff}}\,(1 - \epsilon)$$

$$\frac{\dot{V}_{\mathrm{G}}}{A} = w_{\mathrm{Gf}}\, \epsilon$$

fiktive Geschwindigkeiten, wie wir sie bereits in Kapitel I.3.1., aber in etwas anderer Form diskutierten. Da ϵ und $1 - \epsilon$ eine Fläche darstellen, kann man diese Driftgeschwindigkeiten auch als Volumenstromdichte von Dampf und Flüssigkeit auffassen. Die örtliche Volumenstromdichte des Gemisches setzt sich dann aus der Summe der beiden Teilströme

$$\frac{\dot{V}}{A} = \frac{\dot{V}_{\mathrm{F}}}{A} + \frac{\dot{V}_{\mathrm{G}}}{A} = w_{\mathrm{Ff}}\,(1 - \epsilon) + w_{\mathrm{Gf}}\, \epsilon \tag{61}$$

zusammen, die auch als örtliche Gemischgeschwindigkeit des Fluids, bezogen auf den gesamten Strömungsquerschnitt, bezeichnet werden kann.

Mit der Relativgeschwindigkeit

$$w_r = w_{Gf} - w_{Ff} \tag{62}$$

zwischen den beiden Phasen definieren Zuber und Findlay sogenannte Driftgeschwindigkeiten für die Phasen

$$w_{G\,Dr} = w_{Gf} - \frac{\dot{V}}{A} = w_{Gf} - [w_{Ff}(1-\epsilon) + w_{Gf}\,\epsilon] \tag{63}$$

$$w_{F\,Dr} = w_{Ff} - \frac{\dot{V}}{A} = w_{Ff} - [w_{Ff}(1-\epsilon) + w_{Gf}\,\epsilon] \tag{64}$$

die man anschaulich als die Differenz aus der tatsächlichen Transportgeschwindigkeit der Phase und einer auf den gesamten Strömungsquerschnitt gemittelten Gemischgeschwindigkeit deuten kann, d.h. eine gedachte Relationsgeschwindigkeit, mit der das in Gl. (61) definierte Gemisch hinter der wahren Transportgeschwindigkeit her driftet.

Nach den bekannten Gesetzen der Mittelwertbildung lassen sich dann eine mittlere Gasgeschwindigkeit

$$w_G = \frac{\overline{w_G\,\epsilon}}{\overline{\epsilon}} \tag{65}$$

und eine mittlere Volumenstromdichte

$$\frac{\dot{V}_G}{A} = \overline{w_G\,\epsilon} \tag{66}$$

für das Gas definieren. Mit diesen Definitionen und Überlegungen kommen Zuber und Findlay schließlich zu dem Ansatz

$$\frac{\overline{\dot{\epsilon}}}{\overline{\epsilon}} = C_0 + \frac{\overline{\epsilon\,w_{G\,Dr}}}{\overline{\epsilon}\,\overline{\dot{V}}/A} \tag{67}$$

der sich nach dem über den Strömungsquerschnitt gemittelten, hinsichtlich des Strömungsweges aber örtlichen volumetrischen Dampfgehalt

$$\overline{\epsilon} = \frac{\overline{\dot{\epsilon}}}{C_0 + \dfrac{\overline{\epsilon\,w_{G\,Dr}}}{\overline{\epsilon}\,\overline{\dot{V}}/A}} \tag{68}$$

auflösen läßt. In den Gleichungen (67) und (68) ist die Größe C_0 enthalten, die in der Literatur als Verteilungsparameter bezeichnet wird und den Einfluß des Verlaufes von Dampfgehalt und Geschwindigkeit über den Strömungsquerschnitt berücksichtigt. Die Auswirkung der Relativgeschwindigkeit zwischen den Phasen ist durch den 2. Ausdruck im Nenner von Gl. (68) in Ansatz gebracht. Vernachlässigt man die örtliche Relativgeschwindigkeit zwischen den Phasen, so geht Gl. (68) in die von Bankoff abgeleitete Gl. (52) über. Daraus kann man unmittelbar ersehen, daß

$$C_0 = \frac{1}{K}$$

sein muß.

Für die mittlere Driftgeschwindigkeit nehmen Zuber und Findlay an, daß sie eine Funktion der Aufstiegsgeschwindigkeit der Blasen und des Dampfgehaltes ist. Damit ist sie von der Strömungsform festgelegt und für Schaumströmung empfehlen Zuber und Findlay die Beziehung

$$\overline{w}_{\mathrm{GDr}} = C \left[\frac{\sigma g (\rho_F - \rho_G)}{\rho_F^2} \right]^{0,25} \tag{69}$$

mit Werten für die Konstante C = 1,18 nach Harmathy [27] bzw. C = 1,53 nach Peebles und Garber [28]. Für Kolbenblasenströmung wird die Beziehung

$$\overline{w}_{\mathrm{GDr}} = 0{,}35 \left[\frac{g\, d_{\mathrm{Bl}} (\rho_F - \rho_G)}{\rho_F} \right]^{0,5} \tag{70}$$

vorgeschlagen.

Der Verteilungsparameter C_0 in Gl. (68) stellt eine Korrekturgröße zwischen der ungleichmäßigen und gleichmäßigen Verteilung des Dampfgehaltes über den Querschnitt dar. Er ist damit von den jeweiligen Dampfgehalts- und Geschwindigkeitsprofilen der Strömung abhängig und muß aus einer Mittelwertbildung über den Querschnitt bestimmt werden. Beide Profile sind experimentell und theoretisch schwer zugänglich. In der Literatur finden sich deshalb empirische Ansätze für den Verteilungsparameter, deren Brauchbarkeit aber an der mehr oder weniger guten Vorhersage des mittleren Dampfgehaltes, also dem Ergebnis von Gl. (68), und nicht an der richtigen Beschreibung der physikalischen Phänomene gemessen wurde. Dix [29] schlägt hiefür die empirische Beziehung

$$C_0 = \dot{\epsilon} \left[1 + \left(\frac{1}{\dot{\epsilon}} - 1 \right)^{b} \right] \tag{71}$$

vor, wobei der Exponent b

$$b = \left(\frac{\rho_F}{\rho_G} \right)^{-0,1} \tag{72}$$

vom Dichteverhältnis abhängt. Die Anwendung von Gl. (71) sollte auf die Bedingungen des unterkühlten Siedens beschränkt bleiben, da bei höheren Dampfgehalten die Meßergebnisse nicht mehr befriedigend wiedergegeben werden.

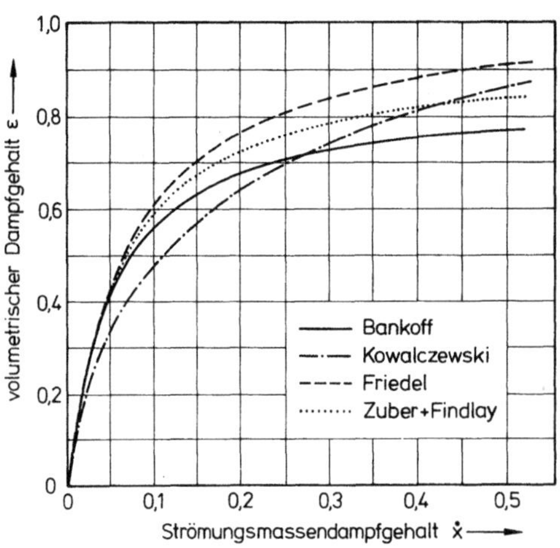

Abb. 18. Vergleich zwischen verschiedenen Berechnungsmodellen für den volumetrischen Dampfgehalt (Wasser-Dampf-Gemisch, p = 70 bar, $\dot{m}$ = 1000 kg/m^2 s)

Vergleicht man die Ergebnisse der hier diskutierten Berechnungsmethoden, wie dies in Abb. 18 für eine Dampf-Wasser-Strömung eines Druckes von 70 bar und einer Massenstromdichte von 1000 kg/m^2 s geschehen ist, so findet man merkliche Abweichungen. Nabizadeh [30] hat deshalb die Berechnung und theoretische Vorhersage des volumetrischen Dampfgehaltes nochmals grundlegend aufgegriffen und den Ansatz von Zuber und Findlay erweitert. In Experimenten studierte er sorgfältig die Dampfgehaltsverteilung über den Strömungsquerschnitt – Abb. 19 – und stellt dabei in Übereinstimmung mit Dix [29] und Delhaye [31] fest, daß bei kleinen Dampfgehalten, unter den Bedingungen des sogenannten unterkühlten Siedens, wenn sich Blasen in der überhitzten flüssigen Grenzschicht bilden, die dann in der Kernströmung wieder kondensieren, der Dampfanteil in der Nähe der beheizten Rohrwand ein Maximum aufweist (Kurve *1* in Abb. 19), während sich dieses Maximum bei hohen Dampfgehalten zur Kanalmitte verschiebt. Dieser in Abb. 19 mit *2* gekennzeichnete Kurvenverlauf ist typisch für die Ringströmung, bei der sich ein dünner Flüssigkeitsfilm an der Wand befindet, und das Gas, bzw. der Dampf, beladen mit Flüssigkeitstropfen, im Kern strömt. Die Tropfenkonzentration nimmt zur Wand zu.

Für praktische Anwendungsfälle ist es in der Regel nicht notwendig, die genaue Verteilung der Phasen über den Querschnitt zu kennen, sondern es genügt die Vorhersage des mittleren volumetrischen Dampfgehaltes an einer bestimmten

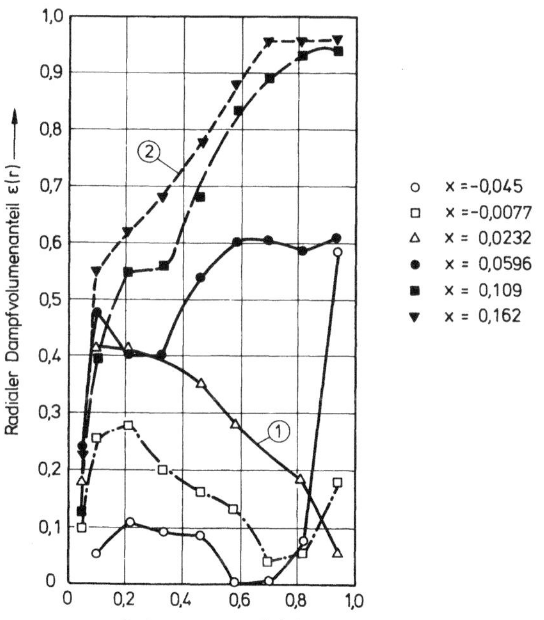

Abb. 19. Radiale Dampfgehaltsverteilung ϵ (*r*), Medium *R* 113 bei p = 9 bar und $\dot{m}$ = 2000 kg/m^2 s [30]

axialen Position des Strömungskanales. Ausgehend von der für diesen Mittelwert von Zuber und Findlay vorgeschlagenen Formel

$$\bar{\epsilon} = \frac{\dot{x}}{\rho_G} \left[C_0 \left(\frac{\dot{x}}{\rho_G} - \frac{1-\dot{x}}{\rho_F} \right) + \right.$$
$$\left. + \frac{1{,}18}{\dot{m}} \left(\frac{\sigma g (\rho_F - \rho_G)}{\rho_F^2} \right)^{0{,}25} \right]^{-1} \tag{73}$$

entwickelte Nabizadeh den Ansatz

$$C_0 = \dot{\epsilon} \left[1 + \frac{1}{n} (Fr_0)^{-0{,}1} \left(\frac{\rho_G}{\rho_F} \right)^n \left(\frac{1-x}{x} \right)^{1{,}22n} \right] \tag{74}$$

für den Verteilungsparameter C_0, in dem die auf die mittlere Massenstromdichte bezogene Froude-Zahl Fr_0

$$Fr_0 = \frac{\dot{m}^2}{\rho_F^2 \, g \, d_h}$$

enthalten ist, die den Einfluß des Auftriebes auf die Phasenverteilung in der Strömung berücksichtigt. Der Parameter n ist eine Funktion des Dichteverhältnisses

$$n = \sqrt{0{,}6 \, \frac{\rho_F - \rho_G}{\rho_F}} \tag{75}$$

Die Abhängigkeit des Verteilungsparameters C_0 in einem Wasser-Dampf-Gemisch vom Strömungsdampfgehalt ist für verschiedene Drücke in Abb. 20

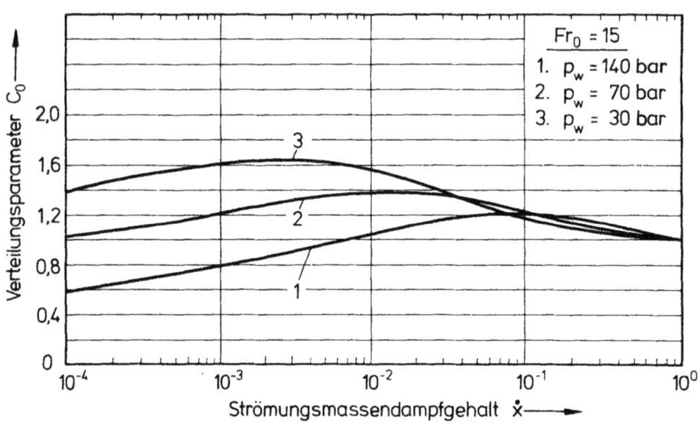

Abb. 20. Einfluß von Strömungsdampfgehalt und Systemdruck auf den Verteilungsparameter C_0 [30]

wiedergegeben. Man sieht, daß für hohen Dampfgehalt, wie physikalisch leicht plausibel, C_0 gegen 1 strebt, da hier Sprühströmung existiert, ohne einen Flüssigkeitsfilm an der Wand, mit gleichmäßiger Verteilung der Tropfen. Bei niedrigen Dampfgehalten nimmt der Verteilungsparameter Werte unter 1,0 an, was anschaulich gedeutet heißt, daß der Dampfvolumenanteil im Kanal in Wandnähe ein Maximum aufweist. Für Ringströmung oder eine Dampfkonzentration in Kanalmitte mit Flüssigkeitsfilm an der Wand ist der Verteilungsparameter größer als 1. Nabizadeh verglich seinen Ansatz sorgfältig mit eigenen Messungen und mit experimentellen Ergebnissen aus der Literatur und konnte selbst in Bereichen des unterkühlten Siedens gute Übereinstimmung nachweisen.

I.4.3. Phasenseparation in nichtströmenden Flüssigkeiten

Für die Auslegung energie- oder verfahrenstechnischer Apparate, wie Verdampfer, Blasensäulen oder Destillierböden, in denen ein zweiphasiges Dampf-Flüssigkeits-Gemisch mit freier Oberfläche vorhanden ist, werden häufig Angaben zur Höhenlage des Gemischspiegels im Behälter benötigt. Vereinfachte Vorstellungen gehen entweder von der homogenen Verteilung der dampfförmigen Phase und der Flüssigkeit aus oder nehmen eine vollständige Separation beider Phasen mit sich ausbildender Schichtung des Dampfes über der reinen Flüssigkeit an. Beide Annahmen sind Grenzfälle des wirklichen Verhaltens, bei dem die Dampfseparation über die freie Oberfläche von der Hydrodynamik beider Phasen im Gemisch bestimmt wird. Die aufsteigenden Dampf- oder Gasblasen haben eine Liftwirkung auf die Flüssigkeit, die dann in Wandnähe, wie in Abb. 21 skizziert, wieder nach unten strömt, da sich dort wegen des Wandrei-

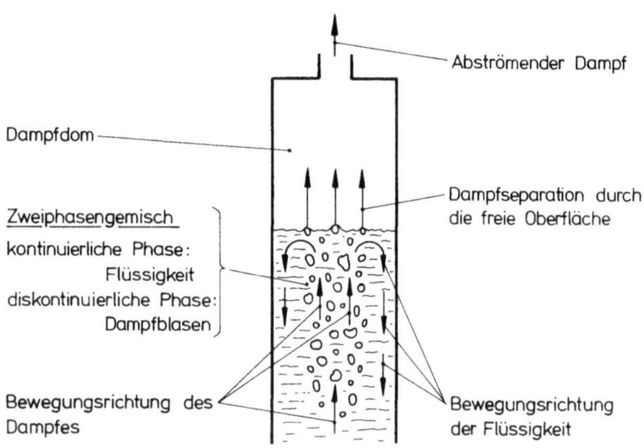

Abb. 21. Dampf- und Gasseparation aus einem Zweiphasengemisch im Behälter

bungseinflusses kaum Blasen befinden. Die Aufstiegsgeschwindigkeit der Dampfblasen in der Flüssigkeit wird durch den Auftrieb und durch den Strömungswiderstand, den sie beim Durchdringen der Flüssigkeit erleiden, bestimmt. Dieser Strömungswiderstand wiederum ist abhängig von der Viskosität der Flüssigkeit und der Größe der Dampfblasen, für die die Oberflächenspannung ein Maß ist.

Es läge nahe, für die Berechnung der Phasenseparation vom Aufstiegsverhalten einer Einzelblase auszugehen und durch empirische Korrekturen für die Wechselwirkungen im Blasenschwarm einen Ansatz für die sich einstellende Gemischspiegelhöhe oder für den über die Höhe und den Kanalquerschnitt gemittelten volumetrischen Dampfgehalt $\langle\bar{\varepsilon}\rangle$ zu erhalten. Aus solchen Überlegungen abgeleitete Ansätze führten aber nur zu mäßigem Erfolg. In der Literatur [32–38] wurde deshalb häufig die Dimensionsanalyse und ein Produktansatz daraus abgeleiteter dimensionsloser Kennzahlen zur Berechnung des mittleren volumetrischen Dampfgehaltes angewandt. Eine Auswahl solcher Beziehungen ist in

Tabelle 1 zusammengestellt. Gemeinsam sind den meisten dieser Ansätze die Kennzahlen

Froude-Zahl

$$Fr = \frac{w_{G0}^2}{g\sqrt{\frac{\sigma}{g(\rho_F - \rho_G)}}}$$

Weber-Zahl

$$We = \frac{\sqrt{\frac{\sigma}{g(\rho_F - \rho_G)}}}{d_{Beh}}$$

und Bond-Zahl

$$Bo = g\, d_{Beh}^2 \left(\frac{\rho_F - \rho_G}{\sigma}\right)$$

Die Weber-Zahl, die ja bekanntlich das Verhältnis von blasen- oder tropfenbildender Oberflächenenergie zur die Schubspannungskräfte beschreibenden kinetischen Energie der Strömung darstellt, ist hier mit der Aufstiegsgeschwindigkeit einer Einzelblase im Behälter definiert. Aus Gründen der einfacheren praktischen Anwendung wurden alle in Tabelle 1 aufgeführten empirischen Formeln auf eine sogenannte Leerrohrgeschwindigkeit w_{G0} bezogen, das ist diejenige Dampf- oder Gasgeschwindigkeit, die sich einstellen würde, wenn ausschließlich die Gasphase im Behälter strömt. Die Verwendung der Leerrohrgeschwindigkeit in diesen Formeln hat einen weiteren Vorteil, da daraus über die einfache Beziehung

$$w_{G0} = \langle\bar{\epsilon}\rangle\, \langle\bar{w}_{Bl}\rangle \tag{76}$$

leicht eine über den Querschnitt A und die Höhe des Behälters gemittelte Blasenaufstiegsgeschwindigkeit $\langle\bar{w}_{Bl}\rangle$ abgeleitet werden kann.

Ein Vergleich der in Tabelle 1 aufgeführten Formeln mit an verschiedenen Fluiden und bei verschiedenen Drücken durchgeführten Messungen zeigt nur bereichsweise Übereinstimmung. Viecenz [39] wertete deshalb nochmals die verschiedenen Einflußgrößen auf die Phasenseparation und stellte fest, daß insbesondere die Viskosität in den bis dahin verfügbaren Gleichungen nicht oder nicht richtig berücksichtigt ist. Gestützt auf die aus der Literatur bekannten Ansätze [32–38] kam er zu der empirischen Beziehung

$$\langle\bar{\epsilon}\rangle = C \left[\frac{w_{G0}^2}{g\sqrt{\frac{\sigma}{g(\rho_F - \rho_G)}}}\right]^n \left[\frac{\sqrt{\frac{\sigma}{g(\rho_F - \rho_G)}}}{d_{Beh}}\right]^{0,174} \left[\frac{\rho_F}{\rho_F - \rho_G}\right]^{-0,585} \left[\frac{\nu_F}{\nu_G}\right]^{0,256} \tag{77}$$

für den mittleren volumetrischen Dampfgehalt im Behälter. Seine Gleichung enthält die vorher erläuterten Kennzahlen, Froude-Zahl und Weber-Zahl, sowie das

Tabelle 1. *Empirische Gleichungen für den volumengemittelten Dampfgehalt im Zweiphasengemisch bei Phasenseparation*

Autor	Medium	Geometrie/ Meßdaten	empirische Beziehung für den mittleren vol. Dampfgehalt in der Mischung	Strömungsformunterscheidung	Druckbereich (bar)
Wilson [32]	H_2O – H_2O Dampf	d_{Beh}: 480 mm, 100 mm; Sinterplatte	$\langle\bar{\varepsilon}\rangle = C\,[Fr]^a\,[We]^{0,1}\left[\frac{\rho_G}{\rho_F-\rho_G}\right]^{0,17}$ $C = 0{,}68$, $a = 0{,}31$; $C = 0{,}88$, $a = 0{,}20$	$\frac{w_{GO}}{[g\sqrt{\sigma/g(\rho_F-\rho_G)}]^{\frac{1}{2}}} \leqslant 2$; $\frac{w_{GO}}{[g\sqrt{\sigma/g(\rho_F-\rho_G)}]^{\frac{1}{2}}} > 2$	$20 \div 41$
Sterman Dementiev Lepilin [33]	H_2O H_2O Dampf	d_{Beh}: 51 mm, 69 mm, 85 mm, 200 mm; Verdampfer Sinterplatte	$\langle\bar{\varepsilon}\rangle = C\,[Fr]^a\,[We]^{0,25}\left[\frac{\rho_G}{\rho_F-\rho_G}\right]^{0,17}$ $C = 1{,}07$, $a = 0{,}40$; $C = 1{,}90$, $a = 0{,}17$	$\frac{w_{GO}}{[g\sqrt{\sigma/g(\rho_F-\rho_G)}]^{\frac{1}{2}}} < 3{,}7$; $\frac{w_{GO}}{[g\sqrt{\sigma/g(\rho_F-\rho_G)}]^{\frac{1}{2}}} \geqslant 3{,}7$	$1{,}07 \div 190$
Margulova [34]	H_2O – H_2O Dampf	d_{Beh}: 200 mm; Sinterplatte	$\langle\bar{\varepsilon}\rangle = (0{,}576 + 0{,}00414\,p\,[\text{atm}])\,w_{Go}^{0,75}$	keine	$91 \div 190$
Kurbatov [35]	H_2O – H_2O Dampf	d_{Beh}: $51 \div 200$ mm; Verdampfer Sinterplatte	$\langle\bar{\varepsilon}\rangle = 0{,}67\,[Fr]^{\frac{1}{3}}\,[We]^{\frac{1}{6}}\left[\frac{\rho_F}{\rho_F-\rho_G}\right]^{\frac{1}{3}}\left[\frac{\nu_F}{\nu_G}\right]^{\frac{2}{9}}$	keine	$1{,}07 \div 190$
Labuncov [36]		d_{Beh}: $17 \div 748$ mm	$\langle\bar{\varepsilon}\rangle = \left(1 + \frac{w_{Bls}}{w_{Go}}\right)^{-1}$ $w_{Bl_\infty} = 1{,}5\left[\frac{g\,\sigma(\rho_F-\rho_G)}{\rho_F^2}\right]^{\frac{1}{4}}$ $\psi_L = 1{,}5\left(\frac{\rho_F}{\rho_G}\right)^{\frac{1}{5}}\left(1-\frac{\rho_G}{\rho_F}\right)^5$ $w_{Bl\,S} = w_{Bl_\infty}\cdot\psi_L$	$Bo > 500$	$1 \div 196$
Mersmann [37]	Luft – H_2O H_2O – Hg Toluol – H_2O		$\langle\bar{\varepsilon}\rangle(1-\langle\bar{\varepsilon}\rangle)^n = 0{,}14\,w_{GO}\left(\frac{\rho_F^2}{g\,\sigma(\rho_F-\rho_G)}\right)^{\frac{1}{4}}$ $\left(\frac{\rho_F}{\rho_F-\rho_G}\right)^{\frac{1}{3}}\left[\frac{\sigma^3\,\rho_F^2}{\eta_F^4(\rho_F-\rho_G)g}\left(\frac{\rho_F}{\rho_G}\right)^{\frac{5}{3}}\right]^{\frac{1}{24}}$	$n = f\left(\frac{\rho_F}{\rho_G}\right)$	

Verhältnis von Dichte und kinematischer Viskosität ν. Die Froude-Zahl ist in Gl. (77) mit einer Konstanten C und einem Exponenten n behaftet, die es erlauben, das Separationsverhalten sowohl bei Blasen- als auch bei Schaumströmung zu beschreiben. Für Blasenströmung, d.h.

$$Fr = \frac{w_{G0}}{\left[g \sqrt{\dfrac{\sigma}{g\,(\rho_F - \rho_G)}} \right]^2} \leqslant 3$$

ist $C = 0{,}73$
$n = 0{,}376$

und für Schaumströmung

$$Fr > 3$$

ist für $C = 0{,}86$
$n = 0{,}293$

einzusetzen. Gleichung (77) gibt die in der Literatur vorhandenen Meßwerte mit einer Ungenauigkeit von ± 15 % wieder. Bei Blasensäulen und Destillierböden wird der Flüssigkeitsanteil im Behälter bzw. auf dem Boden $1 - \langle\bar{\epsilon}\rangle$ auch als hold-up bezeichnet. Die dort meist geringfügige Gegen- oder Querströmung der Flüssigkeit kann für die Berechnung des mittleren volumetrischen Dampfgehaltes meist vernachlässigt werden, so daß auch hier Gl. (77) gilt, vorausgesetzt die Höhe der Flüssigkeitsschicht ist groß genug, daß Anlauf- oder Beschleunigungseffekte bei der Blasenbildung am Lochboden nur vernachlässigbaren Einfluß auf die Phasenseparation haben.

Bei Druckentlastung ist die Berechnung der Phasenseparation wesentlich komplizierter, da hier auch das Aufschäumen des Gemisches infolge Entspannungsverdampfung und die dadurch hervorgerufene Bewegung der Gemischoberfläche berücksichtigt werden muß. Das pro Fläche und Zeit sich aus dem Gemisch separierende Dampfvolumen, wegen seiner Dimension m/s auch mittlere Separationsgeschwindigkeit $\bar{w}_{sep}$ genannt, ist eine Funktion der Driftgeschwindigkeit w_{Drift}, des in Gl. (77) beschriebenen mittleren volumetrischen Dampfanteiles, des radialen Verteilungsparameters, ähnlich wie ihn Zuber und Findlay oder Nabizadeh definierten, und der Bewegungsgeschwindigkeit der Gemischoberfläche w_{Oberf} infolge Aufschäumens

$$w_{sep} = \frac{w_{G0}\, C_{0rad} \langle\bar{\epsilon}\rangle}{1 - C_{0rad}\langle\bar{\epsilon}\rangle} + \frac{w_{Drift}\langle\bar{\epsilon}\rangle}{1 - C_{0rad}\langle\bar{\epsilon}\rangle} - w_{Oberf}\langle\bar{\epsilon}\rangle \tag{78}$$

Viecenz gab für die Driftgeschwindigkeit die Beziehung

$$w_{Drift} = 0{,}2591 \left[\frac{g\,\sigma\,(\rho_F - \rho_G)}{\rho_G^2}\right]^{\frac{1}{4}} \left[\frac{\rho_G}{\rho_F - \rho_G}\right]^{0{,}4755} \left[\frac{g\,\dfrac{\sigma}{(\rho_F - \rho_G)}}{d_{Beh}}\right]^{-0{,}3064} \left[\frac{\nu_F}{\nu_G}\right]^{-0{,}3405} \left[\frac{H_L}{\dfrac{\sigma}{g\,(\rho_F - \rho_G)}}\right]^{0{,}0778} \tag{79}$$

und für den radialen Verteilungsparameter $C_{0\mathrm{rad}}$ die Formel

$$C_{0\mathrm{rad}} = C\ [\langle\bar{\epsilon}\rangle]^{a} \left[\frac{\rho_G}{\rho_F - \rho_G}\right]^{b} \qquad (80)$$

an. H_L ist die Höhe der Flüssigkeit im Behälter. Die Konstante und die Exponenten in Gl. (80) sind, wie Viecenz experimentell ermittelte, vom mittleren volumetrischen Dampfgehalt abhängig und können Tabelle 2 entnommen werden. Die

Tabelle 2. *Konstante C und Exponenten a und b in Gl. (80)*

$\langle\bar{\epsilon}\rangle < 0{,}104$	$C = 1{,}783$	a = −0,242	b = 0,142
$0{,}104 \leqslant \langle\bar{\epsilon}\rangle < 0{,}24$	$C = 2{,}20$	a = −0,143	b = 0,147
$\langle\bar{\epsilon}\rangle \geqslant 0{,}24$	$C = 1{,}0$	a = 0	b = 0

Anwendung von Gleichung (78) setzt eine sehr komplizierte und aufwendige Analyse der Blasenbildung bei der Entspannungsverdampfung unter Einbezug des Siedeverzuges voraus, was in [39] nachzulesen ist.

I.5. Druckverlust

Neben den Formulierungen der Erhaltungssätze für Masse, Energie und Impuls sind Gleichungen für den Druckverlust – oft auch Reibungsdruckverlust genannt – die in der Praxis am häufigsten benötigten und für die Auslegung von Apparaten wichtigsten Ansätze. Druckverlust, also durch Dissipation kinetischer oder mechanischer Energie verursachter bleibender Druckabfall, kann aber nicht nur durch Reibung an der Wand, sondern insbesondere in Gas-Flüssigkeits-Gemischen auch durch irreversiblen Impulsaustausch zwischen den Phasen entstehen. Der Anlagen- und Apparatebauer unterscheidet aus praktischen Gesichtspunkten zwischen

Druckverlust in Rohrleitungen und Kanälen und

Druckverlust in Apparatekomponenten infolge Umlenkungen, Querschnittsänderungen usw.

Eine anschauliche Vorstellung über fluiddynamische Vorgänge, die eine Energiedissipation im Sinne eines Druckverlustes bewirken können, läßt sich am einfachsten für die spezielle Phasenverteilung der Ringströmung gewinnen. Wie wir gelernt haben, fließt dabei – Abb. 22 – ein Flüssigkeitsfilm an der Wand, der abhängig von seiner Geschwindigkeit w_{film}, seiner Viskosität und auch der Rauhigkeit der Wand eine Schubspannung τ_{wand} auf die Wand überträgt und dadurch einen Reibungsdruckverlust erleidet. Das Gas im Kern des Kanales oder des Rohres hat eine höhere Geschwindigkeit als der Flüssigkeitsfilm und überträgt Schubspannung auf den Film, deren Wirkung sich bis zur Wand fortsetzt, die aber in der Wandschubspannung τ_{wand} des Flüssigkeitsfilmes bereits berücksichtigt ist. Die Schubspannungsübertragung zwischen Gas und Flüssigkeit ist wegen der geringen Viskosität des Gases ohnehin gering. Die dem Gas zugewandte Oberfläche des Flüssigkeitsfilmes ist in der Regel nicht glatt, sondern

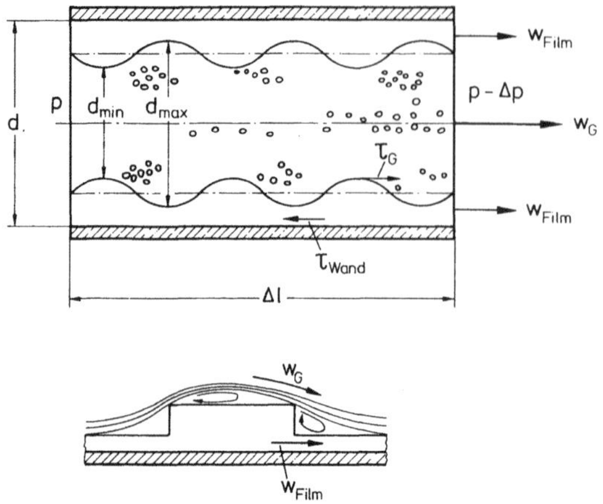

Abb. 22. Beiträge zum Druckverlust in der Ringströmung

wellig, und das Gas muß deshalb abwechselnd Zonen engeren und weiteren Querschnitts durchströmen, wobei es Beschleunigungen und Verzögerungen erleidet. Die longitudinalen Abstände zwischen den Extremwerten des Querschnittes sind gering und die Erweiterungswinkel sicher nicht in dem Bereich, in dem eine ideale Diffusorwirkung mit entsprechendem Druckrückgewinn erwartet werden kann. Vielmehr wird der dem Gas beim Übergang auf den engen Querschnitt mitgeteilte Zuwachs an kinetischer Energie in der anschließenden Erweiterung fast völlig in Wärme umgewandelt, was einen Druckverlust bewirkt. Idealisiert kann man sich diesen Druckverlust, wie im unteren Teil von Abb. 22 skizziert, als Stoßverlust an plötzlichen Querschnittsänderungen mit in Wirbeln dissipierter Energie vorstellen.

Die Schubspannungs- und Impulskräfte des Gasstromes lösen aus dem an der Wand fließenden Film Flüssigkeitspartikel, die bis nahe an die Gasgeschwindigkeit beschleunigt werden. Diese Flüssigkeitspartikel fallen aber gelegentlich stromabwärts wieder in den Flüssigkeitsfilm an der Wand zurück und geben dabei einen Teil ihrer kinetischen Energie an den Film ab, ohne daß ein nennenswerter Druckgewinn erzielt wird. Auch hier wird Energie dissipiert, was einen weiteren Beitrag zum Druckverlust bedeutet. Energie in Form von Oberflächenenergie – wenn auch im geringen Maße – wird schließlich umgesetzt, wenn die Tropfen aus dem Flüssigkeitsfilm gebildet werden und wenn sie wieder von diesem aufgenommen werden. Aus der mit oder gegen die Oberflächenspannung der Flüssigkeit geleisteten Arbeit resultiert ein weiterer Druckverlustanteil. Schließlich müssen auch die Oberflächenwellen des Flüssigkeitsfilmes gegen die Oberflächenspannung von positiver zu negativer Krümmung geformt werden, was wiederum zum Druckverlust beiträgt.

In einer Blasenströmung läßt sich leicht vorstellen, daß neben der Wandschubspannung die Relativbewegung zwischen Gasblasen und Flüssigkeit Anteil am Druckverlust hat. Hier ist allerdings auch zu beachten, daß der Auftrieb der Blasen zur Förderung der Flüssigkeit beitragen kann, was z.B. in den sogenannten Mammutpumpen oder im Airliftverfahren geschieht.

Eine theoretische Analyse des Druckverlustes müßte demnach nicht nur das wandnahe Geschwindigkeitsprofil für die Wandschubspannung, sondern auch die Phasenverteilung – also das Strömungsbild – und die Wechselwirkungen zwischen den Phasen gut erfassen. Versuche hiezu wurden durchaus in der Literatur unternommen – z.B. [40] –, sie benötigen aber, solange keine zuverlässigen Ansätze über die Phasenverteilung und den Schlupf vorliegen, soviele empirische Parameter, daß sie im Endeffekt keine allgemeingültigeren Aussagen machen als von vorneherein aus einer Dimensionsanalyse halb empirisch abgeleitete Ansätze.

Die Möglichkeiten für physikalisch fundierte Ansätze sind aufgrund fehlender präziser Informationen über das fluiddynamische Verhalten der Phasen in Apparatekomponenten noch geringer als in Kanälen, weshalb man hier noch stärker auf empirische Ansätze, basierend auf einfachsten physikalischen Vorstellungen, angewiesen ist. Bei der Behandlung des Druckverlustes wollen wir zwischen der Kanalströmung, bei der die Wandreibung noch eine wesentliche Rolle spielt, und der wegen der größeren Zahl der Freiheitsgrade komplizierteren mehrdimensionalen Strömung in Apparaten und ihren Konstruktionselementen unterscheiden.

In der einphasigen Strömung sind wir gewohnt, den Druckverlust mit relativ großer Genauigkeit vorhersagen zu können. Diesen Genauigkeitsanspruch dürfen wir an die Vorhersage bei Gas-Flüssigkeits-Gemischen keineswegs stellen. Grund dafür ist nicht nur die größere Schwierigkeit der präzisen theoretischen Beschreibung wegen der unterschiedlichen Dichten und Geschwindigkeiten der Phasen und der verwickelten Strömungsbilder, sondern vor allem auch der große Aufwand, der für gute und genaue Messungen erforderlich ist. Bei vertikaler Strömung kann der Druckverlust nicht einfach aus der Anzeige eines U-Rohr-Manometers oder sonstigen Differenzdruckmessers abgelesen werden, das die Druckänderung längs eines, in seinem Querschnitt unveränderten Kanalabschnittes anzeigt, da sich dem Druckverlust die Druckänderung infolge der geodätischen Höhe, also infolge des Gewichtes des Gemisches, resultierend aus seiner mittleren Dichte überlagert. Die mittlere Dichte des Gemisches im Kanal ist aber unterschiedlich zu der Dichte der Flüssigkeit in den Manometerzuleitungen. Für die Korrektur und die Rückrechnung auf den Druckverlust ist es deshalb notwendig, den örtlichen volumetrischen Dampfgehalt im Kanal genau zu kennen, bzw. rechnerisch vorherzusagen. Bei der Verwendung von Meßwerten aus der Literatur ist sorgfältig darauf zu achten, wie genau der örtliche volumetrische Dampfgehalt im Experiment erfaßt werden konnte und wie die Korrektur auf den reinen Druckverlust erfolgte.

I.5.1. Druckverlust in Rohrleitungen und Kanälen

In der einphasigen Strömung ist es üblich, den Druckverlust Δp längs eines Rohrabschnittes Δl für turbulente Strömung über den Staudruck und einen Proportionalitätsfaktor ζ – Reibungsdruckverlust-Koeffizient genannt – auszudrükken.

$$\frac{\Delta p}{\Delta l} = \zeta \; \frac{1}{d} \; \frac{1}{2} \; \rho \; w^2 \tag{81}$$

Der Druckverlust ist umgekehrt proportional zum Durchmesser des Rohres. Gleichung (81) enthält als wesentliche Vereinfachung die Annahme, daß die mittlere Transportgeschwindigkeit w für den Staudruck herangezogen werden kann, und die wahre Geschwindigkeitsverteilung über den Querschnitt, die nur noch näherungsweise im Koeffizienten ζ enthalten ist, nicht berücksichtigt zu werden braucht. Der Druckverlustkoeffizient ζ ergibt sich aus Ähnlichkeitsbetrachtungen als Funktion der Reynolds-Zahl

$$\zeta = f\left(Re, \frac{\delta}{d}\right) \tag{82}$$

und auch der relativen Rohrrauhigkeit δ/d und beinhaltet damit auch eine Aussage über den Turbulenzgrad der Strömung und damit, wie oben erwähnt, indirekt über die Geschwindigkeitsverteilung. Für glatte Rohre gibt es in der Literatur verschiedene Ansätze zur Berechnung des Druckverlustkoeffizienten ζ. Erwähnt seien hier nur die Formeln

$$\zeta = \frac{0{,}3164}{\sqrt[4]{Re}} \qquad \text{für } 3 \cdot 10^3 < Re < 10^6 \tag{83}$$

$$\zeta = 0{,}00540 + \frac{0{,}3964}{Re^{0,3}} \qquad \text{für } 2 \cdot 10^4 < Re < 2 \cdot 10^6 \tag{84}$$

$$\frac{1}{\sqrt{\zeta}} = -0{,}8 + 2 \log (Re \sqrt{\zeta}) \qquad \text{für } Re > 10^6 \tag{85}$$

Gleichung (83) ist die wohlbekannte Blasiussche Beziehung. Gleichung (84) wurde von Herrmann und Gl. (85) von Prandtl und von Kărmăn angegeben.

Der Ansatz von Gl. (81) für den Druckverlust kann auch für laminare Strömung verwendet werden, wenn man für den Druckverlustkoeffizienten die bekannte Beziehung

$$\zeta = \frac{64}{Re} \tag{86}$$

einsetzt.

Für rauhe Kanäle existieren ebenfalls zahlreiche Gleichungen in der Literatur zur Berechnung des Druckverlustkoeffizienten. Genannt seien hier nur die Beziehung von Colebrouk und White

$$\frac{1}{\sqrt{\zeta}} = -2 \log \left[\frac{2{,}51}{Re \sqrt{\zeta}} + \frac{\delta}{3{,}71\, d_h} \right] \tag{87}$$

die im Übergangsgebiet zwischen glatter und rauher Strömung anzuwenden ist, und ein Ansatz von Prandtl/Kărmăn

$$\frac{1}{\sqrt{\zeta}} = 2 \log \left[\frac{d_h}{\delta} \right] + 1{,}14 \tag{88}$$

für voll ausgebildete Rauhigkeitsströmung, bei der der Druckverlustkoeffizient keine Funktion der Reynolds-Zahl mehr ist.

Hydraulisch glatte Strömung, rauhe Strömung und das Übergangsgebiet sind anschaulich im Nikuradse-Diagramm der Abb. 23 abgegrenzt, aus dem auch An-

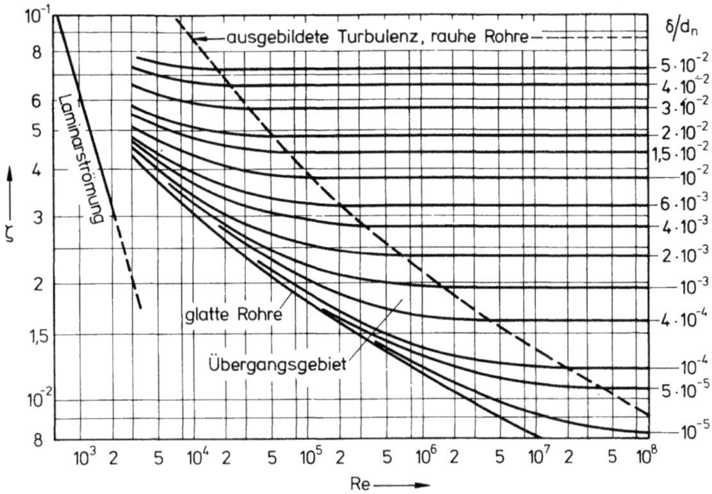

Abb. 23. Nikuradse-Diagramm für den Druckverlustkoeffizienten

haltswerte für die Druckverlustkoeffizienten einphasiger Strömung abgelesen werden können.

Für Gas-Flüssigkeits-Gemische kommen neben den bei einphasigen Fluiden diskutierten Einflußgrößen noch eine große Zahl weiterer fluiddynamischer und thermodynamischer Parameter hinzu. So bestimmen die Dichten beider Phasen die kinetische Energie und damit den Staudruck, die Viskositäten beider Phasen die Schubspannungsübertragung und der Dampfgehalt die Masse des Gemisches und dadurch ebenfalls die kinetische Energie. Schließlich leitet sich ein großer Anteil der Stoßverluste aus dem Schlupf, d.h. dem Geschwindigkeitsverhältnis beider Phasen ab. Ansätze für den zweiphasigen Druckverlust müssen diese Größen berücksichtigen und es wurden schon früh in der Literatur Überlegungen angestellt, wie man die Zahl der Einflußparameter über Ähnlichkeitsbetrachtungen reduzieren kann und allgemeiner gültige dimensionslose Kennzahlen einführen könnte.

Für homogene Strömungen, bei denen Gas und Flüssigkeit, über den Querschnitt gleichmäßig verteilt, mit gleicher Geschwindigkeit strömen, finden sich in der Literatur eine Reihe von Ansätzen, die das Zweiphasengemisch wie ein einphasiges Fluid behandeln und die auf die in den Gln. (81) bis (88) aufgeführten Beziehungen zurückgreifen. Dabei muß eine mittlere Dichte und eine mittlere Viskosität des Gemisches für die Berechnung der Reynolds-Zahl eingesetzt werden. Die Formulierung der mittleren Dichte ist unproblematisch, da sie sich wegen der Annahme gleicher Geschwindigkeiten für beide Phasen unmittelbar aus

$$\rho = (1 - \epsilon)\, \rho_F + \epsilon\, \rho_G \tag{89}$$

mit Gl. (12), in der $s = 1$ zu setzen ist, ergibt. Schwieriger ist eine vernünftige Definition der mittleren Viskosität. Es finden sich hiefür in der Literatur verschiedene Vorschläge mit den bekannten Mischungsbeziehungen, von denen aber keiner zu empfehlen ist. Für Sprühströmung mit geringer Tropfenkonzentration, bei der kein Flüssigkeitsfilm an der Wand existiert, scheint es am ehesten angebracht, für die Viskosität diejenige der Gasphase heranzuziehen, und für den Fall, daß die Flüssigkeit die kontinuierliche Phase bildet, mit eingelagerten kleinen Blasen, sollte die Viskosität der Flüssigkeit bei der Berechnung der Reynolds-Zahl verwendet werden. In der Regel hat man es aber mit schlupfbehafteter, zweiphasiger Strömung zu tun, und dann versagen diese Ansätze vollkommen.

Martinelli und Nelson [41] waren die ersten, die sich mit Ähnlichkeitsbetrachtungen zur Druckverlustberechnung bei realen Gas-Flüssigkeits-Gemischen befaßten. Ihre Überlegungen wurden später von Lockhart und Martinelli [42] vervollständigt. Martinelli und Mitarbeiter ließen sich von der Idee leiten, daß es möglich sein müßte, durch Einführung weniger zusätzlicher Kennzahlen den Druckverlust zweiphasiger Gemische auf den einphasiger Strömungen zu beziehen, so daß sich der zweiphasige Druckverlust aus dem einphasigen einfach über einen Multiplikator ergibt. Sie führten den Begriff des Zweiphasenmultiplikators Φ ein. Da diese Idee von Martinelli auch neuesten Beziehungen für den Druckverlust noch zugrundeliegt, soll ihre Entwicklung und die Ableitung der dabei verwendeten Kennzahlen hier kurz erläutert werden.

Als Bezugsgrößen für den Druckverlust des Gemisches bieten sich zwei Möglichkeiten an, nämlich die Annahmen, daß die Flüssigkeit oder daß das Gas jeweils alleine im Kanal strömen würden. Hieraus leiten sich zunächst 2 Multiplikatoren Φ_G und Φ_F ab, nämlich

$$\left(\frac{\Delta p}{\Delta l}\right)_{2\,ph} = \left(\frac{\Delta p}{\Delta l}\right)_G \Phi_G^2 \tag{90}$$

$$\left(\frac{\Delta p}{\Delta l}\right)_{2\,ph} = \left(\frac{\Delta p}{\Delta l}\right)_F \Phi_F^2 \tag{91}$$

Im Gemisch kann jede der beiden Phasen laminar oder turbulent strömen, so daß sich schließlich für jede Phase 4 Multiplikatoren

Φ_{Gll}, Φ_{Glt}, Φ_{Gtl}, Φ_{Gtt}

Φ_{Fll}, Φ_{Flt}, Φ_{Ftl}, Φ_{Ftt}

ergeben. Für ein Gas-Flüssigkeits-Gemisch, in dem die Flüssigkeit als laminarer Film an der Wand und das Gas turbulent im Kern strömt, müßte der auf die Flüssigkeit bezogene Zweiphasen-Multiplikator dann mit Φ_{Flt} bezeichnet werden. Die fluiddynamischen Bedingungen in technischen Apparaten sind meist derart, daß beide Phasen turbulent strömen, und es sollen deshalb hier die Betrachtungen auf diesen Fall beschränkt werden, so daß die Gln. (90) und (91) zu schreiben sind:

$$\left(\frac{\Delta p}{\Delta l}\right)_{2\,ph} = \left(\frac{\Delta p}{\Delta l}\right)_G \Phi_{Gtt}^2 \tag{90a}$$

$$\left(\frac{\Delta p}{\Delta l}\right)_{2\,ph} = \left(\frac{\Delta p}{\Delta l}\right)_F \Phi_{Ftt}^2 \tag{91a}$$

Martinelli und Mitarbeiter gingen also von der Vorstellung aus, daß der zweiphasige Druckverlust als Produkt aus dem Quadrat des Zweiphasenmultiplikators und dem Druckverlust der Strömung einer der beiden Phasen berechnet werden kann. Damit konzentriert sich jetzt das Problem, wie und in Abhängigkeit von welchen Parametern dieser Zweiphasenmultiplikator zu formulieren ist. Auch hier verfolgten Martinelli und Mitarbeiter wieder eine einfache Idee, nämlich die, daß der Zweiphasenmultiplikator Φ eine Funktion des Verhältnisses der einphasigen Druckverluste ist, unter der Annahme, daß jeweils nur die Mengen $\dot{M}_{ges} \cdot \dot{x}$ oder $\dot{M}_{ges} \cdot (1 - \dot{x})$ strömen. Durch Ähnlichkeitsbetrachtungen und eine Dimensionsanalyse definierte Martinelli schließlich die nach ihm benannte Kennzahl X, bei der je nach Charakter der Strömungen – laminar oder turbulent – wieder zwischen

X_{ll}, X_{lt}, X_{tl}, X_{tt}

unterschieden werden muß. Wir wollen auch hier nur die voll turbulente Strömung und damit nur die Kennzahl X_{tt} betrachten. Aus seinen Überlegungen gibt Martinelli für diese Kennzahl die Beziehung

$$X_{tt} = \left[\frac{(\Delta p/\Delta l)_F}{(\Delta p/\Delta l)_G} \right]^{\frac{2}{2-n}} \tag{92}$$

Mit den Gleichungen (90a) und (91a) läßt sich die Martinelli-Kennzahl auch umschreiben in die Form

$$X_{tt} = \left[\frac{\Phi_{Gtt}}{\Phi_{Ftt}} \right]^{\frac{2}{2-n}} \tag{93}$$

Der Druckverlust der gedachten einphasigen Strömungen – Gasphase allein oder flüssige Phase allein – läßt sich mit Hilfe der bekannten Beziehung

$$\left(\frac{\Delta p}{\Delta l} \right) = \zeta \, \frac{1}{2d} \, \rho \, w^2 \tag{94}$$

bestimmen.

Für den Druckverlustkoeffizienten ζ zieht Martinelli das bekannte Widerstandsgesetz von Blasius

$$\zeta = C \, Re^{-n} \tag{95}$$

heran, und beide Gln., (94) und (95), werden dann von Martinelli für die fluiddynamischen Zustände angesetzt, wenn der flüssige und der gasförmige Anteil jeweils alleine im Kanal strömen würden und dabei auch den gesamten Kanal bzw. Rohrquerschnitt ausfüllten. Die gedachten Geschwindigkeiten von Gas und Flüssigkeit kann man dabei über die Mengenströme $\dot{M}_{ges} \cdot \dot{x}$ bzw. $\dot{M}_{ges} \cdot (1 - \dot{x})$

$$w_G = \frac{\dot{M}_{ges} \, \dot{x}}{A_{ges} \, \rho_G} \qquad w_F = \frac{\dot{M}_{ges} (1 - \dot{x})}{A_{ges} \, \rho_F}$$

ausdrücken. Bildet man das Verhältnis der Druckverluste von Flüssigkeits- und Gasströmung, so kürzen sich der gesamte Strömungsquerschnitt A_{ges} sowie der hydraulische Durchmesser d_h heraus, da die Annahme getroffen wurde, daß jede der Phasen den gesamten Strömungsquerschnitt einnimmt. Durch Einsetzen in Gl. (92) erhält man schließlich eine Beziehung für die Martinelli-Kennzahl X_{tt}

$$X_{tt} = \left(\frac{\rho_G}{\rho_F} \right)^{\frac{1}{2-n}} \left(\frac{\eta_F}{\eta_G} \right)^{\frac{n}{2-n}} \left(\frac{1 - \dot{x}}{\dot{x}} \right) \tag{96}$$

in der neben dem Strömungsdampfgehalt $\dot{x}$ nurmehr die Dichten und Viskositäten von Flüssigkeit und Dampf enthalten sind.

Die Exponenten in dieser Beziehung sind eigentlich durch den Blasiusschen Ansatz, Gl. (95), festgelegt, der für n einen Wert zwischen 0,2 und 0,25 vorsieht. Aus Vergleichen mit Versuchsergebnissen, die, wie erwähnt, überwiegend an Wasser-Luft- und Öl-Luft-Gemischen durchgeführt wurden, fanden Martinelli und Mitarbeiter aber, daß die Exponenten modifiziert werden müssen, und sie kamen schließlich zu der Gleichung

$$X_{tt} = \left(\frac{\rho_G}{\rho_F}\right)^{0,5} \left(\frac{\eta_F}{\eta_G}\right)^{0,1} \left(\frac{1-\dot{x}}{\dot{x}}\right)^{0,9} \tag{97}$$

aus der man sieht, daß der Exponent des Blasiusschen Widerstandsgesetzes nicht konsequent beibehalten wurde und daß auch der Ausdruck, der den Strömungsdampfgehalt beinhaltet, eine Korrektur erfuhr.

Der Vergleich mit Messungen gab schließlich dann auch den Verlauf des Zweiphasen-Multiplikators Φ_G bzw. Φ_F als Funktion der Martinelli-Kennzahl X, wie er in Abb. 24 dargestellt ist. In dieser Abb. sind auch Werte für die hier nicht

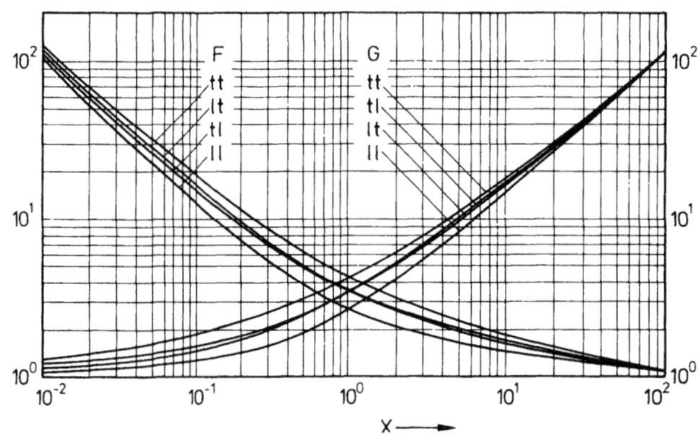

Abb. 24. Zweiphasenmultiplikator Φ für den Druckverlust nach Martinelli

näher behandelten Zweiphasenmultiplikatoren angegeben, wenn eine der beiden Phasen oder beide Phasen laminar strömen.

Abb. 24 kann auch in Form einfacher Beziehungen für die auf die Flüssigkeit oder auf das Gas bezogenen Zweiphasenmultiplikatoren ausgedrückt werden.

$$\Phi_F^2 = 1 + \frac{C}{X} + \frac{1}{X^2} \tag{98}$$

$$\Phi_G^2 = 1 + CX + X^2 \tag{99}$$

Die Konstante C ist vom Charakter der Strömung abhängig, für voll turbulente Strömung ist

$C_{tt} = 20$

einzusetzen. Für die übrigen Strömungsverhältnisse sind die Werte von C in Tabelle 3 zu finden.

Für die Anwendung dieser Berechnungsmethode ist nochmals darauf hinzu-

Tabelle 3. *Konstante C in den Gln. (98) und (99)*

Flüssigkeit	Gas	Index	C
Turbulent	Turbulent	tt	20
Laminar	Turbulent	lt	12
Turbulent	Laminar	tl	10
Laminar	Laminar	ll	5

weisen, daß die Zweiphasenmultiplikatoren nur auf die flüssigen bzw. gasförmigen Anteile, also auf die Mengenströme $\dot{M}_{ges} \cdot (1 - \dot{x})$ bzw. $\dot{M}_{ges} \cdot \dot{x}$ bezogen sind. Für die Praxis ist es oft zweckmäßiger, den Reibungsdruckabfall des Gemisches mit Hilfe des gesamten Mengenstromes auszudrücken, und man muß dann die Gln. (90) und (91) bzw. (90a) und (91a) umformen zu der Beziehung

$$\left(\frac{\triangle p}{\triangle l}\right)_{2\,\mathrm{ph}} = \left(\frac{\triangle p}{\triangle l}\right)_{\mathrm{F}\,\dot{M}_{ges}} (1 - \dot{x})^{1{,}75}\, \Phi_{\mathrm{Ftt}}^2 \qquad (100)$$

wobei für die Berechnung des Bezugswertes der einphasigen Strömung

$(\triangle p/\triangle l)_{\mathrm{F}\,\dot{M}_{ges}}$

die Annahme zu treffen ist, daß die gesamte Menge flüssig ströme. In ähnlicher Weise kann auch eine Beziehung abgeleitet werden, unter der Voraussetzung, daß alles gasförmig strömt.

Der auf den Gesamtmengenstrom als Flüssigkeit bezogene und gegenüber dem ursprünglichen Martinelli-Ansatz modifizierte Zweiphasenmultiplikator

$$R = (1 - \dot{x})^{1{,}75}\, \Phi_{\mathrm{Ftt}}^2 \qquad (101)$$

ist in Abb. 25 für das Beispiel einer Wasser-Dampf-Strömung über dem Dampfgehalt und mit dem Druck als Parameter aufgetragen. Man sieht, daß selbst bei hohen Drücken das Zweiphasengemisch einen 5–20-fachen Druckverlust der Einphasenströmung gleichen Massendurchsatzes aufweist. Bei niedrigen Drücken sind die Verhältnisse zwischen ein- und zweiphasiger Strömung noch wesentlich unterschiedlicher und Multiplikatoren zwischen 50 und einigen 100 sind selbst bei niedrigen Dampfgehalten rasch erreicht. Hier ist allerdings zu berücksichtigen, daß wegen des bei niedrigen Drücken großen Dichteverhältnisses zwischen Flüssigkeit und Dampf der Dampf schon bei kleinen Massenanteilen nahezu den ganzen Strömungsquerschnitt einnimmt. Man muß deshalb stets abwägen, welchen Zweiphasenmultiplikator, den auf die flüssige oder den auf die gasförmige Strömung bezogenen, man für die Berechnung des Zweiphasendruckverlustes auswählt. Diese Auswahl ist einfach anhand von Abb. 24 zu treffen. Für $X < 1$ sollte man die Gasströmung und für $X > 1$ die Flüssigkeitsströmung zugrundelegen, da man dann jeweils kleinere Multiplikatoren erhält.

Nach Martinelli wurden von zahlreichen Autoren Gleichungen und Berechnungsverfahren veröffentlicht, die fast ausschließlich die Idee des Zweiphasenmultiplikators aufgriffen und den Druckverlust des Gas-Flüssigkeits-Gemisches als Vielfaches der einphasigen Strömung darstellten. Die Formeln sind durch-

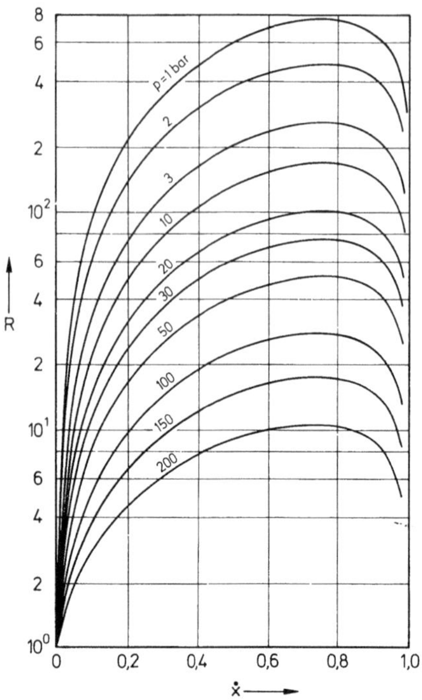

Abb. 25. Druckverlust eines Dampf-Wasser-Gemisches als Vielfaches der flüssigen Strömung gleichen Durchsatzes

wegs halb empirischer oder ganz empirischer Natur. Fortschritte wurden dadurch erzielt, daß

- die Ansätze auf einer wesentlich umfangreicheren experimentellen Basis beruhen und wie im Falle von Friedel [43, 44] an bis zu 25 000 aus der Literatur zusammengetragene Meßwerte angeglichen und daran getestet werden konnten,
- zusätzliche Einflußgrößen beim Zweiphasenmultiplikator, wie z.B. der Mengenstrom, berücksichtigt wurden [45, 46] oder
- versucht wurde, eine möglichst einfach zu handhabende mathematische Form zu finden [47]

Baroczy [45] griff eine von Gazley und Bergelin an der Methode von Lockhart-Martinelli gemachte und zusammen mit der Originalarbeit [42] veröffentlichte kritische Bemerkung auf, daß der Zweiphasenmultiplikator auch eine Funktion des Massendurchsatzes sein müßte. Zusätzlich stellte er den auf den Anteil der flüssigen Strömung bezogenen Zweiphasenmultiplikator Φ_F nicht wie Martinelli als einfache Funktion der Martinelli-Kennzahl dar, sondern er spaltete diese auf in einen Stoffwertparameter

$$\left(\frac{\eta_F}{\eta_G}\right)^{0,2}\left(\frac{\rho_G}{\rho_F}\right)$$

und in den Strömungsdampfgehalt $\dot{x}$. Als Bezugszustand wählte er nur den der flüssigen Phase. Abb. 26 gibt die Abhängigkeit des Zweiphasenmultiplikators

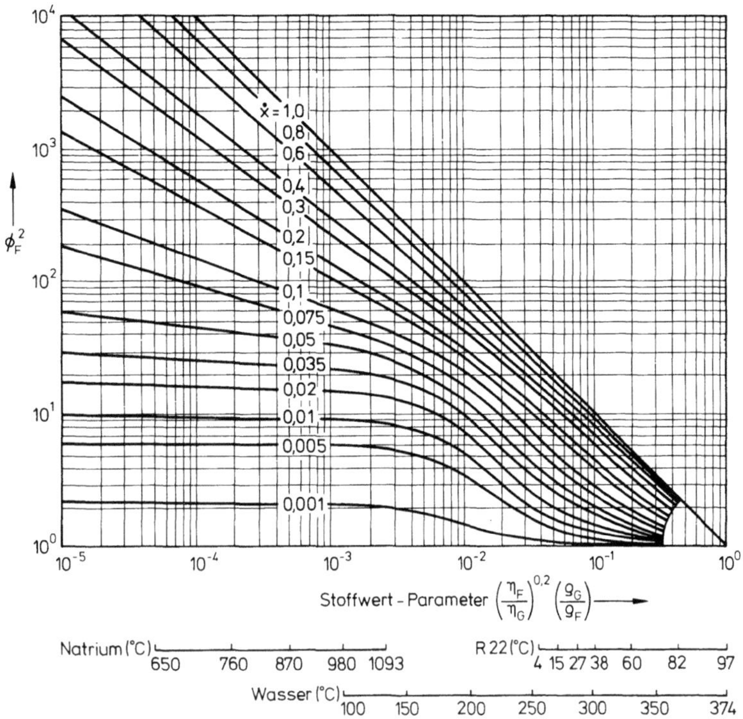

Abb. 26. Zweiphasenmultiplikator nach Baroczy [45], gültig für eine Mengenstromdichte vor $\dot{m}$ = 1350 kg/m² s

nach Baroczy als Funktion des Stoffwertparameters und des Strömungsdampfgehaltes des Gemisches. Das Diagramm gilt nur für eine Mengenstromdichte von 1350 kg/m² s. Für andere Mengenströme müssen Korrekturen entsprechend Abb. 27 angebracht werden. Man geht dabei so vor, daß man den aus Abb. 26 abgelesenen Zweiphasenmultiplikator mit dem der Abb. 27 entnommenen Mengenstrom-Korrekturfaktor multipliziert. Die Korrekturfaktoren sind dort für 4 verschiedene Mengenströme zwischen 300 und 4000 kg/m² s angegeben. Zwischenwerte müßten interpoliert werden, was sich aber in der Regel nicht lohnt, da die Ungenauigkeit des Rechenansatzes größer ist als diese Korrektur.

Die kombiniert graphisch-rechnerische Methode von Baroczy ist für praktische Anwendungen aufwendig und umständlich. Sie ist insbesondere für elektronische Rechenmaschinen nicht geeignet. Chisholm [46] überarbeitete das Verfahren zu einem Rechenansatz ohne graphische Hilfsmittel. Er behielt den von Baroczy eingeführten Stoffwertparameter in etwas modifizierter Form bei, vernachlässigte aber den Mengenstromeinfluß auf den Zweiphasenmultiplikator. Dafür fügte er eine Abhängigkeit vom Schlupf s ein.

$$\Phi_F^2 = 1 + (\Gamma^2 - 1)\left\{ B\,\dot{x}^{\frac{2-n}{2}}\,(1-\dot{x})^{\frac{2-n}{2}} + \dot{x}^{2-n} \right\} \qquad (102)$$

In Gleichung (102) ist für den modifizierten Stoffwertparameter Γ

$$\Gamma = \left(\frac{\rho_F}{\rho_G}\right)^{0,5} \left(\frac{\eta_G}{\eta_F}\right)^{0,1}$$

einzusetzen und der Faktor B ist mit diesem Stoffwertparameter zu berechnen

$$B = \frac{C\,\Gamma - 2^{2-n} + 2}{\Gamma^2 - 1}$$

wobei C eine Funktion des Schlupfes s und der Dichten von Gas und Flüssigkeit ist.

$$C = \frac{1}{s}\sqrt{\frac{\rho_F}{\rho_G}} + s\sqrt{\frac{\rho_G}{\rho_F}}$$

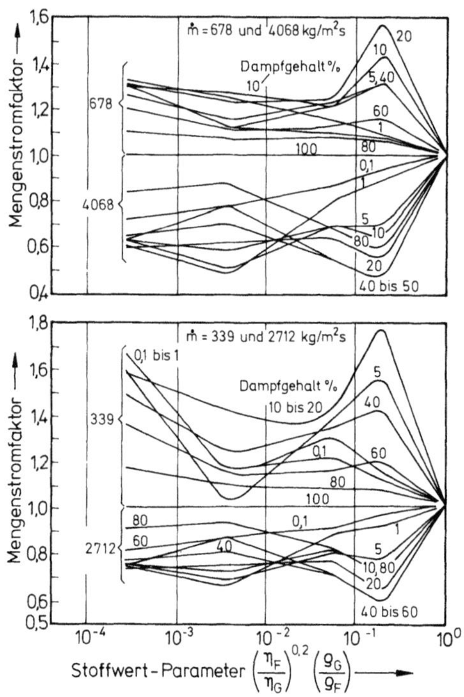

Abb. 27. Mengenstromkorrektur des Zweiphasenmultiplikators nach Baroczy [45]

Mit dem Exponenten n in Gl. (102) berücksichtigt Chisholm die Beschaffenheit der Rohrwand. Für glatte Rohre ist

$n = 0{,}2$

und für rauhe Rohre

$n = 0$

zu setzen.

Gegenüber diesen aufwendigen Rechenverfahren von Baroczy und Chisholm geben Lombardi und Pedrocchi [47] die sehr einfache Beziehung

$$\Phi_F^2 = 1{,}66 \left(\frac{\dot{x}}{\rho_G} + \frac{1-\dot{x}}{\rho_F} \right)^{0{,}866} \sigma^{0{,}4} \frac{\rho_F}{\zeta_F \, \dot{m}^{0{,}6} \, d_h^{0{,}2}} \tag{103}$$

an, in der der Druckverlustkoeffizient ζ_F der einphasigen flüssigen Strömung je nach Mengenstrom laminar

$$\zeta_F = \frac{64}{Re} \qquad Re < 1055$$

oder turbulent

$$\zeta_F = \left[0{,}8686 \ln \left(\frac{Re_F}{1{,}964 \ln Re_F - 3{,}8215} \right) \right]^{-2} \qquad Re \geqslant 1055$$

berechnet werden muß. Für diese Entscheidung ist die Reynolds-Zahl mit der Geschwindigkeit der flüssigen Phase, wenn sie allein im Kanal strömen würde, und mit dem hydraulischen Durchmesser des Kanales zu bilden. Gleichung (103) ist nicht in dimensionsloser Form geschrieben. Die Werte sind dort im internationalen Maßsystem einzusetzen, der hydraulische Durchmesser des Kanales in Metern und die Oberflächenspannung σ in N/m. Lombardi und Pedrocchi geben als Gültigkeitsbereich

$$\begin{aligned} 500 &\leqslant \dot{m} \leqslant 5000 \text{ kg/m}^2\,\text{s} \\ 0{,}005 &\leqslant d_h \leqslant 0{,}025 \text{ m} \\ 20\cdot 10^{-3} &\leqslant \sigma \leqslant 80 \cdot 10^{-3} \text{ N/m} \\ 15 &\leqslant \rho_F/\rho_G \leqslant 100 \end{aligned}$$

für ihre empirische Formel an. Friedel [43] hat die Ergebnisse des Baroczy-Chisholm-Rechenverfahrens und der Lombardi-Pedrocchi-Gleichung mit mehr als 6000 Meßwerten aus der Literatur verglichen, die mit Wasser und dem Kältemittel R 12 als Versuchsfluide durchgeführt wurden. Er kam dabei zu dem erstaunlichen Ergebnis, daß die einfache empirische Formel von Lombardi-Pedrocchi im Mittel die Meßergebnisse nicht um so vieles schlechter wiedergibt als das Baroczy-Chisholm-Verfahren, allerdings sagt sie für Wasser durchwegs etwas zu geringe und für R 12 zu hohe Druckverluste voraus. Beim Baroczy-Chisholm-Verfahren ergab dieser Vergleich für Wasser einen mittleren relativen Fehler von 6,5 % und für R 12 von 4 %, d.h. für beide Fluide sind im Mittel die Rechenergebnisse geringfügig kleiner als die Meßwerte. Bei Lombardi-Pedrocchi betrugen die mittleren Abweichungen −12 % für Wasser und 33 % für R 12. Die maximalen Abweichungen sind selbstverständlich wesentlich größer, wobei aber offen bleiben muß, ob es sich um Meßfehler handelt oder ob die Gleichungen für die speziellen thermo- und fluiddynamischen Zustände weniger gut geeignet sind. Keinesfalls sollte man aus diesen Angaben zum mittleren relativen Fehler zu hohe Erwartungen in die Vorhersagegenauigkeit zweiphasiger Druckverlustbeziehungen bei praktischen Auslegungsrechnungen stellen. Unsicherheiten von ± 20 – 30 % sollte man im konkreten Fall immer einkalkulieren.

Friedel hat versucht [40], die Druckverlustbeziehungen auf eine bessere theoretische Basis zunächst dadurch zu stellen, daß er für eine Ringströmung Ansätze für die dissipierten Energieanteile infolge Wandschubspannung, Carnotschen Stoßverlust des Gases über die Flüssigkeitswellen, Tropfenmitriß und -Ablagerung, sowie Arbeit gegen die Oberflächenspannung entwickelte. Die in der Literatur vorhandenen Kenntnisse über die einzelnen fluiddynamischen Effekte, wie Schlupf, Wellenbildung oder Phasenwechselwirkung, reichten aber nicht aus, um über den theoretischen Ansatz hinaus und ohne zahlreiche doch experimentell zu bestimmende Koeffizienten zuverlässige Vorhersagen zu machen. Aber selbst mit besseren Analysen der Phasenwechselwirkungen wäre die Gleichung für die Praxis zu aufwendig geworden.

Aus diesen Erfahrungen und gestützt auf eine Datenbank von rund 25 000 Meßwerten aus der Literatur entwickelte dann Friedel empirische Produktansätze [43, 44] für vertikal aufwärtsgerichtete und horizontale Strömung

$$R = A + 3{,}43\,\dot{x}^{0{,}685}\,(1-\dot{x})^{0{,}24}\left(\frac{\rho_F}{\rho_G}\right)^{0{,}8}\left(\frac{\eta_G}{\eta_F}\right)^{0{,}22}\cdot \left(1-\frac{\eta_G}{\eta_F}\right)^{0{,}89} Fr_F^{\;-0{,}047}\; We_F^{\;-0{,}0334} \qquad (104)$$

und für vertikal abwärts gerichtete Strömung

$$R = A + 38{,}5\,\dot{x}^{0{,}76}\,(1-\dot{x})^{0{,}314}\left(\frac{\rho_F}{\rho_G}\right)^{0{,}86}\left(\frac{\eta_G}{\eta_F}\right)^{0{,}73}\cdot \left(1-\frac{\eta_G}{\eta_F}\right)^{6{,}84} Fr_F^{\;-0{,}0001}\; We_F^{\;-0{,}037} \qquad (105)$$

Der Zweiphasenmultiplikator R ist dabei, in Anlehnung an Gl. (101), das Verhältnis des Druckverlustes des Gas-Flüssigkeits-Gemisches zu dem Druckverlust, der sich einstellen würde, wenn die gesamte Gemischmenge flüssig strömen würde.

$$R = \frac{(\Delta p/\Delta l)_{2\,ph}}{(\Delta p/\Delta l)_{1\,ph\,F_{ges}}} = \frac{(\Delta p/\Delta l)_{2\,ph}}{\dfrac{\zeta_F\,\dot{m}^2}{2\,d_h\,\rho_F}}$$

Die Koeffizienten sowie die Froude- und die Weber-Zahl in den Gln. (104) und (105) definiert Friedel wie folgt

$$A = (1-\dot{x})^2 + \dot{x}^2\left(\frac{\rho_F\,\zeta_G}{\rho_G\,\zeta_F}\right) \qquad We_F = \dot{m}^2\,\frac{d_h}{\rho_F\,\sigma}$$

$$Fr_F = \frac{\dot{m}^2}{g\,d_h\,\rho_F^2} \qquad d_h = 4\,\frac{A}{U}$$

$$\zeta_j = \frac{64}{Re_j} \qquad \text{für } Re_j \leqslant 1055$$

$$\zeta_j = \left[0{,}86859\ln\frac{Re_j}{1{,}964\ln Re_j - 3{,}8215}\right]^{-2} \qquad \text{für } Re_j > 1055$$

Es gilt: j = G, F

Die Gleichungen von Friedel sind, wie man aus Tabelle 4, in der der Gültigkeitsbereich seiner Beziehungen angegeben ist, sieht, nicht nur an Wasser und Kältemitteln, sondern auch an Ammoniak, Öl-Gas-Gemischen und an flüssigen Metallen getestet. Sie können deshalb einen breiten Anwendungsbereich und hohe Zuverlässigkeit für sich in Anspruch nehmen.

Tabelle 4. *Gültigkeitsbereich und zugrundeliegende Meßdaten der Gln. (104) und (105)*

Parameter	Einkomp.-Gemisch	Zweikomp.-Gemisch
Strömungsmassendampfgehalt (–)	< 1	< 1
Massenstromdichte (kg/m^2 h)	8210 bis 15	10330 bis 5
Druck (bar)	212 bis 0,6	171 bis 1
Dichteverhältnis (–)	1615 bis 2	1194 bis 6
Zähigkeitsverhältnis (–)	46 bis 2	5072 bis 6
Durchmesser (10^{-3} m)	55,9 bis 3,2	154 bis 0,98
Oberflächenspannung (10^{-3} N/m)	69 bis 2	80 bis 20
Zweiphasengemische	H_2O	Luft/Wasser
	R 11	Luft/Öl
	R 12	Erdgas/Wasser
	R 22	Erdgas/Öl
	R 113	Stickstoff/Wasser
	N_2	Argon/Alkohol
		Argon/Wasser
Anzahl Meßpunkte	6128	6740
horizontale Strömung	1037	4706
vertikale Strömung	5091	2034
Anzahl der Autoren bzw. Literaturstellen	24	38

Schließlich seien noch 2 Ansätze erwähnt, die für Sonderfälle entwickelt wurden. Speziell für Gas-Flüssigkeits-Gemische von Kohlenwasserstoffen gibt Theissing [48] ein etwas aufwendig zu handhabendes Rechenverfahren an, das nicht nur für Rohre, sondern auch für Armaturen und für die Strömungsführung in Apparatekomponenten, wie Umlenkungen oder Querschnittsänderungen, gute Ergebnisse liefern soll. Auch Theissing bezieht sein Rechenverfahren auf den Druckverlust der einphasigen Strömung, verwendet aber nicht wie in den bisher diskutierten Ansätzen den einfachen Zweiphasenmultiplikator Φ^2, bzw. R. Er führt vielmehr fiktive einphasige Druckverluste Δp_G, Δp_F, $\Delta p_{G\,ges}$ und $\Delta p_{F\,ges}$ ein. Die beiden erstgenannten fiktiven Druckverluste würden sich einstellen, wenn die gasförmige oder die flüssige Phase alleine im Kanal bzw. in der Apparatekomponente strömen würden. Die beiden letztgenannten Druckverluste sind so zu berechnen, wie wenn das ganze Gemisch gasförmig oder flüssig strömen würde. In dem damit zu formulierenden zweiphasigen Druckverlust

$$\triangle p_{2\,\mathrm{ph}} = \left[(\triangle p_{\mathrm{G\,ges}})^{\frac{1}{n\gamma}} \dot{x}^{\frac{1}{\gamma}} + (\triangle p_{\mathrm{F\,ges}})^{\frac{1}{n\gamma}} (1 - \dot{x})^{\frac{1}{\gamma}} \right]^{\gamma n} \tag{106}$$

sind

$$\gamma = 3 - 2 \left[\frac{2\sqrt{\rho_G/\rho_F}}{1 + (\rho_G/\rho_F)} \right]^{\frac{0{,}7}{n}}$$

$$n = \frac{n_G + (\triangle p_F / \triangle p_G)^{0{,}1} n_F}{1 + (\triangle p_F / \triangle p_G)^{0{,}1}}$$

$$n_G = \frac{\ln (\triangle p_G / \triangle p_{\mathrm{G\,ges}})}{\ln \dot{x}} \qquad n_F = \frac{\ln (\triangle p_F / \triangle p_{\mathrm{F\,ges}})}{\ln (1 - \dot{x})}$$

Für die einphasigen Strömungen ist ein Ansatz aus der Literatur heranzuziehen, der für den konkreten Anwendungsfall die Realität am besten wiedergibt. Theissing überprüfte sein Rechenverfahren an eigenen Messungen, die er in rauhen Rohren vornahm, und fand einen mittleren quadratischen Fehler von 23 %.

Bandel [49] erarbeitete einen Ansatz für den Zweiphasenmultiplikator Φ speziell für Ringströmung und Schichtenströmung in waagrechten Rohren.

$$\Phi^2 = \left(1 + \frac{F_{ph}}{0{,}3164}\right) \left(\frac{d}{d_G}\right)^{1{,}25} \left(\frac{A}{A_F}\right)^{1{,}75} \tag{107}$$

Hierin ist F_{ph} eine Funktion, die den Dampfgehalt und das Viskositätsverhältnis der Phasen charakterisiert und die für

$$\dot{x} \leqslant 0{,}5$$

die Form

$$F_{ph} = 0{,}15 \left(\frac{1 - \dot{x}}{\dot{x}}\right)^{0{,}5} \left(\frac{\eta_F}{\eta_G}\right)^{0{,}3}$$

und für

$$\dot{x} > 0{,}5$$

die Form

$$F_{ph} = 0{,}16\,(1 - \dot{x})^{0{,}1} \left(\frac{\eta_F}{\eta_G}\right)^{0{,}3}$$

annimmt. Die Anwendung von Gl. (107) setzt voraus, daß der volumetrische Dampfgehalt oder der Schlupf der Strömung bekannt ist, da sie den von der Flüssigkeit eingenommenen Strömungsquerschnitt A_F und den hydraulischen Durchmesser d_G des vom Gas im Rohr eingenommenen Querschnitts enthält. Die Genauigkeit des mit dieser Beziehung errechneten Druckverlustes ist damit eng gekoppelt mit einem zuverlässigen Ansatz für den örtlichen volumetrischen Dampfgehalt bzw. für den Schlupf.

Eigentlich müßte jedes Berechnungsverfahren für den Druckverlust von Gas-Flüssigkeits-Gemischen nicht nur die unterschiedlichen Phasengeschwindigkeiten berücksichtigen, sondern auch für jede Strömungsform – Blasenströmung, Ringströmung, Sprühströmung – unterschiedliche Formulierungen enthalten. Die Strömungsform bestimmt maßgeblich den Impulsaustausch zwischen den Phasen und damit die auf dem Strömungsweg dissipierte Energie. Aber gerade bei der Vorhersage der Strömungsform existieren noch die größten Unsicherheiten, was nicht nur auf den Mangel an theoretischen Erkenntnissen, sondern insbesondere auch auf das Fehlen zuverlässiger Meßergebnisse zurückzuführen ist. Hinzu kommt, daß aus den experimentellen Ergebnissen der Literatur kaum allgemeine Aussagen getroffen werden können, da Ähnlichkeits- und Übertragungsgesetze fehlen bzw. ihre Entwicklung noch in den Anfängen steckt.

Rohrleitungen und Apparate mußten aber seit Jahrzehnten für Gas-Flüssigkeits-Gemische ausgelegt werden und die Ingenieure sind deshalb den Weg gegangen, der ihnen aufgezwungen wurde, nämlich in Anlehnung an die wenigen Informationen aus verfügbaren Experimenten empirische Formeln aus Dimensionsbetrachtungen und mit Hilfe der Ähnlichkeitsmechanik der einphasigen Strömung zu entwickeln. Martinelli ging ursprünglich von der Vorstellung aus, daß sein Rechenverfahren nur für Ringströmung Gültigkeit haben sollte, stellte dann aber beim Vergleich mit Messungen fest, daß es auch den Druckverlust unter den fluiddynamischen Bedingungen anderer Strömungsformen brauchbar wiedergibt.

Für den Ingenieur in der Praxis ist es meist schwierig, aus der Vielzahl der in der Literatur angebotenen Ansätze für den Druckverlust von Gas-Flüssigkeits-Gemischen, von denen hier nur einige aufgeführt wurden, den für sein technisches Problem am besten geeigneten auszuwählen. Ein Versuch einer Auswahl nach dem Stand von Wissenschaft und Technik wurde hier unternommen, wobei als Kriterien die Anpassung an Meßergebnisse, die physikalisch sinnvolle Formulierung und ein breiter Gültigkeitsbereich herangezogen wurden. Der Ansatz von Martinelli ist eine der ältesten Formulierungen der Literatur, aber keineswegs die schlechteste. Für Berechnungen, die sich über weite thermo- und fluiddynamische Bereiche erstrecken, bringt der Ansatz von Lockhart-Martinelli die Vorteile mit sich, daß er einfach anzuwenden ist und daß keine plötzlichen krassen Ausreißer zu befürchten sind. Sicher geben andere Beziehungen in engeren Grenzen, auf die sie zugeschnitten und durch Vergleich mit Experimenten angepaßt sind, die Realität besser wieder. Die meisten Ansätze sind für Wasser- Wasserdampf-Gemische entwickelt und oft anhand einfacher Ähnlichkeitsbetrachtungen [40, 50] auf ihre Verwendbarkeit für Kältemittel überprüft. Wenig Informationen sind vorhanden für Gas-Flüssigkeits-Gemische aus Kohlenwasserstoffen und für flüssige Metalle mit ihren Dämpfen. Die letztgenannten Gemische weisen sehr hohe Dichteunterschiede zwischen Flüssigkeit und Dampf auf, und man muß deshalb bei der Extrapolation von Druckverlustformeln, die an herkömmlichen Fluiden entwickelt wurden, besonders vorsichtig sein.

I.5.2. Druckverlust in Formstücken

Die bisher diskutierten Korrelationen gelten für gerade Rohre oder Kanäle und nicht für Rohrbögen, Armaturen oder Apparatekomponenten. Lediglich Theissing nimmt für seinen Rechenansatz in Anspruch, daß er auch für Ventile anwendbar sei. Bereits bei der einfachen Umlenkung der Strömung in einem Rohrbogen muß man aber darauf achten, daß durch Fliehkräfte eine zumindest teilweise Entmischung der Phasen und damit eine Änderung der Strömungsform eintreten kann. Die Entmischung hat Impulsaustausch und damit zusätzlichen Druckverlust gegenüber der Geradrohrströmung zur Folge. Noch deutlicher werden diese Änderungen in der Phasenverteilung und auch im Schlupfverhalten beim Durchströmen von plötzlichen Querschnittsänderungen, Verengungen, Erweiterungen, Blenden und Ventilen und bei starken und scharfkantigen Umlenkungen in Apparatekomponenten. Die Strömungsbetrachtungen sollen hier auf einfache Konstruktionselemente beschränkt werden, nämlich

Rohrbögen
plötzliche Erweiterungen
plötzliche Verengungen
T- oder Abzweig-Stücke und
Strömungseinmündungen.

I.5.2.1. Rohrbögen

Für einphasige Strömungen ist der durch die Krümmung eines Rohres zusätzlich verursachte Druckverlust wohlbekannt. Er wird in der Regel über einen Druckverlustkoeffizienten ausgedrückt

$$\triangle p_{Kr} = \zeta_{Kr}\, \rho\, w^2/2 \tag{108}$$

wobei im Vergleich mit dem Rohrreibungskoeffizienten ζ, Gl. (94), zu beachten ist, daß das Längen/Durchmesserverhältnis l/d fehlt. Der Krümmer-Druckverlustkoeffizient ζ_{Kr} ist eine Funktion der Reynolds-Zahl, des Verhältnisses von Krümmungsradius und Rohrdurchmesser R/d und des Umlenkwinkels (Abb. 28). Er kann auch durch die Zu- und Abströmverhältnisse beeinflußt werden.

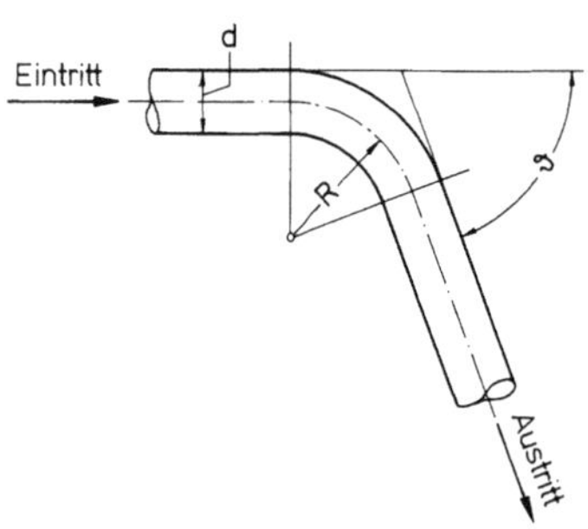

Abb. 28. Umlenkung im Krümmer

Bei Gas-Flüssigkeits-Gemischen wurde in Experimenten beobachtet, daß der Druckverlust über einen Krümmer bis zu 2,5 mal höher sein kann, als Berechnungen oder Messungen über ein gleichlanges, gerades Rohrstück ergeben. Die Ansätze in der Literatur für die Vorhersage des durch die Umlenkung im Krümmer zusätzlich verursachten Druckverlustes eines Gas-Flüssigkeits-Gemisches bauen wieder auf den Erkenntnissen der einphasigen Strömung auf. Man führt also auch hier Zweiphasenmultiplikatoren ein. Chisholm [51] gibt für 90°-Krümmer die einfache Gleichung

$$\Delta p_{2\,\mathrm{ph}} = \Delta p_\mathrm{F}\, \Phi^2_{\mathrm{F\,Kr}} = \Delta p_\mathrm{F} \left[1 + \frac{C}{X} + \frac{1}{X^2} \right] \tag{109}$$

Hierin ist Δp_F der durch die 90°-Umlenkung verursachte Druckverlust, wenn nur der flüssige Anteil des Gemisches im Krümmer strömen würde, und X der Martinelli-Parameter, für die Gl. (97) herangezogen werden kann. Der Druckverlust einphasig flüssig durchströmter Krümmer kann Handbüchern der Strömungsmechanik entnommen werden. Chisholm gibt für die Größe C in Gl. (109) eine Funktion der Dichten von Flüssigkeit und Gas

$$C = \left[1 + (C_2 - 1)\, \frac{\rho_\mathrm{F} - \rho_\mathrm{G}}{\rho_\mathrm{G}} \right] \left[\left(\frac{\rho_\mathrm{G}}{\rho_\mathrm{F}} \right)^{0,5} + \left(\frac{\rho_\mathrm{F}}{\rho_\mathrm{G}} \right)^{0,5} \right] \tag{110}$$

mit einer weiteren Konstante C_2, die ihrerseits wieder, wie aus Tabelle 5 zu ersehen, vom Krümmungsradius und von Störungen im Zulauf abhängt. Für

Tabelle 5. *Konstante C_2 in Gl. (110) für 90° Umlenkung*

C_2 R/d	0	1	3	5	7
ungestörter Zulauf	2,0	4,35	3,4	2,2	1,0
Störung im Zulauf innerhalb 50 d	1,7	3,1	2,5	1,75	1,0

scharfe Krümmer, $R/d = 1$, nimmt C_2 hohe Werte an, was davon herrührt, daß der Krümmer jetzt als guter Separator für die Phasen wirkt. Zunächst erstaunlich ist, daß für $R/d = 0$, was einer scharfkantigen, rechtwinkeligen Umlenkung entspricht, die Werte C_2 wieder kleiner werden. Dies ist dadurch zu erklären, daß diese scharfe Umlenkung offensichtlich eher eine Durchmischung als eine Trennung der Phasen bewirkt.

Chisholm empfahl auch die einfachen Formeln für die Größe C_2

$$C_2 = 1 + 35\,\frac{d}{L}$$ 90°-Krümmer

$$C_2 = 1 + 20\,\frac{d}{L}$$ 180°-Krümmer und 90°-Krümmer mit Störung stromaufwärts

In diesen Beziehungen ist L die Länge eines geraden Rohrstückes gleichen Durchmessers d wie der Krümmer, das infolge Reibung den gleichen Druckverlust wie die Umlenkung im Krümmer hervorrufen würde.

Chisholm hat seine empirischen Formeln an Messungen von Chenoweth und Martin [52] und Fitzsimmons [53] angepaßt. Die erstgenannten Untersuchungen wurden an Öl-Gas-Mischungen vorgenommen.

I.5.2.2. Sprunghafte Erweiterungen

In der einphasigen Strömung wird der Druckaufbau hinter einer sprunghaften Erweiterung, die sich, wie in Abb. 29 skizziert, vom Querschnitt A_1 auf

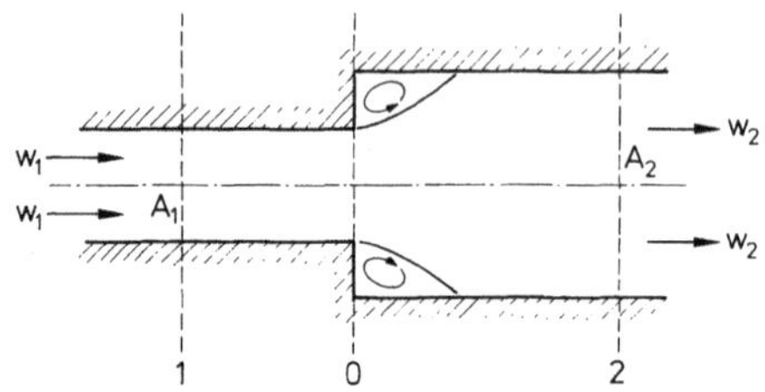

Abb. 29. Sprunghafte scharfkantige Erweiterung

A_2 öffnet, mit der Impulsgleichung

$$\rho\, \bar{w}_2^2 A_2 - \rho\, \bar{w}_1^2 A_1 = p_1 A_1 + p_2 A_2 + p_0 (A_2 - A_1) \tag{111}$$

beschrieben. Hierin ist angenommen, daß die Geschwindigkeiten in den Rohrabschnitten vor und hinter der Erweiterung durch mittlere Geschwindigkeiten $\bar{w}$ ausgedrückt werden können. Dies ist für turbulente Strömungen wegen des über den Querschnitt flachen Geschwindigkeitsprofiles, bei dem

$$\bar{w}^2 = [\bar{w}]^2\ 1{,}03$$

ist, durchaus zulässig. In der Literatur wird weiterhin der unmittelbar an der sprunghaften Erweiterung anliegende Druck p_0 meist gleich dem Druck in der Anströmleitung p_1 gesetzt. Damit vereinfacht sich Gl. (111) zu

$$\rho\, \bar{w}_2^2 A_2 - \rho\, \bar{w}_1^2 A_1 = (p_1 - p_2) A_2 \tag{112}$$

Für die Drücke p_1 und p_2 wird angenommen, daß sie über den jeweiligen Querschnitt konstant sind. Führt man schließlich das Querschnittsverhältnis $a = A_1/A_2$ ein, so erhält man

$$p_2 - p_1 = \rho\, \bar{w}_1^2\, a - \rho\, \bar{w}_2^2 \tag{113}$$

den Druckaufbau stromabwärts einer plötzlichen Erweiterung. Er ist kleiner als der maximal mögliche Druckgewinn einer allmählichen schlanken Erweiterung bei, im thermodynamischen Sinne, voll reversiblem Verhalten der Strömung. Die reversible Druckänderung $(p_2 - p_1)_R$ kann mit der Bernoulli-Gleichung unter Vernachlässigung der Reibungskräfte berechnet werden.

$$(p_2 - p_1)_R = (1 - a^2)\ \frac{1}{2}\ \rho\, \bar{w}_1^2 \tag{114}$$

Der Druckverlust bei sprunghafter Erweiterung ergibt sich schließlich als Unterschied zwischen der reversiblen Druckänderung, Gl. (114), und dem Ergebnis des Impulsansatzes, Gl. (113).

$$\Delta p_{\text{Verl}} = -(1-a^2)\,\frac{1}{2}\,\rho\,\bar{w}_1^2 \qquad (115)$$

Man kann diese Überlegungen nun auch für Gas-Flüssigkeits-Gemische anstellen, wobei man mangels besserer Kenntnis annimmt, daß jede der beiden Phasen die plötzliche Expansion im Strömungsquerschnitt erfährt und man die Gln. (113) und (115) für beide Phasen gleichermaßen ansetzen kann. Führt man die Massenstromdichte $\dot{m}$ und den örtlichen volumetrischen Dampfgehalt ϵ ein und ordnet jeder der beiden Phasen eine über den jeweiligen Querschnitt gemittelte Geschwindigkeit $\bar{w}_G$, $\bar{w}_F$ zu, so formt sich Gl. (113) um zu

$$p_2 - p_1 = \frac{\dot{m}_1^2\,a}{\rho_F}\left\{\left[\frac{(1-\dot{x})^2}{(1-\epsilon_1)} + \left(\frac{\rho_F}{\rho_G}\right)\frac{\dot{x}^2}{\epsilon_1}\right] - a\left[\frac{(1-\dot{x})^2}{(1-\epsilon_2)} + \left(\frac{\rho_F}{\rho_G}\right)\frac{\dot{x}^2}{\epsilon_2}\right]\right\} \qquad (113a)$$

Hierin ist $\dot{m}_1$ die Mengenstromdichte des Gemisches im Anströmquerschnitt. Diese Gleichung wurde nach Lottes [54] zum ersten Mal von Romie angegeben. Nimmt man an, daß der örtliche volumetrische Dampfgehalt ϵ sich bei der Querschnittsänderung nicht ändert, also der Schlupf konstant bleibt, so vereinfacht sich Gl. (113a) zu

$$p_2 - p_1 = \frac{\dot{m}_1^2\,a\,(1-a)}{\rho_F}\left[\frac{(1-\dot{x})^2}{(1-\epsilon)} + \left(\frac{\rho_F}{\rho_G}\right)\frac{\dot{x}^2}{\epsilon}\right] \qquad (113b)$$

Ein Vergleich von Gl. (113b) mit Gl. (113), wobei dort für $\rho\bar{w} = \dot{m}$ zu substituieren ist, zeigt, daß der Ausdruck in der eckigen Klammer in Gl. (113b) auch als Zweiphasenmultiplikator aufgefaßt werden kann, für eine Strömung, bei der das gesamte Gemisch im Kanal flüssig vorhanden wäre.

Die Gleichungen (113a) und (113b) geben den Druckaufbau hinter einer plötzlichen Erweiterung wieder und sagen zunächst noch nichts aus über den bleibenden Druckverlust. Hierfür ist wieder der Energieansatz mit der Bernoulli-Gleichung heranzuziehen. Wir erhalten dann für den Druckverlust

$$-\Delta p_{\text{Verl 2 ph}} = (1-a)\,\dot{m}_1^2\left\{a\left[\frac{(1-\dot{x})^2}{(1-\epsilon)\rho_F} + \frac{\dot{x}^2}{\epsilon\,\rho_G}\right] - \frac{1-a}{2}\left[\frac{\dot{x}^3}{\epsilon^2\,\rho_G^2} + \frac{(1-\dot{x})^3}{(1-\epsilon)^2\,\rho_F^2}\right]\left(\frac{\dot{x}}{\rho_G} + \frac{1-\dot{x}}{\rho_F}\right)^{-1}\right\} \qquad (115a)$$

Messungen des volumetrischen Dampfgehaltes in der Nähe von plötzlichen Erweiterungen von Richardson [55] bei horizontaler Strömung sowie von Petrick und Swanson [56] für vertikale Strömung zeigten, daß die Annahme, der volumetrische Dampfgehalt ϵ bliebe längs des Strömungsweges über die plötzliche Erweiterung konstant, nur näherungsweise richtig ist. Ferrel und McGee [57] fanden für Wasser-Wasserdampf-Strömungen, daß die Annahme konstanten volumetrischen Dampfgehaltes und homogener Strömung ($s = 1$) bei Anwendung von Gl. (113a) einen um den Faktor 1,5 zu hohen Druckrückgewinn voraussagt.

Dazu im Widerspruch stehen Meßergebnisse von Fitzsimmons [52] und von Weisman [58], die gute Übereinstimmung zwischen Gl. (113b) unter der Annahme homogener Strömung und ihren Experimenten fanden. Die Annahme homogenen Strömungsverhaltens führt Gl. (113b) über in die einfache Form

$$p_2 - p_1 = \frac{\dot{m}_1^2\, a\,(1-a)}{\rho_F} \left[1 + \left(\frac{\rho_F}{\rho_G}\right) \dot{x}\right] \qquad (113c)$$

und der Ansatz für den Druckverlust vereinfacht sich dann zu

$$\Delta p_{Verl} = \frac{\dot{m}_1^2}{2\,\rho_F}\,(1-a)^2 \left[1 + \left(\frac{\rho_F}{\rho_G}\right) \dot{x}\right] \qquad (115b)$$

Die mit den Gleichungen (115a) und (115b) zu errechnenden Ergebnisse sind eigentlich nur von formalem Wert, da sie als Druckverlust den Unterschied im Druckaufbau bei plötzlicher Erweiterung und bei einer gedachten idealen Strömung in einer allmählichen Erweiterung definieren. Eine Zweiphasenströmung ist aber auch bei allmählicher Erweiterung stark reibungsbehaftet, so daß die kinetische Energie vor der Strömung nie voll über einen Druckrückgewinn in potentielle Energie umgewandelt werden kann.

I.5.2.3. Blendenartige Einschnürung

Auch bei plötzlichen Einschnürungen wird das in der einphasigen Strömung gebräuchliche Rechenverfahren auf Gas-Flüssigkeits-Gemische übertragen. Ein Druckverlust bei der plötzlichen Verengung eines Strömungsquerschnittes ergibt sich – wie in Abb. 30 skizziert – dadurch, daß sich die Strömung hinter der Ver-

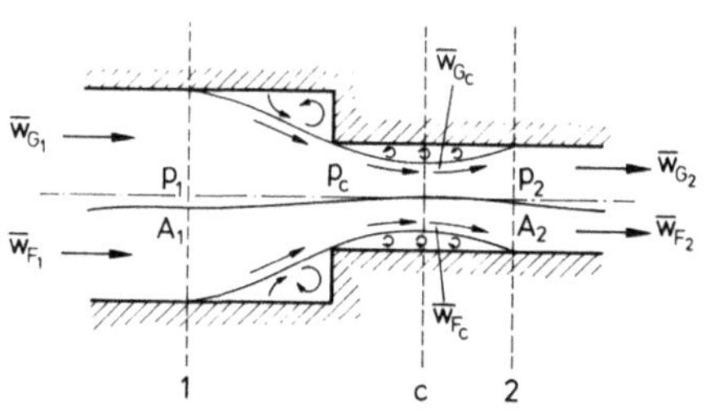

Abb. 30. Strömung bei scharfkantiger Verengung

engungskante zunächst noch weiter einschnürt und sich dann wieder auf den Querschnitt des Abströmkanales erweitert. Die dabei der Strömung zusätzlich mitgeteilte kinetische Energie kann schließlich nicht mehr voll in potentielle Energie und damit in Druck rückverwandelt werden. Die Geschwindigkeitsunterschiede zwischen der Kontraktionsstelle C und dem Abströmquerschnitt A_2 bestimmen den bleibenden Druckverlust. Das Verhältnis von Kontraktionsquerschnitt A_C und Abströmquerschnitt A_2 wird als Kontraktionskoeffizient a_c bezeichnet. Der tatsächliche Druckabfall vom Querschnitt A_1 auf A_2 für einphasige Strömung errechnet sich zu

$$p_1 - p_2 = \frac{1}{2}\,\rho\,\overline{w}_2^2 \left[1 - \frac{1}{a^2} + \left(\frac{1}{a_c} - 1\right)^2\right] \qquad (116)$$

Hierbei ist a das Verhältnis zwischen Anström- und Abströmquerschnitt. Der Kontraktionskoeffizient a_c ist für einphasige Strömung und scharfkantige Querschnittsänderung in der Literatur seit langem bekannt, Werte nach Weisbach sind in Tabelle 6 zusammengestellt.

Tabelle 6. *Kontraktionskoeffizient a_c für scharfkantige Querschnittsänderungen (Gl. (116))*

$1/a$	0	0,2	0,4	0,6	0,8	1,0
a_c	0,586	0,598	0,625	0,686	0,790	1,0

Für Strömungen von Gas-Flüssigkeits-Gemischen kann, wegen der guten Durchmischung der Phasen im Einschnürbereich, meist angenommen werden, daß Gas und Flüssigkeit homogen verteilt sind und mit gleicher Geschwindigkeit strömen. Unter Heranziehung von Gl. (116) errechnet sich dann die Druckänderung des Gemisches von der Stelle 1 zur Stelle 2 in Abb. 30 zu

$$p_1 - p_2 = \frac{\dot{m}_2^2}{2} \left[1 - \frac{1}{a^2} + \left(\frac{1}{a_c} - 1 \right)^2 \right] \left(\frac{\dot{x}}{\rho_G} + \frac{1 - \dot{x}}{\rho_F} \right) \qquad (117)$$

Dabei wird angenommen, daß sich das Gemisch hinter der Querschnittsänderung wie eine einphasige Strömung einschnürt und der Kontraktionskoeffizient Tabelle 6 entnommen werden kann.

Die Verwendung dieser homogene Strömungsverhältnisse voraussetzenden Gleichung wird in der neueren Literatur wiederholt empfohlen und ist auch experimentell bestätigt. Messungen von Ferrel und McGee [57] mit Dampf-Wasser-Gemischen und von Weisman [59] an Kältemitteln zeigten gute Übereinstimmungen mit dieser einfachen Berechnung.

Man sollte nun annehmen, daß durch Kombination der Rechenverfahren für scharfkantige Verengung und Erweiterung der Druckverlust für Blenden berechnet werden kann. Hier kommt es aber sehr darauf an, ob die Kontraktion hinter der Verengungsstelle noch innerhalb des Blendenbereiches liegt oder ob der verengte Kanal so kurz ist, daß der eingeschnürte Strahl noch in den Erweiterungsteil reicht. Eine zuverlässige und geschlossene Berechnungsmethode kann hierfür nicht gegeben werden. Anhaltspunkte für überschlägige Abschätzungen sind der Arbeit von Weisman [59] zu entnehmen.

I.5.2.4. Abzweigungen und Vereinigungen

Das Strömungsverhalten eines Gas-Flüssigkeits-Gemisches in T-Stücken – Abzweigungen oder Vereinigungen – ist weitgehend unbekannt. Ergebnisse von Experimenten im kleinen Maßstab mit Rohrleitungskomponenten von 10 bis 20 mm Durchmesser sind nicht übertragbar auf die in der Technik interessierenden Abmessungen der Nennweiten 100–500, da die Strömungsformen sowie die Mischungs- und Entmischungsvorgänge völlig anders sind. Versuche mit so großen Abmessungen sind aber aufwendig und teuer, insbesondere, wenn sie thermodynamische Zustände hoher Systemdrücke nachbilden sollen. Man versucht sich dadurch zu helfen, daß man einfache, für einphasige Fluide gültige Ansätze auf Gas-Flüssigkeits-Gemische überträgt. Da diese Übertragung mit großen Unsicherheiten behaftet ist, lohnt es sich nicht, für die Ansätze im einphasigen Bereich eine aufwendige Theorie zu betreiben.

Für Informationen zum Stand der experimentellen Erkenntnisse über das Verhalten von Gas-Flüssigkeits-Gemischen in Abzweigungen sei der Leser auf die Dissertation von Fouda [60] und auf eine Arbeit von Kubite und Gardner [61] hingewiesen, in denen einige Meßergebnisse über Abzweigungen und den Zusammenfluß in spitzwinkeligen Verbindungen zu finden sind.

Hier soll eine von Collier [62] skizzierte, einfache Rechenmethode wiedergegeben werden. Bei einer rechtwinkeligen Abzweigung in einem T-Stück kann die Änderung des statischen Druckes über eine eindimensionale Impulsbilanz – siehe Abb. 31 – berechnet werden.

$$(p_2 - p_3) = \rho\,(w_3^2 - w_2^2) \tag{118}$$

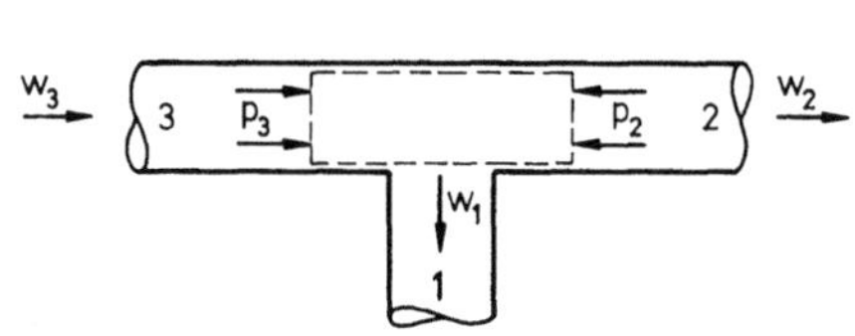

Abb. 31. Abzweigung, Grenzen für die Impulsbilanz in Gl. (118) und (119)

Aus Experimenten mit einphasiger Strömung weiß man, daß der tatsächliche Druckanstieg unterschiedlich ist zu dem, der sich aus Gl. (118) ergibt, da wegen Ablöseerscheinungen an der Abströmkante zum Rohrstutzen 1 die Strömung nicht genau rechtwinkelig abbiegt, und Gl. (118) wird deshalb mit einem empirischen Faktor k_{32} korrigiert

$$(p_2 - p_3) = k_{32}\,\rho\,(w_3^2 - w_2^2) \tag{118a}$$

der die tatsächliche Impulsänderung berücksichtigt und üblicherweise kleiner als 1 ist. Die Indizes 3 und 2 bei diesem Korrekturfaktor bedeuten, daß die Druckänderung auf der Strecke 3–2 – also dem durchgehenden Zweig des T-Stücks (Abb. 31) – betrachtet wird. Miller [63] definierte den Verlustkoeffizienten bei Abzweigungen etwas anders

$$(p_2 - p_3) = \frac{\rho}{2}\,(w_3^2 - w_2^2) - K_{32}\left(\frac{\rho\,w_3^2}{2}\right) \tag{119}$$

dadurch, daß er neben der Impulsbilanz auch die Energiebilanz einführte. Der von Miller eingeführte Verlustfaktor K_{32} ist in Abb. 32 in Abhängigkeit vom Mengenstromverhältnis der abfließenden Teilströme aufgetragen. Für kleine Teilströme in der recht- oder schiefwinkeligen Abströmung kann man in ähnlicher Weise auch die Druckänderung zwischen der Anströmung und der Abströmung formulieren.

$$(p_1 - p_3) = \frac{\rho}{2}\,(w_3^2 - w_1^2) + K_{31}\left(\frac{\rho\,w_3^2}{2}\right) \tag{120}$$

Aus Abb. 32 sind die Verlustkoeffizienten auch dieses Teilstromes für Abzweigwinkel von 90 und 135° zu entnehmen. Für empirische Gleichungen zur Berechnung der Verlustkoeffizienten K_{31} und K_{32}, die eine Verwendung dieser einfachen Rechenmethode auf elektronischen Rechenmaschinen erleichtern, sei auf die Arbeit von Gardel [64] verwiesen.

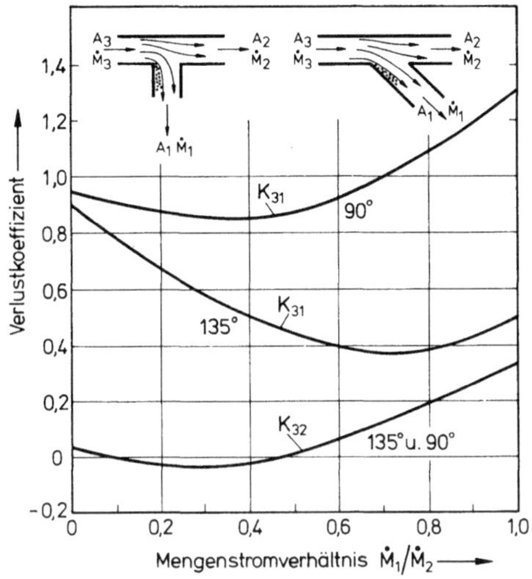

Abb. 32. Verlustkoeffizienten in Gl. (119) und (120) für Abzweigungen

Das Zusammenströmen in recht- und schiefwinkeligen Verbindungen wird ganz ähnlich behandelt. Auch hier werden wieder die Bilanzgrenzen – Abb. 33 –

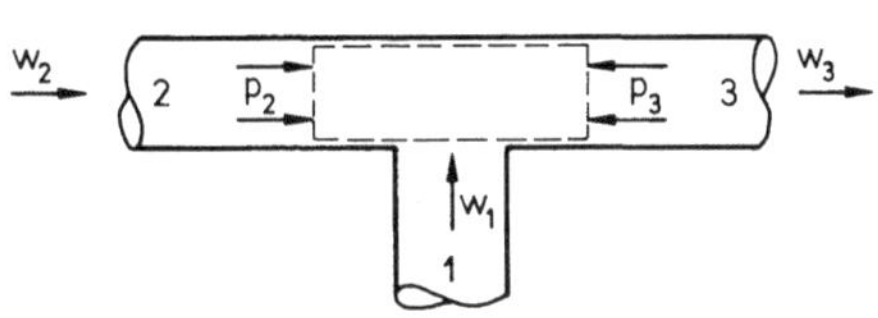

Abb. 33. Vereinigung von Strömen, Grenzen für die Impulsbilanz in Gl. (121) und (122)

eingeführt, und man erhält für die Druckänderungen

$$(p_2 - p_3) = \frac{\rho}{2}(w_3^2 - w_2^2) + K_{23}\left(\frac{\rho\, w_3^2}{2}\right) \tag{121}$$

$$(p_1 - p_3) = \frac{\rho}{2}(w_3^2 - w_1^2) + K_{13}\left(\frac{\rho\, w_3^2}{2}\right) \tag{122}$$

Die Verlustkoeffizienten für diesen Fall sind in Abb. 34 aufgetragen.

Will man diese einfachen Überlegungen für Abzweigungen und Strömungsvereinigungen auf Gas-Flüssigkeits-Gemische anwenden, so ist homogene Strömung $s = 1$ zu unterstellen, was gleichbedeutend ist mit:

$$\frac{\dot{x}}{1-\dot{x}} = \frac{\epsilon}{1-\epsilon}\;\frac{\rho_G}{\rho_F}$$

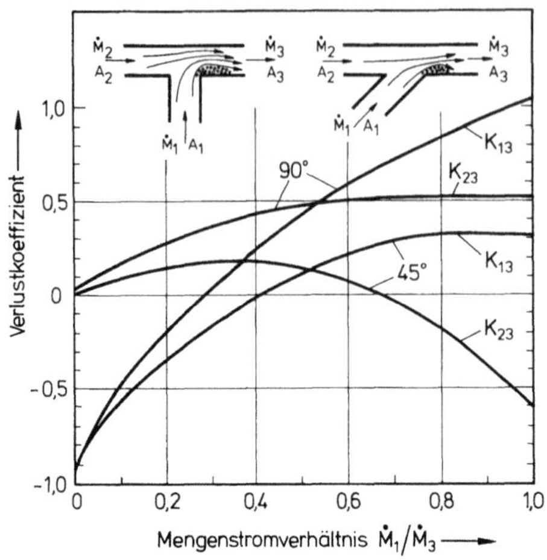

Abb. 34. Verlustkoeffizienten in Gl. (121) und (122) für Strömungsvereinigungen

Die Gemischgeschwindigkeit w erhält man aus der mittleren Dichte $\bar{\rho}$

$$\bar{\rho} = (1 - \epsilon)\, \rho_F + \epsilon\, \rho_G$$

mit Hilfe des jeweiligen Mengenstromes $\dot{M}$ im Querschnitt A

$$w = \frac{\dot{M}}{A\, \bar{\rho}}$$

Die Gleichungen (118) bis (122) können nur ganz rohe Anhaltspunkte über die Druckverhältnisse in Rohrverbindungen geben. Zu beachten ist insbesondere, daß T-Stücke eine starke Separationswirkung auf das Gemisch haben und die Gasphase vorwiegend in die rechtwinkelig abgehende Abzweigung fließt, während die Flüssigkeit wegen ihrer größeren Trägheit ihre Richtung beizubehalten sucht.

I.6. Druckwellenausbreitung und kritisches Ausströmen

Die Geschwindigkeit, mit der sich Druck- und Dichteschwankungen nicht zu hoher Amplituden in einem kompressiblen Medium fortbewegen, nennt man auch Schallgeschwindigkeit. Wir wollen sie hier mit a bezeichnen. Die Schallgeschwindigkeit läßt sich aus den Erhaltungssätzen für Masse, Energie und Impuls sowie aus dem 2. Hauptsatz der Thermodynamik mit der Bedingung, daß die Druckänderungen adiabat und isentrop erfolgen, berechnen, wie wir aus der Gasdynamik wissen. Sie ergibt sich aus der Kompressibilität des Mediums

$$a = \sqrt{\left(\frac{dp}{d\rho}\right)_s} \tag{123}$$

Der Index s bedeutet, daß die Druck- und Dichteänderung bei konstanter Entropie – isentrop – erfolgt. Wir wollen ihn im folgenden aus Gründen der einfacheren Schreibweise weglassen. Für vollkommene Gase, deren Zustandsänderung dem Gesetz

$$p\,v = R\,T \tag{124}$$

folgt, erhält man aus Gl. (123) für die Schallgeschwindigkeit mit dem adiabaten Koeffizienten κ und der Gaskonstanten R des Stoffes die einfache Beziehung

$$a = \sqrt{\kappa\,p\,v} = \sqrt{\kappa\,R\,T} \tag{125}$$

In Gasen und Dämpfen ist die Schallgeschwindigkeit gleich der maximal möglichen Strömungsgeschwindigkeit bei einer Entspannung, z.B. wenn das Gas aus einem Behälter über eine kurze, gut gerundete Düse in die Atmosphäre ausströmt. Hierbei muß allerdings ein Mindestwert für das Druckverhältnis vor und nach der Entspannung vorliegen. Andererseits aber kann der Druck am Ausströmende der Düse auch nicht unter einen von diesem Druckverhältnis und dem Anfangsdruck im Behälter vorgegebenen Wert sinken. Der Gasstrahl tritt dann mit einem höheren Druck als dem Atmosphärendruck aus der Düse aus und dehnt sich dort explosionsartig aus. Für ideale Gase läßt sich das kritische Druckverhältnis, für das auch die Bezeichnung Laval-Druckverhältnis vorgeschlagen wurde, einfach mit Hilfe des adiabaten Koeffizienten κ angeben.

$$\frac{p_s}{p_0} = \left(\frac{2}{\kappa + 1}\right)^{\frac{\kappa}{\kappa - 1}} \tag{126}$$

Hierin ist p_0 der Druck im Behälter, bei dem das Gas noch stagnierend angenommen werden kann, und p_s der Druck am Mündungsende der Düse, bei dem das Gas gerade die Schallgeschwindigkeit erreicht hat. Für strömungstechnische Betrachtungen wird diese Geschwindigkeit meist statt Schallgeschwindigkeit als kritische Geschwindigkeit oder als Laval-Geschwindigkeit bezeichnet. Für ideale Gase läßt sie sich aus Gl. (125) einfach dadurch angeben, daß man den thermodynamischen Zustand an der Mündung der Düse, also nach Entspannung auf Schallgeschwindigkeit einsetzt

$$w_{krit} = \sqrt{\kappa\,p_s\,v_s} = \sqrt{\kappa\,R\,T_s} \tag{127}$$

Druck, spezifisches Volumen und Temperatur bei Schallgeschwindigkeit lassen sich für das ideale Gas einfach mit Gl. (126) und mit den bekannten Gleichungen für adiabate Zustandsänderung aus dem Zustand im Behälter p_0, v_0, T_0 berechnen. Da Schallgeschwindigkeit und kritische Geschwindigkeit den gleichen Wert besitzen, spricht man bei Gasen und Dämpfen häufig davon, daß das Medium mit Schallgeschwindigkeit ausströmt. Will man höhere Geschwindigkeiten als die Schallgeschwindigkeit erreichen, so muß die Düse hinter dem engsten Querschnitt nach bestimmten gasdynamischen Gesetzen wieder stetig erweitert werden, was wir aber hier nicht diskutieren wollen, da überkritische Geschwindigkeiten in Gas-Flüssigkeits-Gemischen nicht vorkommen.

Die bei Gasen und Dämpfen gebräuchliche Bezeichnung „Schallgeschwindigkeit" für die Geschwindigkeit unter kritischen Ausströmbedingungen kann für die Behandlung von Gas-Flüssigkeits-Gemischen sehr irreführend sein. Es ist leicht einzusehen, daß z.B. in einer Blasenströmung oder in einer Ringströmung der Schall sich in den Flüssigkeitsbrücken örtlich rascher fortpflanzen kann als in den Gaszonen. Bei einer guten Dispergierung des Gases in der Flüssigkeit werden sich aber die Schallwellen immer wieder und häufig an den Phasengrenzen brechen und es ergibt sich dadurch eine sehr komplizierte Druckwellenfortpflanzung.

Das Ausströmen aus einem Behälter hohen Druckes in die Atmosphäre kann nicht mehr in der einfachen Weise wie bei Gasen mit der Schallgeschwindigkeit berechnet werden, auf der anderen Seite aber stellt sich auch bei Gas-Flüssigkeits-Gemischen ein maximaler Massenstrom ein, der kritischer Massenstrom genannt wird. Dieser kritische Massenstrom ist nicht nur von der Kompressibilität der Gasphase, sondern auch von einer Reihe anderer fluiddynamischer Größen, wie z.B. dem Gasgehalt und dem aus dem Impulsaustausch resultierenden Geschwindigkeitsverhältnis zwischen den Phasen abhängig. Wir wollen deshalb bei den folgenden Betrachtungen zwischen der Ausbreitungsgeschwindigkeit einer Druckwelle – in der Gasdynamik Schallgeschwindigkeit genannt – und dem kritischen Ausströmen aus Behältern unterscheiden.

Beide Größen sind für Entspannungsvorgänge, insbesondere im Zusammenhang mit sicherheitstechnischen Betrachtungen bei der Auslegung von mit Gas-Flüssigkeits-Gemischen betriebenen Behältern, Apparaten und Rohrleitungen von Interesse. Die Geschwindigkeit der Druckwellenausbreitung bestimmt die mechanische Beanspruchung von Behälterwänden oder -einbauten innerhalb der ersten Millisekunden nach der plötzlichen Entspannung. Der kritische Massenstrom gibt an, wie rasch der Behälter entleert wird und welche Zustände während dieses Ausströmvorganges im Behälter zu erwarten sind. Seine genaue Kenntnis ist besonders wichtig für die Dimensionierung von Sicherheits- und Entlastungsventilen.

I.6.1. Ausbreitung von Druckwellen

Die Erhaltungssätze für Masse, Energie und Impuls sowie der erste und zweite Hauptsatz der Thermodynamik gelten auch für Gas-Flüssigkeits-Gemische, und man kann deshalb im Prinzip die daraus abgeleitete Gl. (123) für die Schallgeschwindigkeit auch auf die Ausbreitungsgeschwindigkeit von Druckwellen in zweiphasigen Fluiden heranziehen. Für die Dichte $\bar{\rho}$ des Gemisches ist ein geeigneter Ausdruck zu finden. Man kann an die Mittelwertbildung mit Hilfe des örtlichen volumetrischen Dampfgehaltes ϵ denken

$$\bar{\rho} = \epsilon \, \rho_G + (1 - \epsilon) \, \rho_F$$

und kommt dann zu der Beziehung

$$a_{2\mathrm{ph}}^2 = \frac{dp}{d \, [\epsilon \, \rho_G + (1 - \epsilon) \, \rho_F \,]} \tag{128}$$

für die Ausbreitungsgeschwindigkeit von Druckwellen in Gas-Flüssigkeits-Gemischen. Für strömende Fluide kann man den örtlichen volumetrischen Dampfgehalt ϵ auch durch den Strömungsdampfgehalt $\dot{x}$ ausdrücken, wobei nach Gl. (12) beide Dampfgehalte über den Schlupf s verknüpft sind

$$\epsilon = \frac{\dot{x} \, \rho_F}{(1 - \dot{x}) \, s \, \rho_G + \dot{x} \, \rho_F}$$

Dadurch wird in Gl. (128) zusätzlich der Schlupf und der Strömungsdampfgehalt eingeführt. Alle diese Größen sind druckabhängig und müssen bei Einsetzen in Gl. (128) nach dem Druck differenziert werden. Man erhält dann eine sehr aufwendige Differentialbeziehung für die Druckwellengeschwindigkeit in Gas-Flüssigkeits-Gemischen.

$$a_{2\,\mathrm{ph}}^2 = \left\{ \left[\epsilon^2 + \epsilon(1-\epsilon)\frac{\rho_F}{\rho_G} \right] \frac{d\rho_G}{dp} + \left[(1-\epsilon)^2 + \epsilon(1-\epsilon)\frac{\rho_G}{\rho_F} \right] \frac{d\rho_F}{dp} + \right.$$

$$\left. (\rho_G - \rho_F)\frac{1-\epsilon}{\dot{x}(1-\dot{x})}\frac{d\dot{x}}{dp} - \epsilon(1-\epsilon)(\rho_G - \rho_F)\frac{ds}{dp} \right\}^{-1} \tag{129}$$

Zur Vermeidung von Mißverständnissen sei darauf hingewiesen, daß in Gl. (129) s das Geschwindigkeitsverhältnis zwischen Gas und Flüssigkeit darstellt und nicht die Entropie bezeichnet. Die Entropie bleibt bei der Druckänderung der Wellenausbreitung konstant. Wie oben erwähnt, wird aber dieser Hinweis bei der Formulierung der Gleichungen weggelassen.

In fast allen Anwendungsfällen kann die Kompressibilität der Flüssigkeit vernachlässigt werden, d.h. man kann

$$\frac{d\rho_F}{dp} = 0$$

setzen. Die Ableitung der Gasdichte nach dem Druck ist nichts anderes als der Reziprokwert aus dem Quadrat der Schallgeschwindigkeit der Gasphase.

$$\frac{d\rho_G}{dp} = \frac{1}{a_G^2} = \frac{1}{\kappa}\frac{\rho_G}{p} \tag{130}$$

Henry [65] hat theoretisch nachgewiesen und Hamilton [66] experimentell bestätigt, daß der Massentransport zwischen den Phasen bei dieser Druckwellenausbreitung vernachlässigt werden kann, d.h. daß keine nennenswerte Kondensation oder Verdampfung aufgrund der kleinen Druckänderungen erfolgt. Damit kann man

$$\frac{d\dot{x}}{dp} = 0$$

setzen. Führt man diese Überlegungen in Gl. (129) ein, so vereinfacht sich die Beziehung erheblich

$$a_{2\,\mathrm{ph}}^2 = \left\{ \left[\epsilon^2 + \epsilon(1-\epsilon)\frac{\rho_F}{\rho_G} \right] \frac{1}{a_G^2} + \epsilon(1-\epsilon)(\rho_F - \rho_G)\frac{ds}{dp} \right\}^{-1} \tag{129a}$$

und man erhält dann für die Schallgeschwindigkeit nurmehr eine Abhängigkeit vom örtlichen volumetrischen Dampfgehalt, vom Schlupf und von der Dichte des Gases. Der Schlupf s ist eine Funktion der Phasenverteilung, also der Strömungsform, und das Differential ds/dp gibt Auskunft über das Ausmaß der Kraft- und Impulsübertragung zwischen den Phasen. Schlupf und Impulsaustausch sind in hohem Maße abhängig von der Phasenverteilung, d.h. von der Strömungsform. Wir müssen deshalb bei der Betrachtung der Druckwellenausbreitung in Gas-Flüssigkeits-Gemischen nach Strömungsformen unterscheiden.

Bei Blasenströmung ist der Impulsaustausch aber auch eine Funktion der Blasenform – kugelförmig, elliptisch oder schirmförmig –, was oft durch einen Formfaktor C_I ausgedrückt wird. Henry und Fauske [67] führten diesen Formfaktor in die Impulsbilanz ein und leiten daraus den einfachen Zusammenhang

$$\frac{ds}{dp} = -\frac{C_\mathrm{I}}{a_{2\,\mathrm{ph}}^2}\,\frac{1}{\rho_\mathrm{F}} \tag{131}$$

zwischen Schlupf und Druckwellenausbreitungsgeschwindigkeit her. Durch Einsetzen von Gl. (131) in Gl. (129a) und Einführen eines polytropen Exponenten n der den bei Druckwellen in Blasenströmung nicht immer zu vernachlässigenden Wärmeaustausch zwischen den Phasen berücksichtigen soll, kommen sie zu dem Ausdruck für die Wellenausbreitungsgeschwindigkeit in Blasengemischen.

$$a_{2\,\mathrm{ph\,Bl}}^2 = \left[\frac{1+\epsilon(1-\epsilon)\,C_\mathrm{I}}{\epsilon^2+\epsilon\,(1-\epsilon)\,\rho_\mathrm{F}/\rho_\mathrm{G}}\right]\frac{np}{\rho_\mathrm{G}} \tag{132}$$

Sie führen weiterhin eine fiktive Schallgeschwindigkeit a_hg in einem gedachten homogenen, dispersen Gemisch ein

$$a_\mathrm{hg}^2 = \left[\epsilon^2+\epsilon\,(1-\epsilon)\,\frac{\rho_\mathrm{F}}{\rho_\mathrm{G}}\right]\frac{p}{\rho_\mathrm{G}} \tag{133}$$

das sie wie ein ideales Gas der Dichte ρ_G behandeln. Diese hilfsweise Formulierung wurde notwendig, da der den Impulsaustausch zwischen den Phasen charakterisierende Formfaktor C_I meßtechnisch schwer zugänglich ist und empirische Ansätze wenig physikalische Basis haben. Mit Gl. (133) kann man Gl. (132) dann auch in der Form

$$\frac{a_{2\,\mathrm{ph\,Bl}}^2}{a_\mathrm{hg}^2} = [1+\epsilon\,(1-\epsilon)\,C_\mathrm{I}]\,n \tag{134}$$

schreiben und Henry und Fauske [67] fanden aus Messungen, daß sich dieses Verhältnis der Ausbreitungsgeschwindigkeiten als einfache lineare Beziehung des Dampfgehaltes ϵ

$$\frac{a_{2\,\mathrm{ph\,Bl}}}{a_\mathrm{hg}} = 1{,}032+1{,}676\,\epsilon \tag{135}$$

darstellen läßt.

Eine theoretische Analyse für die Druckwellen-Ausbreitungsgeschwindigkeit in Blasenströmung müßte nicht nur Aussagen für den Formfaktor C_I, sondern auch für den polytropen Exponenten n finden. Sein Wert muß zwischen 1 und dem des adiabaten Exponenten κ liegen. Da er den Wärmeaustausch zwischen den Phasen ausdrückt, ist er von der Blasenform und vom Dampfgehalt abhängig.

In einer Sprühströmung ist die Ausbreitung der Schallwellen wesentlich einfacher zu behandeln. Man kann annehmen, daß kein Wärmeaustausch zwischen den im Gas verteilten Tropfen stattfindet, die als inkompressibel zu betrachten sind und gegenüber dem Gas keine Relativgeschwindigkeit haben. Mit Gleichung

(129) bzw. (129a) findet man dann die Geschwindigkeit der Druckwellenausbreitung zu

$$a_{2\,\mathrm{ph\,Spr}} = \sqrt{\frac{\kappa p}{\rho_G}} \sqrt{\frac{1 + \dfrac{2\epsilon^2 (1-\epsilon)\rho_F}{(1+\epsilon)\rho_G}}{\epsilon^2 + \epsilon(1-\epsilon)\rho_F/\rho_G}} \tag{136}$$

In dieser Gleichung ist die erste Wurzel auf der rechten Seite nichts anderes als die Schallgeschwindigkeit des idealen Gases. Für hohe volumetrische Dampfgehalte $\epsilon > 0{,}5$ kann man Gl. (136) wie folgt

$$a_{2\,\mathrm{ph\,Spr}} = \sqrt{\frac{\kappa p}{\rho_G}} \sqrt{\frac{2\epsilon}{1+\epsilon}} \tag{136a}$$

vereinfachen.

In Ring- und Schichtenströmung kann die Ausbreitungsgeschwindigkeit eines Druckpulses über eine glatte Phasengrenze durch die einfache Beziehung

$$a_{2\,\mathrm{ph\,Sgl}} = \sqrt{\frac{\kappa p}{\rho_G}} \sqrt{1 + \frac{1-\epsilon}{\epsilon} \frac{\rho_G}{\rho_F}} \tag{137}$$

ausgedrückt werden. Wellige Flüssigkeitsfilme verlangen eine Berücksichtigung von Massenbeschleunigung und Formfaktor und können im mathematischen Ansatz prinzipiell wie die Blasen- oder die Sprühströmung behandelt werden. In der Literatur hat sich allerdings der sehr einfache Ansatz

$$a_{2\,\mathrm{ph\,SW}} = \sqrt{\frac{\kappa p}{\rho_G}} \sqrt{\epsilon} \tag{138}$$

durchgesetzt.

In den hier wiedergegebenen Beziehungen für die Berechnung der Druckwellenausbreitungsgeschwindigkeit wurden Stoffaustauschvorgänge vernachlässigt, was für positive Druckwellen – Druckerhöhungen – durchaus zulässig ist, da eine der adiabaten Kompression folgende Kondensation geringer Dampfmengen so träge ist, daß die Druckwelle abklingt, bevor die Bildung von Kondensationskeimen einsetzt. Im Gegensatz dazu verursachen Verdünnungs- oder Unterdruckwellen Verdampfung, die wesentlich spontaner auftritt. Bei Verdünnungswellen sind deshalb Siedevorgänge zu berücksichtigen, die mit dem Wärmeaustausch zwischen den Phasen eng verknüpft sind. Man muß dann wieder auf Gl. (129) zurückgreifen. Zuverlässige Berechnungen setzen aber die Kenntnis des Siedeverzuges voraus, der von der Konzentration der vorhandenen Siedekeime – kleine Gasblasen oder Wandrauhigkeiten – bestimmt wird. Eine durch die Unterdruckwelle verursachte Entspannungsverdampfung vermindert die Amplitude der Welle gegenüber adiabatem Verhalten zwischen den Phasen. Für die sicherheitstechnische Auslegung von Behältern wird deshalb die Dämpfung des Druckstoßes durch Phasenwechsel häufig vernachlässigt. Bei großen Amplituden hat die Elastizität der Behälterwand und der Einbauten erheblichen Einfluß auf die Beanspruchung durch Druckwellen. Insbesondere bei niedrigen Gasgehalten können Unsicherheiten bei der Vorhersage des elastomechanischen Verhaltens der Konstruktion größere Auslegungsfehler beinhalten als Ungenauigkeiten bei der Berechnung der Druckwellenausbreitung.

I. 6. 2. Kritischer Mengenstrom

Für das Kritische Ausströmen aus Behältern und Apparaten muß der thermo- und fluiddynamische Zustand unmittelbar vor der Ausströmöffnung bekannt sein. Er kann sich in komplizierter Weise aus Aufschäumvorgängen durch Entspannungsverdampfung und aus der Phasenseparation ergeben, wie dies Viecenz [39] gezeigt hat. Die Druckentlastung eines Behälters, der mit Flüssigkeit nahe der Sattdampftemperatur oder mit Sattdampf gefüllt ist, führt immer zur Ausbildung eines zweiphasigen Gemisches. In der gesättigten Flüssigkeit bilden sich durch Entspannungsverdampfung Gasblasen, und aus dem Sattdampf kondensieren Flüssigkeitstropfen aus. Beide Phasenwechselvorgänge sind mit großem Energieumsatz verbunden und brauchen ein endliches, treibendes Gefälle zum Anlaufen, was als Siede- bzw. Kondensationsverzug bezeichnet wird. Druckabsenkung in auf Sättigungszustand befindlichen Fluiden führt deshalb immer zunächst und vorübergehend zu instabilen Zuständen.

Wir wollen den Entlastungsvorgang am Beispiel eines Behälters betrachten, der in der unteren Hälfte mit auf Sättigungszustand befindlicher Flüssigkeit und oben mit reinem Sattdampf gefüllt ist, und daraus rein phänomenologisch und qualitativ den fluiddynamischen Zustand an einem oben angebrachten Entlastungsventil diskutieren. Unmittelbar nach der Druckentlastung entstehen, wie in Teil B der Abb. 35 skizziert, in der flüssigen Phase Gasblasen, die – wenn die

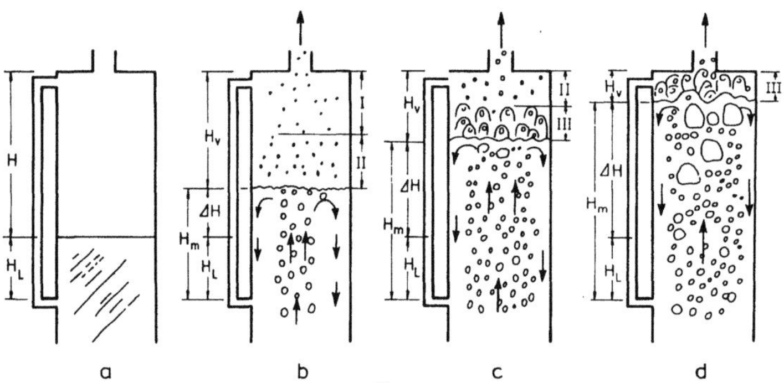

Abb. 35 a–d. Schematische Beschreibung der hydro- und thermodynamischen Vorgänge bei der Druckentlastung

Flüssigkeit vorher ohne Siedekeime war – sich überwiegend in der oberflächennahen Zone ausbilden, sonst aber gleichmäßig über die Flüssigkeitshöhe verteilt sind. Diese Entspannungsverdampfung vergrößert das Flüssigkeitsvolumen und der Flüssigkeitsspiegel steigt an. Nahezu gleichzeitig oder nur wenig verzögert treten Tropfen in der Gasphase auf, die von aus der Flüssigkeit aufsteigenden Gasblasen mitgerissen werden oder auch durch die Entspannungskondensation entstanden sind.

Maßgebend für den weiteren Verlauf des Flüssigkeitsspiegels ist dann die

Relativbewegung zwischen den Gasblasen und der Flüssigkeit, die wir in Abschnitt I.4.3. behandelten. Sie wiederum ist neben thermodynamischen Zustandsgrößen, wie Oberflächenspannung und Viskosität, von dem zeitlichen Verlauf der Druckabsenkung abhängig. Könnten die Gasblasen nahezu ungehindert aufsteigen und sich damit von der Flüssigkeit separieren, so würde der Flüssigkeitsspiegel das obere Ende des Behälters nicht erreichen. Bei rascher Druckabsenkung ist die Phasenseparation jedoch zu gering, und das Gemisch schäumt so stark auf, daß große Flüssigkeitsmengen am Entlastungsventil ankommen. Dies hat erheblichen Einfluß auf den Massendurchsatz durch das Ventil.

Den zeitlichen Verlauf, der sich bei dieser durch den Aufschäumvorgang beeinflußten Druckentlastung einstellen kann, zeigt Abb. 36. Sie demonstriert auch

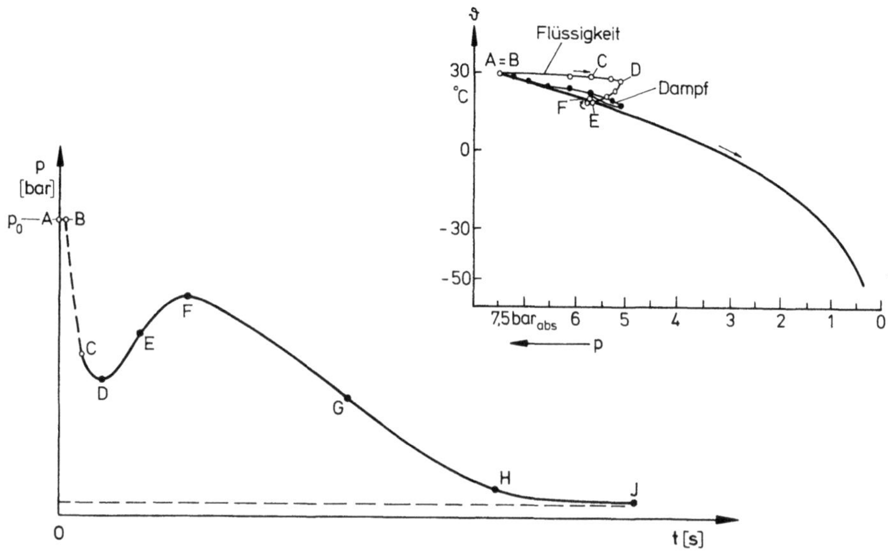

Abb. 36. Thermisches Ungleichgewicht bei der Druckentlastung von Dampf-Flüssigkeits-Gemischen (Kältemittel)

thermodynamische Ungleichgewichtseffekte zwischen den Phasen. Versuchsmedium bei diesen Experimenten von Viecenz [39] war das Kältemittel R 12, dessen Flüssigkeitsspiegel etwa bis zur halben Höhe des Behälters reichte, wobei der Druck im Behälter nach Öffnen einer Berstscheibe innerhalb von 15 Sekunden von 20 bar auf Umgebungsdruck absank. Die Druckentlastung wurde zum Zeitpunkt B eingeleitet und der steile Druckabfall von B bis C zusammen mit der experimentellen Beobachtung, daß in dieser Zeit die Flüssigkeitstemperatur merklich über der Sättigungstemperatur liegt, weisen auf einen merklichen Siedeverzug hin und zeigen, daß zunächst nur der Dampfraum über dem Flüssigkeitsspiegel entspannt. Erst bei C setzt Entspannungsverdampfung und damit Blasenbildung in der Flüssigkeit ein. Im Zeitraum C–D bewegt sich der Flüssigkeitsspiegel, wie vorher erläutert, durch Blasenbildung nach oben, bis er bei D die Austrittsöffnung des Behälters zum Druckentlastungsventil erreicht. Damit ändert sich bei D der Strömungszustand im Ventil, da jetzt statt der bisherigen, höchstens mit einigen Flüssigkeitstropfen durchsetzten Gasströmung ein Zweiphasengemisch ansteht, dessen maximale Geschwindigkeit, wie wir noch sehen werden, wesentlich niedriger ist als die Ausströmgeschwindigkeit reinen Dampfes.

Im Behälter baut sich aber zur gleichen Zeit das ursprünglich durch Siedeverzug angestaute Ungleichgewicht rasch ab, und damit ist im Bereich D–F die Dampfproduktion im Behälter größer als das über das Ventil ausgetragene Gemischvolumen. Als Folge davon steigt der Druck im Behälter bis zum Zeitpunkt E, zu dem thermodynamisches Gleichgewicht zwischen Flüssigkeit und Gas erreicht ist, was man aus dem Temperaturdiagramm ersehen kann, sehr stark an. Dieser Anstieg flacht im Bereich E–F ab, bis schließlich zum Zeitpunkt F produziertes Dampfvolumen und ausströmendes Gemischvolumen gleich groß sind. Daran anschließend erfolgt dann eine stetige Druckabnahme, wobei zum Zeitpunkt H eine merkliche Abflachung der Druck-Zeitkurve beobachtet werden kann, was sich daraus erklärt, daß jetzt der Gemischspiegel wieder unter die Austrittsöffnung des Behälters abzusinken beginnt.

Die Aufschäumvorgänge sind durchaus rechnerisch anhand von physikalischen Modellen zur Phasenseparation, wie wir sie in Abschnitt I.4.3. diskutiert haben, zu verfolgen. Für die Berechnung unter instationären Bedingungen sei auf die Arbeit von Viecenz [39] verwiesen. Für die folgende Behandlung des maximal möglichen Mengenstromes durch die Ausströmöffnung sei angenommen, daß der thermo- und fluiddynamische Zustand unmittelbar vor der Ausströmöffnung bekannt sei. Aber auch dann muß berücksichtigt werden, daß die Gestaltung der Ausströmöffnung – Bruchstelle, Riß, Düse oder Ventil – und ihre Erstreckung in Strömungsrichtung großen Einfluß haben. Die Ausströmmenge ist wesentlich unterschiedlich, ob eine Rohrleitung unmittelbar am Einschweißstutzen zum Behälter reißt, oder ob der Bruch in 1 oder 2 Metern Abstand zur Behälterwand erfolgt. Scharfkantige Mündungen verursachen eine starke Einschnürung des Strahles, so daß sich der tatsächliche Strömungsquerschnitt gegenüber dem konstruktiv geometrischen verengt.

Während des Entspannungsvorganges in der Düse erleidet das Gemisch eine Druck- und eine Geschwindigkeitsänderung. Ansätze für die Berechnung des kritischen Massenstromes müssen Informationen – z.B. experimenteller Art – oder zumindest Annahmen über den Impuls-, Wärme- und Stoffaustausch während dieser Beschleunigung enthalten. Diese Austauschvorgänge im Stutzen sind aber meßtechnisch kaum zugänglich. Selbst wenn man die Anforderungen reduziert und sich darauf beschränkt, nur die Geschwindigkeitsverhältnisse und die Temperaturunterschiede zwischen den Phasen messen zu wollen, so bedeutet dies hohen experimentellen Aufwand und große versuchstechnisch bedingte Unsicherheiten. Man ist deshalb bis heute auf Annahmen über die fluid- und thermodynamischen Gleichgewichtszustände bei der Entspannung in der Düse angewiesen. Ein Grenzfall ist die Annahme vollständigen fluid- und thermodynamischen Gleichgewichtes, was bedeutet, daß Gas und Flüssigkeit homogen verteilt in jedem Querschnitt mit der gleichen Geschwindigkeit strömen und daß bei einem Einkomponenten-Gemisch die Flüssigkeit stets mit ihrem Dampf in thermodynamischem Gleichgewicht ist, was bedeutet, daß kein Siedeverzug auftritt und Überhitzungen in der Flüssigkeit sofort durch Verdampfung abgebaut werden. Ein Rechenansatz, der auf diesen Annahmen beruht, wird als

homogenes Gleichgewichtsmodell

bezeichnet. Der Begriff „Modell“ hat sich in der Zweiphasenströmung für theoretische Ansätze eingebürgert, denen bestimmte Vorstellungen und Annahmen über das thermo- und fluiddynamische Verhalten des Gemisches zugrundeliegen.

Man kann auch von der Vorstellung ausgehen, daß beide Phasen zwar mit gleicher Geschwindigkeit strömen, aber kein Wärme- und Stoffaustausch zwischen ihnen erfolgt, was

homogenes Ungleichgewichtsmodell

oder im Englischen "homogeneous frozen model" genannt wird. Zwischen diesen beiden Extremen des thermodynamischen Zustandsverhaltens sind beliebige Grade des Stoff- und Wärmeaustausches zwischen den Phasen möglich und in der Realität auch zu erwarten. Je kürzer die Düse ist, desto weniger Zeit verbleibt für Verdampfung und zum Einstellen des Gleichgewichts, so daß insbesondere bei Rissen und Bruchöffnungen mit thermodynamischem Ungleichgewicht gerechnet werden kann. Längere Strömungswege während der Entspannung verringern einerseits den Einfluß des Siedeverzuges, verursachen aber andererseits eine Separation und Schichtung der Phasen, so daß stromabwärts die spezifische Fläche für den Wärmeaustausch abnimmt. In Gemischen mit hohem Flüssigkeitsanteil kann mehr Überhitzungswärme gespeichert werden als in der Sprüh- oder Ringströmung, in denen die Gasphase überwiegt.

Man kann schließlich auch die Annahme gleicher Geschwindigkeiten von Gas und Flüssigkeit fallenlassen. Die Geschwindigkeit beider Phasen ist nicht nur eine Funktion des Druckgefälles längs des Strömungsweges, sondern auch des Impulsaustausches zwischen den Phasen. Gleiche Druckgefälle haben auf das Gas wegen dessen geringer Dichte eine höhere Beschleunigungswirkung als auf die Flüssigkeit. In der Literatur wird das Verhältnis zwischen Gas- und Flüssigkeitsgeschwindigkeit als Schlupf s ausgedrückt, und man nennt Rechenansätze, die von unterschiedlichen Phasengeschwindigkeiten ausgehen,

Schlupfmodelle.

Theoretisch stünden für die Berechnung des Schlupfes die in Abschnitt I.4.1. diskutierten Gleichungen zur Verfügung. Sie wären jedoch für Rechnungen zum kritischen Ausströmen sehr umständlich und aufwendig zu handhaben und sind darüberhinaus für stationäre Strömungen, aber nicht für die Bedingungen der starken Beschleunigung in der Düse entwickelt. Schlupfbeziehungen für kritisches Ausströmen werden deshalb meist als einfache Potenzansätze des Dichteverhältnisses von Flüssigkeit und Gas angegeben.

Die kritische Massenstromdichte kann ähnlich wie die Ausbreitungsgeschwindigkeit von Druckwellen aus den Erhaltungssätzen für Masse, Energie und Impuls sowie aus dem 1. und 2. Hauptsatz der Thermodynamik abgeleitet werden. Man kommt dann zu einer ähnlichen Beziehung wie in Gl. (129), eliminiert jedoch den örtlichen volumetrischen Dampfgehalt und ersetzt ihn durch den Schlupf s.

$$\begin{aligned}\dot{m}^2_{\text{krit}} = -\Bigg\{ s \Bigg[& [1+\dot{x}(s-1)]\,\dot{x}\,\frac{dv_G}{dp} + \{v_G[1+2\dot{x}(s-1)] + \\ & + s\,v_G[2(\dot{x}-1)+s(1-2\dot{x})]\}\,\frac{d\dot{x}}{dp} + s\,[1+\dot{x}(s-2) - \\ & - \dot{x}^2(s-1)]\,\frac{dv_F}{dp} + \dot{x}(1-\dot{x})(s\,v_F - v_G/s)\,\frac{ds}{dp} \Bigg]^{-1} \Bigg\}\end{aligned} \tag{139}$$

Zur Lösung von Gl. (139) bedarf es Informationen oder Annahmen über den Schlupf s und seiner Änderung längs der Druckentlastung (ds/dp) sowie über den Grad des Phasenwechsels durch Verdampfung ($d\dot{x}/dp$). Im Gegensatz zu Gl. (129) ist Gl. (139) nicht über die spezifischen Dichten der Phasen, sondern über die spezifischen Volumina v_G und v_F ausgedrückt. In den meisten Fällen kann die Änderung des spezifischen Volumens der Flüssigkeit mit dem Druck vernachlässigt werden. Für die spezifischen Volumina der reinen Phasen und für die Kompressibilität des Gases sind thermodynamische Zustandsgleichungen heranzuziehen.

Im folgenden sollen einige Ansätze aus der Literatur vorgestellt werden, die unter den oben erwähnten unterschiedlichen Annahmen über die fluid- und thermodynamischen Zustände in der Düse erarbeitet wurden. Auf ihre Herleitung muß verzichtet werden, da sie unverhältnismäßig viel Platz in Anspruch nähme. Die beiden Klassen von Modellen, nämlich homogene und Schlupfmodelle, werden verschiedentlich auch als

Einfluidmodelle und
Zweifluidmodelle

bezeichnet. Diese Klassifizierung rührt daher, daß das Gemisch des homogenen Modells als ein einziges Fluid betrachtet werden kann, da beide Phasen im Mittel mit gleichen Geschwindigkeiten strömen. Demgegenüber wird die unterschiedliche Geschwindigkeit beim Schlupfmodell durch die Bezeichnung Zweifluidmodell zum Ausdruck gebracht.

Beim homogenen Gleichgewichtsmodell wurde die Gleichung für die kritische Massenstromdichte $\dot{m}_{\text{krit, HG}}$ unter der Annahme aufgestellt, daß beide Phasen

gleiche mittlere Geschwindigkeiten haben,
in thermodynamischem Gleichgewicht sind und
die Entspannung isentrop erfolgt.

Für die ausströmende Menge ist – wie wir bereits weiter oben diskutierten – der Zustand unmittelbar vor der Düse oder Blende maßgebend, der mit Stagnationszustand bezeichnet wird. Energetisch läßt sich der Stagnationszustand am einfachsten mit der spezifischen Stagnationsenthalpie des Gemisches h_0 ausdrücken. Die Verdampfungsenthalpie h_{FG} der strömenden Substanz ergibt über den 1. Hauptsatz der Thermodynamik die verdampfte Flüssigkeitsmenge. Wegen der Annahme vollständigen thermodynamischen Gleichgewichtes ist der 2. Hauptsatz hier nicht relevant. Zieht man schließlich noch die Entropie s heran, die im Stagnationszustand (Index 0) und am Düsenende (Index E) gleich sein muß, so kann man die kritische Massenstromdichte für homogene Gleichgewichtsströmung aus der Beziehung

$$\dot{m}_{\text{krit HG}} = \frac{\{2\,[h_0 - (1 - s_M)\,h_{F,E} - \dot{x}_E\,h_{FG,E}]\}^{\frac{1}{2}}}{(1 - s_M)\,v_{F,E} - \dot{x}_E\,v_{G,E}} \tag{140}$$

berechnen. Zur Lösung der Gl. (140) ist allerdings ein iteratives Verfahren notwendig, da man zunächst den Austrittsdruck schätzen muß und dann die geschätzten Druckwerte bei festgehaltenen Stagnationsbedingungen solange abzusenken hat, bis sich ein Maximum der kritischen Massenstromdichte ergibt. Die mittlere Entropie s_M in Gl. (140) errechnet sich aus dem einfachen Mischungsansatz

$$s_M = \frac{s_0 - s_{F,E}}{s_{G,E} - s_{F,E}} \tag{141}$$

Beim homogenen Ungleichgewichtsmodell wird angenommen, daß
die mittleren Geschwindigkeiten der Phasen gleich sind,
kein Wärme- und Stoffaustausch zwischen den Phasen auftritt,
der Dampf isentrop als ideales Gas entspannt,
die kinetische Energie der Strömung nur von der Dampfentspannung herrührt und
die kritische Massenstromdichte allein aus den Gesetzen der Gasdynamik abgeleitet werden kann.

Die kritische Massenstromdichte $\dot{m}_{\text{krit, HU}}$ kann dann wie folgt formuliert werden

$$\dot{m}_{\text{krit HU}} = \frac{1}{v} \left\{ 2 x_0 \, v_{G0} \, p_0 \left(\frac{\kappa}{\kappa - 1} \right) \left(1 - n^{\frac{\kappa - 1}{\kappa}} \right) \right\}^{0,5} \tag{142}$$

Der Index 0 bezieht sich wieder auf den Stagnationszustand und das fiktive spezifische Volumen v des Gemisches errechnet sich aus einer Mischungs- und Entspannungsgleichung

$$v = (1 - \dot{x}_0) \, v_{F0} + \dot{x} \, v_{G0} \, n^{\frac{1}{\kappa}} \tag{143}$$

wobei n

$$n = \left(\frac{2}{\kappa + 1} \right)^{\frac{\kappa}{\kappa - 1}} \tag{144}$$

der einfachen Schreibweise halber als Abkürzung für eine Funktion des adiabaten Koeffizienten κ eingeführt wurde.

Die in der Literatur bekannten Schlupf- oder Zweifluidmodelle werden in der Regel nach ihren Autoren benannt und unterscheiden sich im wesentlichen in den Annahmen für die Geschwindigkeitsverhältnisse zwischen den Phasen. Hier seien nur zwei Modelle, die in der Praxis häufig Anwendung finden, herausgegriffen.

Moody [68] ging bei seinen theoretischen Überlegungen von der Vorstellung aus, daß das Gemisch in der Düse isentrop entspannt und in thermodynamischem Gleichgewicht ist. Er leitet seinen Ansatz aus den Erhaltungssätzen für Masse, Energie und Impuls unter der Annahme ab, daß das Geschwindigkeitsverhältnis zwischen Gas und Flüssigkeit – der Schlupf – vom Druck unabhängig ist, was wegen der veränderlichen Gasdichte bei hohen Drücken sicher nicht ganz richtig ist. Die von ihm aufgestellte Beziehung enthält die spezifische Stagnationsenthalpie h_0, bei der strenggenommen auch die kinetische Energie der Anströmung zur Düse berücksichtigt werden müßte, die Entropie des Gemisches, die vom Stagnationszustand s_0 bis zum Düsenaustritt konstant ist, die spezifischen Entropien von Flüssigkeit und Dampf am Düsenaustritt sowie die kalorischen Verdampfungswerte, Verdampfungsenthalpie h_{FG} und Verdampfungsentropie s_{FG}.

$$\dot{m}_{\text{krit Moody}} = \sqrt{\frac{2[h_0 - h_F - h_{FG}/(s_0 - s_F)\, s_{FG}}{\left[\frac{k(s_G - s_0)\,v_F}{s_{FG}} + \frac{(s_0 - s_F)\,v_G}{s_{FG}}\right]^2 \left[\frac{s_0 - s_F}{s_{FG}} + \frac{s_G - s_0}{k^2\, s_{FG}}\right]}} \tag{145}$$

Die kritische Mengenstromdichte ist selbstverständlich auch eine Funktion des Schlupfes, der in Gl. (145) ausnahmsweise mit k bezeichnet wird, da das Symbol s hier bereits für die spezifische Entropie vergeben ist. Die nicht mit dem Index 0 versehenen Größen in Gl. (145) beziehen sich auf das Auströmende der Düse. Moody nimmt an, daß der Schlupf am Ausströmende der Düse, also an der Stelle maximaler Mengenstromdichte, durch die einfache Beziehung

$$k = \left(\frac{v_G}{v_F}\right)^{\frac{1}{3}} \tag{146}$$

ausgedrückt werden kann. Auch Gleichung (145) muß iterativ gelöst werden, dadurch daß man schrittweise abnehmende Werte für den Druck am Düsenende schätzt, bis die Massenstromdichte ein Maximum erreicht. Andere Modelle, die ähnlich wie Moody's Ansatz aufgebaut sind und auch den Schlupf als Maß für das hydrodynamische Ungleichgewicht heranziehen, geben als Schlupffunktion die Quadratwurzel aus dem Verhältnis der spezifischen Volumina von Gas und Flüssigkeit an. Der Einfluß dieser Schlupfannahmen auf den kritischen Massenstrom ist in Abb. 37 in Abhängigkeit vom Stagnationsdruck für ein Wasser-

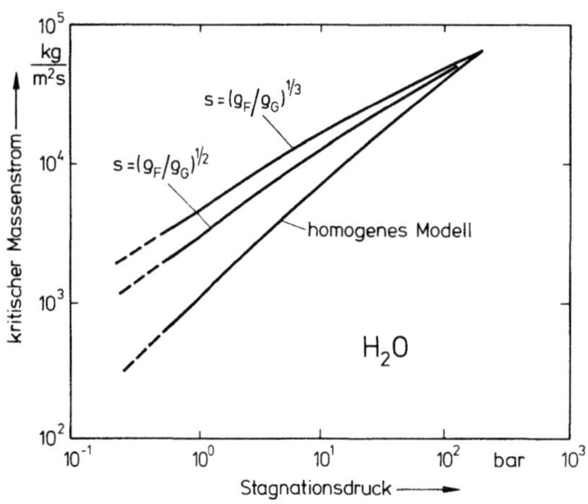

Abb. 37. Einfluß von Modellannahmen (Schlupf, homogen) auf den kritischen Massenstrom

Dampf-Gemisch skizziert. Man sieht, daß insbesondere bei Entspannungen in den Vakuumbereich, also bei der Auslegung von Kondensatoren merkliche Unterschiede auftreten. Zum Vergleich ist in Abb. 37 auch das Ergebnis der Ausströmrechnung eingetragen, wenn man gleiche Geschwindigkeiten von Wasser und Dampf unterstellt. Dieser Vergleich sagt noch nichts über die Richtigkeit der Annahmen aus, Schlüsse hierüber können nur in Verbindung mit Meßergebnissen gezogen werden, und wir werden später sehen, daß die Zulässigkeit der einzelnen

Annahmen nicht nur vom Stagnationsdruck, sondern auch vom Dampfgehalt beim Stagnationszustand abhängt.

Das Zweifluidmodell von Henry und Fauske [69] versucht sowohl die unterschiedlichen Phasengeschwindigkeiten als auch das thermodynamische Ungleichgewicht besser von den physikalischen Grundlagen her zu erfassen, nämlich aus Überlegungen zur Flüssigkeitsüberhitzung und Dampfübersättigung. Ihre Überlegungen gelten für längere Düsen und Rohrabschnitte und sie stützen sich auf Messungen von Henry [70], in denen gefunden wurde, daß in solchen Entspannungsstutzen das Geschwindigkeitsverhältnis w_G/w_F zwischen 1,0 und 1,5 lag, für Drücke am Stutzenende von rund 3 bis 4 bar. Das Geschwindigkeitsverhältnis ist abhängig vom Dichteunterschied zwischen den Phasen, der mit zunehmendem Druck geringer wird. Für hohe Drücke kann deshalb angenommen werden, daß Gas und Flüssigkeit mit der gleichen Geschwindigkeit strömen.

Eine gute Beschreibung des Wärme- und Stofftransportes zwischen den Phasen setzt zuverlässige Kenntnisse der Phasenverteilung und der Strömungskonfiguration voraus, die nicht vorhanden sind. Als Kompromiß zwischen zu starker Vereinfachung und dem realen Verhalten des Gemisches wurde deshalb von Henry und Fauske angenommen, daß die Dampfentspannung in der Düse als polytrope Expansion

$$\frac{d v_G}{dp} = - \frac{v_G}{np} \tag{147}$$

betrachtet werden kann, d.h. der Dampf wird wie ein reales Gas mit dem polytropen Exponenten n behandelt, der nach Tangren [71] mit den spezifischen Wärmen von Flüssigkeit c_F und Gas c_{pG} und dem adiabaten Koeffizienten κ des Gases wie folgt berechnet werden kann:

$$n = \frac{(1-x)(c_F/c_{pG}) + 1}{(1-x)(c_F/c_{pG}) + 1/\kappa} \tag{148}$$

Die Formulierung des polytropen Exponenten in Gl. (148) berücksichtigt den Wärmeaustausch zwischen den Phasen in der Düse.

In der allgemeinen Beziehung für die kritische Massenstromdichte, Gl. (139), ist die Ableitung des Schlupfes nach dem Druck – dort mit ds/dp bezeichnet – ein Maß für den Impulsaustausch zwischen den Phasen, da jede Änderung der Relativgeschwindigkeit eine Kraftwechselwirkung zwischen Gas und Flüssigkeit bedeutet. Vogren [72] fand bei Messungen der Phasengeschwindigkeiten längs der Düsenachse in Luft-Wasser-Gemischen, daß das Geschwindigkeitsverhältnis an der engsten Stelle der Düse einem Minimum zustrebt. Der Stoffaustausch, d.h. die bei der Entspannung verdampfte Flüssigkeitsmenge, kann, wenn der Wärmeaustausch zwischen den Phasen hinreichend gut ist und der Siedeverzug keine Rolle spielt, proportional dem Druckabfall längs der Düsenachse gesetzt werden. Schließlich erscheint es zulässig, auch bei höheren Drücken für die Expansion der Gasphase das ideale Gasgesetz anzuwenden.

Mit diesen Annahmen, Vereinfachungen und experimentellen Informationen kamen Henry und Fauske schließlich zu der Gleichung

$$\dot{m}_{\text{krit He Fa}} = \left\{ \frac{\dot{x}_0 v_G}{n p} + (v_G - v_{F0}) \left[\frac{(1-\dot{x}_0) N}{s_{GE} - s_{FE}} \frac{d s_{FE}}{d p} - \right.\right.$$

$$\left.\left. - \frac{\dot{x}_0 c_{pG} [1/n - 1/\kappa]}{p (s_{G0} - s_{F0})} \right] \right\}^{-1} \tag{149}$$

In Gleichung (149) ist N ein Proportionalitätsfaktor für die Entspannungsverdampfung, der für Dampfgehalte $\dot{x}$ am Düsenende größer als 0,14 zu 1 gesetzt werden kann. Für kleinere Dampfgehalte ist für N

$$N = \frac{\dot{x}_E}{0{,}14}$$

in Gl. (149) zu verwenden.

Diese Gleichung für die kritische Massenstromdichte ist zu kombinieren mit einer einfachen Energiebilanz

$$-[(1-\dot{x}_0) v_{F0} + \dot{x}_0 v_G] d p = d \left(\frac{w^2}{2} \right) \tag{150}$$

die den Druckverlauf längs der Düsenachse beschreibt und nichts anderes aussagt, als daß die Änderung der Gemischgeschwindigkeit w gleich der Verschiebe- und Beschleunigungsarbeit ist. Integriert man diese Beziehung vom Stagnationszustand längs der Düsenachse, so erhält man die Gleichung

$$\frac{p}{p_0} = \left\{ \frac{[(1-\epsilon_0)/\epsilon_0] (1 - p/p_0) + \kappa/(\kappa - 1)}{1/2 \beta \epsilon^2 + \kappa/(\kappa - 1)} \right\}^{\kappa/(\kappa - 1)} \tag{151}$$

mit

$$\beta = \frac{1}{n} + \left(1 + \frac{v_{F0}}{v_G} \left[\frac{(1-\dot{x}_0) N p}{\dot{x}_0 (s_{GE} - s_{FE})} \left(\frac{d s_{FE}}{d p} \right) - \right.\right.$$

$$\left.\left. - \frac{c_{pG} (1/n - 1/\kappa)}{s_{G0} - s_{F0}} \right] \tag{152}$$

In den Gleichungen (149) bis (152) steht der Index 0 für die Stagnationsbedingungen und der Index E bedeutet, daß die thermodynamische Zustandsgröße unter der Annahme thermodynamischen Gleichgewichtes – Equilibrium – zwischen Dampf und Flüssigkeit, also unter Zugrundelegung des 1. Hauptsatzes der Thermodynamik berechnet werden muß. Der volumetrische Dampfgehalt ϵ_0 im Stagnationsbereich ist über den einfachen Mischungsansatz

$$\epsilon_0 = \frac{\dot{x}_0 v_{G0}}{(1-\dot{x}_0) v_{F0} + x_0 v_{G0}} \tag{153}$$

definiert. Der Schlupf zwischen den Phasen kann durch Wahl einer geeigneten Funktion für den längs der Strömungsachse variablen volumetrischen Dampfgehalt ϵ im Nenner von Gl. (151) berücksichtigt werden. Im Prinzip ist es hierbei auch möglich, ϵ mit Hilfe des bekannten Zusammenhanges zwischen Schlupf, Strömungsdampfgehalt und örtlichen volumetrischen Dampfgehalt, Gl. (12), auszudrücken und für den Schlupf die Quadratwurzel oder die Kubikwurzel des

Dichteverhältnisses zwischen den Phasen einzusetzen. Henry und Fauske empfehlen in ihrer Arbeit für ϵ die Formel

$$\epsilon = \frac{\dot{x}_0 \, v_G}{(1 - \dot{x}_0) \, v_{F0} + \dot{x}_0 \, v_G} \tag{154}$$

wobei das spezifische Volumen des Gases v_G einfach über die adiabate Entspannung eines idealen Gases

$$v_G = v_{G0} \left(\frac{p_0}{p} \right)^{\frac{1}{\kappa}} \tag{155}$$

ausgedrückt werden kann. Mit dieser schlußendlichen Vereinfachung ist der Ansatz von Henry und Fauske zwar ein Zweifluidmodell, aber kein Schlupfmodell, da Gl. (154) homogene Strömung voraussetzt. Es kann aber leicht zum Schlupfmodell abgewandelt werden, wenn man in Gl. (151) eine geeignete Beziehung für ϵ einsetzt.

Wie, und in welchen Bereichen, die verschiedenen, hier diskutierten Modelle mit der Realität übereinstimmen, zeigt Abb. 38 für Dampf-Wasser-Gemische

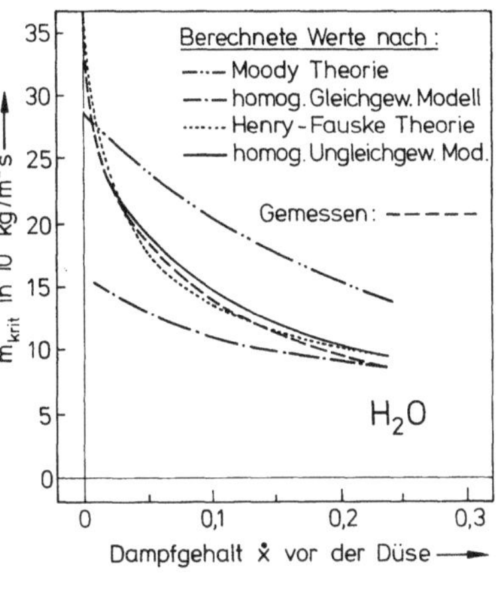

Abb. 38. Kritisches Ausströmen: Vergleich verschiedener Ansätze mit Messung (p_0 = 35 bar)

eines Stagnationsdruckes von 35 bar und unterschiedlichem Stagnations-Dampfgehalt. Der Vergleich läßt den Schluß zu, daß die Verweilzeit während der Expansion in der Düse offensichtlich nicht ausreicht, um thermodynamisches Gleichgewicht einzustellen, daß aber Impulsaustausch und Beschleunigungseffekte bereits im Anlaufen der Strömung aus der Stagnationsphase einen weitgehenden Ausgleich zwischen Gas- und Flüssigkeitsgeschwindigkeit bewirken. Die Annahme eines Geschwindigkeitsunterschiedes zwischen den Phasen führt zu einer Überschätzung der kritischen Massenstromdichte gegenüber der Realität und die Unterstellung thermodynamischen Gleichgewichtes errechnet zu geringe Mengenströme. Letzteres gilt vor allem für niedrige Dampfgehalte, also für Entspannung aus dem Zustand gesättigter Flüssigkeiten. Für hohe Dampfgehalte ist das einfache homogene Gleichgewichtsmodell eine gute Näherung an die physikalischen Realitäten.

Die diskutierten Modelle berücksichtigen nicht die Düsenform und gelten nicht für Ausströmvorgänge, bei denen sich zwischen dem Ausströmende und dem Stagnationsbereich – z.B. einem Behälter – eine längere Rohrleitung befindet, in der sich hohe Gemischgeschwindigkeiten einstellen. In dieser Rohrleitung kann der Druckverlust so hoch werden, daß er den größten Teil des treibenden Druckgefälles für das Ausströmen beansprucht. Die Ausströmrate wird dann nicht so sehr durch das kritische Druckverhältnis, sondern durch die im Rohr dissipierte Energie bestimmt. Solche Strömungszustände bedingen sehr aufwendige iterative Rechengänge, in denen jeweils abwechselnd der Druckverlust mit den Beziehungen aus Kapitel I.5. und das für die Entspannung am Rohrende verbleibende Druckgefälle abgeschätzt werden muß.

Aber auch schon kürzere Rohrstücke zwischen Behälter und Ausströmöffnung beeinflussen die kritische Mengenstromdichte erheblich, wie Abb. 39 zeigt.

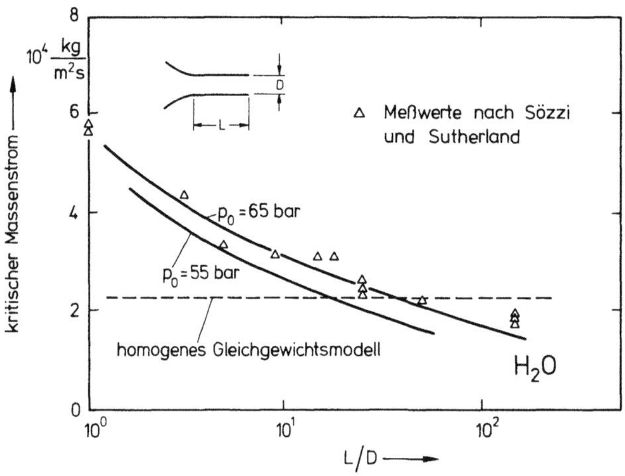

Abb. 39. Kritischer Massenstrom nach einem Zwei-Fluid-Modell

In dieser Abb. sind für zwei verschiedene Stagnationsdrücke die nach einem Zweifluidmodell berechneten kritischen Massenströme, in Abhängigkeit vom Längendurchmesserverhältnis des Ausströmstutzens, eingetragen. Im Vergleich dazu enthält diese Abb. auch Meßwerte von Sözzi und Sutherland [73] sowie die Vorhersage des homogenen Gleichgewichtsmodells ohne Berücksichtigung der Reibungsdruckverluste, das keine Formulierung enthält, die den Einfluß der Stutzenlänge berücksichtigt. Diese Abnahme der kritischen Massenstromdichte mit zunehmender Stutzenlänge ist für die Auslegung von Druckentlastungsventilen und ihrer Zuleitungen besonders wichtig, da bei Vernachlässigung des Zulaufeinflusses die Querschnitte leicht zu klein gewählt werden können. Die Abnahme der kritischen Massenstromdichte mit länger werdendem Stutzen ist vornehmlich auf Ausdampfeffekte und Annäherung an das thermodynamische Gleichgewicht mit zunehmender Verweilzeit sowie auf eine Homogenisierung der Strömung zurückzuführen.

Aber nicht nur die Stutzenlänge, auch die Stutzenform kann die kritische Massenstromdichte, insbesondere im Bereich kleiner Strömungsdampfgehalte beeinflussen, wie man aus Abb. 40 sieht. Eine leichte Erweiterung des Düsenquerschnitts zum Ausströmende bringt merklich höhere Massenströme. Die Ursache dafür ist darin zu suchen, daß die durch Entspannungsverdampfung entstandene Volumenvergrößerung des Gemisches durch die Querschnittserweiterung teilweise oder ganz kompensiert wird.

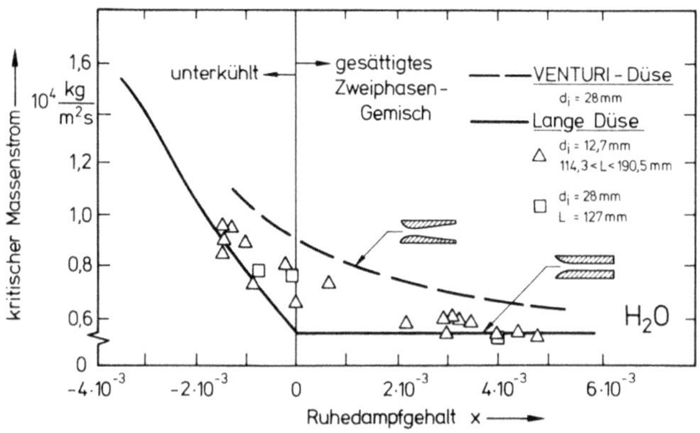

Abb. 40. Einfluß der Düsenform auf den kritischen Massenstrom

Schließlich kann eine große Zahl von in der Flüssigkeit vorhandenen Siedekeimen auch bei kurzen Düsen den kritischen Massenstrom merklich verringern. Abb. 41 zeigt das Ergebnis theoretischer Überlegungen von Richter [74] im Vergleich zu einer gemessenen Entspannung aus dem Zustand gesättigten Wassers. Die tatsächlichen Verhältnisse können, je nach Annahme, erheblich überschätzt – totaler Siedeverzug – oder unterschätzt – homogenes Modell – werden.

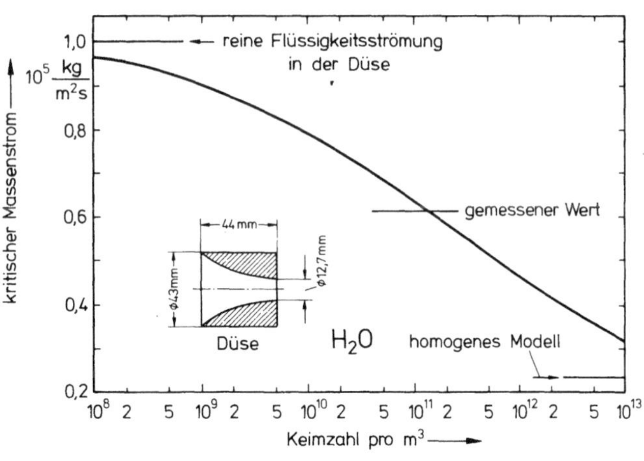

Abb. 41. Einfluß von Keimzahl und Keimbildung auf den kritischen Massenstrom

Diese Unsicherheiten sind für den Praktiker ein erhebliches Handicap bei der Auslegung von Sicherheits- und Entlastungsventilen oder bei der Berechnung des Druckabfalls nach Auftreten eines Risses am Behälter oder an einer Rohrleitung.

Meist geht man in der Praxis dann von konservativen Annahmen aus, d.h. man unterstellt bei der Auslegung von Sicherheitsventilen den aus den theoretischen Überlegungen sich ergebenden geringsten Wert der kritischen Massenstromdichte und beim Rohrbruch die gegenteilige Philosophie, nämlich hohen Schlupf und teilweise sogar reine Flüssigkeitsströmung. Im Laufe der Anlagenberechnung kann dies zu unlogischen, ja sich widersprechenden, konstruktiven Forderungen führen. Eine systematische Verbesserung der Rechenmodelle können nur Grundlagenversuche über die Strömungsformen und die Phasenwechselwirkungen beim kritischen Ausströmen bringen.

I.7. Queraustausch in unterteilten Kanälen

Die seitliche Begrenzung eines fließenden Gemisches ist nicht immer stoffdicht, wie wir das z.B. bei der Strömung in Rohren gewohnt sind. In der Energie- und Verfahrenstechnik, insbesondere aber in der Kerntechnik, sind Strömungskanäle zu finden, die aus zu Bündeln angeordneten Stäben oder Rohren gebildet sind, und bei denen das in den Zwischenräumen strömende Gemisch nur teilweise von festen Wänden umschlossen wird. Zwischen den Stäben in Abb. 42 kann Massen-, Impuls- und Energieaustausch von einem Teilbereich des gesamten Strömungsquerschnitts zum anderen erfolgen. Die unterschiedlichen Strömungsteilbereiche des Stabbündels in Abb. 42 werden Unterkanäle genannt. Jeder Unterkanal ist begrenzt durch eine Anzahl von Stäben oder die Außenwand, aber mit dem Nachbarkanal an der engsten Stelle seines Querschnitts in stofflicher und fluiddynamischer Verbindung.

Auch wenn alle Unterkanäle am Eintritt gleiche Zuströmung haben, sind die fluiddynamischen Bedingungen in den Randkanälen längs des Strömungsweges unterschiedlich, da wegen der berandungsabhängigen Werte von hydraulischem Durchmesser und spezifischer Wandreibung axialer Impuls- und Druckverlust verschieden groß sind. Über die offenen Flächen zwischen den Stäben wird Schubspannung sowie bei Turbulenz Impuls von einem Kanal auf den anderen übertragen. Führt man schließlich dem Fluid aus den Stäben Wärme zu, und ist die Wärmefreisetzung in den Stäben über den gesamten Querschnitt nicht exakt gleich, so erfährt das Fluid eine unterschiedliche Aufheizung und es erfolgt dann zusätzlich ein Wärmeaustausch zwischen den Unterkanälen durch molekularen Transport und durch turbulente Durchmischung. In einphasigen, inkompressiblen Medien muß die Bilanz des Massenaustausches Null sein, d.h. dem Unterkanal strömt seitlich genausoviel Masse zu, wie aus ihm in Richtung seiner Nachbarkanäle abströmt. Impuls- und Wärmebilanz brauchen nicht Null sein, da z.B. erhöhte Reibungsverluste in einem Unterkanal durch Impulseintragung von anderen Unterkanälen ausgeglichen werden können, und da sich ein Unterkanal auf Kosten der anderen aufwärmen kann.

Für einphasige Strömungen gehen die Überlegungen zum transversalen Impulsaustausch auf die Ansätze von Boussinesq zurück, die in jedem strömungsmechanischen Lehrbuch zu finden sind. Er definierte mittels einer effektiven Viskosität eine turbulente Austauschgröße, mit deren Hilfe er eine gedachte Schubspannungsübertragung zwischen 2 benachbarten Strömungszonen berechnete. Daraus läßt sich dann auch ein turbulenter Massenaustausch zwischen den

Strömungszonen ableiten. Eine Übersicht über Analysen zum turbulenten Impuls- und Massenaustausch zwischen von einphasigen Fluiden durchströmten Unterkanälen geben Rogers und Todreas [75].

In Gas-Flüssigkeits-Gemischen ist der Austauschvorgang zwischen Unterkanälen – im Englischen "mixing" genannt – wesentlich komplizierter, da wegen der unterschiedlichen Dichten der Phasen eine Umschichtung der Massenströme erfolgen kann und Unterkanäle mit höherem Gas- bzw. Dampfgehalt auch bei sonst gleichen fluiddynamischen Bedingungen einen größeren Druckverlust aufweisen, was zu Druckunterschieden zwischen benachbarten Unterkanälen längs des Strömungsweges führen würde, wenn nicht Massen- und Impulsaustausch erfolgte. Eine dadurch verursachte Querströmung von Flüssigkeit und Dampf bringt aber auch großen Energieaustausch mit sich. Besonders für die Auslegung der Brennstabbündel von wassergekühlten Reaktoren interessiert der in jedem Unterkanal zu erwartende Dampfgehalt, um die Wärmeübergangs- und Strömungsverhältnisse zuverlässig vorherzusagen und sichere Abstände von unzulässigen Betriebsbedingungen, z.B. Überhitzen, einzuhalten.

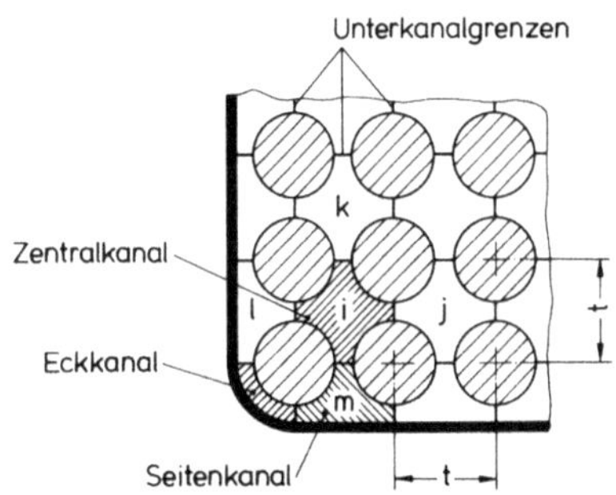

Abb. 42. Unterkanäle im Bündel

Es ist üblich, benachbarte Unterkanäle, wie in Abb. 42 angedeutet, mit Buchstaben zu bezeichnen, wobei auf die Austauschrichtung zu achten ist und z.B. ein Massenstrom pro Strömungsweg dz vom Kanal i zum Kanal j mit $\dot{n}_{ij}$ und in umgekehrter Richtung mit $\dot{n}_{ji}$ bezeichnet wird. Ebenso wird mit den anderen Nachbarkanälen verfahren. Wenn wir der Einfachheit halber nur einen von N Unterkanälen im Bündel betrachten, der auch nur mit einem Nachbarkanal im Austausch steht, so können wir die verschiedenen Transportmechanismen anhand von Abb. 43 diskutieren.

Unterschiedlicher Druckverlust längs der Kanalachsen würde, wie erwähnt, zu Druckunterschieden über den Bündelquerschnitt führen, die aber stets durch Querstromeffekte ausgeglichen werden. Diese Querströmung geht nur in einer Richtung, nämlich vom Unterkanal höheren Druckes zu dem niedrigen Druckes, deshalb ist in Abb. 43 für die dort betrachteten beiden Unterkanäle i und j der Pfeil für den gerichteten Nettostrom $(\dot{n}_{ij}dz)_{\Delta p}$ nur in einer Richtung gezeichnet.

Der turbulente Austausch transportiert in der einphasigen Strömung eine gleichgroße Menge von i nach j wie von j nach i. Bei Zweiphasengemischen besteht diese Einschränkung nicht, da die Dichten der ausgetauschten Fluidanteile

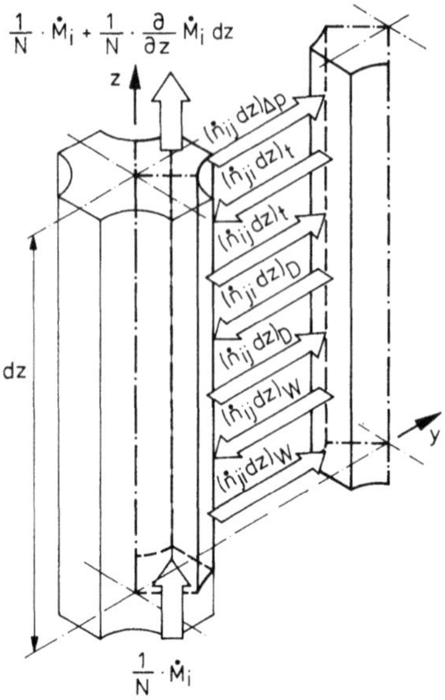

Abb. 43. Austauscheffekte zwischen Unterkanälen

nicht gleich sein müssen. Obwohl zweiphasige Strömungen erheblich höhere Turbulenzgrade als einphasige haben, tritt der Austausch durch Turbulenz $(\dot{n}_{ij}dz)_t$ doch gegenüber dem der gerichteten Strömung $(\dot{n}_{ij}dz)_{\Delta p}$ zurück.

Bei der Behandlung der Rohrströmung hatten wir gelernt, daß die Gasphase dazu tendiert, sich in der Zone hoher Geschwindigkeiten zu konzentrieren, also in Rohrmitte. Diesen Effekt hat Lahey [76] für das Strömungsverhalten zwischen parallelen Unterkanälen unterstellt, und er definiert einen "void-drift" Querstrom

$$\dot{n}_{VD\,ij} = b\,\beta\,\frac{\overline{\dot{m}}}{\overline{\rho}}\,\frac{\epsilon_i + \epsilon_j}{\dot{m}_i + \dot{m}_j}\,(\rho_F - \rho_G)\,(\dot{m}_i - \dot{m}_j) \tag{156}$$

der eine Funktion des Dampfgehaltes ϵ, der Mengenstromdichten $\dot{m}$ in den einzelnen Unterkanälen des empirischen Quervermischungsparameters β sowie der Breite b des engsten Überströmquerschnittes ist. Ähnliche Vorstellungen, wenn auch nicht so präzise wie von Lahey formuliert, hatten Gonzales und Santalo [77, 78], die einen durch unterschiedlichen Dampfgehalt verursachten Querstrom wie folgt definierten:

$$\dot{n}_{VD\,ij} = C\,\frac{\overline{\dot{m}}}{\overline{\rho}}\,b\,\rho_G\,[(\dot{\epsilon}_i - \dot{\epsilon}_j) - (\dot{\epsilon}_i - \dot{\epsilon}_j)_{\text{Vollentw.}}] \tag{157}$$

Sie verwenden den auf das Volumen bezogenen Strömungsdampfgehalt $\dot{\epsilon}$ als Maß für die treibende Kraft des Austausches.

Häufig werden aber in der Literatur dieser und andere ihrer Natur nach bekannten Querströmeffekte einfach in einem Diffusionsansatz

$$\dot{n}_{D\,ij} = \overline{\rho_i}\,(D_{ij}\,\epsilon_i - D_{ji}\,\epsilon_j) \tag{158}$$

zusammengefaßt [79] oder als rein empirische Funktion der mittleren Massenstromdichte [80] dargestellt.

$$\dot{n}_{ij} = b\,\beta\,\frac{\dot{m}_i + \dot{m}_j}{2} \tag{159}$$

Forti [79] führte dabei einen scheinbaren Diffusionskoeffizienten D ein, der eine beliebige Funktion thermo- und fluiddynamischer Zustandsgrößen in den im Austausch stehenden Unterkanälen sein kann.

Die Austauscheffekte, die in den Gln. (156) bis (159) zwar aufgrund physikalischer Modellvorstellungen, aber doch empirisch formuliert sind, wurden in Abb. 43 unter dem Begriff diffusiver Austausch $(\dot{n}_{ij}\,dz)_D$ zusammengefaßt. Rechenverfahren in der Literatur berücksichtigen meist auch diese 3 Austauscheffekte, nämlich

den gerichteten, getrieben durch eine Druckdifferenz,
den turbulenten und
den diffusiven, der stark vom Dampfgehaltsunterschied abhängt.

Seiffert [81] stellte bei Messungen mit Wasser-Luft-Gemischen fest, bei denen er die Hochgeschwindigkeitskinematographie zur Sichtbarmachung der Strömung einsetzte, daß periodische Wirbel den Queraustausch stark fördern können. Er verwendete für seine Versuche den in Abb. 44 dargestellten Kanal

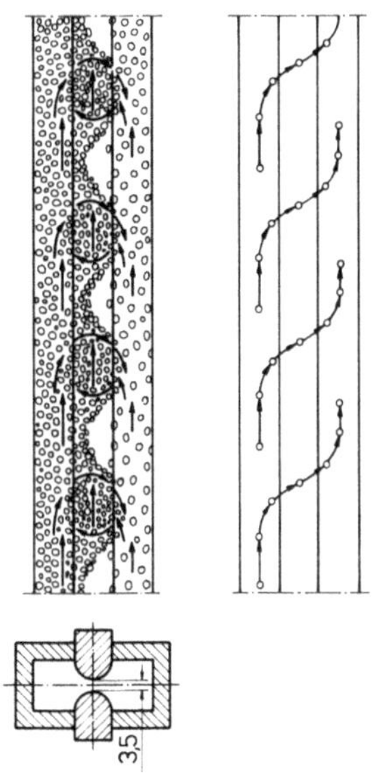

Abb. 44. Wirbel als treibende Kraft für den Queraustausch

rechteckigen Querschnittes, der durch abgerundete Leisten, welche die Stabkonfiguration im Bündel nachbilden sollten, in zwei Unterkanäle unterteilt war. Unterschiedlicher Gasgehalt im Wasser-Luft-Gemisch jedes Unterkanales konnte durch Einblasen von Luft über seitlich angeordnete, poröse Platten eingestellt werden. Die höhere Geschwindigkeit im Kanal mit dem größeren Dampfgehalt verursachte die Ausbildung von Wirbeln, welche erheblich zum Austausch zwischen den Unterkanälen beitrugen. Parallel zu der Beobachtung der Wirbelbewegung wurde auch der zeitliche Druckverlauf in jedem der beiden Unterkanäle gemessen. Die zeitliche Zuordnung von Druck- und Wirbelbewegung ergab interessante Aufschlüsse über weitere mögliche Austauscheffekte.

Der Druckverlauf in Abb. 45 weist für den rechten und linken Unterkanal immer dann gleiche Werte auf, wenn sich in Höhe der Meßebene, d.h. an der axialen Position, an der die Druckaufnehmer angebracht sind, ein Wirbel befindet. Zwischen zwei Wirbeln haben die beiden Unterkanäle maximale Druckdifferenz. Die Wirbel beziehen ihre Energie aus Schubspannungseffekten zwischen Zonen hoher und niedriger Geschwindigkeiten, tragen zum Druckausgleich zwischen den Kanälen bei und fördern Gas und Flüssigkeit quer zur Strömungsrichtung. Selbstverständlich bewirken sie dabei auch einen Impulsaustausch zwischen den Unterkanälen. Die Wirbelbewegung ist umso kräftiger, je größer die Dichteunterschiede zwischen Gas und Flüssigkeit sind, und tritt bevorzugt bei Blasenströmung auf. Ihr Einfluß geht bei hohen Drücken, wie zu erwarten, zurück.

Mit den in Abb. 43 skizzierten Querströmen kann nun eine Mengenbilanz für einen Unterkanal, der von $(N - 1)$ anderen Unterkanälen umgeben ist, und der den Strömungsquerschnitt A_i besitzt, geschrieben werden.

$$\frac{1}{N} A_i \frac{\partial \overline{\rho_i}}{\partial t} + \frac{1}{N} A_i \frac{\partial}{\partial z} (\overline{\rho_i} w_i) - [(\dot{n}_{ij})_{\Delta p} - (\dot{n}_{ji} - \dot{n}_{ij})_t - - (\dot{n}_{ji} - \dot{n}_{ij})_D - (\dot{n}_{ji} - \dot{n}_{ij})_w]\, b = 0 \tag{160}$$

Die beiden ersten Glieder in Gl. (160) sind die Massenbilanz in axialer Richtung unter Einbezug instationärer Vorgänge und gehen, wie man leicht sieht, in die eindimensionale Kontinuitätsgleichung, Gl. (13), über, wenn man die mittlere Dichte $\overline{\rho_i}$ durch

$$\overline{\rho_i} = (1 - \epsilon_i)\, \rho_F + \epsilon_i\, \rho_G$$

ausdrückt. b ist die Breite des Überströmquerschnittes an der engsten Stelle. Für die verschiedenen Austauscheffekte – Druckdifferenz, Turbulenz, Diffusion und Wirbel – sind Annahmen zu treffen, die dann in mathematische Formulierungen zu kleiden sind. In der Literatur geschieht dies weitgehend empirisch, da der Queraustausch nur als Ganzes und meist auch nur über die gesamte Kanallänge gemessen werden kann und es nicht möglich ist, nach einzelnen Effekten zu differenzieren. Es sei deshalb darauf verzichtet, hier Ansätze aus der Literatur im einzelnen darzulegen.

Die Kontinuitätsgleichung gibt nur eine Bedingung für Bilanzbetrachtungen, bei denen Masse, Energie und Impuls simultan erfaßt werden müssen. Als weitere Gleichungen sind deshalb die Energiebilanz und die Impulsbilanz heranzuziehen. Der Ansatz für die Energiebilanz läßt sich einfach aus Gl. (160) dadurch ableiten, daß man jeden axialen oder radialen Mengenstrom mit der ihm zugehörigen spezifischen Enthalpie h, die sich als Mischungsenthalpie aus Gas und Flüssigkeit ergibt, multipliziert. Die im Bilanzgebiet gespeicherte Masse ist mit der mittleren spezifischen inneren Energie u auszudrücken. Meist wird aber auch hier in der Literatur unexakterweise die spezifische Enthalpie verwendet, was sich bei der

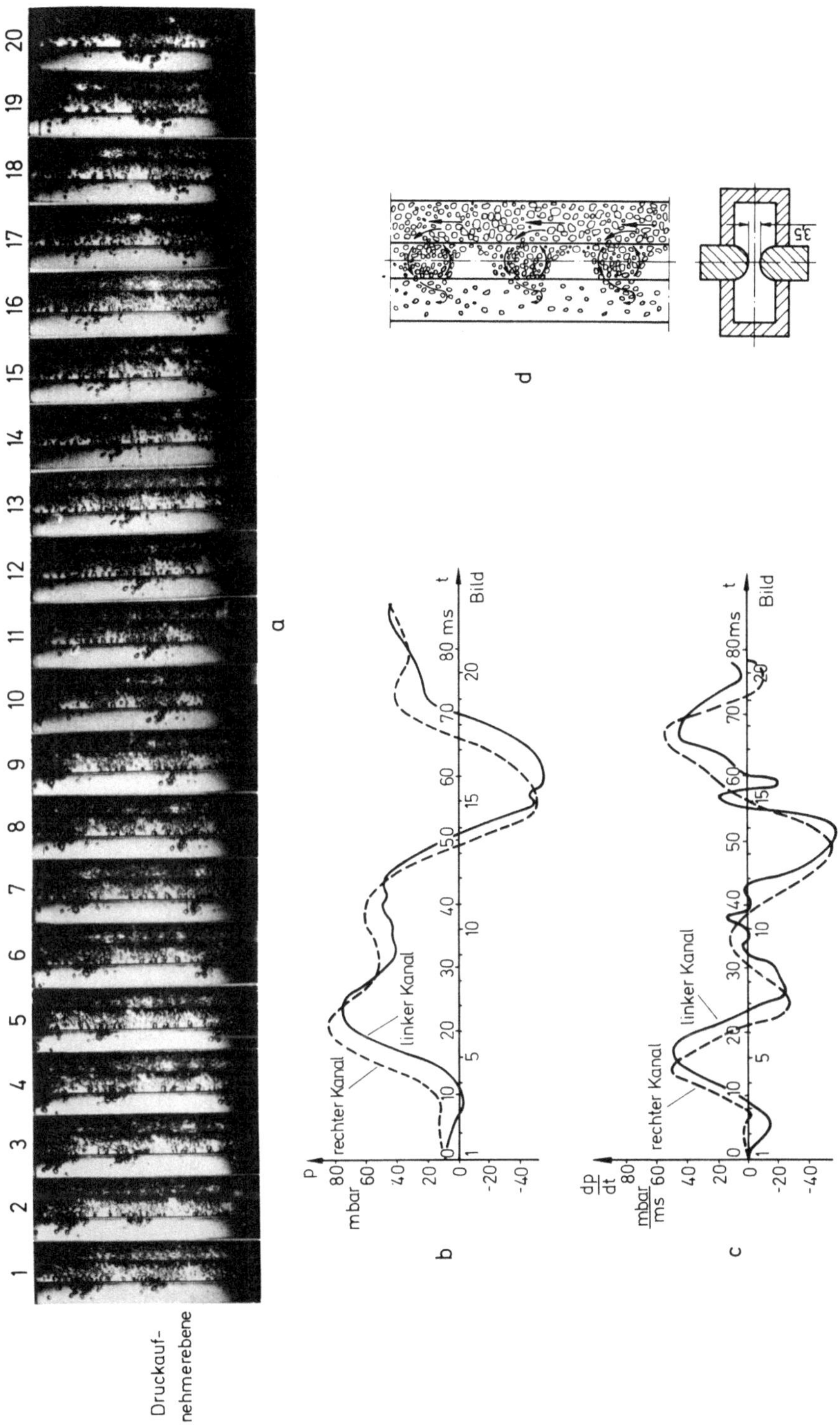

Abb. 45. Druck und Wirbelbewegung bei Queraustausch zwischen Unterkanälen

großen Unsicherheit, die den Mischungsansätzen anhaftet, auf das Endergebnis nicht auswirkt. Für die Querströmung müßten demnach der mittlere Dampfgehalt im Spalt zwischen den Unterkanälen bekannt sein, um die mittlere spezifische Enthalpie ausdrücken zu können.

Noch komplizierter und durch experimentelle Beobachtungen noch schlechter belegt sind Ansätze für den Impulsaustausch zwischen den Phasen. Eine empirische Formel, die den Massentransport zwischen den Unterkanälen durchaus noch richtig wiederzugeben vermag, kann beim Impulstransport völlig versagen. Hier müssen die tatsächlichen Strömungsphänomene bekannt sein. Es leuchtet ohne weiteres ein, daß eine durch Wirbel zwischen zwei Unterkanälen ausgetauschte Masse einen anderen Impulstransport bewirkt, als wenn dieselbe Masse infolge Druckdifferenzen übergetreten wäre.

Die großen Unsicherheiten in der Formulierung von Energie- und Impulsaustausch lassen es geraten sein, hier nicht einfache Ansätze anzubieten, die den Leser eher irreführen als ihm nützen und den Anwender in falsche Sicherheit wiegen. Für die Berechnung des Queraustausches zwischen Unterkanälen wurden umfangreiche Rechenprogramme entwickelt, deren Gültigkeit aber durchweg auf das Strömungsverhalten im Kern von Druck- und Siedewasserreaktoren beschränkt ist. Eine zusammenfassende Betrachtung und Bewertung solcher Rechenprogramme ist in [81] zu finden. Wie unterschiedlich die Vorhersagen hinsichtlich der Verteilung des Mengenstromes und des Dampfgehaltes in einem Bündel sein können, zeigt Abb. 46. Es sind dort Messungen von Lahey [76] mit

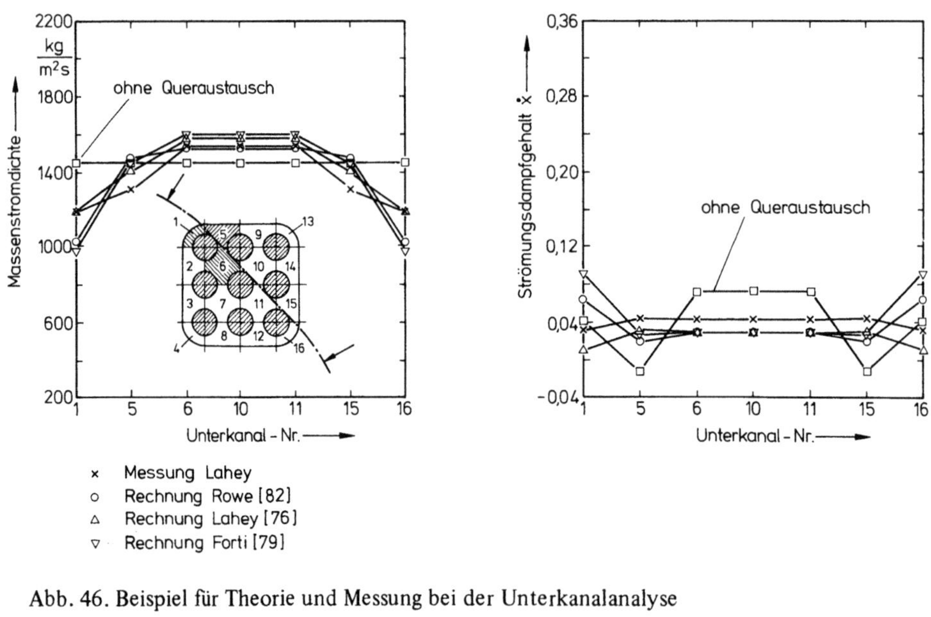

Abb. 46. Beispiel für Theorie und Messung bei der Unterkanalanalyse

Rechenergebnissen aus den Programmen von Rowe [80] und von Forti [79] sowie mit Lahey's eigenen Rechnungen verglichen. Die Messungen wurden an einem 9-Stabbündel vorgenommen, bei dem alle Stäbe gleiche Heizleistung aufwiesen. Trotzdem sind unterschiedliche Dampfgehalte in den Unterkanälen der

Randzonen und daraus folgernd Unterschiede in der Massenstromdichte zu erwarten, da die spezifische Energieeinbringung in den Randkanälen 1, 5, 15 und 16 der Abb. 46 höher ist als in den zentral gelegenen Kanälen 6, 10 und 11. Die experimentelle Beobachtung wurde über einen Diagonalschnitt des Bündels vorgenommen. Es zeigen sich erhebliche Abweichungen zwischen den Rechenergebnissen untereinander und den gemessenen Daten. Die Rechenverfahren überschätzen die Wirkung des Queraustausches.

II. Strömung siedender Flüssigkeiten

Bei den bisherigen Betrachtungen hatten wir die Gasphase als existent vorausgesetzt, ohne uns Gedanken über ihre Entstehung zu machen, und nur die hydrodynamischen Wechselwirkungen zwischen Flüssigkeit und Gas diskutiert. Gas-Flüssigkeits-Gemische, bei denen beide Phasen aus derselben Substanz bestehen und die sich im thermodynamischen Gleichgewicht oder zumindest nicht sehr weit weg davon befinden, sind meist durch Verdampfen einer Teilmenge der Flüssigkeit entstanden. Solche Verdampfungsprozesse sind in der Energie- und Verfahrenstechnik besonders häufig. Erinnert sei an Strömungen in den Siederohren von Dampferzeugern für Kraftwerke oder im Kern von Siedewasserreaktoren. Gas-Flüssigkeits-Gemische können aber auch durch teilweise Kondensation der Dampfphase entstehen. Erfolgt diese Kondensation durch Wärmeabfuhr an einer Wand, so entsteht eine Rieselfilmströmung und man kann beide Phasen strömungstechnisch weitgehend getrennt behandeln, da der Dampf keine Flüssigkeitstropfen und der Flüssigkeitsfilm keine Dampfblasen enthält. Man spricht dann nicht im strengen Sinne von einem Gas-Flüssigkeits-Gemisch. Kondensation tritt aber auch bei der Entspannung in Turbinen auf, die sich dabei entwickelnden Flüssigkeitströpfchen sind so klein, daß sie der Schleppkraft der Gasströmung fast trägheitslos folgen, und für diese Sprühströmung gelten homogene Ansätze in guter Näherung.

Ein Gas-Flüssigkeits-Gemisch, das nur aus einer Substanz besteht und sich im Sättigungszustand befindet, nimmt längs des Strömungsweges infolge Druckabfall stetig an Dampfgehalt zu. Die längs der Sättigungskurve abnehmende Temperatur der Flüssigkeit entspricht in ihrem Wärmeäquivalent der verdampften Menge. Diese Verdampfung ist der Grund dafür, daß sich in einem solchen Gemisch nie eine ausgebildete Strömung im Sinne der einphasigen Strömungsmechanik einstellen kann. Das Gemisch wird stetig beschleunigt, was bei Druckabfall-Rechnungen zu beachten ist.

Wärmezufuhr aus der Kanalwand verstärkt durch Verdampfung die Beschleunigung der Strömung und der daraus resultierende Druckabfall kann in Siederohren wesentlich größer sein als der aus dem Reibungsdruckverlust.

Wirtschaftliche Gründe lassen es angeraten sein, den Dampferzeuger möglichst kompakt – weil kostensparend – zu bauen, was zuverlässiger Kenntnisse der Wärmeübergangsgesetze bedarf, um unzulässige Betriebszustände – z.B. zu hohe Wandtemperaturen – sicher zu vermeiden.

Die Verdampfung kann auf verschiedene Art und Weise stattfinden. Bilden sich auf einer Heizfläche Blasen, so spricht man von Keim- oder Oberflächensieden. Bei kleinen Heizflächenbelastungen und dünnen Flüssigkeitsfilmen können reine Konvektions- oder auch Wärmeleitvorgänge aber ausreichend sein, die Energie von der Heizfläche abzuführen, und die Verdampfung erfolgt dann an einer freien Phasengrenze, was man als stilles Sieden bezeichnet. Bei sehr hohen Heizflächenbelastungen schließlich tritt das Phänomen des Filmsiedens auf, bei dem sich jetzt ein wärmeisolierender Dampffilm zwischen Heizfläche und Flüssigkeit legt.

In technischen Apparaten erfolgt die Verdampfung meist unter Zwangskonvektion, wobei sich der Auftriebskraft der Blasen eine längs der Heizfläche wirkende Druckdifferenz, welche die Strömungsverhältnisse weitgehend bestimmt, überlagert. Wir wollen die verschiedenen möglichen Verdampfungs- und Strömungsphänomene bei Zwangskonvektion an einem vertikalen Rohr betrachten, dem von unten reine Flüssigkeit zuströmt, deren Temperatur unterhalb der dem Druck zugehörigen Sättigungstemperatur liegt. Die Rohrwand sei gleichmäßig über den Umfang und die Länge beheizt, und die Flüssigkeit soll über die Rohrlänge stetig verdampft werden, so daß aus dem Rohr reiner Sattdampf oder auch überhitzter Dampf abströmt. Abb. 47 zeigt die in einem solchen Rohr zu erwartenden Verdampfungs- und Strömungsphänomene sowie die Temperaturen von Wand und Fluid.

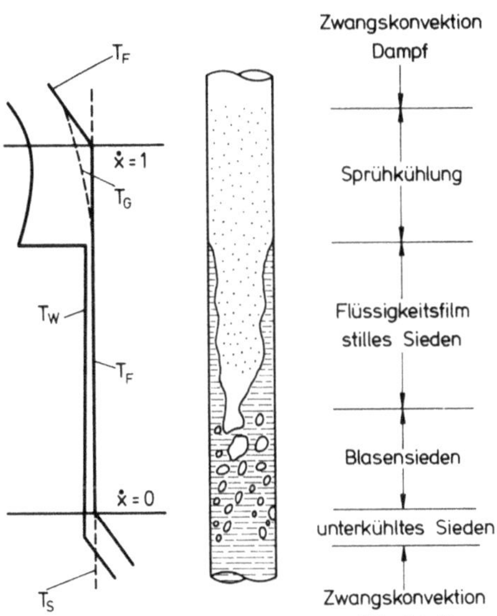

Abb. 47. Verdampfungs- und Strömungsphänomene in einem Siederohr

Im unteren Bereich wird zunächst die Flüssigkeit bei den Strömungsbedingungen der einphasigen Zwangskonvektion erwärmt, solange die Wandtemperatur noch nicht einen Wert erreicht hat, der notwendig ist, um Dampfblasen an der Heizfläche zu bilden. Bei nicht zu hohen Heizflächenbelastungen und großen Unterkühlungen kann man dies immer als gegeben annehmen. Nach einem bestimmten Strömungsweg stellt man dann plötzlich Blasenbildung an der Heizoberfläche fest, obwohl die Flüssigkeit im Mittel noch nicht die Sättigungstemperatur erreicht hat. Die Blasen kondensieren teilweise wieder unmittelbar an der Wand, etwas später können sie sich aber dann auch von der Wand lösen und kondensieren erst langsam in dem Maße, wie sie in die Rohrmitte getragen werden, wo sie kältere Flüssigkeit vorfinden. Man nennt diesen Vorgang „unterkühltes Sieden“. Die Wandtemperatur, die bis dahin – also im Bereich der einphasigen Zwangskonvektion – noch zugenommen hat, bleibt jetzt konstant bei einem Wert, der je nach Art der Flüssigkeit, nach Höhe der Heizflächenbelastung und nach Druck einige Zehntel Kelvin bis einige Kelvin über der Sättigungstemperatur liegt. Die mittlere Temperatur der Flüssigkeit steigt langsam auf Sättigungstemperatur an. Die Übertemperatur der Heizfläche über der Sättigungstemperatur, $(T_W - T_S)$, wird in der Praxis häufig als Überhitzungsgrad und der Unterschied zwischen Sättigungstemperatur und mittlerer Flüssigkeitstemperatur, $(T_S - T_F)$, als Unterkühlung bezeichnet.

Wenn die Flüssigkeit schließlich auf Sättigungstemperatur erwärmt ist, nennt man den jetzt folgenden Siedevorgang Blasensieden. Der Übergang vom unterkühlten Sieden zum Blasensieden ist einfach aus der Energiebilanz und dem 1. Hauptsatz der Thermodynamik daraus zu berechnen, daß die bis dahin dem Gemisch zugeführte Wärme gerade ausreichen muß, um es ohne Blasenbildung auf Sättigungstemperatur zu bringen. Es sei schon jetzt darauf hingewiesen, daß die Flüssigkeit in Wirklichkeit später die Sättigungstemperatur erreicht, als es diese einfache Wärmebilanz nach dem 1. Hauptsatz unter der Annahme thermodynamischen Gleichgewichtes zwischen Flüssigkeit und Dampf voraussagt, da ein Teil der aus der Wand zugeführten Wärme in den durch das unterkühlte Sieden entstandenen Dampfblasen gespeichert ist und damit der Flüssigkeit noch nicht zugute kommen konnte.

Das unterkühlte Sieden wird durch die Tatsache bewirkt, daß quer zur Rohrachse Temperaturunterschiede bestehen, da die den wandnahen Flüssigkeitszonen mitgeteilte Wärme nicht rasch genug durch Temperaturausgleich der Kernströmung weitergegeben werden kann. Dadurch kann sich unmittelbar an der Wand relativ früh Sättigungstemperatur einstellen.

Nach Erreichen der Sättigungstemperatur herrscht noch solange Blasensieden, solange der Flüssigkeitsfilm dick genug ist, um Blasen darin entstehen und wachsen zu lassen. Dies ist sicher gegeben, solange die Strömungsformen Blasen-, Kolbenblasen- und Schaumströmung vorhanden sind. Für die Abschätzung der Filmdicke bei Ringströmung ist zu beachten, daß ein Teil der Flüssigkeit auch als Tropfen im Dampfkern getragen wird. Es kann deshalb bald der Zustand erreicht sein, daß der Flüssigkeitsfilm an der Wand dünn genug ist, um die Wärme ohne Blasenbildung an die im Kern schneller strömende Dampfphase durch Konvektion und Leitung zu transportieren. Die Übertemperatur der an der Wand unmittelbar anliegenden Flüssigkeit reicht dann nicht mehr aus, um die Bedingungen für die Keimbildung zum Blasensieden zu erfüllen, und die sich von der Wand lösenden heißen Flüssigkeitsballen verdampfen dann auf der dem Dampf zugewandten freien Oberfläche des Flüssigkeitsfilmes, was man auch stilles Sieden nennt. Damit hat sich aber der Wärmetransportmechanismus gegenüber dem Blasensieden grundsätzlich gewandelt.

Im weiteren Verlauf der Verdampfung und der Strömung durch das Rohr wird der Flüssigkeitsfilm schließlich an der Wand verschwinden. Dies ist nicht nur eine Folge der Wärmezufuhr, sondern wird auch durch Scherkräfte des Dampfstromes bewirkt. Dieses Trockengehen der Wand nennt man im Englischen "Dryout" und stromabwärts davon spricht man vom "Post-Dryout"-Gebiet. Die Kühlung der Wand übernimmt jetzt eine Sprühströmung, und der Wärmetransport zu den Flüssigkeitstropfen erfolgt auf dem Umweg über die Dampfphase. Deshalb muß der Dampf wärmer sein als die Flüssigkeit, d.h. er ist überhitzt und das Gemisch befindet sich nicht im thermodynamischen Gleichgewicht.

Während der Verdampfung – vom Blasensieden bis zur Sprühkühlung – kann der Strömungsdampfgehalt im Gemisch auch über die einfache Energiebilanz

$$\dot{x}(z) = \frac{h(z) - h_F}{h_{FG}} \tag{161}$$

als Funktion des Strömungsweges z ausgedrückt werden. Die mittlere spezifische Enthalpie des Gemisches $h(z)$ erhält man aus dem thermodynamischen Zustand der Flüssigkeit am Eintritt zum Siedekanal und aus der längs des Weges z zugeführten Wärme.

Wenn wir die Wandtemperatur in Abb. 47 betrachten, so stellen wir fest, daß unter den Bedingungen der einphasigen Zwangskonvektion eine konstante Temperaturdifferenz zwischen Wand und Flüssigkeit herrscht und die Wandtemperatur entsprechend der Zunahme der Flüssigkeitstemperatur ansteigt. Wir haben hier einen konstanten Wärmeübergangskoeffizienten. Diese Temperaturdifferenz verringert sich mit Einsetzen des unterkühlten Siedens, was auf eine Verbesserung des Wärmetransportes hinweist. Diese guten Wärmetransportbedingungen dauern an, bis der Flüssigkeitsfilm an der Wand verschwindet, und der Wärmeübergangskoeffizient verringert sich dann sprunghaft. Die Abnahme der Temperaturdifferenz zwischen Fluid und Wand zu Beginn der Sprühkühlung ist mit dem anfänglich noch großen Beitrag der Tropfenverdampfung zur Beschleunigung des Dampfstromes zu erklären. Schließlich gelangt man zur einphasigen Dampfströmung und der Temperaturverlauf von Wand und Fluid ist jetzt qualitativ ähnlich dem im Gebiet der einphasigen flüssigen Strömung.

Aus den einfachen Betrachtungen haben wir gelernt, daß wir bei der Strömung siedender Flüssigkeiten zwischen unterschiedlichen Siedephänomenen zu unterscheiden haben, die mit den uns bereits bekannten Strömungsformen korrespondieren. Im folgenden müssen wir uns deshalb mit der Blasenbildung und dem Wärmeübergang beim Sieden kurz befassen, wobei wir zwischen

Blasensieden
stillem Sieden und
Sprühkühlung oder Post-Dryout-Wärmeübergang

zu unterscheiden haben. Des besseren Verständnisses halber wollen wir kurz die Gesetze der Blasenbildung und des Blasensiedens bei freier Konvektion – Poolboiling – rekapitulieren.

II.1. Sieden bei freier Konvektion

Die physikalischen Vorgänge beim Wärmetransport durch Sieden unter freier Konvektion waren schon sehr früh Gegenstand zahlreicher experimenteller Untersuchungen und theoretischer Überlegungen. Die ersten systematischen Arbeiten stammen aus den 30er Jahren, wobei hier vor allem die Untersuchungen von Jakob [83], Fritz [84], Linke [85], Bosnjakovic [86] und Nukijama [87] zu nennen sind. Die bereits damals gemachten Beobachtungen zeigen, daß sich Dampfblasen auf einer Heizfläche an ganz bestimmten Stellen bilden, deren Zahl mit der Heizflächenbelastung zunimmt. Die Blase wächst aus einem Keim, der in einer Rauhigkeitsvertiefung der Heizfläche vorhanden ist. Der Wärmestrom geht dabei keineswegs direkt aus der Heizfläche in die Dampfphase der Blase, sondern er überhitzt zunächst die unmittelbar an der Heizfläche anlagernde Flüssigkeitsschicht und führt kurzzeitig zu einem thermodynamisch instabilen Zustand. Die Blase bezieht dann für ihr Wachstum aus dieser überhitzten Grenzschicht ihren Wärme- und Stoffstrom.

Der Dampf in der Blase muß einen etwas höheren Druck p_G als die ihn umgebende Flüssigkeit besitzen

$$p_G - p_F = \frac{2\sigma}{R} \tag{162}$$

da zusätzlich zum Flüssigkeitsdruck p_F noch die an den Grenzflächen der Phasen vorhandene Oberflächenspannung σ wirkt, deren Einfluß, wie eine einfache Bilanz der an der Blase angreifenden Kräfte zeigt, mit wachsendem Blasenradius R abnimmt. Gleichung (162) gibt das Gleichgewicht zwischen dem Überdruck in einer kugelförmigen Dampfblase und den Oberflächenkräften wieder.

Aus der Thermodynamik, nämlich über die Clausius-Clapeyronsche Gleichung

$$\frac{dp}{dT} = \frac{h_{FG}}{(v_G - v_F)\,T} \tag{163}$$

d.h. über den Verlauf der Dampfdruckkurve kann man dann in einfacher Weise auch die Temperaturverhältnisse, d.h. den Grad der Überhitzung des Dampfes, in der Blase berechnen, unter der Voraussetzung, daß sich die Blase mit ihrer Umgebung im Kräftegleichgewicht befindet. Faßt man Gl. (162) und Gl. (163) zusammen und integriert unter der vereinfachenden Voraussetzung, daß sich der Dampf wie ein ideales Gas verhält und das spezifische Volumen der Flüssigkeit gegenüber dem des Dampfes vernachlässigbar klein ist, so kann man rasch abschätzen, welche Überhitzungstemperatur $(T_G - T_S)$ für das Wachstum eines Blasenkeimes bestimmter Größe R notwendig ist:

$$R = \frac{2\sigma}{h_{FG}\,\rho_G}\;\frac{T_S}{T_G - T_S} \tag{164}$$

Gleichung (164) zeigt, daß mit zunehmender Überhitzung der Flüssigkeit kleinere Keime aktiv werden. Für den Grad der Überhitzung ist aber der Wärmefluß von der Heizfläche an die Flüssigkeit, auch Heizflächenbelastung genannt, maßgebend. Da eine Heizfläche in der Regel Rauhigkeiten verschiedener Abmessungen enthält, nimmt die Zahl der aktiven Keimstellen, d.h. die Stellen auf der Heizfläche, aus denen sich Blasen bilden – wie die oben gemachten einfachen Überlegungen zeigen – mit steigender Heizflächenbelastung zu. Dies führt, wie ebenfalls leicht einzusehen ist, zu einer intensiveren Durchmischung der Flüssigkeit an der Heizfläche. Beides zusammen, nämlich der Massentransport in der Blase selbst in Form von Dampf sowie die mikroskopische Turbulenz, verursacht durch die Rührwirkung der Blasen, verbessert die Wärmeübergangsverhältnisse. Es ist also zu erwarten, daß der Wärmeübergangskoeffizient beim Sieden mit steigender Heizflächenbelastung zunimmt.

Ein einfaches Experiment, das in der Literatur zum erstenmal von Nukijama [87] demonstriert wurde und bei dem an einer ebenen, wärmeabgebenden Fläche die Heizflächen- und die Fluidtemperatur sowie der Wärmestrom gemessen wurden, bestätigt diese Überlegung. In Abb. 48 sind über der Temperaturdifferenz

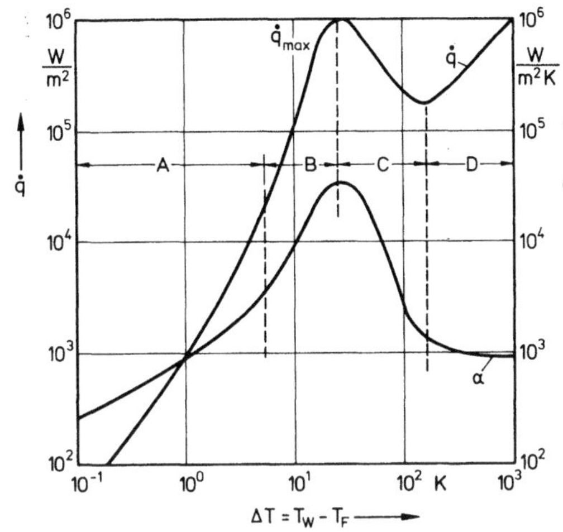

Abb. 48. Nukijama-Kurve, *A* freie Konvektion, *B* Blasenverdampfung, *C* instabile Filmverdampfung, *D* stabile Filmverdampfung

zwischen Heizfläche und Fluid die Wärmestromdichte sowie der Wärmeübergangskoeffizient aufgetragen. Bei geringen Wärmestromdichten erfolgt der Energietransport allein durch freie Konvektion und die Verdampfung tritt erst auf der freien Oberfläche der Flüssigkeit ein. Der Beginn der Blasenbildung an der Heizfläche, d.h. das Blasen- oder Oberflächensieden, bewirkt einen Knick im Verlauf der in Abb. 48 dargestellten Kurven, da sich jetzt die Wärmeübergangsverhältnisse plötzlich entscheidend verbessern. Steigert man die Heizflächenbelastung weiter, so erreicht man schließlich einen Bereich, in dem die Transportvorgänge beim Blasensieden nicht mehr hydrodynamisch stabil sind, da wegen der dichten Blasenpopulation und den großen Dampfströmen die Flüssigkeit die Heizfläche nicht mehr hinreichend gut erreichen kann. Die Siedeform ändert sich zum Filmsieden, das um Größenordnung geringere Wärmeübergangskoeffizienten aufweist als Blasensieden. Dieser Umschlag wird in der englischen Literatur "departure from nucleate boiling" (DNB) genannt und man spricht von Siedekrise und kritischer Heizflächenbelastung.

In der Literatur gibt es eine große Zahl theoretischer und experimenteller Untersuchungen über Blasenbildung und Blasenwachstum. Zu nennen sind z.B. die Arbeiten von Forster und Zuber [88], Hahn und Griffith [89], Plesset und Zwick [90], Beer [91] und Winter [92]. Für die Vorgänge beim Blasenwachstum sind verschiedene Einflußgrößen und Kräfte maßgebend. Im ersten Augenblick, wenn eine hinreichend überhitzte Flüssigkeitsschicht an der Heizfläche anliegt, wird das Wachsen der Blase aus dem Keim im wesentlichen durch die Trägheit der von der Blase zu verdrängenden Flüssigkeit bestimmt, d.h. behindert. Der zum Wachsen der Blase notwendige Verdampfungsvorgang verursacht eine Temperaturerniedrigung im Fluid, nahe der Phasengrenze, und der Sättigungsdruck sinkt entsprechend der Flüssigkeitsabkühlung. Für weiteres Verdampfen muß erst wieder aus benachbarten, stärker überhitzten Gebieten der Flüssigkeit Wärme herangeschafft werden, das bedeutet, daß diese zweite Phase des Blasenwachstums durch Wärmetransportvorgänge in der Flüssigkeit bestimmt wird. Zur Beurteilung der Wärmetransportphänomene zwischen Flüssigkeit und Blase in der wandnahen Grenzschicht ist es notwendig, die Temperaturverhältnisse an der Phasengrenze zu kennen.

Da sich die Temperatur bei der Blasenbildung sehr rasch ändert und selbst kleinste Meßsonden den Siedevorgang stören, bieten sich die trägheitsfrei und berührungslos arbeitenden optischen Verfahren zur Untersuchung der Phasengrenzschicht an. Eine neue und sehr bequem zu handhabende Methode ist dabei die holographische Interferometrie [93]. Einfache Überlegungen zeigen, daß die Temperaturverhältnisse an der Heizfläche von einer Vielzahl hydro- und thermodynamischer Vorgänge – teilweise stochastischer Natur und herrührend von in der Nachbarschaft oder in der vorhergehenden Periode sich ablösenden Blasen – beeinflußt werden. Selbst bei starker Vereinfachung der äußerst komplizierten Vorgänge muß man zumindest zwischen einer ersten Blase, die sich nach Beginn der Beheizung bildet, und den folgenden Blasen unterscheiden. Die erste Blase findet bei ihrem Wachstum eine ungestörte laminare Temperaturschichtung vor, in die sie hineinwächst. Ein Beispiel für das Temperaturfeld um eine solche erste Blase zeigt Abb. 49. Als Heizelement diente ein Platin-Draht von 0,4 mm Durch-

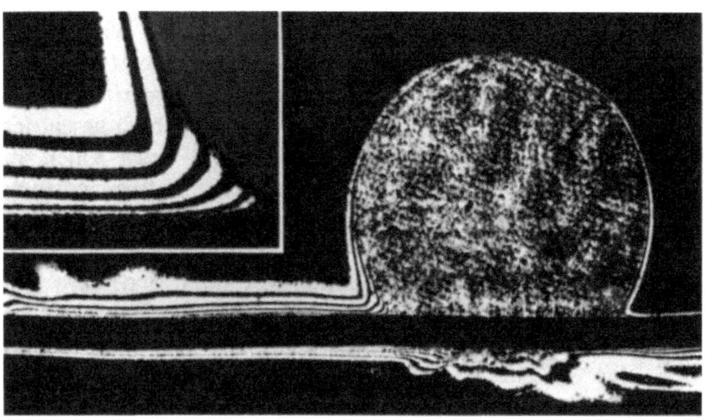

Abb. 49. Temperaturfeld um eine wachsende „erste" Blase; Wasser, $p = 0{,}4$ bar, $\dot{q} = 46$ W/cm^2, Unterkühlung $\Delta T_u = 3$ K

messer, der in der Abbildung als breiter waagrechter Streifen zu erkennen ist. Die Hell/Dunkel-Streifen um dieses Heizelement und in der Nähe der Blase stellen Interferenzlinien dar, die in erster Näherung und zumindest in ihrem qualitativen Verlauf als Isothermen betrachtet werden können. Für eine quantitative Auswertung dieser Aufnahmen müßte noch die sogenannte Abel-Korrektur [94, 95] angebracht werden. Sie berücksichtigt die unterschiedlichen optischen Weglängen eines Lichtstrahles bei der Durchdringung rotationssymmetrischer Körper.

Wie Abb. 49 zeigt, ist der größte Teil der Phasengrenze längs der Blase von einer auf Sättigungstemperatur befindlichen Fluidschicht bedeckt. Am Blasenfuß zeigen sich jedoch erhebliche Temperaturunterschiede, wenn man sich vergegenwärtigt, daß die Differenz zwischen zwei Isothermen rund 2 K beträgt. Die Temperatur in der nicht von der Blase beeinflußten wandnahen Grenzschicht fällt zunächst linear und geht dann exponentiell in die Sättigungstemperatur über.

Anders sehen die Verhältnisse am Blasenkopf, teilweise auch am Blasenfuß, aus, wenn sich kurz nach Ablösen der ersten Blase in ihrem Nachlauf weitere Blasen bilden. Die „Folgeblasen" wachsen teilweise in den Driftkegel der ersten Blase hinein, die sich zu diesem Zeitpunkt mehrere Millimeter oder auch einige Zentimeter von der Heizfläche entfernt haben kann. Sie finden dann aber, wie Abb. 50 zeigt, im Vergleich zu ersten Blase unterschiedliche Grenzschichtver-

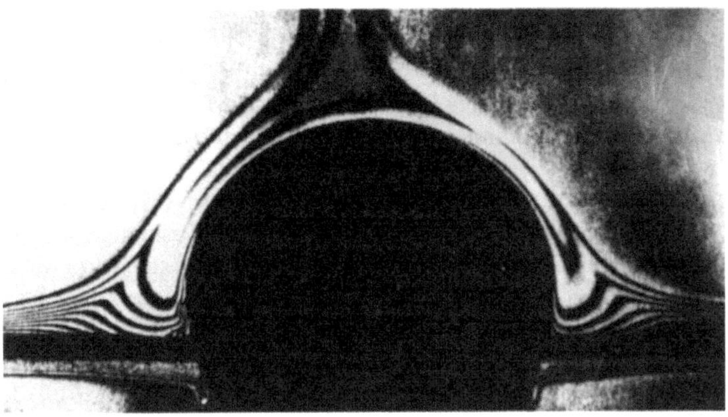

Abb. 50. Temperaturfeld um eine Folgeblase; Wasser, p = 0,3 bar, $\dot{q}$ = 30 W/cm^2, Unterkühlung ΔT_u = 2 K

hältnisse vor. Die Isothermen am Blasenfuß sind stark geknickt, und auch an ihrer oberen Seite kann die Blase noch von einer überhitzten Grenzschicht bedeckt sein. Wachstumsvorgänge von nahezu gleichzeitig entstehenden Nachbarblasen können die Grenzschichtverhältnisse noch zusätzlich beeinflussen.

Aus der Betrachtung der hier kurz geschilderten Einflußgrößen, nämlich Trägheit und Wärmetransport, wurde in der Literatur eine Reihe von Gleichungen für das Blasenwachstum aufgestellt. Ältere Gleichungen gehen davon aus, daß der Verdampfungsvorgang allein durch Wärmeleitung von der überhitzten Flüssigkeit zur Phasengrenze bestimmt wird. In Erweiterung dieser Theorie wurden dann verschiedene Wärmetransportmodelle, meist konvektiver Art, entwickelt und dabei auch angenommen, daß nur ein Teil der Energie der überhitzten Flüssigkeitsschicht um die Blase zum Verdampfen aufgewendet wird, während ein großer Teil direkt an die umgebende Flüssigkeit weitergeleitet wird. Auch eine Grenzflächenkonvektion, hervorgerufen durch die unterschiedliche Oberflächenspannung über den Blasenumfang, wurde als Wärmetransportmechanismus untersucht [91].

In der Literatur sind auch Arbeiten [96, 97] zu finden, die davon ausgehen, daß sich unter der Blase eine zwar nur wenige Tausendstel mm dicke, aber stark überhitzte Flüssigkeitsschicht befindet, aus der die Blase während des Wachstums im wesentlichen Wärme und Stoff bezieht. Die Temperaturverhältnisse an der übrigen Oberfläche der Blase spielen danach eine nur untergeordnete Rolle. Es wurde auch versucht [97], diese flüssige „Mikroschicht" durch optische Interferenzverfahren sichtbar zu machen. Das Wachstum einer Blase aus der Mikroschicht ist immer dann zu erwarten, wenn große Dichteunterschiede zwischen Flüssigkeit und Dampf vorhanden sind und die an der Wand unmittelbar anliegende Grenzschicht stark überhitzt ist, so daß eine Blase nach der Keimaktivierung sehr rasch wächst. Bei höheren Drücken und mäßigen Heizflächenbelastungen sitzt die Blase nicht mit einem so flachen Winkel auf der Heizfläche auf, daß sie eine Mikroschicht einschließt, und die Blase bezieht dann ihre Wärme und ihren Stoff über seitliche Wärmeleitung und Konvektion.

Hat die Blase eine bestimmte Größe erreicht, so löst sie sich von der Heizfläche. Das Ablösen wird von der Auftriebskraft der aus der Oberflächenspannung resultierenden Haltekraft und den Trägheitskräften in Flüssigkeit und Dampf bestimmt. In der Literatur wird häufig unter der Voraussetzung eines langsamen Blasenwachstums Gleichgewicht zwischen Auftriebs- und Oberflächenkraft beim Ablösen angenommen und daraus der Ablöseradius der Blase bestimmt.

Beim Ablösen transportiert die Dampfblase eine gewisse Wärmemenge in Form latenter Verdampfungswärme h_{FG} von der Heizfläche. Zusätzlich wird sie aber – worauf Beer [91] hinwies – in ihrem Nachlauf eine Driftströmung verursachen, die überhitzte Flüssigkeitsballen aus dem Bereich der an der Heizfläche anlagernden Grenzschicht in die auf Sättigungstemperatur befindliche heizflächenferne Flüssigkeit bringen und dadurch als Sekundäreffekt einen weiteren wesentlichen Wärmetransport bewirken. Messungen zeigten, daß der Fuß des Driftkegels etwa den Durchmesser der aufschwimmenden Blase besitzt.

Aus diesen Betrachtungen der Bildung der Blasen und ihrer Bewegung in der Flüssigkeit lassen sich physikalisch fundierte Modelle und Beziehungen für den Wärmeübergangskoeffizienten beim Sieden ableiten. Viele Ansätze gingen dabei von der Tatsache aus, daß die Zahl der Keim- und Blaseablösestellen mit wachsender Heizflächenbelastung steigt und damit die Wärmeübergangszahl in etwa proportional der Wärmestromdichte ist. Ein solcher Ansatz lautet dann

$$\alpha_{BS} = C\,\dot{q}^{n} \qquad (165)$$

Diese einfache Potenzform wurde in der Literatur häufig angewandt und Konstante C wie Exponent n Meßergebnissen angepaßt. Diese Art der Formulierung gilt nur für einen Stoff und bedarf der Korrektur für verschiedene Drükke. Allgemeinere Gültigkeit haben Ansätze, die auf dimensionslosen Kennzahlen aufgebaut sind. Stephan [98] empfahl zunächst, die dimensionslosen Zahlen

$$N_1 = \frac{\dot{q}\,D_{Bl}}{\lambda_F\,T_S} \qquad N_2 = \frac{D_{Bl}\,T_S\,\lambda_F}{\sigma\,\nu_F} \qquad N_3 = \frac{h_{FG}\,\rho_G\,k}{(f D_{Bl})^2\,\rho_F\,D_{Bl}}$$

die er aus Ähnlichkeitsbetrachtungen entwickelte und die neben Stoffwerten der Flüssigkeit und des Gases den Blasendurchmesser D_{Bl}, die Blasenablösefrequenz

f, die Heizflächenbelastung $\dot{q}$ und die Rauhigkeit k enthalten. Er enwickelte daraus Gleichungen für den Wärmeübergang beim Sieden auf einer horizontalen Platte

$$Nu = \frac{\alpha D_{Bl}}{\lambda_F} = 0{,}013\, N_1^{0,8}\, N_2^{0,4}\, N_3^{0,133} \tag{166}$$

und um ein waagrechtes Rohr

$$Nu = 0{,}071\, N_1^{0,7}\, N_2^{0,3}\, N_3^{0,133} \tag{167}$$

Zur Anwendung dieser Gleichungen müssen der Blasendurchmesser D_{Bl} und die Ablösefrequenz f der Blasen bekannt sein. Die Ablösefrequenz f kann z.B. nach Prisnyakov [99] mit der Beziehung

$$f = \frac{4}{\pi} \left(\frac{\dot{q}}{h_{FG}\, Ja\, \rho_G} \right)^2 \cdot \frac{1}{a_F} \tag{168}$$

berechnet werden. In Gleichung (168) bedeutet Ja die Jakob-Zahl, die zu

$$Ja = \frac{\Delta T\, c_F\, \rho_F}{h_{FG}\, \rho_G} \tag{169}$$

definiert ist, wobei für ΔT die Temperaturdifferenz zwischen der unmittelbar an der Wand anliegenden Grenzschicht und der Sättigungstemperatur, also die Überhitzung der Flüssigkeit, einzusetzen ist. Häufig wird die Laplace-Konstante

$$b = \sqrt{\frac{2\sigma}{g(\rho_F - \rho_G)}} \tag{170}$$

als Maß für den Ablöseradius der Blase verwendet. Sie kann als Verhältnis der die Blase durch die Oberflächenspannung σ auf der Heizfläche haltenden Kräfte zu den Auftriebskräften angesehen werden. Mit der Ablösefrequenz der Blasen, Gl. (168) läßt sich dann der Blasendurchmesser zu

$$D_{Bl}^2 = \frac{16\, Ja^2}{\pi f} \cdot a_F \qquad \text{oder:} \quad D_{Bl} = 0{,}146\, \beta\, b \tag{171}$$

berechnen, mit β als dem Ablösewinkel.

Stephan stellte später [100, 101] seine Betrachtungen zum Wärmeübergang beim Sieden auf eine experimentell breitere und theoretisch systematischere Basis. Durch sorgfältige Zusammenstellung von dimensionslosen Gruppen aus thermischen und kalorischen Eigenschaften der Flüssigkeit und des Dampfes, die für das Sieden unter freier Konvektion von Bedeutung sein könnten, und mit Hilfe einer Regressionsanalyse kam er zu dem Schluß, daß die in der Technik interessierenden Fluide in 4 Gruppen, nämlich

Wasser
Kohlenwasserstoffe
kryogene Fluide und
Kältemittel

einzuteilen sind und für jede dieser Gruppen eine separate Gleichung erstellt werden muß. Wegen der stark unterschiedlichen Zahlenwerte, welche die von

Stephan aufgestellten dimensionslosen Gruppen für die verschiedenen Stofffamilien einnehmen, sind einige dieser Gruppen für die eine Stoffamilie von Einfluß und für die andere wieder nicht.

Stephan [101] empfiehlt folgende Gleichungen:

Für Wasser ($\beta = 45°$)

$$\frac{\alpha_{BS} D_{Bl}}{\lambda_F} = 0{,}246 \cdot 10^7 \left(\frac{a_F^2}{h_{FG} D_{Bl}^2}\right)^{1,58} \left(\frac{\dot{q} D_{Bl}}{\lambda_F T_S}\right)^{0,673} \left(\frac{c_{pF} T_S D_{Bl}^2}{a_F^2}\right)^{1,26} \left(\frac{\rho_F - \rho_G}{\rho_F}\right)^{5,22} \tag{172}$$

Gültigkeitsbereich: $0{,}0001 \leqslant p/p_{krit} \leqslant 0{,}8865$

für Kohlenwasserstoffe ($\beta = 35°$)

$$\frac{\alpha_{BS} D_{Bl}}{\lambda_F} = 0{,}0546 \left[\left(\frac{\rho_G}{\rho_F}\right)^{0,5} \left(\frac{\dot{q} D_{Bl}}{\lambda_F T_S}\right)\right]^{0,67} \left(\frac{\rho_F}{\rho_F - \rho_G}\right)^{4,33} \left(\frac{h_{FG} D_{Bl}^2}{a_F^2}\right)^{0,248} \tag{173}$$

Gültigkeitsbereich: $0{,}0057 \leqslant p/p_{krit} \leqslant 0{,}9$

für kryogene Flüssigkeiten ($\beta = 1°$)

$$\frac{\alpha_{BS} D_{Bl}}{\lambda_F} = 4{,}82 \left(\frac{c_{pF} T_S D_{Bl}^2}{a_F^2}\right)^{0,374} \left(\frac{\dot{q} D_{Bl}}{\lambda_F T_S}\right)^{0,624} \left(\frac{\rho_G}{\rho_F}\right)^{0,257} \left[\frac{(\rho c_p \lambda)_W}{\rho_F c_{pF} \lambda_F}\right]^{0,117} \left(\frac{a_F^2}{h_{FG} D_{Bl}^2}\right)^{0,329} \tag{174}$$

Gültigkeitsbereich: $0{,}004 \leqslant p/p_{krit} \leqslant 0{,}97$

und für Kältemittel ($\beta = 35°$)

$$\frac{\alpha_{BS} D_{Bl}}{\lambda_F} = 207 \left(\frac{\dot{q} D_{Bl}}{\lambda_F T_S}\right)^{0,745} \left(\frac{\rho_G}{\rho_F}\right)^{0,581} \left(\frac{\nu_F}{a_F}\right)^{0,533} \tag{175}$$

Gültigkeitsbereich: $0{,}003 \leqslant p/p_{krit} \leqslant 0{,}78$

Er gibt die mittlere Abweichung der Messungen von seinen Beziehungen mit etwa ±15 % an. Werden die Genauigkeitsansprüche nicht so hoch gestellt, so kann man für den Wärmeübergang an siedendes Wasser auch die einfache Beziehung

$$\alpha_{BS} = C_1 \, \dot{q}^{\,0,673} \tag{176}$$

verwenden. Die Konstante C_1 in Gl. (176) ist druckabhängig. Ihr Wert kann Abb. 51 entnommen werden. In Gleichung (174) bedeutet der Index W, daß die Stoffwerte für die Flüssigkeit auf die Wand zu beziehen sind, und a_F in den Gln. (172) bis (175) ist der Temperaturleitkoeffizient

$$a = \frac{\lambda}{\rho_c} \tag{177}$$

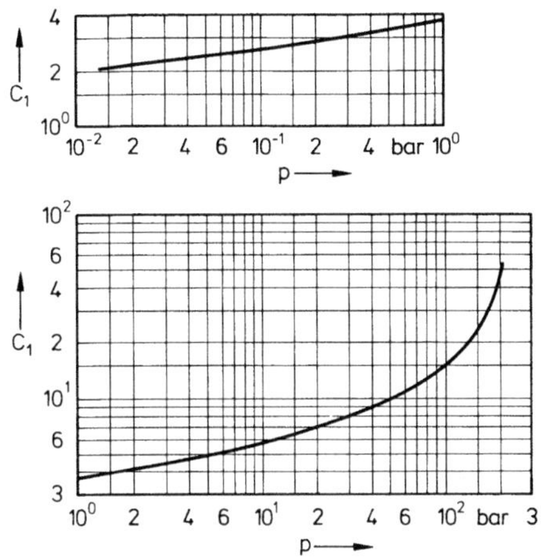

Abb. 51. Druckabhängigkeit der Konstanten C_1 in Gl. (176)

Ein völlig anderes Vorgehen zur Berechnung des Wärmeüberganges beim Sieden unter freier Konvektion findet man bei Rohsenow [102]. Er geht zurück auf die bei einphasiger Zwangskonvektion bekannten Potenzansätze der Form

$$Nu = C\,Re^m\;Pr^n \tag{178}$$

und nahm an, daß auch Siedevorgänge damit beschrieben werden können, wenn man den Wärme- und Stoffstrom von der Heizfläche in diesen Kennzahlen richtig erfaßt. Hierbei liegt es nahe, als charakteristische Länge den Blasendurchmesser D_{Bl} zu wählen und die Geschwindigkeit in der Reynolds-Zahl mit dem die Heizfläche verlassenden Dampfstrom zu definieren. Damit kommt Rohsenow zu folgender Darstellung der Kennzahlen

Tabelle 7. *Zahlenwerte für die Konstante C_f in Gl. (179)*

Heizfläche-Fluid-Kombination	C_f
Wasser/Nickel	167
Wasser/Platin	77
Wasser/Kupfer	77
Wasser/Messing	167
CCl_4/Kupfer	77
Benzol/Chrom	100
n-Pentan/Chrom	67
Äthylalkohol/Chrom	370
Isopropylalkohol/Kupfer	400
35 proz. K_2CO_3-Lösung/Kupfer	185
50 proz. K_2CO_3-Lösung/Kupfer	370
n-Butylalkohol/Kupfer	333

$$Re_{Bl} = \frac{\dot{q}\, b}{\nu_F\, h_{FG}\, \rho_F} \qquad Pr_F = \frac{c_F\, \nu_F\, \rho_F}{\lambda_F}$$

mit deren Hilfe er dann eine Beziehung für den Wärmeübergang in der bekannten Potenzform aufstellt.

$$Nu_{BS} = \frac{\alpha_{BS}\, b}{\lambda_F} = C_f\, Re_{Bl}^{0{,}667}\, Pr_F^{-0{,}7} \tag{179}$$

Die Konstante C_f in Gl. (179) berücksichtigt das Heizflächenmaterial, das unter anderem aufgrund seiner Wärmeleiteigenschaften für die Blasenfrequenz maßgebend ist. Zahlenwerte für diese Konstante sind in Tabelle 7 zusammengestellt.

II.2. Sieden bei Zwangskonvektion

Wird den durch das Sieden hervorgerufenen Impuls-, Wärme- und Stoffaustauschvorgängen eine Zwangskonvektion überlagert, die parallel zur Heizfläche gerichtet ist, so wird, wie leicht einzusehen, die erste Phase des Blasenentstehens, nämlich die Keimbildung, dadurch kaum beeinflußt, da sie sich unmittelbar an bzw. in der Wand unterhalb der Grenzschicht abspielt. Für die Aktivierung eines Siedekeimes sind also auch bei Zwangskonvektion nur die Überhitzung der Grenzschicht in unmittelbarer Wandnähe und die Oberflächenbeschaffenheit der Heizfläche maßgebend. Etwas anders verhält es sich in der Phase des Blasenwachstums und des Blasenablösens.

Beim Sieden unter freier Konvektion hatten die Resultierende aus der Oberflächenspannung als haftende Kraft und der Auftrieb der Blase als lösende Kraft im wesentlichen die Kräftebilanz bestimmt. Bei Zwangskonvektion kommt noch der Widerstand, den die Blase der Strömung entgegensetzt, hinzu. Da wegen der im allgemeinen bei erzwungener Konvektion höheren Heizflächenbelastung die

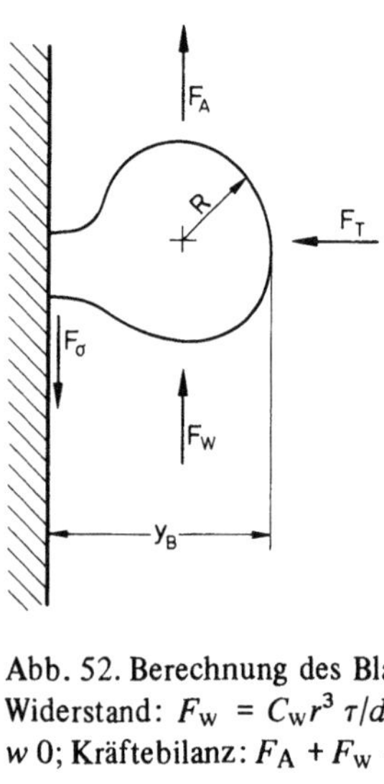

Abb. 52. Berechnung des Blasenablösepunktes nach Levy [21]. Auftrieb: $F_A = C_A r^3 (F - D)$; Widerstand: $F_w = C_w r^3 \tau / d_{hyd}$; Oberflächenspannung: $F_\sigma = C_\sigma r \sigma$, Trägheit: $F_T = C_T r^2 w^2$ w 0; Kräftebilanz: $F_A + F_w - F_\sigma = 0$; Blasenradius beim Ablösen

Blasen schneller wachsen, hat auch die Trägheit der Flüssigkeit, die die Blasen verdrängen muß, hier größeren Einfluß. Abb. 52 zeigt schematisch das Angreifen dieser Kräfte. Im Augenblick des Blasenablösens müssen alle an der Blase angreifenden Kräfte im Gleichgewicht sein.

Eine solche Kräftebilanz für die sich ablösende Dampfblase wurde verschiedentlich in der Literatur diskutiert. Für eine quantitative Formulierung fehlen jedoch eine Reihe detaillierter Angaben. So hat bei der aus der Oberflächenspannung resultierenden Kraft der zwischen Heizfläche und Blasenfuß sich einstellende Winkel einen erheblichen Einfluß. Der von der Blase der Strömung entgegengesetzte Widerstand hängt vom Geschwindigkeitsprofil in Wandnähe ab. Infolge der auch stromaufwärts von der Betrachtungsstelle entstehenden Dampfblasen entspricht dieses Geschwindigkeitsprofil keineswegs den bei einphasiger Strömung bekannten Verhältnissen. Eine genaue experimentelle Bestimmung des Schubspannungs- und Geschwindigkeitsverlaufes in Wandnähe beim Blasensieden ist aber schwierig, und bis heute sind in der Literatur kaum Angaben gemacht.

Aus der Zahl der theoretischen Untersuchungen über die Vorgänge und Kräfteverhältnisse beim Bilden und Ablösen der Blase unter Zwangskonvektion seien hier lediglich die Arbeiten von Levy [103] sowie von Staub [104] genannt. Levy berücksichtigt bei seiner Betrachtung der Kräftebilanz an der Blase im wesentlichen nur die Oberflächenspannung und die Schleppkraft und bestimmt die Geschwindigkeitsverteilung in der Grenzschicht mit Hilfe der für die einphasige Strömung entwickelten Grenzschichtrechnungen. Staub rechnet mit einer von ihm definierten Blasenrauhigkeit an der Wand, wobei er von der Überlegung ausgeht, daß infolge der an der Heizfläche vorhandenen Dampfblasen für die Strömungsvorgänge in Wandnähe nicht mehr die Oberflächenrauhigkeit des Heizflächenmaterials, sondern die an der Wand haftenden Blasen bestimmend sind.

Bei der Diskussion der Wärmeübertragung beim Sieden unter freier Konvektion wurde dargelegt, daß für den Wärmetransport im wesentlichen der Energie- und Stoffaustausch zwischen überhitzter Grenzschicht und Dampfblase während deren Wachstum sowie der turbulente Nachlauf hinter der Blase bei ihrem Ablösen maßgebend sind. Beide Vorgänge laufen in Zwangskonvektion sehr ähnlich ab, solange genügend Flüssigkeit in der Nähe der Heizfläche vorhanden ist. Es ist deshalb zu erwarten, daß sich auch die Wärmeübergangskoeffizienten in beiden Konvektionsarten nicht wesentlich unterscheiden. Dies wurde durch eine Reihe von Messungen bestätigt, deren Ergebnisse nachwiesen, daß, solange sich eine genügend dicke Flüssigkeitsschicht in Wandnähe befindet, in der sich die Blasen ungehindert bilden können, auch durch Aufbringen hoher Strömungsgeschwindigkeiten sich nur eine kaum merkliche Verbesserung im Wärmeübergangsverhalten ergibt. Man kann deshalb ohne große Fehler auch bei Zwangskonvektion bekannte und z.T. vorher diskutierte Wärmeübergangsbeziehungen ansetzen, wie sie für Sieden bei freier Konvektion gelten.

Aufbauend auf Messungen mit R 12 bei Zwangskonvektion und in Anlehnung an die Modellvorstellungen von Stephan entwickelten Kaufmann und Vaihinger [105] für Blasensieden in senkrechten Rohren die Beziehung

$$Nu = \frac{\alpha D_{\mathrm{Bl}}}{\lambda_{\mathrm{F}}} = 0{,}078\, K_{\mathrm{a}}^{0{,}62}\, K_{\mathrm{b}}^{0{,}133}\, K_{\mathrm{c}}^{0{,}634}\, K_{\mathrm{d}}^{0{,}234}\, Pr^{1{,}032}\, Re^{0{,}078} \tag{180}$$

mit den dimensionslosen Kennzahlen

$$K_a = \frac{\dot{q}\, D_{Bl}}{T_S\, c_F\, \eta_F} \qquad K_b = \frac{k}{D_{Bl}} \qquad K_c = \frac{\rho_F^2\, (f\, D_{Bl})^2\, D_{Bl}}{\sigma\, \rho_G}$$

$$K_d = \frac{h_{FG}^3\, \rho_F^2\, D_{Bl}^2}{\sigma^2\, c_F\, T_S} \qquad Pr = \frac{\nu_F}{a_F} \qquad Re = \frac{(f\, D_{Bl})\, D_{Bl}\, \rho_F}{\eta_F}$$

und den Formeln für den Blasendurchmesser D_{Bl} bzw. die Blasenablösefrequenz f

$$D_{Bl} = 0{,}837\; \theta \left(\frac{2\,\sigma}{g\,(\rho_F - \rho_G)} \right)^{0,5}$$

und

$$f^2\, D_{Bl} = 0{,}314\; \frac{g\,(\rho_F - \rho_G)}{\rho_F}$$

worin der Randwinkel θ zwischen Blase und Heizfläche im Bogenmaß einzusetzen ist. Hierfür werden von Vaihinger die temperaturunabhängigen Näherungswerte für Wasser mit $\theta = 45°$, für Kältemittel mit $\theta = 35°$ und für Benzol mit $\theta = 40°$ festgelegt.

Rohsenow [102] versucht den Einfluß der Zwangskonvektion zusätzlich zu erfassen und geht dabei von der Vorstellung aus, daß sich der gesamte Wärmestrom von der Heizfläche aus zwei Teilen additiv zusammensetzt, nämlich der in der Blase zusammen mit der im Nachlauf durch Mikrokonvektion transportierten Wärme und der Wärmeabfuhr durch die überlagerte Strömung:

$$\dot{q} = \dot{q}_{Sieden} + \dot{q}_{ZK} \tag{181}$$

Der durch die Blasen verursachte Wärmetransport kann aus Gl. (179) berechnet werden, und der Wärmefluß infolge Zwangskonvektion ergibt sich z.B. aus der Colburn-Beziehung

$$Nu_{ZK} = \frac{\alpha_{ZK}\, d_{hyd}}{\lambda_F} = 0{,}023\; Re^{0,7}\, Pr^{\frac{1}{3}} \tag{182}$$

Eine Überschlagsrechnung zeigt rasch, daß in Gl. (181) der Wärmetransport durch Zwangskonvektion nur wenige Prozent des gesamten Wärmeflusses beträgt.

Anders werden die Verhältnisse, wenn sich an der Heizfläche infolge hohen Dampfgehaltes nurmehr ein dünner Flüssigkeitsfilm befindet. In diesen dünnen Flüssigkeitsschichten sind kaum noch Blasen zu beobachten, die an der Heizfläche entstehen, vielmehr herrscht hier stilles Sieden, d.h. die Wärme wird durch Leitung und Konvektion von der Wand zur freien Oberfläche der Flüssigkeitsschicht transportiert, und erst dort erfolgt die Verdampfung. Der Wärmetransport wird deshalb im wesentlichen durch die Strömungsvorgänge in dieser Flüssigkeitsschicht bestimmt. Näherungsweise kann man annehmen, daß stilles Sieden dann eintritt, wenn die an der Heizfläche vorhandene Flüssigkeitsschicht dünner ist als der Ablösedurchmesser einer Blase, die sich bei größerer Flüssigkeitsmenge und gleichen hydro- und thermodynamischen Verhältnissen auf ihr bilden würde.

Tabelle 8. *Zahlenwerte für die Konstanten A und b in Gl. (184)* [106]

Autoren	Versuchsfluid	A	b
Dengler und Addams [107]	Wasser, Zwangskonvektion, aufwärts	3,5	0,5
Guerrieri und Talty [108]	versch. organische Flüssigkeiten, freie Konvektion	3,4	0,45
Schrock und Grossmann [109]	Wasser, Zwangskonvektion, aufwärts	2,5	0,75
Bennett u.a. [110]	Wasser, Zwangskonvektion, aufwärts	2,9	0,66
Wright u.a. [111]	Wasser, Zwangskonvektion, abwärts	2,721	0,581
Somerville [112]	n-Butanol, Zwangskonvektion, abwärts	7,55	0,328
Collier u.a. [113]	Wasser, Zwangskonvektion, aufwärts	2,167	0,699
Pujol und Stenning [114]	R 113, Zwangskonvektion, auf- und abwärts	4,0	0,37

Tabelle 9. *Zahlenwerte für die Konstanten in Gl. (185)* [106]

Autoren	Versuchsfluid	M	N	n	m
Schrock und Grossmann [109]	Wasser, Zwangskonvektion, aufwärts	0,739	1,5	2/3	1
Sani [115]	Wasser, Zwangskonvektion, abwärts	1,48	1,5	2/3	1
Wright [111]	Wasser, Zwangskonvektion, abwärts	1,39	1,5	2/3	1
Somerville [112]	n-Butanol, Zwangskonvektion, abwärts	2,45	1,5	2/3	1
Chaddock und Brunemann	R 12, R 22, Zwangskonvektion, horizontal	1,91	1,5	2/3	0,6
Pujol und Stenning [114]	R 113, Zwangskonvektion, aufwärts	0,9	4,45	0,37	1
	R 113, Zwangskonvektion, abwärts	0,53	7,55	0,37	1

Während die Bemühungen, eine theoretische Beschreibung dieses Wärmetransportmechanismus zu erarbeiten, noch andauern, wurde eine Anzahl empirischer oder halbempirischer Wärmeübergangsbeziehungen entwickelt. Obwohl sie nicht den Anspruch erheben können, unter allen bei Zwangskonvektion denkbaren geometrischen Bedingungen gültig zu sein, haben sie sich in der Praxis doch als brauchbar erwiesen. In ihnen wird grundsätzlich der Wärmeübergangskoeffizient beim Sieden unter zweiphasiger Zwangskonvektion $\alpha_{2\text{ph}}$ zu dem bei rein einphasiger Strömung α_{ZK} ins Verhältnis gesetzt. Als beschreibende Kenngröße werden der Martinelli-Parameter X_{tt} sowie eine Siedezahl Bo (Boiling-Number)

$$Bo = \frac{\dot{q}}{\dot{m}\, h_{FG}} \tag{183}$$

herangezogen. Die Gleichungen lassen sich in zwei Gruppen der Form

$$\frac{\alpha_{\text{Sieden}}}{\alpha_{ZK}} = A \left(\frac{1}{X_{tt}}\right)^{b} \tag{184}$$

oder

$$\frac{\alpha_{\text{Sieden}}}{\alpha_{ZK}} = M \left[Bo \cdot 10^4 + N \left(\frac{1}{X_{tt}}\right)^{n} \right]^{m} \tag{185}$$

einteilen. Die empirischen Konstanten in diesen Gleichungen, wie sie von verschiedenen Autoren angegeben werden, sind in den Tabellen 8 und 9 zu finden. Die Siedezahl Bo in Gl. (185) berücksichtigt eventuell noch vorhandenes teilweises Blasensieden in der Flüssigkeitsschicht. In jüngster Zeit untersuchten Calus und Mitarbeiter [106] den Wärmeübergang in Siederohren bei Naturumlauf mit Wasser und verschiedenen organischen Flüssigkeiten und kamen zu der Beziehung

$$\frac{\alpha_{\text{Sieden}}}{\alpha_{ZK}} = 0{,}065 \left(\frac{1}{X_{tt}}\right) \left(\frac{T_S}{\Delta T_F}\right) \left(\frac{\sigma_{H_2O}}{\sigma_F}\right)^{0{,}9} \tag{186}$$

wobei ΔT_F den Temperaturabfall im Flüssigkeitsfilm und σ_F die Oberflächenspannung der betrachteten Flüssigkeit bedeuten. Der in den Gln. (184) bis (186) notwendige Vergleichswert α_{ZK} des Wärmeübergangskoeffizienten bei einphasiger Strömung kann in einfacher Abwandlung der Colburn-Beziehung aus

$$\alpha_{ZK} = \frac{\lambda_F}{d_{\text{hyd}}}\, 0{,}023 \left[\frac{d_{\text{hyd}}\, \dot{m}\, (1 - \dot{x})}{\eta_F}\right]^{0{,}8} \left[\frac{c_F\, \eta_F}{\lambda_F}\right]^{0{,}4} \tag{187}$$

berechnet werden, d.h. die Reynolds-Zahl ist nur auf den flüssigen Anteil zu beziehen. Die Beziehungen gelten, wie erwähnt, für den Fall, daß ein großer Teil des Strömungsquerschnittes von Dampf eingenommen wird und sich an der Wand eine dünne Flüssigkeitsschicht befindet. Dies kann bei niedrigen Drücken wegen des großen Dichteunterschiedes zwischen Flüssigkeit und Dampf schon bei geringen Dampfgehalten eintreten. Man kann davon ausgehen, daß für

$$\frac{1}{X_{tt}} > 5$$

stets mit stillem Sieden zu rechnen ist. Dieser Wert stellt eine obere Grenze dar, da wie man in Abb. 53 sieht, ein Übergangsbereich von Blasensieden zum stillen

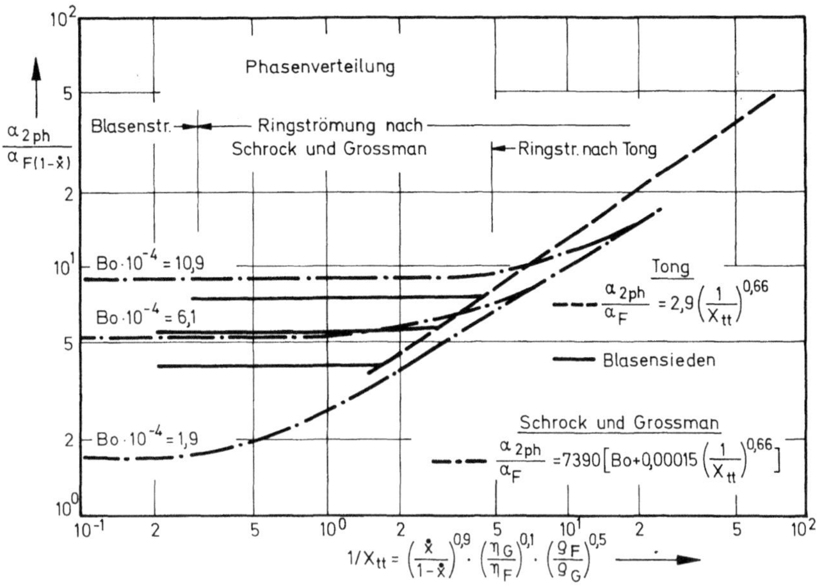

Abb. 53. Übergang vom Blasensieden zum stillen Sieden bei Ringströmung

Sieden besteht und große Heizflächenbelastungen, die für gegebene Stoffwerte und Mengenströme gleichbedeutend sind mit hohen Siedekennzahlen, Gl. (183), das Blasensieden und seinen Einfluß auf den Wärmetransport zu höheren Dampfgehalten verschieben. Die untere Grenze für den Beginn des stillen Siedens ist nach Abb. 53 mit etwa

$$\frac{1}{X_{tt}} \approx 2$$

anzunehmen. In Abb. 53 sind einige der in den Gln. (184) und (185) sowie in den Tabellen 8 und 9 dargestellten Formeln für den Wärmeübergang beim Sieden unter Zwangskonvektion verglichen. Eine Gegenüberstellung mit Meßwerten weist Streuungen von etwa ±30 % auf.

Von einer anderen Vorstellung für die Beschreibung des Wärmeübergangs an strömende Dampf-Flüssigkeits-Gemische ging Chen [116] aus. Ähnlich wie vor ihm Rohsenow [102] setzt er den Wärmetransport an das Gas-Flüssigkeits-Gemisch aus dem Anteil des Siedens und dem der Zwangskonvektion zusammen.

$$\alpha_{\text{Sieden}} = \alpha_{BS} + \alpha_{ZK} \tag{188}$$

Er addiert jedoch nicht die Wärmeströme, sondern die Wärmeübergangskoeffizienten des Blasensiedens α_{BS} und der Zwangskonvektion α_{ZK} in der Annahme, daß das treibende Temperaturgefälle für beide Transportmechanismen dasselbe sei.

Chen empfiehlt für den konvektiven Beitrag zum Wärmeübergang die Gleichung

$$\alpha_{ZK} = \frac{\lambda_F}{d_{hyd}} \, 0{,}023 \left[\frac{\dot{m}\,(1-\dot{x})\, d_{hyd}}{\eta_F} \right]^{0,8} \left[\frac{\eta\, c_p}{\lambda} \right]^{0,4} F \qquad (189)$$

in der F ein Korrekturfaktor ist, der die unterschiedlichen Strömungsverhältnisse in Gas-Flüssigkeits-Gemischen zu denen rein einphasiger Fluide berücksichtigen soll. Das Temperaturfeld wird durch den Geschwindigkeitsverlauf in der wandnahen Grenzschicht geprägt, und der wiederum richtet sich nach den Schubspannungsverhältnissen und dem Dampfgehalt. Beide fluiddynamischen Kennwerte lassen sich, wie wir gelernt haben, mit dem Martinelli-Parameter X_{tt} ausdrücken. Es lag deshalb nahe, den Korrekturfaktor F als Funktion des Martinelli-Parameters darzustellen, wie dies in Abb. 54 geschehen ist. Nach Chen hat

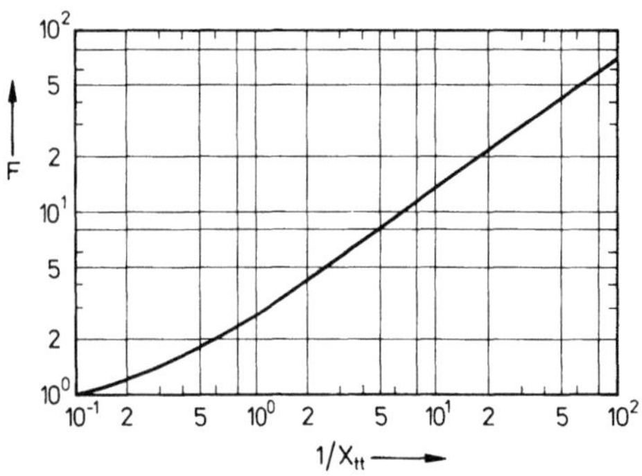

Abb. 54. Korrekturfunktion F in Gl. (189) nach Chen [116]

diese Korrekturfunktion über einen weiten Bereich des Dampfgehaltes Gültigkeit, der sich von reinem Blasensieden bis zur Grenze des Dry-outs erstreckt. Damit und mit einem geeigneten Ansatz für den Wärmeübergangskoeffizienten des Blasensiedens gelingt es Chen auch, den ganzen Bereich der Wärmeübertragung an Dampf-Flüssigkeits-Gemische mit einem einfachen Ansatz ohne störende Nahtstellen zu überbrücken. Für den Beitrag des Blasensiedens zieht Chen die Gleichung von Forster und Zuber [117] heran

$$\alpha_{BS} = 0{,}00122 \left[\frac{\lambda_F^{0,79}\, c_{pF}^{0,45}\, \rho_F^{0,49}}{\sigma^{0,5}\, \eta_F^{0,29}\, h_{FG}^{0,24}\, \rho_G^{0,24}} \right] \Delta T_S^{0,24}\, \Delta p_S^{0,75}\, S \qquad (190)$$

die er mit einer Korrektur versieht, welche die Temperaturverhältnisse in der Grenzschicht berücksichtigt. S ist ein Faktor, der nach Abb. 55 von der zu

$$Re_{2\,ph} = \left[\frac{\dot{m}\,(1-\dot{x})}{\eta_F\, d_{hyd}} \right] F^{1,25} \qquad (191)$$

definierten Reynolds-Zahl des Gas-Flüssigkeits-Gemisches abhängt. Damit ist der zu erwartende Mechanismus des Blasensiedens mit der Zwangskonvektion und dem schubspannungsinduzierten Geschwindigkeitsfeld – über den Korrekturfaktor F – verknüpft. Die Temperaturdifferenz

$$\triangle T_S = T_W - T_S$$

welche als Überhitzung der wandnahen Grenzschicht der Blase für ihr Wachstum zur Verfügung steht, hängt mit dem Überdruck $\triangle p_S$ zusammen, entsprechend der Dampfdruckkurve der Flüssigkeit.

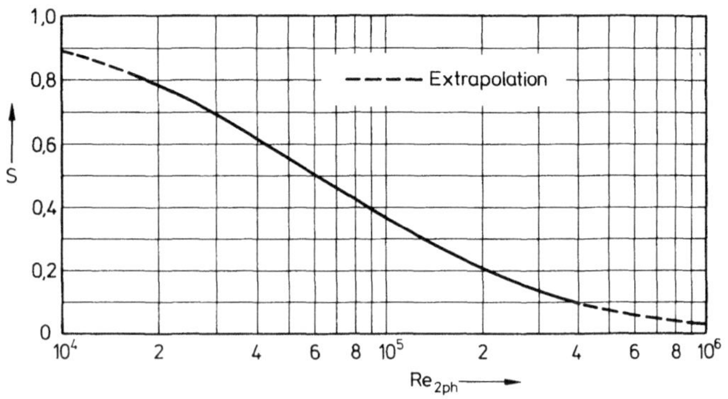

Abb. 55. Korrekturfaktor S in Gl. (190) nach Chen [116]

Gleichung (190) ist als empirische Beziehung nicht dimensionslos und die Werte sind in den Dimensionen des internationalen Maßsystemes, also in kg, m, N und J, einzusetzen. Der Druck ist in N/m^2 anzugeben. Die Rechenprozedur bei der Verwendung der Chenschen Ansätze ist etwas aufwendig, da je nach Randbedingungen iterative Lösungswege beschritten werden müssen. Sie ist jeweils mit der Bestimmung des Wärmeübergangskoeffizienten für die Zwangskonvektion und dem darin enthaltenen Korrekturfaktor F zu beginnen. Für die Randbedingung aufgeprägter Heizflächenbelastung ist dann die Wandtemperatur zunächst zu schätzen. Sie ist im Lauf der iterativen Rechnung zu korrigieren.

Der Wärmeübergang beim Sieden unter Zwangskonvektion läßt sich für die meisten technischen Zwecke mit Hilfe der in der Literatur bekannten Formeln genau genug bestimmen. Es ist jedoch zu empfehlen, für einen kritischen Vergleich mehr als eine Formel für die Auslegung von Verdampfern heranzuziehen, insbesondere dann, wenn es sich um andere Flüssigkeiten als Wasser oder Kältemittel handelt. Man bekommt so eine Vorstellung von der Unsicherheitsmarge und kann die Heizfläche entsprechend anpassen oder das Risiko der Fehlauslegung abschätzen.

Für hohe Heizflächenbelastungen ist es in der Regel ausreichend, mit den Formeln für reines Blasensieden – z.B. mit den Gln. (172) bis (175) – zu rechnen, da die Blasenpopulation an der Wand das Strömungsfeld der Zwangskonvektion verdrängt und die Rührwirkung der Dampfblasen den Schubspannungseffekt der Zwangskonvektion weit überwiegt. Da die Übertemperaturen der Wand beim Sieden selbst bei hohen Heizflächenbelastungen meist klein sind, sollte man auch größere Unsicherheiten in der Vorhersage des zweiphasigen Wärmeübergangskoeffizienten für die Praxis nicht überbewerten.

II.3. Unterkühltes Sieden

An flüssigkeitsgekühlten Heizflächen, die hohe Wärmeströme übertragen müssen, kommt es häufig zu Siedeerscheinungen, obwohl das Kühlfluid im Mittel noch nicht die zum Systemdruck gehörende Sättigungstemperatur erreicht hat. In unmittelbarer Nähe der Wand existiert eine metastabile, überhitzte Grenzschicht, die zur Aktivierung von Blasenkeimen führt. Die Blasenkeime wachsen durch Wärme- und Stofftransport in dieser überhitzten Grenzschicht zunächst an, um dann, sobald sie durch Volumenzunahme oder Ablösen aus der überhitzten Grenzschicht in die turbulente, unterkühlte Kernströmung gelangen, wieder zu kondensieren. Man nennt diesen Vorgang unterkühltes Sieden. Er führt zwar zu einer Verbesserung des Wärmeübergangs gegenüber der einphasigen Konvektion, erhöht aber auf der anderen Seite erheblich den Druckverlust, so daß ein Rückgang der Strömung und Strömungsinstabilitäten zu befürchten sind, wenn man ihn bei der fluiddynamischen Auslegung eines Apparates außer acht läßt.

Für den Einfluß der zwar kurzlebigen, in ihrer Populationsdichte aber doch zahlreichen Blasen auf den Druckverlust und für die Abschätzung der Länge, auf der im Siederohr unterkühltes Sieden herrscht, ist es von Interesse, den Siedebeginn, d.h. den Ort, an dem die ersten Blasenkeime aktiv werden, zu kennen. Im Experiment läßt sich der Siedebeginn einfach dadurch feststellen, daß man die Heizflächenbelastung langsam und stetig steigert und bei Bildung der ersten Dampfblasen einen Knick in der an der Wand gemessenen Temperatur-Zeit-Kurve beobachtet. Anschaulich läßt sich der Übergang von Zwangskonvektion zum Sieden auch in der Darstellung von Nukijama – Abb. 56 – erläutern, bei der die Heizflächenbelastung über der Wandüberhitzung aufgetragen ist. Von A – B in Abb. 56 findet der Wäremübergang durch reine Zwangskonvektion statt. Je nach Gehalt an gelösten Gasen in der Flüssigkeit geht der Wärmeübergang bei reiner Zwangskonvektion – Kurve a – dann stetig oder unstetig in den des Blasen-

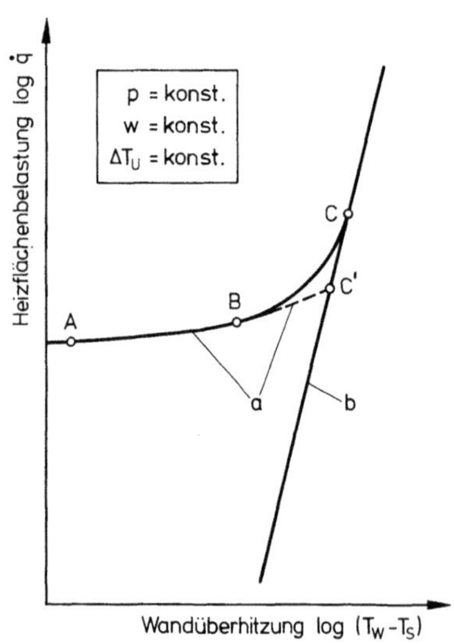

Abb. 56. Übergang von Zwangskonvektion zum Sieden

siedens – Kurve b – über. Gelöstes Gas wird in der Nähe der Sättigungstemperatur ausgetrieben, bevor sich Dampfblasen bilden, was zu einer Rührwirkung an der Heizfläche führt, und wodurch der Wärmetransport von einphasiger Konvektion stetig in den des Blasensiedens – Kurve A – B – übergeht. Ohne gelöstes Gas setzt das Blasensieden bei C abrupter ein.

Für eine theoretisch fundierte Vorhersage des Siedebeginns muß die wandnahe Temperaturverteilung und damit der Geschwindigkeitsverlauf in der Grenzschicht bekannt sein. Weiterhin müssen zuverlässige Kenntnisse vorliegen, bei welchen Temperaturen unter den Gegebenheiten der Heizfläche – Rauhigkeit, Wärmeleitung und Wärmekapazität – die ersten Siedekeime aktiviert werden. Das erstgenannte ist eine Frage der einphasigen Strömung und soll hier nicht näher diskutiert werden. Eine kurze Zusammenfassung des Kenntnisstandes in der Literatur, insbesondere im Hinblick auf die Anwendung für Berechnungen zum unterkühlten Sieden, findet sich bei Bucher [118].

Die Siedekeimaktivierung ist nicht nur von den thermo- und fluiddynamischen Gegebenheiten in der strömenden Flüssigkeit, sondern auch von den Materialeigenschaften der Wand abhängig. Aus der Literatur ist bekannt, daß Sieden bevorzugt an Poren und Vertiefungen auf der Heizfläche einsetzt. Die Untersuchungen von Bankoff [119, 120] haben gezeigt, daß vor allem konische Bohrungen mit einem kleinen Öffnungswinkel sehr gut Gas- und Dampfreste enthalten können, die bei einem Erhitzen der Wand als Siedekeime dienen.

Zur Vorhersage der zur Aktivierung notwendigen Heizflächentemperatur geht man in der Literatur meist von der Vorstellung einer konischen Pore mit glatten Wänden aus, wie sie Abb. 57 zeigt. Man nimmt an, daß die Phasengrenze

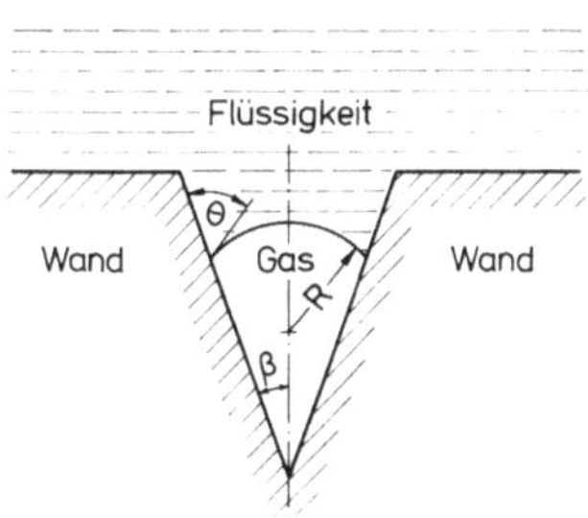

Abb. 57. Idealisierte Darstellung eines Siedekeimes

ein Kugelsegment ist, und berechnet das Kräftegleichgewicht zwischen Überdruck im Gas und Oberflächenspannung der Flüssigkeit. Wenn das Gas aus reinem Dampf der Flüssigkeit besteht, kommen wir aufgrund dieses Kräftegleichgewichtes zu dem bereits in Gl. (162) wiedergegebenen Zusammenhang zwischen Überdruck im Gasraum und Oberflächenspannung in Abhängigkeit des Krümmungsradius R der Blasenkalotte. Die darin notwendige Überhitzung des Dampfes gibt die Clausius-Clapeyronsche Gleichung, Gl. (163), und wir erhalten schließlich den Zusammenhang zwischen Kalottenradius R und Überhitzungstemperatur, den wir bereits in Gl. (164) kennengelernt hatten. Damals hatten wir angenommen, daß in der Clausius-Clapeyronschen Gleichung das spezifische Volumen des Gases v_G vernachlässigt werden kann und daß die Verdampfungswärme im betrachteten Zustandsbereich konstant sei.

Wenn sich Dampf der Flüssigkeit und inertes Gas in der Pore befinden, muß auch der Partialdruck des Gases berücksichtigt werden, und Gl. (162) lautet dann

$$p_D + p_G - p_F = \frac{2\sigma}{R} \qquad (162a)$$

Wir wollen jetzt den Index D für den Dampf einführen und das Inertgas sei mit dem Index G gekennzeichnet. Je nachdem, welche Vereinfachung man in der Clausius-Clapeyronschen Gleichung einführt, kommt man zu unterschiedlichen Lösungen der Gl. (162a).

In Abb. 58 sind Stationen der Volumenänderung der Gasblase während der Aktivierung dargestellt. Es wurde ein Porenöffnungswinkel von $\beta = 30°$ zugrundegelegt und angenommen, daß der Randwinkel der Phasengrenze zur Heizfläche 90° beträgt. Der Kehrwert des Krümmungsradius erreicht im Zustand 2 ein Minimum und im Zustand 3 ein Maximum. Da die Überhitzung des Siedekeims umgekehrt proportional zum Krümmungsradius der Phasengrenze ist, muß im Zustandspunkt 3 auch die Überhitzung $T_D - T_S$ einen Maximalwert aufweisen. Wenn die Blase diesen Zustandspunkt durchlaufen hat, kann sie weiter wachsen. Der Radius der Phasengrenze bei diesem Zustandspunkt wird kritischer Radius genannt. Für einen Randwinkel von 90° ist er gleich dem Poren- oder Keimstellenradius.

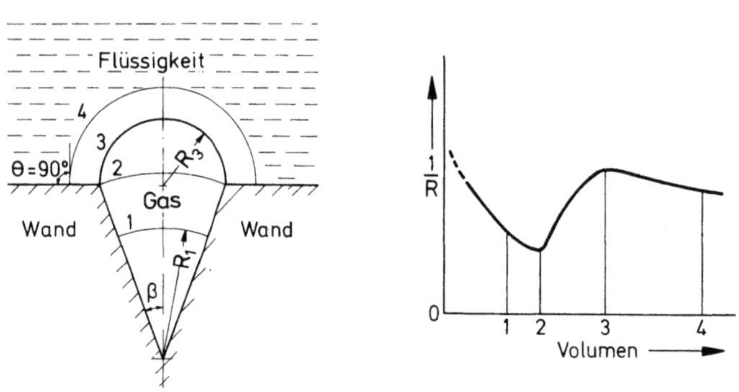

Abb. 58. Siedekeimaktivierung und Blasenvolumen (Randwinkel θ = 90°)

Die bisherigen Überlegungen basierten auf der Annahme eines statischen Kräftegleichgewichtes an der Phasengrenze. Beim Anwachsen, Ablösen oder Kondensieren der Blasen in unterkühlten Flüssigkeiten werden aber noch Trägheitskräfte und gegebenenfalls auch Widerstandskräfte aus der Schleppwirkung der Strömung wirksam. Griffith und Wallis [121] konnten jedoch zeigen, daß die notwendige Überhitzung bei der Siedekeimaktivierung auch beim unterkühlten Sieden hinreichend genau aus der einfachen statischen Kräftebilanz in guter Übereinstimmung mit Experimenten berechnet werden kann.

Die Blase findet bei ihrem Wachstum auf der Heizfläche aus dem Siedekeim keine homogene Temperatur in der Flüssigkeit vor, sondern ein Temperaturgefälle über den Wandabstand. Auch bei turbulenter Einphasenströmung kann man eine laminare Grenzschicht und einen linearen Verlauf der Temperatur in unmittelbarer Wandnähe voraussetzen. Die Flüssigkeitstemperatur T_F ergibt sich dann in Abhängigkeit vom Wandabstand y zu

$$T_F = T_W - \frac{\dot{q}}{\lambda_F}\, y \qquad (192)$$

Mit dieser einfachen Beziehung und Gl. (162a) kann man nach Bergles und Rohsenow [122] die einfache Bedingung

$$\frac{dT_F}{dy} = \frac{dT_D}{dy} \qquad (193)$$

aufstellen. Diese Bedingung muß am Scheitelpunkt der Blase, die sich im Zustand 3 der Abb. 58 befindet, erfüllt sein. Der Temperaturgradient in der Flüssigkeit dT_F/dy hängt von der Heizflächenbelastung ab und wird in realer Strömung von der Strömungsgeschwindigkeit und dem Unterkühlungsgrad, d.h. der Differenz zwischen Sättigungstemperatur und mittlerer Flüssigkeitstemperatur bestimmt. Bei kleinen Geschwindigkeiten und geringen Unterkühlungen reicht eine niedrige Heizflächenbelastung zur Keimaktivierung aus und die Bedingung aus Gl. (193) ist bei großem Wandabstand erfüllt. Hohe Werte von Unterkühlung und Strömungsgeschwindigkeit erfordern große Heizflächenbelastungen zur Blasenkeimaktivierung und die Bedingung von Gl. (193) ist in ganz geringer Entfernung von der Wand gegeben.

Anschaulich erklärt bedeutet dies, daß im letztgenannten Fall sehr kleine Blasen äußerst rasch unmittelbar an der Heizfläche wachsen und sofort wieder kondensieren, während bei den erstgenannten Bedingungen sich größere Blasen langsamer bilden, die sich, wie Experimente zeigten, auch von der Heizfläche ablösen und in den unterkühlten Kern der Strömung schwimmen.

Davis und Anderson [123] kamen schließlich zu der Beziehung

$$\dot{q} = \frac{\lambda\, h_{FG}}{8\,\sigma\, T_S\,(v_D - v_F)}\;\frac{1}{n}\;(T_W - T_S)^2 \qquad (194)$$

für die Siedekeimaktivierung und damit zum Beginn des unterkühlten Siedens notwendige Heizflächenbelastung. Gleichung (194) enthält den Quotienten n, der das Verhältnis der überhitzten Grenzschichtdicke zum Radius der Blasenkalotte darstellt. Je nachdem, welche Blasenform und welchen Randwinkel man unterstellt, kann n Werte zwischen 0,3 und 3 annehmen. Aus Abb. 59 geht hervor, wie sich, abhängig von dieser Annahme, der Siedebeginn zu niedrigeren Wandüberhitzungen verschiebt. Das Beispiel ist für Wasser eines Druckes von 2 bar und einer Unterkühlung von 20 K berechnet, wobei angenommen wurde, daß der Wärmeübergangskoeffizient aus der einphasigen Zwangskonvektion unmittelbar vor Siedebeginn 10^4 W/m^2 K beträgt.

Aufbauend auf diesen Erkenntnissen untersuchte Bucher [118] systematisch die fluiddynamischen und thermodynamischen Einflußgrößen auf den Siedebeginn. Er zog hiefür sowohl herkömmliche Meßverfahren heran als auch optische Methoden mit Hilfe der Hochgeschwindigkeitskinematographie, mit der er die ersten Blasen und damit den Siedebeginn sichtbar machen konnte. Hierbei stellte es sich heraus, daß die in der Literatur üblicherweise getroffene Annahme, der

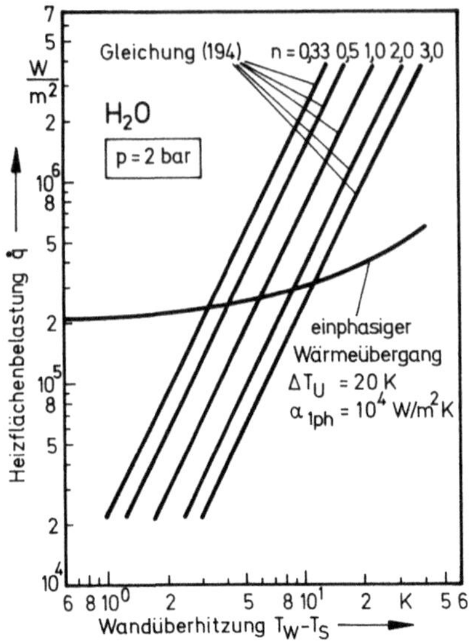

Abb. 59. Siedebeginn nach Gl. (194) für verschiedene Grenzschichtdicken von ($y/R = n$), bei denen Aktivierungsbedingungen gegeben sind

Siedebeginn falle mit einer merklichen Verbesserung des Wärmeübergangs zusammen, nicht unter allen fluiddynamischen Bedingungen haltbar ist.

In Abb. 60 ist für einen Systemdruck von 10 bar und eine mittlere Unterkühlung von 35 K der Wärmeübergangskoeffizient α für 3 verschiedene Strömungsgeschwindigkeiten als Funktion der Heizflächenbelastung dargestellt. Die Kurven erstrecken sich von der einphasigen Zwangskonvektion bis hin zum voll ausgebildeten unterkühlten Sieden. Die aus der Temperaturmessung erfaßbare erste Wärmeübergangsverbesserung gegenüber der einphasigen Zwangskonvektion

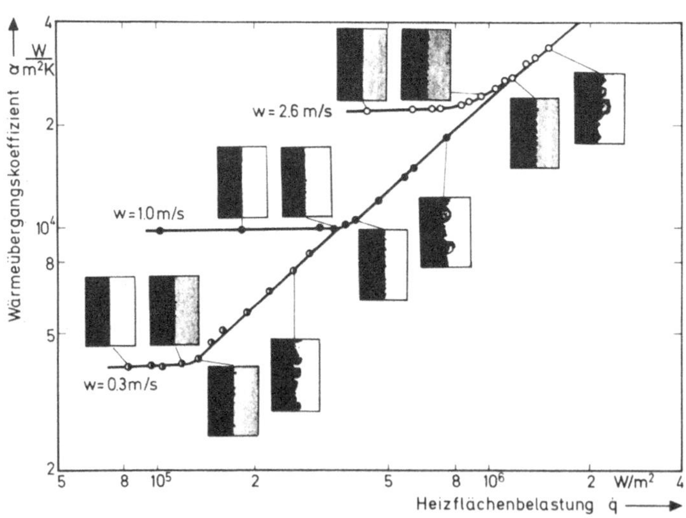

Abb. 60. Wärmeübergang und Siedekeimaktivierung

ist nicht identisch mit dem Auftreten der ersten sichtbaren Blasen, sondern stellt sich erst dann ein, wenn auf der Oberfläche des Siederohres bereits eine deutlich sichtbare Anzahl von Blasen vorhanden ist.

Die Anzahl der bei dem über die Temperaturmessung definierten Siedebeginn bereits vorhandenen sichtbaren Blasen nimmt mit steigender Strömungsgeschwindigkeit zu, die Blasengröße jedoch ab. Die Anzahl der pro Fläche aktivierten Siedekeime scheint eine Funktion von Heizflächenbelastung und Strömungsgeschwindigkeit zu sein und ist unabhängig von der Unterkühlung der Flüssigkeit. Strömungsgeschwindigkeit und Unterkühlung haben einen merklichen Einfluß auf die Lebensdauer der Dampfblasen. Abb. 61 zeigt, daß zunehmende Strö-

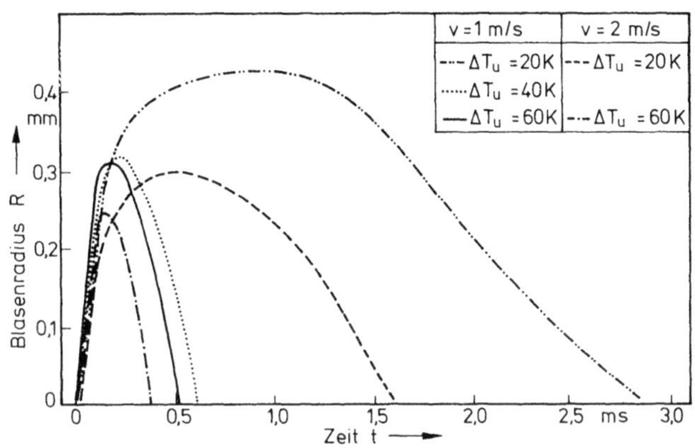

Abb. 61. Lebensdauer und Wachstum von Dampfblasen beim unterkühlten Sieden (H_2O, $p = 2$ bar)

mungsgeschwindgkeit und vor allem große Unterkühlung die Lebensdauer der Blasen erheblich reduzieren und ihr Wachstum hemmen. Kleine Blasen kondensieren in der gleichen Zeit, in der sie gewachsen sind, und der zeitliche Verlauf von Volumenzunahme und Volumenabnahme der Blase ist symmetrisch. Bei großen Blasen, die unter den Bedingungen niedriger Unterkühlung und langsamer Strömungsgeschwindigkeit eine wesentlich längere Lebensdauer haben, benötigt die Kondensation wesentlich mehr Zeit als das Wachstum. Dies ist damit zu erklären, daß Bildung und Rückbildung der kleinen, sich äußerst dynamisch verändernden Blasen im wesentlichen trägheitsgesteuert ist, während bei den großen Blasen der Wärmeübergang an der Phasengrenze die wesentliche Rolle spielt.

Nicht kondensierbares Gas kann, wie bereits erwähnt, den Übergang von Zwangskonvektion zum Blasensieden stark beeinflussen. Versuche von Bucher, die mit stark gashaltigem Wasser durchgeführt wurden, zeigten, daß die Entgasung an der Heizfläche in ihrer Wirkung auf den Wärmeübergang einen frühen Siedebeginn vortäuschen kann. Dieser Einfluß gelöster Gase wird insbesondere bei niedrigen Drücken deutlich, wie Abb. 62 zeigt. Meßergebnisse an Wasser, bei Sauerstoffgehalten von 3,5 mg/kg und 0,3 mg/kg sind hier gegenübergestellt. Unstetigkeiten im Verlauf des Wärmeübergangskoeffizienten über der Heizflächenbelastung sind in dieser Abb. bei A und C festzustellen. Bei A beginnt die Entgasung des stark sauerstoffhaltigen Wassers merklich zu werden und die dabei

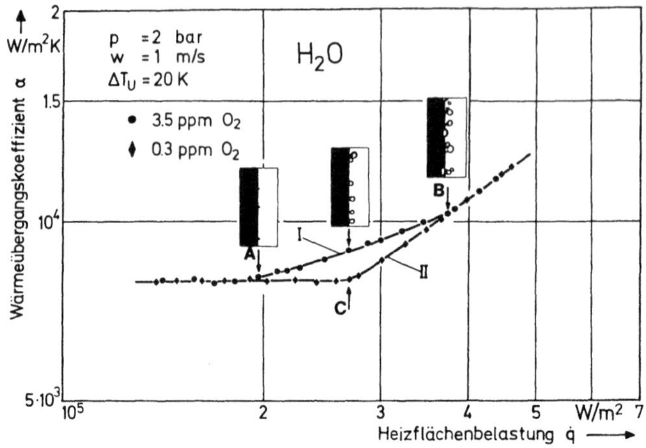

Abb. 62. Einfluß des Gasgehaltes in der Flüssigkeit auf den Siedebeginn und den Wärmeübergang

frei werdenden Gasblasen können auch als Siedekeime für den Dampf wirken.

Bucher fand schließlich in seinen Messungen, daß für reines, weitgehend gasfreies Wasser die für die Siedekeimaktivierung notwendige Wandüberhitzung höher ist, als sie sich aus den aus der Literatur bekannten Beziehungen – z.B. nach Bergles und Rohsenow [122] – errechnet. Dies ist gleichbedeutend mit der Aussage, daß bei gegebener Heizflächenbelastung das Sieden erst weiter stromabwärts einsetzt, als es die Beziehungen in der Literatur angeben. Dies ist offensichtlich darauf zurückzuführen, daß die für die Berechnung getroffenen Annahmen zu stark idealisiert sind und daß die Grenzschichtverhältnisse der einphasigen Strömung nicht hinreichend genau vorausgesagt werden können. Bucher hat deshalb einen anderen Weg zur Berechnung des Siedebeginns beschritten. Er hat versucht, die wichtigsten Einflußgrößen in Gruppen zu dimensionslosen Kennzahlen zusammenzufassen, und dann in einer Regressionsanalyse seiner Meßdaten eine einfache Potenzbeziehung aufgestellt. Bei der Auswahl der Kennzahlen lag es nahe, die uns bereits bekannte Siedezahl Bo, Gl. (183), sowie die Reynolds-Zahl der flüssigen Strömung heranzuziehen. Als weitere Kennzahl führte er die Jakob-Zahl, Gl. (169), in abgewandelter Form

$$Ja = \frac{c_F \, \Delta T_u}{h_{FG}} \tag{169a}$$

in seine Regressionsanalyse ein. Er kam schließlich zu der Beziehung

$$Bo = 0{,}0045 \; Re^{-0{,}12} \; Pr^{-0{,}78} \; Ja^{0{,}6} \tag{195}$$

worin sich alle Stoffkennwerte und auch die in der Reynolds-Zahl enthaltene Geschwindigkeit auf die Flüssigkeit beziehen. Als charakteristischer Durchmesser ist der hydraulische Durchmesser des Kanales einzusetzen. Gleichung (195) gab sehr gute Übereinstimmung mit Meßwerten, die an Rohren und an Ringspalten gewonnen wurden, wie Abb. 63 zeigt.

Einen Eindruck, bei welcher Unterkühlung ΔT_u

$$\Delta T_u = T_S - T_F$$

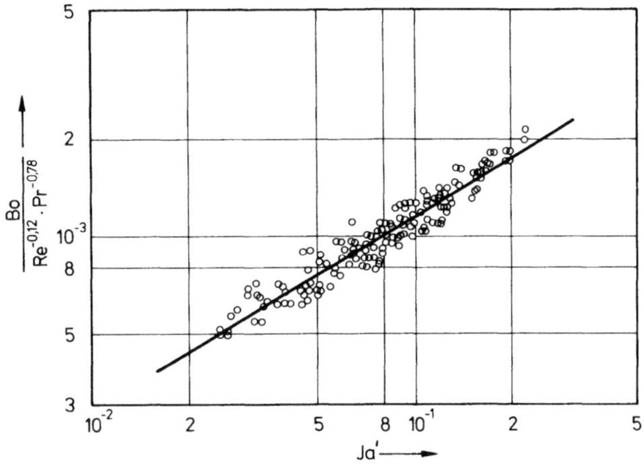

Abb. 63. Siedebeginn bei Zwangskonvektion nach Bucher [118], gemessen an Wasser (1–30 bar) in Rohren und Ringkanälen

in Abhängigkeit von Heizflächenbelastung, Druck und Strömungsgeschwindigkeit, Blasen auf der Heizfläche aktiviert werden und damit unterkühltes Sieden einsetzt, gibt Abb. 64. Als Ordinate ist dort ein dimensionsbehaftetes empirisches Potenzprodukt aus Heizflächenbelastung, gemessen in W/cm^2, und Druck in bar aufgetragen. Die eingetragenen Meßpunkte überdecken einen Druckbereich von 1–30 bar. Die Kurven gelten für Wasser geringen Gasgehaltes. Auch Gleichung (195) sollte in ihrer Anwendung auf Wasser beschränkt bleiben, da für andere Flüssigkeiten bisher keine Messungen zu ihrer Bestätigung durchgeführt wurden.

Bei höheren Drücken wurden Versuche an Stabbündeln durchgeführt [124].

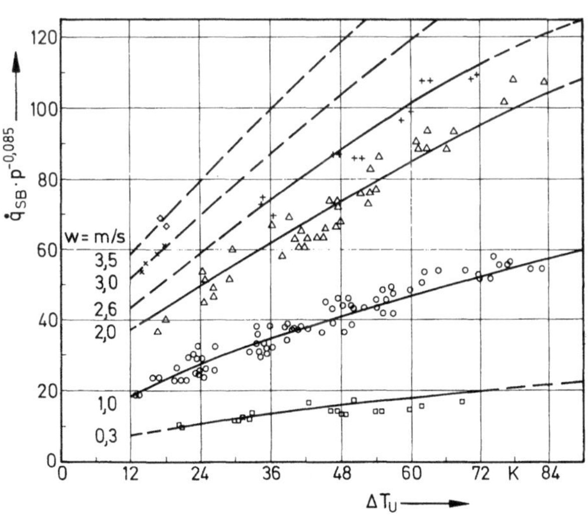

Abb. 64. Siedebeginn bei Wasser in Rohren und Ringkanälen bei Drücken von 1–30 bar ($\dot{q}_{SB}$ in W/cm^2 und p in bar)

Dabei wurde beobachtet, daß die Siedegrenze über den Umfang der Stäbe unterschiedliche Höhe aufweist. Sieden setzt am ehesten dort ein, wo die Stäbe den engsten Abstand zueinander haben, da hier wegen der größeren Wandreibung im Verhältnis zum Strömungsimpuls geringere Geschwindigkeiten und eine dickere Grenzschicht vorhanden sind. Abb. 65 zeigt Messungen an einem quadratisch geteilten Stabbündel, wobei der Siedebeginn einmal an der engsten Stelle zwischen den Stäben und das andere Mal zum freien Strömungsquerschnitt hin erfaßt wurde. Es stellt sich über den Umfang des Stabes eine girlandenförmige Verteilung des Siedebeginns ein. Die örtlichen Unterschiede sind abhängig von der mittleren Strömungsgeschwindigkeit im Bündel und von der Unterkühlung. Es ist leicht einzusehen, daß zunehmende Strömungsgeschwindigkeit den Unterschied im Siedebeginn vergrößert. Die Strömungsgeschwindigkeit hat aber auch offensichtlich bei kleinen Unterkühlungen mehr Einfluß als bei großen. Dies läßt sich damit erklären, daß bei großen Unterkühlungen, wie wir bei Diskussion der Gl. (193) gelernt haben, die Dampfblasen nur mit einer sehr dünnen Grenzschicht an der Wand in Wechselwirkung stehen, während sie bei kleinen Unterkühlungen allmählicher und zu größeren Durchmessern wachsen. Für die Störung der dünnen Grenzschicht an der Wand bedarf es aber höherer Strömungsgeschwindigkeiten als für strömungsbedingte Veränderungen in größerem Wandabstand.

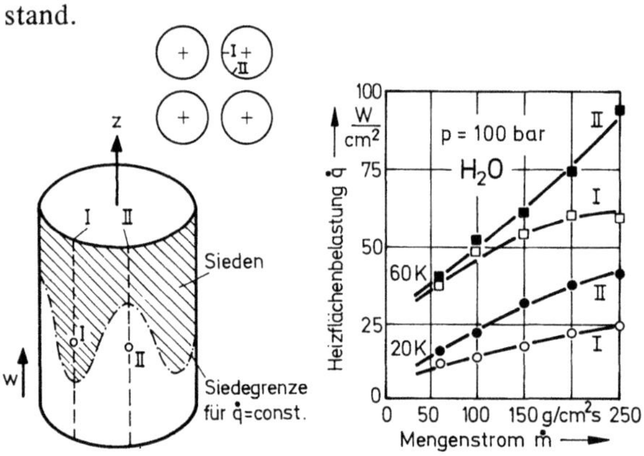

Abb. 65. Siedebeginn im Stabbündel, Wasser bei 100 bar

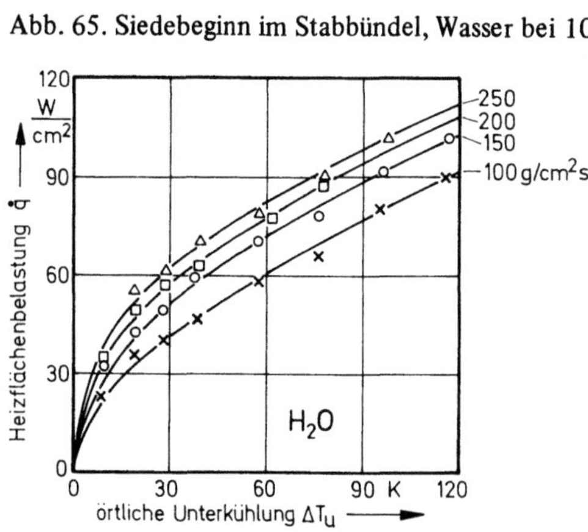

Abb. 66. Siedebeginn im Stabbündel (über den Stabumfang gemittelte Werte, Wasser, 100 bar)

Mittelwerte des Siedebeginns in einem Stabbündel, das von Wasser eines Druckes von 100 bar durchströmt wurde, zeigt Abb. 66.

Man sieht, daß auch unter der Bedingung großer Unterkühlung Sieden bei Heizflächenbelastungen zu erwarten ist, die zu den gängigen Auslegungsdaten großtechnischer Dampferzeuger zählen. Es ist deshalb nun zu prüfen, wie diese Dampfblasen die Strömung beeinflussen, wie das unterkühlte Sieden allmählich in Sieden bei Sättigungszustand übergeht, und wie hoch der tatsächliche Dampfgehalt im Siedekanal durch dieses unterkühlte Sieden werden kann.

II.3.1. Dampfgehalt bei unterkühltem Sieden

Wir wollen ein Rohr betrachten, dem Flüssigkeit einer Temperatur unterhalb der dem Druck entsprechenden Sättigungstemperatur – also unterkühlt – zuströmt, und dessen Wand Wärme an die Flüssigkeit abgibt. Längs der Rohrachse können wir dann die in Abb. 67 veranschaulichten 4 Zonen des Wärmetransportes und des Strömungsgeschehens unterscheiden. In Zone I strömt die Flüssig-

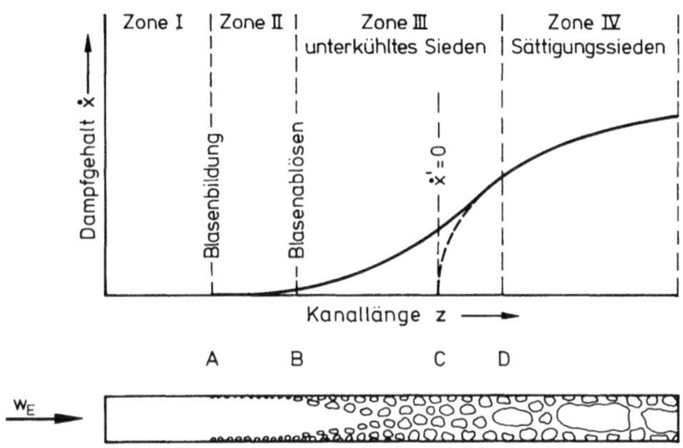

Abb. 67. Siedezonen in hochbelasteten Kanälen bei unterkühlter Zuströmung, $\dot{x}$ wahrer Dampfgehalt, x Dampfgehalt nach thermodynamischem Gleichgewicht

keit wegen der hohen Unterkühlung noch einphasig und der konvektive Wärmetransport reicht aus, um bei der gegebenen Heizflächenbelastung die Wandtemperatur noch so niedrig zu halten, daß die Bedingungen für die Siedekeimaktivierung nicht erfüllt sind. Auf dem Weg durch das Rohr erwärmt sich die Flüssigkeit und damit nimmt auch die Wandtemperatur zu, da man annehmen kann, daß die Temperaturdifferenz zwischen Wand und Flüssigkeit konstant bleibt. Die Wandtemperatur kann schließlich einen Wert erreichen, bei der auf der Heizfläche die ersten Siedekeime aktiviert werden. Wir kommen nun in Zone II. Die Unterkühlung ist hier noch groß genug, um die Blasen noch während ihres Wachstums an der Wand zu kondensieren, sobald sie die dünne überhitzte flüssige Grenzschicht durchdringen. Das Auge hat bei der Beobachtung den Eindruck, daß sich ein an der Wand haftender Blasenpelz gebildet hat. In dieser Zone II ist der Dampfgehalt sehr klein und auf die unmittelbare Nähe der Wand beschränkt.

Auf ihrem Weg durch den Kanal wird die Flüssigkeit nun weiter angewärmt und die Differenz zwischen Sättigungstemperatur und mittlerer Flüssigkeitstemperatur verringert sich. Dadurch verlangsamt sich auch die Kondensation der Blasen bei ihrem Übertritt aus der wandnahen Grenzschicht in den unterkühlten Kern der Strömung. Sie haben jetzt eine längere Lebensdauer, können sich von der Wand ablösen und schwimmen in der Strömung mit. In dieser Zone III wächst deshalb der tatsächliche Dampfgehalt merklich. Der Punkt der Blasenablösung ist in Abb. 67 mit B gekennzeichnet. Es sei daran erinnert, daß das Fluid nicht im thermodynamischen Gleichgewicht ist, da Dampfblasen und unterkühlte Flüssigkeit nebeneinander existieren, auch wenn jede einzelne Dampfblase nur eine beschränkte Lebensdauer hat. Ansätze mit einer einfachen Energiebilanz nach dem ersten Hauptsatz der Thermodynamik würden erst an der Rohrposition C den Beginn der Verdampfung vorhersagen, da hier die Flüssigkeit Sättigungstemperatur erreicht hätte. In Wirklichkeit ist an dieser Stelle die Flüssigkeit noch leicht unterkühlt, was seinen Grund darin hat, daß die Wärme aus der Wand nicht insgesamt der Flüssigkeit zugute gekommen ist, sondern daß ein Teil der Wärme noch als Verdampfungswärme in den Blasen gespeichert ist und erst auf dem weiteren Weg der Strömung durch Kondensation auf die Flüssigkeit übertragen wird. Deshalb erreicht die Flüssigkeit unter den tatsächlichen Bedingungen erst an der Stelle D über den ganzen Querschnitt Sättigungstemperatur.

In Zone IV herrscht thermodynamisches Gleichgewicht zwischen Flüssigkeit und Dampf, und wir können jetzt den Dampfgehalt in herkömmlicher Weise berechnen, selbstverständlich unter Berücksichtigung der unterschiedlichen Strömungsgeschwindigkeiten von Flüssigkeit und Dampf.

Für die Berechnung des tatsächlichen Dampfgehaltes beim unterkühlten Sieden existieren in der Literatur eine Reihe von Berechnungsmodellen [125–131], von denen hier zwei willkürlich herausgegriffen werden sollen. Das erste, nämlich das Modell von Bowring [125], da es besonders einfach und anschaulich ist, und das zweite, das Modell von Rouhani [128], da es auch die Kondensation der Blasen beim Kontakt mit der unterkühlten Kernströmung berücksichtigt. Diese Willkür bei der Wahl der zu erläuternden Modelle läßt sich vielleicht auch damit begründen, daß, wie man sich bei einem Blick auf Abb. 67 leicht überzeugen kann, bei zuverlässiger Kenntnis des Ortes für den Siedebeginn auch einfachste Rechenverfahren für den Dampfanteil während des unterkühlten Siedens nicht allzu falsche Werte geben, da man in einfachster Weise auch ausgehend vom Ort des Siedebeginns eine Kurve zu legen hat, welche tangential in den, unter der Annahme thermodynamischen Gleichgewichtes, berechneten Siedeverlauf – Zone IV – einmünden muß. Dies war auch der Grund, warum wir die Siedekeimaktivierung und den Siedebeginn so ausführlich behandelten.

Rechenverfahren für die Vorhersage des tatsächlichen Dampfgehaltes beim unterkühlten Sieden müssen deshalb vor allem zuverlässige Ansätze für

den Ort des Siedebeginns,
die Blasenbildung,
den Geschwindigkeitsunterschied zwischen Blasen und Flüssigkeit und
die Blasenkondensation

enthalten.

Bowring geht bei seinem Rechenverfahren von der Vorstellung der in Abb. 67 diskutierten 4 Zonen aus. In Zone II – Abschnitt A B in Abb. 67 – tragen die an der Wand vorhandenen Blasen nach Bowrings Annahme in vernachlässigbarer

Weise zum Dampfgehalt im Kanal bei. Die für die Strömungsrechnung interessante Dampfbildung beginnt nach Bowring erst an der Position B des Kanales.

Bowring nimmt an, daß die Siedekeimaktivierung dann beginnt, wenn die Wandtemperatur einen Wert erreicht, den er aus der Sättigungstemperatur und einer Überhitzung der flüssigen Grenzschicht, wie sie sich aufgrund einer Wärmeübergangsbeziehung für Blasensieden ergibt, addiert. Für die Wärmeübergangsbeziehung und damit für diese Überhitzung verwendet Bowring die empirische Gleichung von Jens und Lottes [132]

$$T_W - T_S = 7{,}8\, e^{-0{,}0163\,(p-1)}\, \dot{q}^{\,0{,}25} \tag{196}$$

in welche die Werte in den Dimensionen K, W/m² und bar einzusetzen sind. Die Unterkühlung $\triangle T_{UA}$, bei der an der Position A des Kanales die Siedekeimaktivierung beginnt, ergibt sich dann mit dem Wärmeübergangskoeffizienten α_{ZK} für die einphasige Zwangskonvektion zu

$$\triangle T_{UA} = \frac{\dot{q}}{\alpha_{ZK}} - (T_W - T_S) \tag{197}$$

Den Punkt B der beginnenden Blasenablösung berechnet Bowring in rein empirischer Weise. Er stützt sich dabei auf Messungen, die zeigten, daß die Temperatur, bei der die Blasenablösung erfolgt, eine Funktion der Strömungsgeschwindigkeit, des Wärmeflusses und des Druckes, aber nicht der Kanalgeometrie ist. Dies ist nur richtig, wenn die örtliche Geschwindigkeit über den Kanalumfang nicht zu sehr variiert. Bowring stellte für die Unterkühlung $\triangle T_{UB}$, bei der sich die Blasen ablösen, die empirische Formel

$$\triangle T_{UB} = \mu\, \frac{\dot{q}}{w} \tag{198}$$

auf, in der μ – der sogenannte unterkühlte Dampfgehaltsparameter – nur vom Druck abhängt.

$$\mu = 14 + 0{,}1\, p \tag{199}$$

Die Gleichungen (198) und (199) sind wieder dimensionsbehaftete Beziehungen und es sind der Druck p in bar, die Geschwindigkeit w in m/s, die Heizflächenbelastung $\dot{q}$ in W/m² und die Unterkühlung in K einzusetzen.

Beim unterkühlten Sieden wird Wärme auf verschiedene Art und Weise in der Nähe der Wand transportiert und man kann den gesamten Wärmestrom von der Wand in 4 Teilströme aufteilen:

1. In die von den Blasen als Verdampfungswärme transportierte Wärme $\dot{q}_V$,
2. In die durch Mikrokonvektion an der Wand transportierte Wärme $\dot{q}_{MC}$, die durch die Rührwirkung der ablösenden Dampfblasen bewirkt wird,
3. In einen Wärmestrom $\dot{q}_K$, der dadurch entsteht, daß die Blasen am Kopf bereits kondensieren, obwohl sie noch am Fuß an der Heizfläche haften und
4. In einen Wärmestrom $\dot{q}_{ZK}$, den die gerichtete Zwangskonvektion längs der Kanalachse verursacht.

Die ersten 3 Transportmechanismen wurden ausführlich von Forster und Greif [133] behandelt, die zeigten, daß der Wärmestrom durch Kondensation am Blasenkopf $\dot{q}_K$ gegenüber dem der Mikrokonvektion $\dot{q}_{MC}$ im Nachlauf der sich ablösenden Blasen besonders bei niedrigen Drücken vernachlässigt werden kann. Der Anteil des in Form von Verdampfungswärme in den Blasen von der Heizfläche transportierten Wärmestromes $\dot{q}_V$ ist bei niedrigen Drücken gering, übernimmt aber bei hohen Drücken die Hauptlast der Wärmeübertragung.

Bowring vernachlässigt den Wärmestrom durch Kondensation am Blasenkopf und addiert die verbleibenden 3 Teilströme zu

$$\dot{q} = \dot{q}_V + \dot{q}_{MC} + \dot{q}_{ZK} \tag{200}$$

Der Teilstrom durch Blasenverdampfung ist proportional der Zahl der Blasenkeime n pro Flächeneinheit, der Blasenablösefrequenz f und dem Blasenvolumen V_{Bl}.

$$\dot{q}_V = n\, f\, V_{Bl}\, \rho_D\, h_{FG} \tag{201}$$

Der Wärmetransport $\dot{q}_{MC}$ durch Rührwirkung der Blasen entsteht dadurch, daß beim Wachsen und Ablösen der Blasen überhitzte Flüssigkeit in den Bereich der unterkühlten Kernströmung gestoßen wird. Besonders die Driftströmung im Nachlauf der sich von der Wand ablösenden Blase transportiert die an der Wand anliegende überhitzte Grenzschicht in den unterkühlten Kernbereich. Aus Kontinuitätsgründen muß dann unterkühlte Flüssigkeit aus dem Kern zur Wand strömen. Die ausgetauschten Flüssigkeitsmengen sind proportional dem in den Blasen transportierten Dampfvolumenstrom $n \cdot f \cdot V_{Bl}$, der Dichte der Flüssigkeit ρ_F, der spezifischen Wärme der Flüssigkeit c_F und einer mittleren Temperaturdifferenz zwischen von der Wand abgelöster heißer Grenzschicht und der Wand zuströmender unterkühlter Flüssigkeit.

$$\dot{q}_{MC} = n\, f\, V_{Bl}\, \rho_F\, c_F\, \triangle T_{MC} \tag{202}$$

Die Temperaturdifferenz $\triangle T_{MC}$ für den Wärmetransport durch Mikrokonvektion muß aus dem Temperaturverlauf an der Wand abgeschätzt werden. Sie ist umso kleiner, je heftiger die Blasen die Grenzschicht aufwirbeln und damit einen Temperaturausgleich zwischen Kern und Wand herbeiführen. Bowring führt durch Division der Gln. (202) und (201) den empirischen Parameter π ein

$$\pi = \frac{\dot{q}_{MC}}{\dot{q}_V} = \frac{\rho_F\, c_F}{\rho_D\, h_{FG}} \triangle T_{MC} \tag{203}$$

der das Verhältnis der durch Mikrokonvektion zu der in den Blasen transportierten Wärme ist und Kenntnis über den Temperaturverlauf an der Wand erfordert, da er neben thermodynamischen Stoffwerten auch die Temperaturdifferenz $\triangle T_{MC}$ enthält. Der Parameter π muß aus Experimenten bestimmt werden.

Bei vollausgebildetem Blasensieden – Zone IV der Abb. 67 – wird schließlich alle von der Wand kommende Wärme in Verdampfung umgesetzt und der Dampfgehalt kann von Position D an ausgedrückt werden, in der einfachen Energiebilanz

$$\dot{x} = \frac{U_{beh}}{\rho_F\, A\, w\, h_{FG}} \int_{z=C}^{z} \dot{q}\, dz \tag{204}$$

mit U_{beh} als beheiztem Umfang des Kanales und mit A als Kanalquerschnitt. Im unterkühlten Bereich – B bis C – trägt nur der Teilwärmestrom $\dot{q}_V$ zur

Dampfbildung bei, der Rest erhöht die Temperatur der Flüssigkeit. In Anlehnung an Gl. (204) kann man zur Beschreibung des Dampfgehaltes im unterkühlten Bereich B – C den Ansatz machen

$$\dot{x}_{BC} = \frac{U_{beh}}{\rho_F \, A \, w \, h_{FG}} \int_{z=B}^{z} \dot{q}_V \, dz \tag{205}$$

Mit

$$\dot{q}_{ZK} = \alpha_{ZK} \, \triangle T_U \tag{206}$$

und dem in Gl. (12) bereits dargelegten definitionsgemäßen Zusammenhang zwischen Schlupf, örtlichem volumetrischen Dampfgehalt und Strömungsdampfgehalt

$$\frac{\epsilon}{1-\epsilon} = \frac{\dot{x}}{1-\dot{x}} \, \frac{\rho_F}{\rho_D} \, \frac{1}{s}$$

erhält man schließlich einen Ausdruck für den Dampfgehalt bei unterkühltem Sieden

$$\frac{\epsilon}{1-\epsilon} (1-\dot{x}) = \frac{U_{beh}}{\rho_D \, A \, w \, h_{FG} \, s(1+\pi)} (\dot{q} - \dot{q}_{ZK}) (z - z_B) \tag{207}$$

Für die Auswertung dieser Gleichung muß die Stelle z_B bekannt sein, an der sich die ersten Blasen von der Wand lösen, und es muß eine Schlupffunktion herangezogen werden, die Aussagen über das Geschwindigkeitsverhältnis von Flüssigkeit und Dampf macht. Da die Zone A – B im Kanal, längs der an der Wand haftende Blasen zu beobachten sind, meist kurz ist, wird häufig die Ablösestelle B als zusammenfallend mit der ersten Siedekeimaktivierung angenommen. Diese Annahme ist für kleine und mittlere Heizflächenbelastungen zulässig, da hier, wie wir im vorigen Abschnitt gesehen haben, die Blasen zu großen Durchmessern heranwachsen.

Rouhani [128] unterscheidet wie Bowring auch zwei Bereiche des unterkühlten Siedens, nämlich den der an der Wand haftenden Blasen und den, bei dem die Blasen sich von der Wand lösen und in den unterkühlten Kern strömen. Er vernachlässigt jedoch nicht wie Bowring das am Ende der Zone II der Abb. 67 vorhandene Dampfvolumen an der Wand, sondern gibt für diese Position die empirische Gleichung

$$\epsilon_B = 2{,}435 \cdot 10^{-3} \, p^{-0{,}237} \, \frac{U_{beh}}{A} \tag{208}$$

an, in der der Druck in N/m^2, der Querschnitt A in m^2 und der beheizte Umfang U_{beh} in m einzusetzen ist. Gleichung (208) ist nur für Wasser gültig. Rouhani nimmt dann an, daß das unterkühlte Sieden dort beginnt, wo

$$\dot{q} - \alpha_{ZK} \, (T_S - T_F) > 0$$

ist, d.h. wo der Wärmetransport durch einphasige Zwangskonvektion unter der Annahme, daß als treibendes Temperaturgefälle nur die Temperaturdifferenz zwischen Sättigungstemperatur und mittlerer Flüssigkeitstemperatur effektiv ist, nicht mehr ausreicht, um die von der Wand kommende Wärme abzuführen. Für den einphasigen Wärmeübergangskoeffizienten α_{ZK} verwendet er eine etwas ungewöhnliche Form der bekannten Potenzbeziehungen für einphasige Strömung

$$\alpha_{ZK} = 0{,}023\ \dot{m}\ c_F\ Pr^{-\frac{2}{3}}\ Re^{-0{,}2} \tag{209}$$

und er nimmt an, daß auch nach Einsetzen des unterkühlten Siedens die einphasige Zwangskonvektion immer noch einen Teil des Wärmetransportes von der Wand übernimmt. Mit wachsender Erwärmung der Flüssigkeit im Siedekanal wird die Heizfläche zunehmend mit Blasen bedeckt und daher weniger zugänglich für die Flüssigkeit im Strömungskern. Rouhani geht deshalb davon aus, daß der Anteil am Wärmefluß, der nicht durch Sieden übertragen wird, durch den Wärmeübergangskoeffizienten infolge einphasiger Zwangskonvektion ausgedrückt werden kann:

$$\dot{q}_{ZK}\,|_{z>B} = \left(1 - \frac{\epsilon}{\epsilon_B}\right) \alpha_{ZK}\ (T_S - T_F) \qquad \epsilon > \epsilon_B \tag{210}$$

T_F steht dabei für die Temperatur der Flüssigkeit im Kern der Strömung.

Die gesamte von der Wand abfließende Wärme addiert sich aus den Anteilen der Zwangskonvektion, der Verdampfung und der Mikrokonvektion durch Rührwirkung der Blasen. Rouhani führt eine Dampfstromdichte $\dot{m}_V$ als diejenige Menge ein, die pro Zeit- und Flächeneinheit an der Wand verdampft und nimmt an, daß die von den Blasen aufgerührte flüssige Grenzschicht gerade dem Volumen dieser Dampfmasse entspricht, d.h. daß jede Blase ein gleichgroßes Flüssigkeitsvolumen beim Ablösen von der Wand abtriften läßt. Die Energiebilanz lautet dann

$$\dot{q} = \alpha_{ZK}\ \triangle T_U\ \left(1 - \frac{\epsilon}{\epsilon_B}\right) + \dot{m}_V\ h_{FG} + \frac{\dot{m}_V}{\rho_D}\ c_F\ \rho_F\ \triangle T_U \tag{211}$$

Daraus läßt sich der Wärmefluß $d\dot{Q}_V$ abtrennen, der pro Kanallänge dz zur Verdampfung und damit zum Dampfgehalt beim unterkühlten Sieden beiträgt.

$$d\dot{Q}_V = \dot{m}_V\ h_{FG}\ U_{beh}\, dz = \frac{\dot{q} - \alpha_{ZK}\ \triangle T_U\ (1 - \epsilon/\epsilon_B)}{\rho_D\ h_{FG} + c_F\ \rho_F\ \triangle T_U}\ \rho_D\ h_{FG}\ U_{beh}\, dz \tag{212}$$

Schließlich müssen wir uns noch mit dem Wärmestromanteil beschäftigen, der durch teilweise Kondensation der Dampfblasen in die Flüssigkeit gelangt.

$$d\dot{Q}_K = K_K\ \triangle T_U\ dz \tag{213}$$

Nach Rouhani ist dieser Wärmestrom proportional der Unterkühlung und einem Kondensationskoeffizienten K_K, der die Dimension der Wärmeleitfähigkeit hat. Dieser einfache Ansatz sagt nichts anderes aus, als daß man den Wärmetransport an der Phasengrenze als einfache Wärmeleitung mit der Temperaturdifferenz

$$\triangle T_U = T_S - T_F$$

als treibende Kraft für den Wärmetransport ausdrücken kann. Für den Kondensationskoeffizienten, der auch als effektiver Wärmeleitkoeffizient aufzufassen ist, gibt Rouhani den Hinweis

$$K_K \sim \left(\frac{\lambda}{Pr}\right)_F$$

Mit einer Energiebilanz längs des Kanales können wir für jede der beiden Phasen eine getrennte Gleichung aufstellen. Beide Phasen sind verknüpft durch Gl. (213), welche die vom Dampf an die Flüssigkeit abgeführte Wärme formuliert. Für die Dampfphase kann man die Energiebilanz in der einfachen Form

$$d\dot{x} = \frac{d\dot{Q}_V - d\dot{Q}_K}{\dot{m}\, h_{FG}} \tag{214}$$

schreiben, was die Änderung des Strömungsdampfgehaltes über den Weg dz ausdrückt, ohne die Strömungsform oder den Schlupf kennen zu müssen. Für die Flüssigkeit ist die Aufwärmung, d.h. die Änderung der Unterkühlung, von Interesse, und man setzt deshalb

$$d(\triangle T_U) = \frac{\dot{q}\, U_{beh}\, dz - (d\dot{Q}_V - d\dot{Q}_K)}{\dot{m}\, c_F\, (1-\dot{x})} \tag{215}$$

Jetzt fehlt noch ein Ausdruck für den Kondensationskoeffizienten K_K, um die Gln. (212) – (215) integrieren zu können. Wie bereits erwähnt, ist dieser Kondensationskoeffizient eine Funktion der Wärmeleitfähigkeit der Flüssigkeit und der Prandtl-Zahl. Er ist aber auch abhängig von der Phasengrenzfläche zwischen Dampf und Flüssigkeit, die wiederum über den volumetrischen Dampfgehalt ausgedrückt werden kann, von der Kanalgeometrie, von der Mengenstromdichte und von der Heizflächenbelastung. In einem systematischen Vergleich experimenteller Ergebnisse mit seinen Rechenergebnissen kam Rouhani zu der Formel

$$K_K = b\,\frac{\lambda_F}{Pr_F}\left(\frac{\rho_D}{\rho_F}\right)^2 A^{\frac{2}{3}}\,\epsilon^{\frac{2}{3}}\,\frac{Re_F}{N_{\dot{q}}^{0,5}} \tag{216}$$

In dieser Gleichung ist $N_{\dot{q}}$

$$N_{\dot{q}} = \frac{\dot{q}\,\eta_F}{h_{FG}\,(\rho_F - \rho_D)\,\sigma} \tag{217}$$

eine dimensionslose Zahl, die den Einfluß der Wärmestromdichte $\dot{q}$ auf den Wärmeaustausch über die Phasengrenze berücksichtigt, dadurch, daß sie die wärmestrombedingte Rührwirkung der Dampfblasen, die Schubspannungseffekte an der Phasengrenze, die Wärmekapazität des Dampfes und die von der Oberflächenspannung geprägte Blasenform in Beziehung setzt. Schließlich enthält Gl. (216) noch die dimensionsbehaftete Konstante b, welche ein Maß für die Zahl der Keimstellen auf der Heizfläche und für die Blasenablösefrequenz darstellen soll. Für Heizflächen einer Rauhigkeit von 5 – 20 μm gibt Rouhani für b den Wert 30 $m^{-4/3}$ an.

Für die Ermittlung des Dampfgehaltes beim unterkühlten Sieden sind die Gln. (212) – (215) zu integrieren und noch ein Ansatz für den Schlupf zwischen den Phasen heranzuziehen. Rouhani empfiehlt als Schlupfbeziehung den Ansatz von Zuber und Findlay, den wir bereits in Gl. (73) kennengelernt hatten. Man kann aber auch die von Nabizadeh erweiterte Fassung, Gl. (74), verwenden.

Einen Vergleich der Theorie von Rouhani mit Messungen [134] zeigt Abb. 68. Die Beispiele verdeutlichen, daß an der Position im Strömungskanal, an der die auf dem 1. Hauptsatz der Thermodynamik beruhende und thermodynamisches Gleichgewicht voraussetzende Energiebilanz gerade die Aufheizung der Flüssigkeit auf Sättigungstemperatur und damit den Beginn des Blasensiedens voraussagt, bereits 20 – 50 % des Kanalquerschnittes von Dampf eingenommen sein können. Die Auswirkung des unterkühlten Siedens auf den volumetrischen Dampfgehalt nimmt zu mit fallendem Druck, abnehmender Strömungsgeschwindigkeit und steigender Heizflächenbelastung.

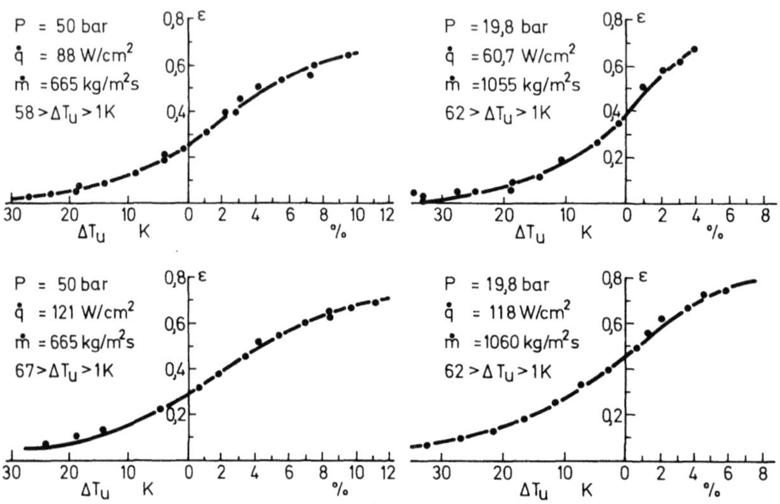

Abb. 68. Beispiele für Dampfgehalt bei unterkühltem Sieden in Wasserströmung

Diese große Versperrung des Strömungsquerschnittes durch den Dampf ist bei der Druckverlustberechnung nicht zu vernachlässigen. Die Ansätze für den Druckverlust beinhalten in der Regel nicht den örtlichen, volumetrischen Dampfgehalt, sondern den auf die Masse bezogenen Strömungsdampfgehalt $\dot{x}$. Mit Hilfe einer Schlupfbeziehung – z.B. Gl. (73) – lassen sich beide ineinander umrechnen, und man kann für den Druckverlust dann eine der in Kapitel I.5.1. mitgeteilten Rechenmethoden verwenden. Ganz exakt ist dieses Vorgehen allerdings nicht, da die dort abgeleiteten Formeln für adiabate Gas-Flüssigkeitsströmung gelten und nicht dem Impulsaustausch zwischen flüssiger und gasförmiger Phase durch Wachsen und Kondensieren der Dampfblasen Rechnung tragen. Zuverlässige Ansätze, die diese Dynamik des Phasenwechsels beinhalten, sind aber bis heute nicht bekannt.

II.4. Kritische Heizflächenbelastung, Entrainment, Filmsieden und Sprühkühlung

Nachdem wir das untere Ende eines Siedekanales betrachtet haben, in dem, ausgehend von einphasiger Strömung, Flüssigkeit verdampft wird, müssen wir uns jetzt auch dem oberen Ende zuwenden. Hier können Verdampfung infolge

Wärmezufuhr aus der Wand sowie Schubspannungs- und Impulsübertragung vom Gas bzw. Dampf auf die Flüssigkeit dazu führen, daß die Wand nicht mehr benetzt wird. Bereits bei der Diskussion der Siedephänomene unter freier Konvektion hatten wir festgestellt, daß bei Überschreiten einer kritischen Heizflächenbelastung Blasensieden in Filmsieden übergeht, das dadurch gekennzeichnet ist, daß sich zwischen der Wand und der Flüssigkeit ein dünner isolierender Dampffilm bildet. Wir hatten den Umschlag vom Blasensieden zum Filmsieden, den Gepflogenheiten der internationalen Literatur folgend, mit "departure from nucleate boiling" bezeichnet oder diesen Zustandspunkt abgekürzt DNB genannt.

Auch bei Zwangskonvektion tritt Filmsieden auf, wenn auch hier die Begleitumstände wesentlich vielfältiger und für die thermohydraulische Betrachtung schwieriger zugänglich sind. Bei sehr hohem, durch elektrische oder nukleare Heizung konstant gehaltenen Wärmestrom an das Fluid kann sich zwischen Flüssigkeit und Wand schon in Bereichen sehr geringen Dampfgehaltes ein Dampffilm ausbilden, wie in Abb. 69a angedeutet, der sich mit der Zeit nach oben in den Bereich zunehmenden Dampfgehaltes ausdehnt. Er verdrängt dabei die

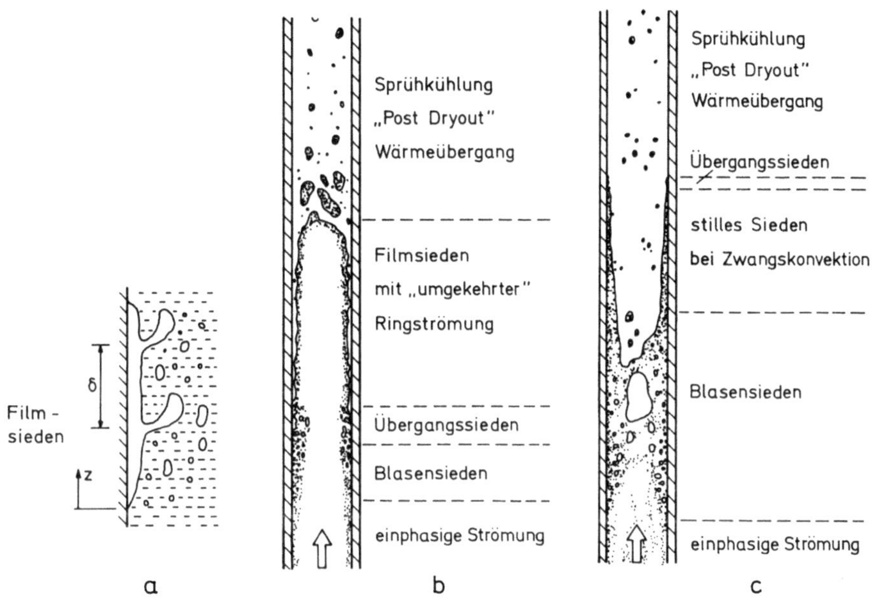

Abb. 69. Filmsieden und Sprühkühlung

Flüssigkeit nach innen, und es kommt zum Strömungsbild der „umgekehrten" Ringströmung – Abb. 69b. Bei niedrigen Heizflächenbelastungen kann aber auch die Flüssigkeit auf dem Weg durch den Siedekanal allmählich verdampfen, ohne daß es, trotz genügenden Flüssigkeitsangebots an der Wand, zum Filmsieden kommt. Schließlich wird aber der Flüssigkeitsfilm an der Wand so dünn, daß er stellenweise aufreißt und schließlich ganz verschwindet – Abb. 69c. Diesen Zustand nennt man Dryout.

Sowohl der Übergang zum Filmsieden als auch zur Sprühkühlung ist durch die kritische Heizflächenbelastung festgelegt. Mit ihr wird diejenige Wärmestromdichte bezeichnet, bei der eine auch nur geringfügige Erhöhung des Wärmeflusses bei gegebenen thermo- und fluiddynamischen Bedingungen zu einer abrupten Veränderung im Wärmeübergangsverhalten und zu einer sprunghaften Verringerung des Wärmeübergangskoeffizienten führt. Die vorher noch mit Flüssigkeit benetzte Wand wird trocken, und obwohl in der Strömung noch Flüssigkeit vorhanden ist, findet keine Wiederbenetzung statt, es sei denn, man verringert den Wärmestrom erheblich. Mit Erreichen der kritischen Heizflächenbelastung geht bei niedrigen Dampfgehalten Blasensieden in Filmsieden über und bei hohen Dampfgehalten wird der an der Wand noch vorhandene Flüssigkeitsfilm durch Verdampfung und durch Schubspannungskräfte der Gasströmung aufgerissen. Nach Überschreiten der kritischen Heizflächenbelastung erfolgt der Wärmetransport von der Wand direkt an die Gasphase, also an den Dampf.

Zwischen den beiden Zuständen, vollkommen benetzte und völlig trockene Wand, kann ein Übergangsbereich existieren, der als Übergangssieden oder im Englischen als "transition boiling" bezeichnet wird. Dabei kann kurzzeitig intermittierend und lokal begrenzte Benetzung der Wand auftreten.

Für die Auslegung von Verdampfern ist es wichtig, wann mit einer Störung der Benetzung zu rechnen ist, und welche Wärmeübergangskoeffizienten nach Überschreiten der kritischen Heizflächenbelastung zu erwarten sind. Die Siedekrise kann als Phänomen des Departure from Nucleate Boiling (DNB) oder als Dryout einsetzen. Der Dryout wird neben der Verdampfung vor allem durch Herausreißen von Flüssigkeitstropfen aus dem an der Wand anliegenden Film verursacht. Auf der anderen Seite aber werden auch aus der Kernströmung Flüssigkeitstropfen an den Flüssigkeitsfilm an der Wand abgelagert, was zur Mengenbilanz an der Wand im positiven Sinne beiträgt. Dieses Wechselspiel zwischen Abtragung und Ablagerung ist geprägt durch den Tropfengehalt in der gasförmigen Kernströmung. Diesen Gehalt an Tropfen in der Kernströmung nennt man, dem angelsächsischen Sprachgebrauch folgend, Entrainment.

Diese einfachen Überlegungen zeigen uns, daß wir für ein umfassendes Verständnis die Fragen

der kritischen Heizflächenbelastung,
des Entrainment,
der Sprühkühlung,
des Filmsiedens und
des Übergangssiedens

behandeln müssen. Für verschiedene Anwendungsfälle interessiert auch, wie weit man die Heizflächentemperatur nach Überschreiten der Siedekrise absenken muß, um Wiederbenetzen zu ermöglichen. Dies bedeutet, daß wir uns auch mit der Frage

der Benetzung

beschäftigen sollten.

II.4.1. Kritische Heizflächenbelastung

Zum besseren Verständnis der Definition der Siedekrise müssen wir uns nochmals die Nukijama-Kurve vor Augen führen, bei der die Wärmestromdichte über der Temperaturdifferenz zwischen Wand und Flüssigkeit aufgetragen ist. Bisher – Abb. 48 – hatten wir die Nukijama-Kurve nur für freie Konvektion bei niedrigen Drücken diskutiert. Sie zeigt unterschiedlichen Verlauf bei Zwangskonvektion und die Temperaturänderung der Heizfläche bei Überschreiten der kritischen Wärmestromdichte verringert sich mit zunehmendem Druck. In Abb. 70 sind qualitativ diese Änderungen für die Beispiele der freien Konvektion bei 1 bar und der Zwangskonvektion bei 100 bar dargestellt. Die Temperatur einer Wand mit aufgeprägter Heizflächenbelastung geht bei freier Konvektion und niedrigem Druck unmittelbar von A in B der Abb. 70 über, wenn man die kritische Heizflächenbelastung überschreitet. Bei B ist die Temperatur dann so hoch, daß die meisten für Heizflächen verwendeten Materialien schmelzen bzw. verzundern. Man spricht deshalb im Angelsächsischen auch vom Burnout, also einem Durchbrennen der Heizfläche. Aus der Sicht der Fluiddynamik aber ist festzuhalten, daß der Burnout lediglich eine Folge der Siedekrisis sein kann.

Bei hohen Drücken und Zwangskonvektion verläuft die Nukijama-Kurve jenseits der kritischen Heizflächenbelastung flacher und die Temperaturerhöhung der Heizfläche kann wesentlich geringer ausfallen.

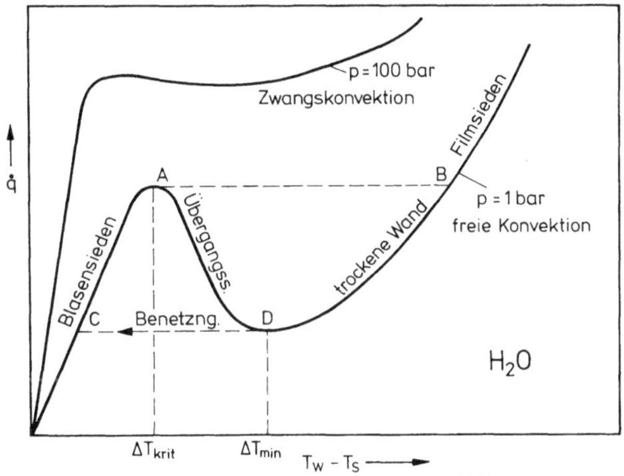

Abb. 70. Nukijama-Kurve für freie Konvektion und Zwangskonvektion

Der Kurvenzug A – D in Abb. 70 repräsentiert den Bereich des Übergangssiedens. Dieser Wärmetransportmechanismus läßt sich an einer Heizfläche nur dann aufrechterhalten, wenn man nicht die Heizflächenbelastung, sondern die Heizflächentemperatur vorgibt, wie man sich anhand einfacher Stabilitätsbetrachtungen in Abb. 70 klarmachen kann. Dementsprechend muß man bei der Definition der Siedekrise auch zwischen diesen beiden Beheizungsbedingungen unterscheiden. Für eine Fläche mit aufgeprägter Heizflächenbelastung wird als Siedekrise derjenige Zustand bezeichnet, bei dem eine geringfügige Erhöhung des

Wärmeflusses zu einem außerordentlichen Anstieg der Wandtemperatur führt. Für eine Heizfläche, der die Temperatur vorgegeben ist – z.B. durch kondensierenden Dampf auf der anderen Seite der Wand –, wird die Siedekrise als derjenige Zustand definiert, bei dem eine geringfügige Erhöhung der Wandtemperatur zu einer starken Erniedrigung des Wärmeflusses führt. Der Begriff Siedekrise steht dabei verallgemeinernd für die Bezeichnungen Departure from Nucleate Boiling und Dryout.

Es gibt verschiedene Vorstellungen und auch reale Mechanismen, wie es an einer von Flüssigkeit beströmten Fläche zum Umschlag von Blasensieden in Filmsieden oder zum Dryout kommt. Wir wollen vier, die physikalisch am ehesten plausibel sind, kurz diskutieren.

Man kann sich vorstellen, daß sich unter einer wachsenden Blase eine trokkene Stelle an der Wand ausbildet, da die kurz zuvor vorhandene mikroskopisch dünne Flüssigkeitsschicht unter der flach aufsitzenden Blase verdampft ist. In dieser trockenen Zone steigt bei hoher Heizflächenbelastung die Temperatur rasch an, da der Wärmeübergang an die Dampfschicht schlecht ist. Wenn sich die Blase ablöst, kann es sein, daß die trockene Stelle wieder von Flüssigkeit benetzt wird, und der Prozeß beginnt von neuem. Jedoch wenn die Temperatur der trockenen Stelle während des Aufsitzens der Blase zu hoch wird, dann kann die Flüssigkeit nicht mehr benetzen, da dann der sogenannte Leidenfrost-Effekt einsetzt.

Beim heftigen Sieden wird sich in Wandnähe eine stark von Blasen durchsetzte Grenzschicht ausbilden und der an der Heizfläche neu gebildete Dampf muß durch diese Grenzschicht hindurchtreten. Diese Strömungsbedingungen können der Grund für eine zweite Erscheinungsform der Siedekrise sein, wenn nämlich die Blasen in der Grenzschicht zu zahlreich sind und zu eng zusammenstehen, kann es sein, daß neu entstandener Dampf, also neue Blasen, nicht mehr durch diese Grenzschicht rasch genug abwandern können, und auch dann bildet sich eine trockene Stelle aus, die zur Überhitzung der Heizfläche und damit zum Burnout führt.

Bei der Diskussion der Strömungsformen hatten wir gesehen, daß sich unter bestimmten fluiddynamischen Bedingungen Kolbenblasen bilden, die den Kanal in periodischen Abständen durchströmen. Die Kolbenblasen werden von einem dünnen Flüssigkeitsfilm von der Wand getrennt. Als weiteren Mechanismus für die Siedekrise kann man sich deshalb vorstellen, daß dieser dünne Film abdampft, die Kolbenblase Zutritt neuer Flüssigkeit verhindert oder verzögert und dadurch Burnout eintritt.

Den 4. Mechanismus, der zum Austrocknen der Heizfläche führt, hatten wir bereits schon verschiedentlich angesprochen. Es ist nämlich derjenige Vorgang, bei dem in der Ringströmung der Flüssigkeitsfilm durch Verdampfen stark abnimmt und dadurch aufgerissen wird, daß das Austragen von Flüssigkeitsteilchen aus dem Film in die Kernströmung des Dampfes (Entrainment) die Ablagerung von Flüssigkeitstropfen aus der Dampfströmung in den Flüssigkeitsfilm (Deentrainment) überwiegt.

Die Überlegungen machen uns deutlich, daß die kritische Heizflächenbelastung von einer Vielzahl hydro- und thermodynamischer Parameter abhängt. Einfluß haben vor allem die Verdampfungswärme, die Dichten von Gas und Flüssigkeit, die Viskosität der Flüssigkeit, die Oberflächenspannung, der Dampfgehalt und die Strömungsgeschwindigkeit am Ort der Siedekrise. Da sich das Geschwindigkeits-, Temperatur- und Dichteprofil längs des Strömungsweges erst ausbilden muß, kann sich auch die Länge des Siedekanals auf die kritische Heizflächenbelastung auswirken.

Die Wirkung des Mengenstromes auf die kritische Heizflächenbelastung kehrt sich mit zunehmendem Dampfgehalt um. Aus Abb. 71, in der die kritische Heizflächenbelastung über dem Dampfgehalt – definiert nach Gl. (161) – aufgetragen ist, sieht man, daß bei niedrigen Dampfgehalten und im unterkühlten Bereich eine Erhöhung der Strömungsgeschwindigkeit eine leichte Verbesserung in der kritischen Heizflächenbelastung bringt, während bei höheren Dampfgehalten die Kurven für die großen Mengenströme unter die für die niedrigen zu liegen kommen. Der Dampfgehalt ist hier am Eintritt zum Siedekanal gemessen;

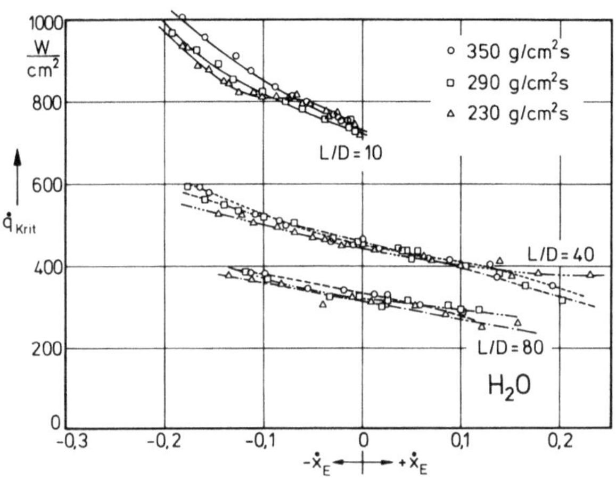

Abb. 71. Kritische Heizflächenbelastung $\dot{q}_{krit}$ an innen gekühlten Rohren von 7 mm Innendurchmesser bei verschiedenen Mengenströmen $\dot{m}$ und bei einem Druck von 70 at, abhängig vom Unterkühlungsgrad (Dampfgehalt) $\dot{x}_E$ [135]

an der Stelle der Siedekrisis liegen also wesentlich höhere Dampfanteile vor, als man aus Abb. 71 unmittelbar ablesen kann. Da die Siederohre über die Länge gleichmäßig beheizt waren und die Siedekrisis dabei immer am Rohrende auftrat, läßt sich über eine einfache Energiebilanz leicht auf den Dampfgehalt am Ort der Siedekrisis hochrechnen. Dieser Bezug der Meßwerte auf den Zustand am Eintritt ist auch der wesentliche Grund, warum die kurzen Kanäle eine soviel höhere kritische Heizflächenbelastung aufweisen als die langen. Würde man die Ergebnisse über dem Dampfgehalt am Ort der Siedekrisis auftragen, so würde sich ein wesentlich geringerer Einfluß der Vorlauflänge zeigen, der nur aus der Ausbildung des Strömungsprofiles resultiert. Abb. 71 macht auch deutlich, daß die kritische Heizflächenbelastung mit dem Dampfgehalt abnimmt. Definitionsgemäß muß sie beim Dampfgehalt $\dot{x} = 1$ gegen Null gehen.

Der Grund für die Umkehrung des Mengenstromeinflusses liegt im Wechsel des Mechanismus, der zur Siedekrise führt. Bei niedrigen Dampfgehalten ist ein Umschlag vom Blasensieden zum Filmsieden – DNB – zu beobachten. Hohe

Dampfgehalte sind durch Ringströmung gekennzeichnet, und es kommt zum Dryout. Größere Mengenströme bedeuten hier eine starke Zunahme der Dampfgeschwindigkeit und damit einen intensiveren Tropfenmitriß aus dem Flüssigkeitsfilm an der Wand in die Dampfströmung, infolge Impulsaustausch und Scherkräften. Zunehmender Mengenstrom verschlechtert deshalb das Dryoutverhalten. Wir werden uns damit aber noch bei der Behandlung des Entrainment befassen.

Von den Stoffgrößen der strömenden Substanz sind es vor allem die Dichten von Flüssigkeit und Gas bzw. Dampf ρ_F, ρ_G und die Verdampfungswärme h_{FG}, welche auf die kritische Heizflächenbelastung Einfluß haben. Hohe Verdampfungswärme verbessert den Wärmetransport und läßt deshalb hohe Heizflächenbelastungen zu, bevor es zum Filmsieden kommt. Große Dichteunterschiede zwischen Gas und Flüssigkeit behindern das Abströmen der Dampfblasen aus der wandnahen Zone und sind deshalb mit kleineren kritischen Heizflächenbelastungen verbunden. Geringe Gasdichten verursachen weiterhin hohe Gasgeschwindigkeiten und damit starke Schubspannungskräfte am Flüssigkeitsfilm der Ringströmung, was wieder zum frühen Dryout führt. Bekanntlich nehmen sowohl Verdampfungswärme als auch Dichteverhältnis zwischen Flüssigkeit und Gas mit dem Druck ab. Die Einflüsse auf die kritische Heizflächenbelastung sind damit gegenläufig. Bei geringen Drücken ist die Abnahme des Dichteverhältnisses in ihrer Auswirkung stärker als die der Verdampfungswärme, deshalb beobachtet man hier noch ein Anwachsen der kritischen Heizflächenbelastung. Bei höheren Drücken fällt sie dann ab und geht am kritischen Druck definitionsgemäß auf Null.

In der Praxis ist die Kenntnis der kritischen Heizflächenbelastung vor allem für 2 Anwendungsgebiete von Interesse, nämlich für wassergekühlte Kernreaktoren und für konventionelle Dampferzeuger. Die Kühlung der Brennstäbe eines Reaktors muß so ausgelegt sein, daß hinreichend große Sicherheit gegen Burnout gegeben ist, d.h. die tatsächliche maximale Heizflächenbelastung des Brennstabes liegt um den Faktor 1,3 bis 1,9 unterhalb der kritischen Heizflächenbelastung. Dampferzeuger, die im Zwangdurchlauf – wie z.B. die Benson-Bauart – betrieben werden, haben in ihren Siederohren bei unterkritischer Fahrweise – Teillast – eine Dryoutzone, und es ist für die Auslegung wichtig zu wissen, an welcher axialen Position diese Dryoutzone zu erwarten ist, da stromabwärts die Auslegung nach den Regeln der Sprühkühlung zu erfolgen hat.

Die Strömungs- und Heizungsverhältnisse in den Brennstabbündeln des Reaktors sind wesentlich komplizierter als die im Rohr des Dampferzeugers. Das Dampf-Wasser-Gemisch umspült die Brennstäbe von außen, die über ihre Länge nicht konstante Heizflächenbelastung, sondern eine sinusförmige Verteilung des Wärmeflusses aufweisen. Hinzu kommt, daß konstruktive Vorrichtungen, welche die Stäbe in Position halten – sogenannte Abstandshalter –, die Strömung stören können. Die kritische Heizflächenbelastung ist aber auch abhängig von der Strömungsgeschichte, die das Fluid auf seinem Weg bis zur Burnout- oder Dryoutposition erfahren hat. Die Beschreibung der Siedekrise in Brennstabbündeln von Kernreaktoren ist deshalb sehr aufwendig, insbesondere spielt die Wärmeflußverteilung längs der Stabachse eine große Rolle. Hier soll auf dieses Anwendungsgebiet, für das es umfangreiche Literatur gibt, nicht näher eingegangen werden.

In der konventionellen Technik, insbesondere im Dampferzeugerbau, aber auch bei der Kühlung von Elektromagneten, ist der Strömungsquerschnitt dem Rohr entsprechend meist kreisförmig. Gleichungen für die Vorhersage der kritischen Heizflächenbelastung, die durchweg empirischer Natur sind, können hiefür wesentlich einfacher aufgebaut sein. Aus den zahlreichen, in der Literatur vorhandenen Gleichungen – es sind mehr als 100 – seien hier nur wenige herausgegriffen, um die prinzipiellen Zusammenhänge zu erläutern und einige Gebrauchsformeln für die Dampferzeugerauslegung anzubieten.

Wie wir in Abb. 71 gesehen haben, ist die kritische Heizflächenbelastung in erster Näherung eine lineare Funktion des Dampfgehaltes und Macbeth [136] empfahl die Beziehung

$$\dot{q}_{\text{krit}} = A - B\,\dot{x}(z) \tag{218}$$

in der A und B Funktionen des Mengenstromes, des Druckes und des Rohrdurchmessers sind. Der Dampfgehalt $\dot{x}$ variiert längs der Rohrlänge z und ist mit dem Wert einzusetzen, der an der Burnout-Stelle herrscht. Er ergibt sich aus der Enthalpie des Fluids an der Position z

$$h(z) = h_{\text{F}} + \frac{4\dot{q}\,z}{d\,\dot{m}} - \triangle T_{\text{UE}}\, c_{\text{PF}} \tag{219}$$

mit der Unterkühlung am Eintritt $\triangle T_{\text{U}}$, der Massenstromdichte $\dot{m}$ und der Heizflächenbelastung $\dot{q}$ zu

$$\dot{x}(z) = \frac{1}{h_{\text{FG}}} \left(\frac{4\dot{q}\,z}{d\,\dot{m}} - \triangle T_{\text{UE}}\, c_{\text{PF}} \right) \tag{220}$$

Setzt man Gl. (220) in Gl. (218) ein, so erhält man

$$\dot{q}_{\text{krit}} = A - \frac{B}{h_{\text{FG}}} \left[\frac{4\dot{q}_{\text{krit}}\, z}{d\,\dot{m}} - (\triangle h_{\text{U}})_{\text{E}} \right] \tag{221}$$

Wir wollen nun für

$$\frac{4B}{h_{\text{FG}}\,\dot{m}\,d} = C \tag{222}$$

setzen und erhalten

$$\dot{q}_{\text{krit}} = \frac{A + C\,d\,\dot{m}\,(\triangle h_{\text{U}})_{\text{E}}/4}{1 + C\,z} \tag{223}$$

worin A und C in Anpassung an Meßergebnisse in empirischen Funktionen auszudrücken sind. Macbeth unterteilte in zwei Bereiche für hohe und niedrige Massenströme und kam mit der Randbedingung, daß bei $\dot{x} = 1$ die kritische Heizflächenbelastung gegen Null gehen muß, sowie mit der vereinfachenden Annahme, daß

$$A = \frac{C\,d\,\dot{m}\,h_{\text{FG}}}{4} \tag{224}$$

ist, zu den Beziehungen für die kritische Heizflächenbelastung

$$\dot{q}_{\text{krit}} = \frac{\dot{m}\,[h_{FG} + (\triangle h_U)_E]}{3{,}67\,\dot{m}^{0,5} + 4\,z/d} \tag{225}$$

oder

$$\dot{q}_{\text{krit}} = 2{,}73 \cdot 10^{-1}\, h_{FG}\, \dot{m}^{\,0,5}\, [1 - \dot{x}(z)] \tag{226}$$

Für hohe Massenströme, bei denen, wie Abb. 72 zeigt, die kritische Heiz-

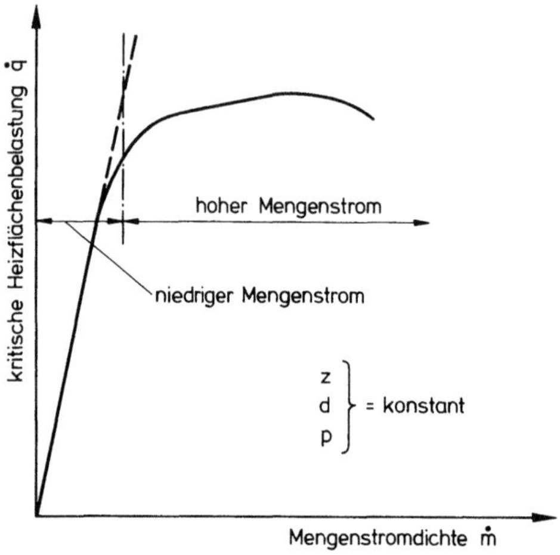

Abb. 72. Qualitativer Verlauf der kritischen Heizflächenbelastung als Funktion des Mengenstromes

flächenbelastung flacher und nicht mehr proportional der Mengenstromdichte verläuft, sind die Verhältnisse komplizierter. In den Gleichungen

$$\dot{q}_{\text{krit}} = \frac{A^* + d\,\dot{m}\,(\triangle h_U)_E}{C^* + z} \tag{227}$$

und

$$\dot{q}_{\text{krit}} = \frac{A^* - d\,\dot{m}\,h_{FG}\,\dot{x}(z)/4}{C^*} \tag{228}$$

sind A^* und C^* Polynom-Funktionen des Rohrdurchmessers d und der Massenstromdichte $\dot{m}$.

$$A^* = Y_0\,(3{,}94 \cdot 10^1\, d)^{Y_1}\,(7{,}38 \cdot 10^{-4}\,\dot{m})^{Y_2}$$
$$[1 + Y_3\, d + Y_4\,\dot{m} + Y_5\, d\,\dot{m}] \tag{229}$$

$$C^* = Y_6\,(3{,}94 \cdot 10^1\, d)^{Y_7}\,(7{,}38 \cdot 10^{-4}\,\dot{m})^{Y_8}$$
$$[1 + Y_9\, d + Y_{10}\,\dot{m} + Y_{11}\, d\,\dot{m}] \tag{230}$$

Die in den Gleichungen (229) und (230) enthaltenen Koeffizienten und Exponenten sind eine Funktion des Druckes. Ihre Zahlenwerte sind in Tabelle 10 zusammengestellt. Bei Anwendung der in dieser Tabelle enthaltenen Zahlenwerte sind in den Gln. (229) und (230) der Rohrdurchmesser in m und die Massenstromdichte in kg/m² s einzusetzen.

Die Entscheidung, wann mit den Ansätzen für niedrige und wann mit den für hohe Mengenstromdichte zu rechnen ist, erleichtert Abb. 73. Die Grenze der Anwendungsbereiche verläuft in komplizierter Weise, nicht nur als Funktion des Druckes, sondern auch der Vorlauflänge bis zum Burnout-Punkt.

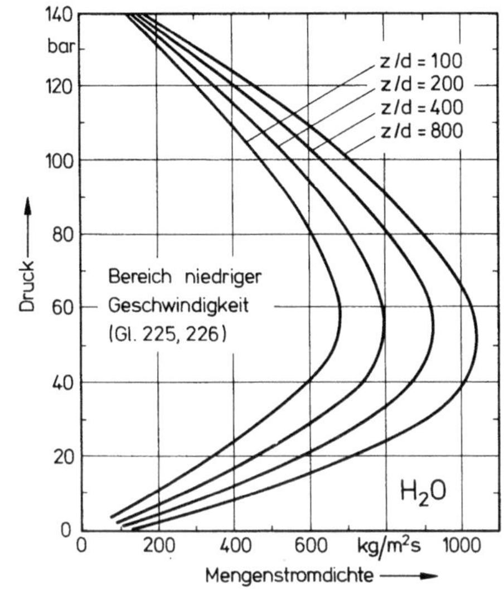

Abb. 73. Abgrenzung des Gültigkeitsbereiches der Gln. (225) und (226) gegen den der Gln. (227) bis (230)

Eine einfachere Formel, welche die Messungen aus der Literatur auch nicht wesentlich ungenauer wiedergibt, wurde von Biasi [137] erarbeitet.

Sie lautet für niedrigen Dampfgehalt:

$$\dot{q}_{\text{krit}} = \frac{1{,}88 \cdot 10^3}{d^n \, \dot{m}^{\frac{1}{6}}} \left[\frac{f(p)}{\dot{m}^{\frac{1}{6}}} - \dot{x}(z) \right] \tag{231a}$$

und für hohen Dampfgehalt:

$$\dot{q}_{\text{krit}} = \frac{1{,}78 \cdot 10^3 \, h(p)}{d^n \, \dot{m}^{0{,}6}} \, [1 - \dot{x}(z)] \tag{231b}$$

mit

$$n = 0{,}4 \quad \text{für} \quad d \geqslant 1 \text{ cm}$$

$$n = 0{,}6 \quad \text{für} \quad d < 1 \text{ cm}$$

$$f(p) = 0{,}7249 + 0{,}099 \, e^{-0{,}032 p}$$

$$h(p) = -1{,}159 + 0{,}149 \, p \, e^{-0{,}019 p} + \frac{8{,}99 p}{10 + p^2}$$

und hat den Gültigkeitsbereich:

$$0{,}3\ \text{cm} < d < 3{,}75\ \text{cm}$$
$$20\ \text{cm} < z < 600\ \text{cm}$$
$$2{,}7\ \text{bar} < p < 140\ \text{bar}$$
$$10\ \text{g/cm}^2\,\text{s} < \dot{m} < 600\ \text{g/cm}^2\,\text{s}$$
$$\frac{1}{1 + \rho_F/\rho_G} < \dot{x}(z) < 1$$

In die Gleichungen (231a) und (231b) sind die in den Angaben für den Gültigkeitsbereich verwendeten Dimensionen einzusetzen.

In verschiedenen Fällen – z.B. bei der Auslegung fossilbefeuerter Kraftwerke – ist von Interesse, bei welchem Dampfgehalt $\dot{x}$ die Siedekrise zu erwarten ist, um bei vorgegebener Feuerraumbelastung die Stelle längs eines Siederohres vorhersagen zu können, an der Filmsieden oder Sprühkühlung einsetzt, da von da an die Wärmeeinbringung in das Wasser-Dampf-Gemisch erheblich reduziert ist. Bertoletti und Mitarbeiter [138] gaben hier die einfache Formel

$$\dot{x}_{\text{Skris}} = 10\ \frac{1 - p/p_{\text{krit}}}{\sqrt[3]{\dot{m}}} - 0{,}7944\ \frac{\dot{q}\,(p_{\text{krit}}/p - 1)^{0,4}\ d_{\text{hyd}}^{0,4}}{h_{\text{FG}}} \qquad (232)$$

an. Gleichung (232) ist eine Zahlenwertgleichung, bei der der hydraulische Durchmesser d_{hyd} in m, die Massenstromdichte des gesamten Gemisches in kg/m² s, die Heizflächenbelastung in kW/m² und die spezifische Verdampfungswärme in kJ/kg einzusetzen sind. Der Druck p ist durch den kritischen Druck p_{krit} – bei Wasser 221 bar – dividiert, wodurch hier die Wahl der Dimension frei ist. Für ungleichförmige Wärmezufuhr längs der Rohrachse ist noch die Ungleichung

$$\dot{Q}(z) = d_{\text{hyd}}\,\pi \int_{z=0}^{z} \dot{q}(z)\,dz \geqslant \dot{Q}_{\text{Skris}}(z) \qquad (233)$$

zu berücksichtigen, mit der der Ort der Siedekrisis z_{Skris} vorausberechnet werden kann. Man geht dabei so vor, daß man zunächst aus der Energiebilanz diejenige axiale Position z bestimmt, bei der, unter der Annahme thermodynamischen Gleichgewichtes, der Dampfgehalt $\dot{x}$ gerade null ist. Dann wird der von der Stelle $z_{\dot{x}=0}$ an zugeführte Wärmestrom $\dot{Q}$ aus der Kenntnis der Feuerraumdaten und unter der Voraussetzung, daß die Wand des Siederohres benetzt bleibt – also keine Siedekrisis eintritt –, berechnet und über der Rohrlänge z aufgetragen. Aus Gleichung (232) wird nun der kritische Wärmestrom $\dot{Q}_{\text{S kris}}$ berechnet und ebenfalls über der Rohrlänge z aufgetragen. Hiefür ist es jedoch notwendig, Gl. (232) etwas umzuformen, unter der Annahme, daß vom Ort des Siedebeginns $z_{\dot{x}=0}$ alle zugeführte Wärme der Verdampfung dient.

$$\dot{Q}_{\text{Skris}} = 10\,\dot{M}\,h_{\text{FG}}\ \frac{1 - p/p_{\text{krit}}}{\sqrt[3]{\dot{m}}}\ \frac{z_S}{z_S + 0{,}1986\,(p_{\text{krit}}/p - 1)^{0,4}\,d_{\text{hyd}}\ m} \qquad (232a)$$

Am Schnittpunkt beider Kurven ist erstmals die Ungleichung (233) erfüllt, und man findet dort die axiale Position, an der die Siedekrisis zu erwarten ist.

Tabelle 10. *Koeffizienten und Exponenten in den Gln. (229) und (230)*

Konstante	bar					
	40	70	85	110	125	140
Y_0	237	114	93,3	58,0	194	65,5
Y_1	1,20	0,811	1,10	0,834	2,09	1,19
Y_2	0,425	0,221	0,575	0,224	0,593	0,376
Y_3	−37,0	− 5,04	0	−1,32	−23,5	−22,7
Y_4	− 0,0000239	0,0000202	0	0,0000557	− 0,0000966	0,000162
Y_5	0,00322	− 0,00194	0	−0,00860	− 0,00140	− 0,0108
Y_6	19,3	127	88,5	48,3	231	17,1
Y_7	0,959	1,32	1,46	0,823	1,93	1,18
Y_8	0,831	0,411	1,00	0,121	0,612	− 0,456
Y_9	103	−10,8	0	0	−22,6	−60,2
Y_{10}	− 0,0000426	− 0,0000293	0	0	− 0,000188	0,00203
Y_{11}	0,00360	− 0,000642	0	0	0,00319	0,0650

Der Dampfgehalt an dieser Stelle kann dann mit einer einfachen Energiebilanz berechnet werden. Die axiale Länge z_S in Gl. (232a) zählt von der Stelle an, an der unter der Annahme thermodynamischen Gleichgewichtes – also ohne Berücksichtigung des unterkühlten Siedens – die erste Dampfbildung berechnet wird.

Die hier dargestellten Gleichungen gelten alle für Wasser als Strömungssubstanz. In der Literatur sind auch für andere Stoffe, besonders für Kältemittel und kryogene Fluide, empirische Formeln zur Vorhersage der kritischen Heizflächenbelastung beim Sieden zu finden. Es sei hier jedoch darauf verzichtet, noch weitere Formeln zu diskutieren, vielmehr sei auf das Kapitel III. „Ähnlichkeitsbetrachtungen und Modellgesetze" verwiesen, in dem Überlegungen zur Umrechnung der Daten für die kritische Heizflächenbelastung von einem Fluid auf ein anderes erläutert werden. Sie haben sich insbesondere für die Umrechnung zwischen Wasser und Kältemittel bewährt.

Eine Siedekrise kann auch durch plötzliche und vorübergehende instationäre Zustände verursacht werden, z.B. durch eine Reduzierung der Förderleistung, durch den vollständigen Ausfall der Umwälz- oder Speisewasserpumpe oder durch eine plötzliche Erhöhung der Wärmebelastung. Für die Auslegung des Verdampfers gegen solche Transienten erhebt sich die Frage, ob unter den instationären Bedingungen die gleiche oder eine andere kritische Heizflächenbelastung zu erwarten ist wie unter stationären. Untersuchungen über die kritische Heizflächenbelastung bei transienten Bedingungen wurden z.B. von Hein und Kastner [139] oder von Moxon und Edwards [140] durchgeführt.

Hein und Kastner fanden, daß sehr rasche Leistungssteigerungen wesentlich größere kritische Heizflächenbelastungen zulassen, als dies unter stationären Bedingungen möglich wäre. Abb. 74 zeigt, daß hiebei das 1,5- bis 3-fache der kritischen Heizflächenbelastung unter stationären Bedingungen erreicht werden kann. So rasche Leistungssteigerungen lassen sich allerdings nur bei elektrischer Beheizung erzielen, bei der die Rohrwand Ohmscher Widerstand ist. Sie können für die Kühlung von Stoßmagneten von Interesse sein.

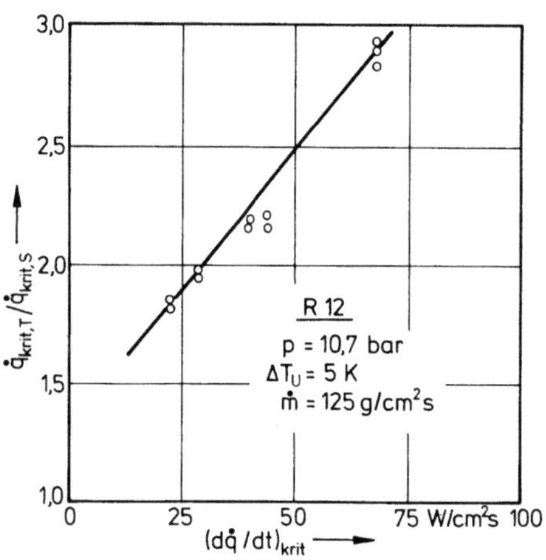

Abb. 74. Kritische Heizflächenbelastung bei plötzlicher Steigerung des Wärmestromes

Überlegt man, warum Stoßbelastungen diese hohen kritischen Wärmeströme erlauben, so muß man verschiedene, aus der Fluiddynamik und der Wärmeübertragung bekannte Phänomene beachten. Es braucht eine gewisse Zeit, bis Blasensieden in Filmsieden übergeht, d.h. bis sich die trockene Stelle durch Verdampfen der Flüssigkeitsschicht an der Rohrwand gebildet hat. Dadurch ergibt sich automatisch eine Progression der kritischen Wärmestromdichte mit abnehmender Zeitdauer der Einwirkung der Leistungstransienten. Durch Verdampfungsvorgänge stromaufwärts der Stelle der Siedekrisis im Siedekanal erfolgt eine heftige Beschleunigung der Strömung während der kurzzeitigen Leistungssteigerung, die sich stark fördernd auf den Wärmeübergang auswirkt. Die Flüssigkeitsschicht an der Wand zeigt bei beschleunigter Strömung ein steileres Temperaturprofil als bei stationärer. Auch braucht es eine gewisse Zeit, bis der stromaufwärts gebildete Dampf die Burnout-Stelle erreicht hat, so daß unter transienten Bedingungen niedrigere Dampfgehalte an der Burnout-Stelle vorliegen, als dies unter stationären gegeben wäre. Alle diese Effekte wirken sich erhöhend auf die kritische Heizflächenbelastung aus. Die relative Verbesserung ist umso größer, je länger und schlanker der Siedekanal ist.

Eine Reduzierung des Mengenstromes durch das Siederohr aufgrund eines Pumpenausfalles erfolgt wesentlich langsamer als mögliche Leistungssteigerungen bei elektrischer Beheizung, wegen der Trägheit der rotierenden Teile von Pumpe und Motor, aber auch der Flüssigkeitsmassen im Kreislauf. Man kann hier unterstellen, daß es Sekunden, ja Minuten dauert, bis der halbe Förderstrom des normalen Betriebszustandes erreicht ist. Hein [139] und Moxon [140] haben auch unter diesen transienten Bedingungen die kritische Heizflächenbelastung beim Sieden untersucht. Sie fanden, wie Abb. 75 zeigt, daß für den Pumpenausfall die kritische Heizflächenbelastung mit hinreichend guter Genauigkeit, unter der Annahme quasi-stationärer Bedingungen, vorausberechnet werden kann. Der

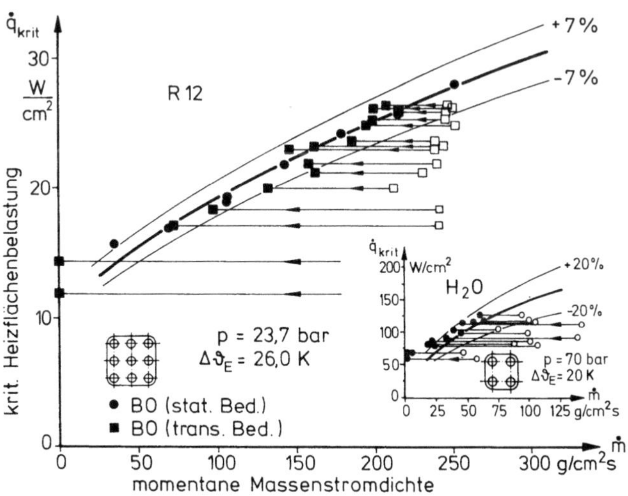

Abb. 75. Kritische Heizflächenbelastung bei Reduzierung des Mengenstromes (Pumpenausfall) nach Hein und Kastner [139]

Begriff quasi-stationär ist dabei so zu interpretieren, daß man bei der Rechnung von thermodynamischem Gleichgewicht ausgeht und in eine der aus der Literatur bekannten, für stationäre Betriebsbedingungen gültige Beziehungen für die kritische Heizflächenbelastungen den zum jeweiligen Zeitpunkt während des Pumpenausfalls am Ort der Siedekrise vorhandenen fluid- und thermodynamischen Zustand einsetzt. Die in Abb. 75 mitgeteilten Versuchsergebnisse wurden an längs angeströmten Stabbündeln gewonnen. Sie sind in ihrer prinzipiellen qualitativen Aussage – die kritische Heizflächenbelastung beim Pumpenausfall kann quasi-stationär berechnet werden –, jedoch ohne Einschränkungen auf innendurchströmte zylindrische und rechteckige Kanäle und auf Ringspalte zu übertragen. Sie gelten auch unabhängig vom strömenden Stoff, was in Abb. 75 für das Kältemittel R 12 und für Wasser nachgewiesen ist. Die Ergebnisse in Abb. 75 sind so zu lesen, daß, ausgehend von einem stationären Betriebszustand – nicht ausgefüllte Zeichen –, der Mengenstrom längs der mit Pfeilen gekennzeichneten Linien, unter Beibehaltung der Heizflächenbelastung, abgesenkt wurde, bis die Siedekrise eintrat, die mit ausgefüllten Zeichen gekennzeichnet ist. Zum Vergleich dazu wurde die unter stationären Bedingungen gemessene kritische Heizflächenbelastung als Kurve eingetragen, und man sieht, daß die transienten Meßergebnisse sich in einem Streubereich von ± 7 % um den stationären Zustand gruppieren. Lediglich bei sehr geringen Mengenstromdichten gibt es Abweichungen, wobei zu beachten ist, daß hier der Auftrieb das Strömungsverhalten im Siedekanal beeinflußt.

II.4.2. Entrainment

In stark vereinfachenden Vorstellungen geht man davon aus, daß bei einer Ringströmung, also einer Zweiphasenströmung mit hohem Gas- bzw. Dampfgehalt, die gesamte Flüssigkeitsmenge als Film mit glatter oder leicht welliger Oberfläche an der Wand strömt und daß das Gas oder der Dampf sich in der Mitte des Kanales flüssigkeitsfrei bewegt. Die Realität sieht jedoch anders aus. Nur ein Teil der flüssigen Phase befindet sich als flüssiger Film an der Kanal- oder Rohrwand, und der nicht unerhebliche andere Teil der Flüssigkeit wird in Form von Tropfen, wie in Abb. 76 skizziert, im Gaskern der Strömung mittransportiert. Dieser Tropfenanteil im Gaskern wird in der englischen Literatur als En-

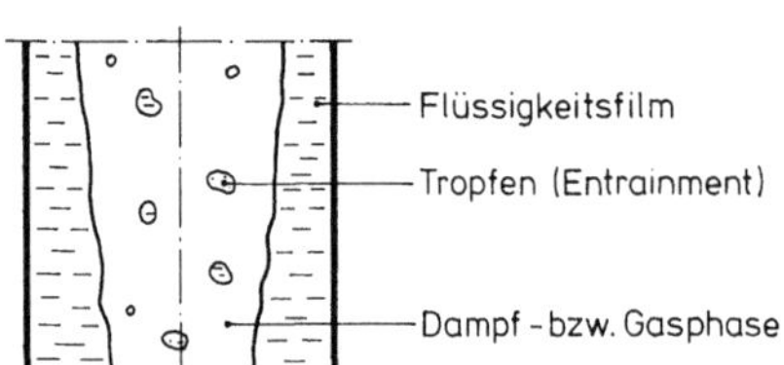

Abb. 76. Phasenverteilung bei Ringströmung und hohem Dampfgehalt

trainment bezeichnet, ein Ausdruck, der auch im deutschen fachlichen Sprachgebrauch üblich geworden ist. Sinngemäß übersetzt bedeutet Entrainment die Beladung des Gasstromes (train = Zug) mit Flüssigkeitstropfen. Meist bezieht man aber die in Form von Tropfen im Gas mitströmende Flüssigkeit $\dot{M}_{Ent}$ auf den gesamten flüssigen Mengenstrom $\dot{M}_{F\,ges}$ und man erhält dann das Entrainment E zu

$$E = \frac{\dot{M}_{Ent}}{\dot{M}_{F\,ges}} \tag{234}$$

Man kann das Entrainment auch auf die lokalen, momentanen Gegebenheiten beziehen, ähnlich wie wir das beim örtlichen volumetrischen Dampfgehalt gemacht haben, und erhält dann den Volumenanteil des Entrainments am gesamten örtlichen Flüssigkeitsvolumen zu

$$e = \frac{V_{Ent}}{V_{F\,ges}} = \frac{A_{Ent}}{A_{F\,ges}} = \frac{A_{Ent}}{A_{ges}\,(1-\epsilon)} \tag{235}$$

was auch als das Verhältnis der mittleren Tropfenfläche zur gesamten Fläche, die von der Flüssigkeit eingenommen wird, gesehen werden kann.

Blickt man von oben in ein Rohr, in dem ein Gas-Flüssigkeits-Gemisch unter Bedingungen strömt, die denen der Ringströmung nahekommen, so muß man feststellen, daß die Phasenverteilung in Wirklichkeit wesentlich ungleichmäßiger und komplizierter zu beschreiben ist, als wir dies bei der vermeintlich realistischen Betrachtung in Abb. 76 annahmen. Abb. 77 gibt einen Einblick in ein vertikales Rohr, wobei in der linken Aufnahme [9] sich gerade die Ringströmung auszubilden beginnt. In der rechten Aufnahme, welche die Verhältnisse bei höherem Dampfgehalt wiedergibt, erkennt man, daß der Flüssigkeitsfilm keineswegs gleichmäßig, sondern vielmehr schwallförmig über den Rohrumfang verteilt ist. Zur Abschätzung der Tropfengrößen und der Dicke der Flüssigkeitsschichten ist anzumerken, daß das in Abb. 77 dargestellte Rohr einen Durchmesser von 14 mm hatte. Man sieht, daß bei ausgebildeter Ringströmung – rechte Hälfte von Abb. 77 – die Tropfen durchweg kleiner als 1 mm sind und größere Flüssigkeitsballen – linke Hälfte von Abb. 77 – sich vornehmlich beim Übergang von Blasenströmung zur Ringströmung formieren, einem Bereich, den man auch als Schaumströmung bezeichnet.

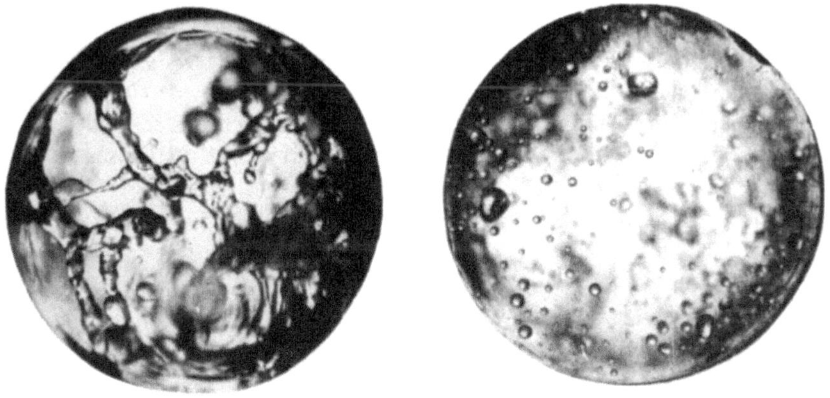

Abb. 77. Entrainment- und Wandflüssigkeitsverteilung im Rohr [9]

Eine zuverlässige Kenntnis des Entrainments hätte Vorteile für eine bessere Analyse verschiedener Phänomene in Gas-Flüssigkeits-Strömungen. Ist das

Entrainment bekannt, so ist eine genauere Beschreibung des Impulsaustausches zwischen den Phasen möglich, was zu besseren Beziehungen für den zweiphasigen Druckverlust und zu einer zuverlässigeren Vorhersage der Phasengeschwindigkeiten, d.h. des Schlupfes führen würde. Die Kenntnis des Entrainments gibt aber auch Informationen über die tatsächliche Größe der Phasengrenzfläche, was für den Wärme- und Stoffaustausch zwischen den Phasen von besonderem Interesse ist. Bei beheizten Gas-Flüssigkeits-Gemischen beeinflußt das Entrainment die kritische Heizflächenbelastung. Berücksichtigt man die in Wirklichkeit vorliegende Phasenverteilung und ordnet man die gesamte Flüssigkeit idealisierend dem Flüssigkeitsfilm zu, so gelangt man zur Vorhersage größerer Filmdicken, als sie tatsächlich vorliegen. Eingesetzt in eine Dryout-Analyse können diese zu großen Filmdicken kritische Heizflächenbelastungen vorhersagen, wie sie in Wirklichkeit nie zu erreichen sind.

Auf der anderen Seite muß man aber auch sehen, daß bei Verwendung einer zuverlässigen und realistischen Entrainmentanalyse Rechenansätze für den Druckverlust, den Schlupf oder die kritische Heizflächenbelastung beim Sieden mathematisch so aufwendig würden, daß sie für den Gebrauch in der Praxis kaum mehr in Frage kämen. Der Ingenieur wird deshalb auch in Zukunft bei der Auslegung von Apparaten auf empirische Gleichungen zurückgreifen müssen, die dann allerdings in ihrem mathematischen Aufbau physikalisch sinnvoller, d.h. dem tatsächlichen Strömungsverhalten besser angepaßt, gestaltet werden können.

Zum besseren Verständnis der durch das Entrainment hervorgerufenen Austauscheffekte müssen wir kurz darüber nachdenken, wie die Tropfenbeladung im Dampfstrom entsteht. Als Ursache für die Ablösung von Tropfen aus dem Flüssigkeitsfilm wird in der Literatur übereinstimmend das Vorhandensein von Oberflächenwellen auf diesem Film angesehen. Zur Wellenbildung an der Phasengrenzfläche kommt es aufgrund von Instabilitäten, die durch den Impulsaustausch zwischen den mit einer Relativgeschwindigkeit strömenden Phasen hervorgerufen werden. Die Strömungsgeschwindigkeit des Gases ist dabei im Bereich der Wellenberge höher als im Wellental. Die damit verbundenen Druckänderungen bewirken eine ständige Vergrößerung der Wellenamplitude, bis es aufgrund des verstärkten Impulsaustausches zwischen Wellenberg und Gas zu einer Verformung der ursprünglich sinusförmigen Welle kommt.

Im Zuge dieser Verformung kann eine hohe Welle durch das schneller strömende Gas unterlaufen werden, wie dies in Abb. 78 skizziert ist. Dieses Unter-

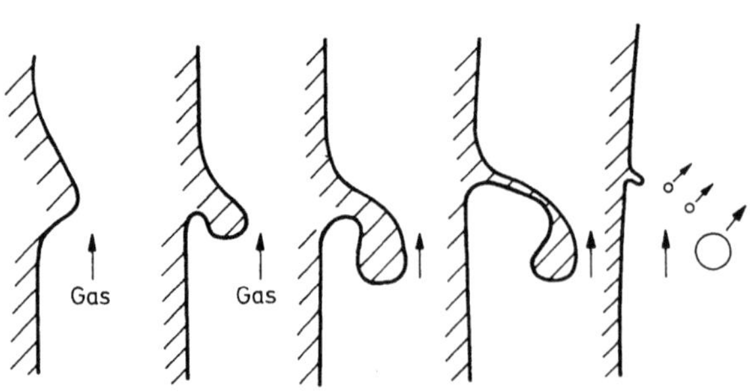

Abb. 78. Entrainmentbildung durch „Unterlaufen" der Flüssigkeitswelle

laufen ist so zu erklären, daß die aus der Schubspannung an der Phasengrenzfläche resultierenden Kräfte der Richtung der Bewegung entgegengesetzt sind und den Wellenberg hindern, mit der gleichen Geschwindigkeit wie der Flüssigkeitsfilm zu strömen. Mit fortschreitender Zeit entsteht ein Gaspolster unter dem in seiner Form zusätzlich von der Oberflächenspannung beeinflußten Flüssigkeitsballen. Schließlich reißt die verbindende Flüssigkeitslamelle ab und der Tropfen bewegt sich frei im Gasstrom.

Aus der Beobachtung der Brandung am Strand wissen wir, daß die Wellen überschlagen, wenn sie sich dem Land nähern. Das gleiche Verhalten kann auch bei in Rohren strömenden Gas-Flüssigkeits-Gemischen eintreten. In der Flüssigkeit macht sich der Einfluß der Wandreibung bremsend bemerkbar, während der Gasstrom mit hoher Geschwindigkeit an der Phasengrenzfläche entlangströmt. Den Spitzen der Wellen wird durch den Impulsaustausch mit der Gasströmung eine Geschwindigkeit aufgezwungen, die höher ist als die des Flüssigkeitsfilmes. Dabei werden durch die Schubspannung zwischen Gas und Flüssigkeit Tropfen oder Flüssigkeitslamellen aus der Wellenoberfläche gelöst und durch den Gasstrom mitgerissen (Abb. 79). Während das Unterlaufen bei großen Schichtdicken der Flüssigkeit zu beobachten ist, ist der jetzt diskutierte Bildungsmechanismus vorwiegend im Bereich geringer Filmdicke zu erwarten.

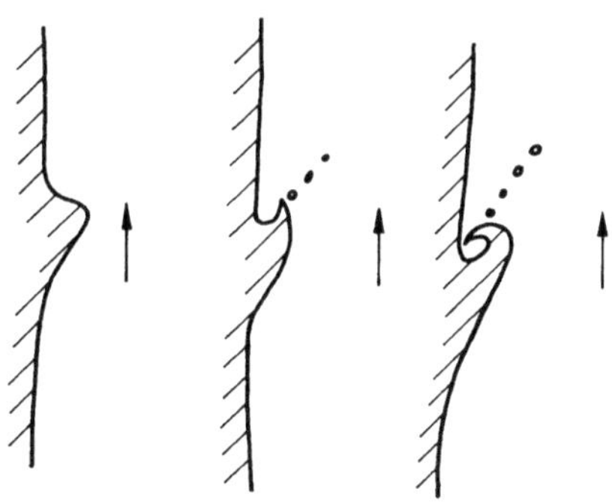

Abb. 79. Entrainmentbildung durch „Brandungs"-Welle

Schließlich ist noch die Entrainmentbildung durch Austreten von Gas- bzw. Dampfblasen aus der wandnahen Flüssigkeitsschicht zu erwähnen. Sie tritt selbstverständlich nur ein, wenn die Wand beheizt ist. Eine Blase, die durch den Flüssigkeitsfilm an die Oberfläche gedrungen ist und dort für einen Augenblick zur Ruhe kommt, bildet infolge des inneren Überdruckes eine linsenförmige Kuppe aus. Während dieses kurzen Verweilens der Gasblase an der Oberfläche wird die Flüssigkeitsschicht, die die Blase einhüllt, durch den darüberstreichenden Gasstrom abgetragen, bis sie derart geschwächt ist, daß sich eine zweite kleinere Kuppe bildet – rechts oben in Abb. 80 –, die dem Gasstrom eine gezielte Angriffsfläche bietet, wodurch die Lamelle zerplatzt und Tröpfchen von einigen Mikrometern Durchmesser entstehen. Die dann verbleibende Grube der Gasblase wird durch seitliches Zuströmen von Flüssigkeit aufgefüllt und der Trägheitseffekt dieses Flüssigkeitszustromes sprengt einen kleinen Flüssigkeitsstrahl oder auch einen Tropfen als zusätzlichen Beitrag zum Entrainment vom wandnahen Flüssigkeitsfilm ab.

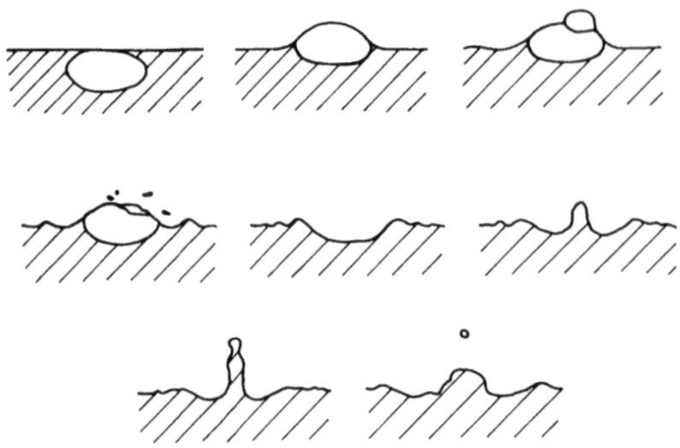

Abb. 80. Entrainmentbildung durch Gasblasen im Flüssigkeitsfilm

Diese verschiedenen Entrainmentmechanismen führen zu unterschiedlichen Tropfengrößen, deren Spektrum aber keineswegs so weite Bereiche überdeckt, als man aufgrund der doch stark unterschiedlichen Bildungsmechanismen annehmen möchte. Langner [9] konnte bei seinen Messungen zeigen, daß, wie in Abb. 81 dargestellt, selbst bei relativ geringen Dampfgeschwindigkeiten von rund 3 m/s kaum Tropfen vorhanden sind, deren Durchmesser größer als 1 mm ist. Bei Dampfgeschwindigkeiten von 9 m/s sind nur ca. 10 % der Tropfen größer als 0,25 mm. Die Messungen von Langner wurden mit dem Kältemittel R 12 bei einem Druck von 9 bar durchgeführt. Wicks und Dukler [141] untersuchten Wasser-Luft-Gemische von Umgebungsdruck und fanden, bei allerdings höheren Gasgeschwindigkeiten – 23 m/s –, ein Tropfenspektrum, das zu noch wesentlich kleineren Durchmessern verschoben ist.

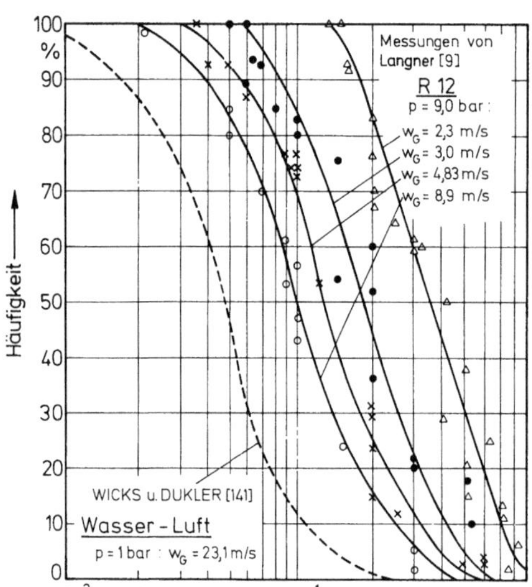

Abb. 81. Tropfenspektren im Entrainment, in beheizten R 12-Strömungen, in adiabaten Wasser-Luft-Strömungen

Flüssigkeitstropfen werden aber nicht nur aus dem Film an der Wand herausgerissen, sondern auch wieder aus der Dampfströmung in diesen zurückverlagert. Man kann sich längs des Strömungsweges 3 unterschiedliche Bereiche vorstellen:

Einen ersten, bei dem der Tropfenmitriß aus dem Flüssigkeitsfilm in den Gaskern überwiegt,

einen zweiten, bei dem die Rückverlagerung der Tropfen größer ist, und

einen dritten, bei dem Tropfenmitriß und Tropfenrücklagerung – Entrainment und Deentrainment – im Gleichgewicht sind.

Im erstgenannten Bereich, den man auch entrainment-kontrollierten Bereich nennt, überwiegt die Masse der aus dem Flüssigkeitsfilm herausgerissenen Tropfen gegenüber der sich wieder anlagernden Flüssigkeit, so daß die integrale Flüssigkeitsmenge im Gaskern ständig zunimmt. Dieses Verhalten kann anhand des Geschwindigkeitsprofils im Dampfkern wie folgt erklärt werden.

Bei niedrigem Dampfgehalt stellen sich die in Abb. 82 skizzierten Geschwindigkeitsprofile im Flüssigkeitsfilm und im Dampfkern ein. Die Dampfgeschwin-

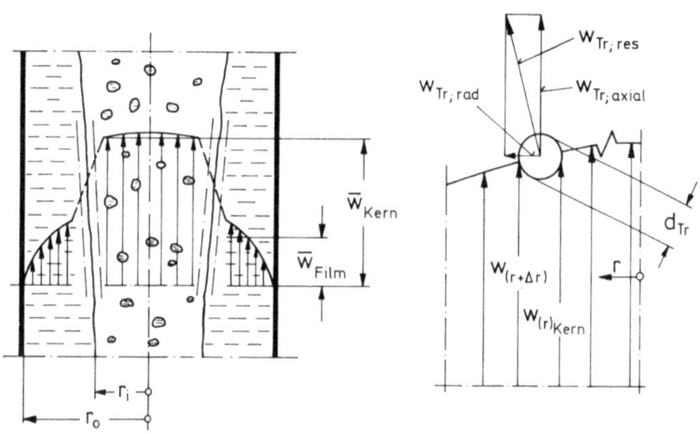

Abb. 82. Geschwindigkeitsprofile bei niedrigem Dampfgehalt

digkeit ist aufgrund des geringen Dampfanteils dennoch nicht zu hoch, und wegen der großen Beladung mit Tropfen, die den Impulsaustausch quer zur Strömungsrichtung verstärken, wird sich ein flaches Geschwindigkeitsprofil stark turbulenten Charakters im Gaskern der Strömung einstellen. Wegen der geringen Geschwindigkeitsunterschiede in radialer Richtung sind auch die radialen Kräfte, also die Ablagerungskräfte auf den Tropfen klein. Auf der anderen Seite neigen aber dicke Flüssigkeitsfilme zur Wellenbildung, was den Tropfenmitriß fördert, weshalb die aus dem Flüssigkeitsfilm ausgetragene Menge größer ist als die zurückverlagerte.

Hohe Dampfgehalte bedeuten auch dünne Flüssigkeitsfilme, die weniger zur Wellenbildung neigen, wodurch der Tropfenmitriß unterdrückt wird. Der Gaskern hat, wie in Abb. 83 skizziert, ein fast parabelförmiges Geschwindigkeitsprofil, das den Tropfen aufgrund der sich radial stark ändernden Geschwindigkeit der Kernströmung eine stärker gerichtete Bewegung nach außen mitteilt. Dadurch wird der Rückverlagerungsvorgang verstärkt. In diesem Bereich der sehr

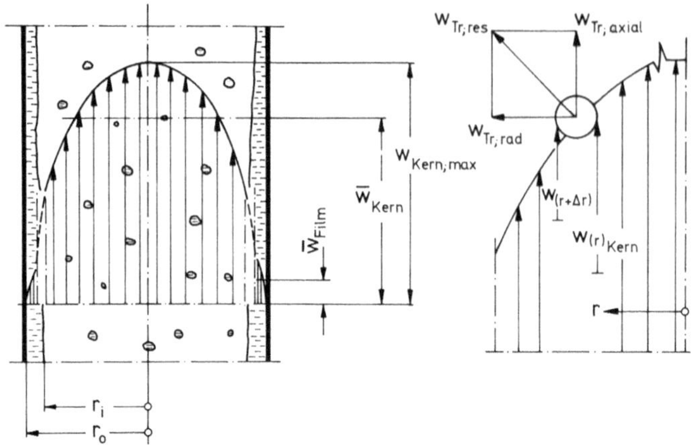

Abb. 83. Geschwindigkeitsprofile bei hohem Dampfgehalt

dünnen Flüssigkeitsfilme an der Wand wird deshalb das Deentrainment, also die Wiederanlagerung von Tropfen an die Wand, überwiegen.

Die Radialgeschwindigkeit der Tropfen ist aber auch abhängig vom Tropfendurchmesser. In Abb. 84 sind am Beispiel einer Kältemittelströmung von 300 kg/m² s Massenstromdichte und einem Dampfgehalt von $\dot{x} = 0{,}8$, was einer Dampfgeschwindigkeit von 4,4 m/s entspricht, Messungen [9] der Radialgeschwindigkeit der Tropfen, in Abhängigkeit von deren Durchmesser, aufgetragen. Man sieht, daß große Tropfen kaum zur Ablagerung neigen und vornehmlich die kleinen Tropfen mit weniger als einem Zehntel der axialen Dampfgeschwindigkeit nach außen wandern.

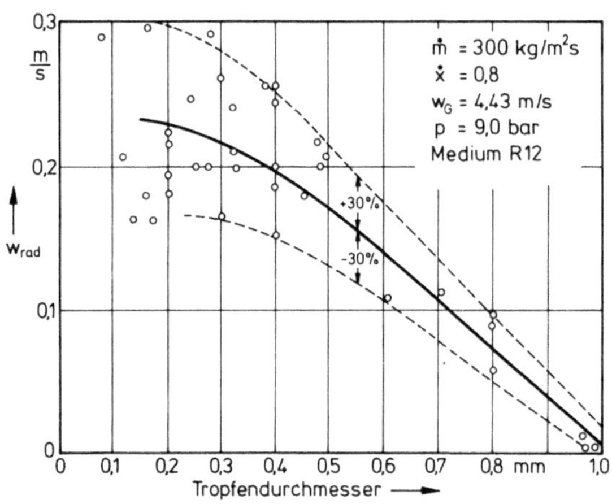

Abb. 84. Radiale Tropfengeschwindigkeit im Bereich der Ringströmung

Über Messungen der Tropfen- und Flüssigkeitsverteilung quer zur Strömung hat Gill [142] schon früh berichtet. Er untersuchte ein Wasser-Luft-Gemisch und fand, wie man aus Abb. 85 ersieht, eine zunehmende Ungleichmäßigkeit der Verteilung über den Rohrradius mit steigendem Flüssigkeitsgehalt des Gemisches. Die Luftmenge wurde bei den Gillschen Versuchen konstant gehalten. Aus Abb. 85 darf aber nicht geschlossen werden, daß die örtliche Konzentration an Tropfen in der Mitte des Rohres wesentlich höher wäre als seitlich am Übergang zur Phasengrenzfläche des sich an der Rohrwand bewegenden Flüssigkeitsfilmes. Die besonders bei großen Flüssigkeitsanteilen, also niedrigerem Gasgehalt ausgeprägten Maxima der Mengenstromdichte des Wassers in der Mitte des Rohres kommen vielmehr auch dadurch zustande, daß hier das Gas mit höherer Geschwindigkeit strömt und die Tropfen entsprechend mit sich zieht als in der Nähe des an der Wand befindlichen Flüssigkeitsfilmes.

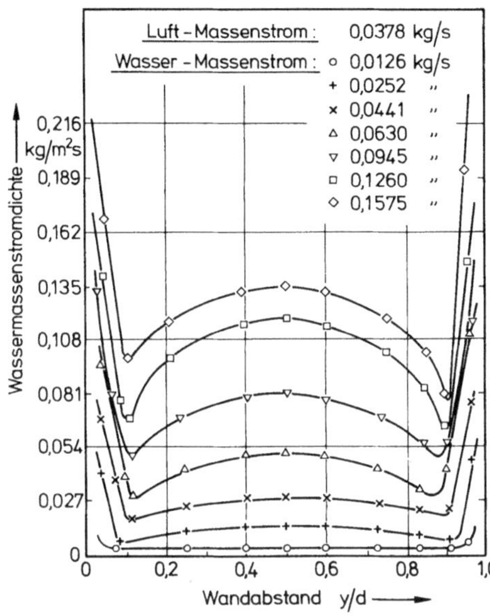

Abb. 85. Flüssigkeitsverteilung und Entrainment bei einer Luft-Wasser-Strömung nach Gill

Vergleichende Aussagen kann man eigentlich erst und nur dann machen, wenn sich der Entrainmentstrom im sogenannten hydrodynamischen Gleichgewicht befindet, d.h. wenn ebensoviele Tropfen aus dem Flüssigkeitsfilm an der Wand vom Gasstrom herausgelöst werden, wie aus dem Gasstrom dorthin zurückfallen. Dies bedarf langer Anlaufstrecken und einer sorgfältigen Versuchsdurchführung. Von Bennet [143] wurden solche Untersuchungen in einem Wasser-Dampf-Gemisch mitgeteilt. Für die Darstellung der Ergebnisse hat sich die in Abb. 86 verwendete Auftragungsweise eingebürgert. Hiebei dient der Dampfgehalt der Strömung $\dot{x}$ als Abszisse und der Mengenstrom der dampfgetragenen Flüssigkeit – das Entrainment – als Ordinate. Wäre die Wand des Versuchsrohres völlig unbenetzt, so würde der Entrainmentmengenstrom über dem Strömungsdampfgehalt einer Geraden folgen, deren Verlauf sich aus der einfachen Beziehung

$$\dot{M}_F = \dot{M}_{Ent} = (1 - \dot{x})\, \dot{M}_{ges}$$

ergibt, da jetzt ja alle Flüssigkeit als Entrainment strömt. In Wirklichkeit befindet sich an der Wand ein Flüssigkeitsfilm, solange die Schubspannung aus der Dampfströmung die Existenz dieses Flüssigkeitsfilmes gestattet. Der im Film transportierte Mengenstrom $\dot{M}_{\mathrm{Film}}$ ist die Differenz

$$\dot{M}_{\mathrm{Film}} = \dot{M}_{\mathrm{ges}} - \dot{M}_{\mathrm{Ent}}$$

des gesamten Flüssigkeitsstromes und der als Entrainment im Dampf getragenen Flüssigkeitsmenge. Bei Kenntnis des Entrainments und der Dampfgeschwindigkeit bzw. des Schlupfes läßt sich demnach die Filmdicke der Flüssigkeitsschicht an der Wand – gleichmäßige Verteilung über den Umfang vorausgesetzt – berechnen. Abb. 86 zeigt, daß der absolute Entrainmentmassenstrom bei mittlerem Dampfgehalt $\dot{x}$ ein Maximum hat. Er muß definitionsgemäß bei $\dot{x} = 1{,}0$ gegen Null gehen. Diese Bedingung muß bei $\dot{x} = 0$ nicht in allen Fällen erfüllt sein, da z.B. bei Überschreiten der kritischen Heizflächenbelastung an der Wand nicht ein Flüssigkeitsfilm, sondern ein Dampffilm existiert, der die gesamte Flüssigkeitsmenge in die Rohrmitte drängt.

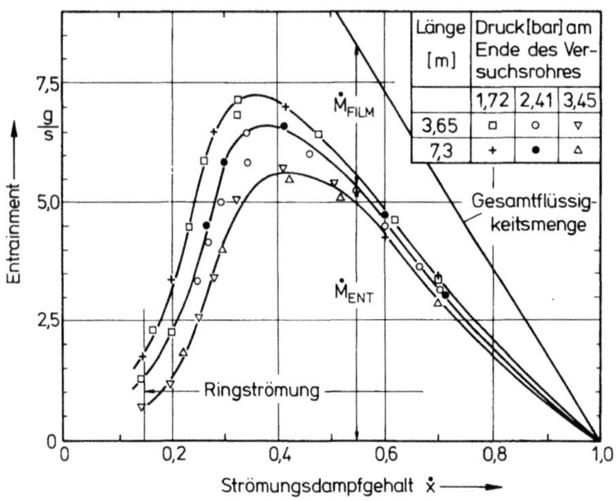

Abb. 86. Entrainment bei hydrodynamischem Gleichgewicht nach Bennet (Wasser-Dampf-Gemisch, d = 12 mm); Rohrwand unbeheizt

Die im Gas bzw. Dampf getragene Flüssigkeitsmenge nimmt mit steigendem Druck zu. Dies läßt sich leicht mit den der Abb. 86 zugrundeliegenden Versuchsbedingungen erklären, da hier ein Dampf-Wasser-Gemisch im Sättigungszustand strömte und mit dem Druck sich auch die Temperatur erhöhte. Steigende Temperatur bedeutet aber eine Abnahme der Oberflächenspannung, die ja das Herauslösen von Wassertropfen aus dem Flüssigkeitsfilm an der Wand behindert. Zusätzlich nimmt die Dichte der gasförmigen Phase zu, wodurch diese größere Impulskräfte auf die Flüssigkeitsschicht an der Wand übertragen kann.

Das Maximum des absoluten Entrainmentstromes in Abb. 86 darf nicht darüber hinwegtäuschen, daß das relative oder bezogene Entrainment E, Gl. (234), mit zunehmendem Strömungsdampfgehalt $\dot{x}$ stetig ansteigt. Man sieht dies in Abb. 86 unmittelbar aus der starken Zunahme des Mengenstromes des Flüssigkeitsfilmes an der Wand mit fallendem Strömungsdampfgehalt $\dot{x}$.

Anders sind die Verhältnisse, wenn die Wand des Rohres beheizt wird. Die Beheizung bewirkt eine Abnahme des Flüssigkeitsfilmes an der Wand durch Verdampfung und zusätzlich fördert diese Verdampfung ein Herauslösen von Tropfen aus dem Flüssigkeitsfilm, was ihn weiter reduziert. Es ist deshalb leicht einzusehen, daß bei hohen Dampfgehalten, wie in Abb. 87 leicht erkennbar, der Entrainmentanteil bei beheizter Strömung über dem bei adiabater Strömung liegt. Zunächst überrascht es jedoch, bei niedrigen Dampfgehalten die Entrainmentkurven unter den Werten für hydrodynamisches Gleichgewicht zu finden.

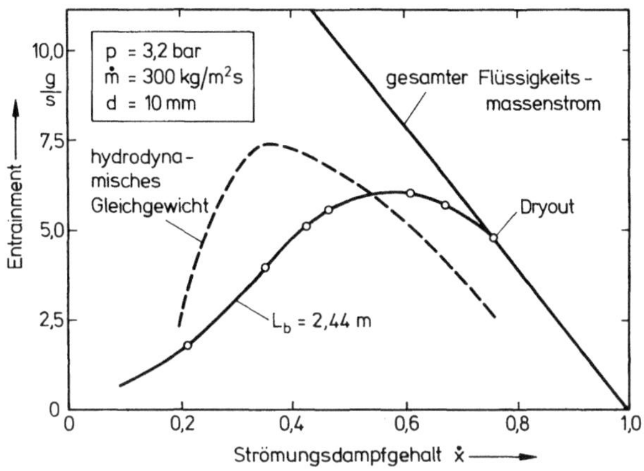

Abb. 87. Entrainment in beheizter Strömung nach Bennet [143]

Man muß jedoch beachten, daß die jetzt verwendeten Rohrlängen wesentlich kürzer waren, als es die Ausbildung hydrodynamischen Gleichgewichtes erfordern würde. Der Schnittpunkt der am beheizten Rohr gemessenen Kurve mit der des hydrodynamischen Gleichgewichtes unterteilt das Entrainmentverhalten in einen Bereich des überwiegenden Tropfenmitrisses und in einen ablagerungskontrollierten Bereich. Im letztgenannten Bereich, also nach Überschreiten der Gleichgewichtskurve, verursachen die Strömungskräfte zwar eine zunehmende Rückverlagerung der Tropfen an die Wand, aber die Verdampfung infolge Beheizung wirkt dem entgegen. Schließlich ist alle Flüssigkeit an der Wand verdampft, und es tritt Dryout ein. Alle Flüssigkeit ist jetzt im Dampf getragen.

Großen Einfluß hat, wie leicht einzusehen, der Gemischstrom auf das Entrainment. Hohe Gemischströme tragen, wie Abb. 88 zeigt, auch große Flüssigkeitsmengen im Gaskern, und der Dryout tritt schon bei niedrigeren Dampfgehalten auf. Die in Abb. 88 dargestellten Versuchsergebnisse [9] wurden mit dem Kältemittel R 12 bei einem Druck von 12,8 bar gewonnen. Auf Wasser übertragen, unter der Voraussetzung, daß das Dichteverhältnis zwischen Flüssigkeit und Dampf im Kältemittelgemisch und im Wassergemisch gleich sein soll, entspräche dies einem Druck von etwas über 80 bar.

Die Heizflächenbelastung der Rohrwand hat einen unmerklichen Einfluß auf das Entrainment und auch eine Druckänderung bewirkt bei diesem Druckniveau wesentlich weniger, als wir dies in Abb. 86 im Bereich geringer Drücke gesehen hatten. Der Grund ist einfach der, daß das Gas bei niedrigen Drücken wesentlich kompressibler ist als bei hohen und sich deshalb dort der Strömungsimpuls des

Gases mit dem Druck stärker ändert. Kurze Rohrlängen haben geringeren Entrainmentanteil als lange. Nach Laufwegen von 3 – 5 m ist aber auch dieser Einfluß kaum mehr merkbar.

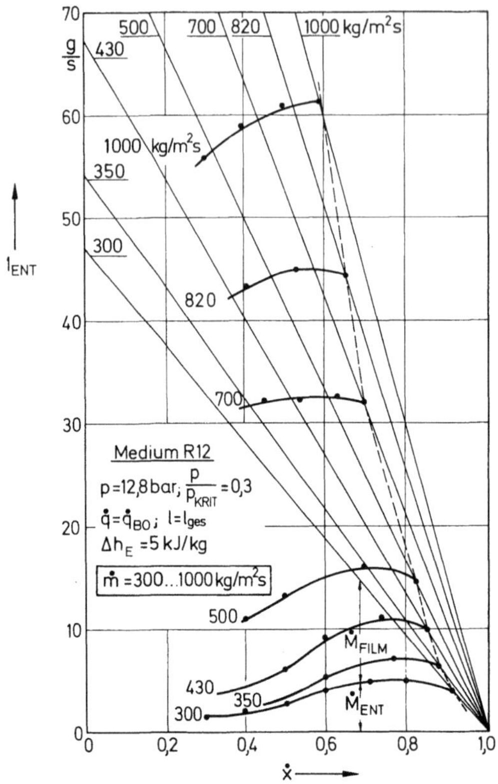

Abb. 88. Einfluß des Mengenstromes auf das Entrainment nach Langner [9] (Kältemittel R 12, Rohrdurchmesser 14 mm)

So anschaulich graphische Darstellungen physikalischer Vorgänge sind, so schwierig ist es, daraus allgemeingültige Schlüsse abzuleiten, die der Ingenieur in der Praxis der Auslegung seiner Apparate zugrunde legen könnte. Hiezu bedarf es der analytischen Beschreibung der Vorgänge. Langner [9] hat dies für das Entrainmentverhalten von Gas-Flüssigkeitsströmungen in jüngster Zeit versucht. Er hat die Änderung des auf den gesamten Flüssigkeitsstrom bezogenen Entrainments E längs der Rohrachse z

$$\frac{dE}{dz} = \frac{1}{\dot{M}_{\text{ges}}(1-\dot{x})}\,\frac{d\dot{M}_{\text{Ent}}}{dz} - \frac{E}{\dot{M}_{\text{ges}}(1-\dot{x})}\left[(1-\dot{x})\,\frac{d\dot{M}_{\text{ges}}}{dz} - \dot{M}_{\text{ges}}\,\frac{d\dot{x}}{dz}\right] \tag{236}$$

aus einer Impulsbilanz abgeleitet. Gleichung (236) ergibt sich einfach durch Differenzieren von Gl. (234), wobei zu beachten ist, daß für instationäre Vorgänge, z.B. Pulsationen, auch der gesamte Massenstrom $\dot{M}_{\text{ges}}$ längs der Rohrachse z nicht konstant ist. Gleichung (236) kann man auch umstellen und nach der Änderung des Entrainmentmassenstroms $\dot{M}_{\text{Ent}}$ längs der Rohrachse z auflösen.

$$\frac{d\dot{M}_{\text{Ent}}}{dz} = \dot{M}_{\text{ges}}\,(1-\dot{x}) \left[\frac{dE}{dz} + E \left(\frac{1}{\dot{M}_{\text{ges}}} \frac{d\dot{M}_{\text{ges}}}{dz} - \frac{1}{1-\dot{x}} \frac{d\dot{x}}{dz} \right) \right] \tag{236a}$$

Für stationäre Bedingungen vereinfachen sich die Gln. (236) und (236a) zu

$$\left.\frac{dE}{dz}\right|_{\text{stat}} = \frac{1}{\dot{M}_{\text{ges}}(1-\dot{x})} \frac{d\dot{M}_{\text{Ent}}}{dz} + \frac{E}{1-\dot{x}} \frac{d\dot{x}}{dz} \tag{236b}$$

bzw.

$$\left.\frac{d\dot{M}_{\text{Ent}}}{dz}\right|_{\text{stat}} = \dot{M}_{\text{ges}} \left[(1-\dot{x}) \frac{dE}{dz} - E \frac{d\dot{x}}{dz} \right] \tag{236c}$$

Die Grenze für die Impulsbilanz zur Berechnung der Änderung des Entrainments längs der Rohrachse ist an die Phasengrenzfläche zwischen Dampfkern und dem Flüssigkeitsfilm an der Wand zu legen, da die dort angreifenden Kräfte für den Flüssigkeitsaustausch und damit für das Entrainment maßgebend sind. Das für die Impulsbilanz abzugrenzende Volumen berechnet sich deshalb, wie in Abb. 89 skizziert, aus der Fläche des Gaskerns der Strömung $\int 2\pi r\,dr$ und der Integrationsschrittweite dz. Bei der Bilanz sind der Impuls der beiden Phasen im Gaskern der Strömung, der über die Kanallänge wirkende Druckabfall, der Einfluß der Gravitation sowie die aus der Grenzflächenreibung resultierende Schubspannung zu betrachten. Für die Impulsänderung der Strömung längs des Weges

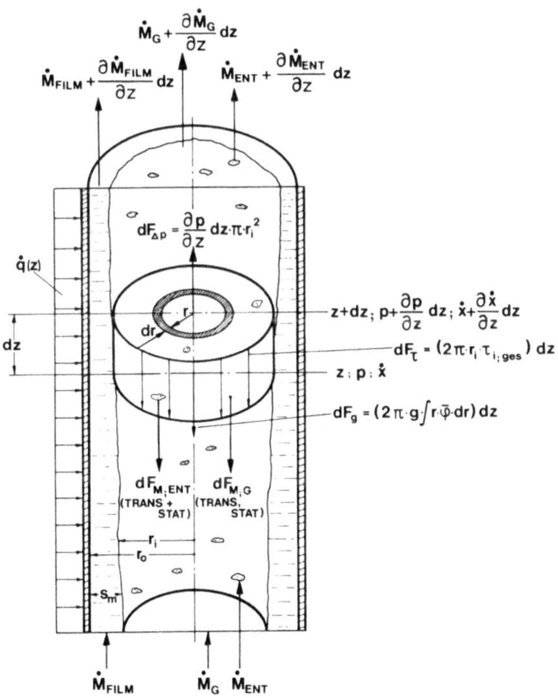

Abb. 89. Impulsbilanz zur Berechnung des Entrainments [9]

dz ist, um die Allgemeingültigkeit auch für instationäre Vorgänge zu wahren, sowohl der Unterschied des Impulsstromes zwischen ein- und austretendem Fluid als auch der im Bilanzgebiet ge- bzw. entspeicherte Impuls zu beachten. Setzt man nun diese Kräfte ins Gleichgewicht, so ergibt sich die Bilanz für den tropfenbeladenen Gaskern der Strömung. Sie läßt sich in der allgemeinen Form

$$\frac{\partial}{\partial z}(\dot{m}_G w_G + \dot{m}_{Ent} w_{Ent}) \iiint_V dV + \frac{\partial}{\partial t}(\dot{m}_G + \dot{m}_{Ent}) \iiint_V dV =$$
$$\left[p - (p + \frac{\partial p}{\partial z} dz)\right] \iint dA_q - \tau_i \iint dA_{\text{Film-oberfläche}} - g\bar{\rho} \iiint_V dV \tag{237}$$

schreiben. Für einen längs des Weges dz nicht veränderlichen Strömungsquerschnitt vereinfacht sich Gl. (237) zu

$$\frac{\partial}{\partial z}(\dot{m}_G w_G + \dot{m}_{Ent} w_{Ent})\, dz \iint dA_q + \frac{\partial}{\partial t}(\dot{m}_G + \dot{m}_{Ent})\, dz \iint dA_q =$$
$$\left[p - (p + \frac{\partial p}{\partial z} dz)\right] \iint dA_q - \tau_i \iint dA_{\text{Film-oberfläche}} - g\bar{\rho}\, dz \iint dA_q \tag{237a}$$

Schließlich kann man noch auf einen kreisförmigen Querschnitt übergehen, wie er im folgenden ausschließlich betrachtet werden soll, und man erhält

$$\frac{\partial}{\partial z}(\dot{m}_G w_G + \dot{m}_{Ent} w_{Ent})\, dz \int_0^{r_i} 2\pi r\, dr + \frac{\partial}{\partial t}(\dot{m}_G + \dot{m}_{Ent})\, dz \int_0^{r_i} 2\pi r\, dr =$$
$$\left[p - (p + \frac{\partial p}{\partial z} dz)\right] \pi r_i^2 - 2\pi r_i\, dz\, \tau_i - g\, dz \int_0^{r_i} 2\pi r \bar{\rho}\, dr \tag{237b}$$

Die Gleichungen (237a–b) enthalten auf der linken Seite des Gleichheitszeichens

– die Differenz zwischen ein- und austretendem Impulsstrom des Fluids

– den im Bilanzgebiet ge- bzw. entspeicherten Impuls

rechts vom Gleichheitszeichen

– die aus dem Druckabfall längs des Strömungskanales resultierende Beschleunigungskraft für die beiden Phasen im Gaskern der Strömung

– einen dissipativen Term, der die Reibung an der Phasengrenzfläche berücksichtigt, und

– die Schwerkraft, die selbstverständlich bei horizontaler Strömung außer Betracht zu lassen ist.

In der angegebenen, allgemeinen Form sind die Gln. (237a–b) nicht lösbar – auch nicht auf numerischem Wege –, da zusätzliche Informationen über das fluiddynamische Verhalten der beiden Phasen benötigt werden. Beginnen wir auf der linken Seite der Gleichungen, so stoßen wir zunächst auf die Frage nach der Geschwindigkeit des Dampfes w_G und der darin vorhandenen Tropfen w_{Ent}. Die Dampfgeschwindigkeit können wir aus den bekannten Schlupfbeziehungen herleiten. Unbekannt ist zunächst jedoch, inwieweit sich die Geschwindigkeit der Tropfen von der des Dampfes unterscheidet. Wir hatten einleitend zu diesem Kapitel gesehen, daß die Tropfen sehr klein sind und kaum einen Durchmesser von 1 mm überschreiten, was bedeutet, daß sie nur unwesentlich langsamer als der Dampf strömen. Unter Verwendung gemessener Tropfenspektren und mit Hilfe einer Abschätzung der Relativgeschwindigkeit zwischen Tropfen und Dampf konnte Langner [9] nachweisen, daß eine Vernachlässigung des Geschwindigkeitsunterschiedes zwischen Tropfen und Dampf sich weniger als 1 % auf das Ergebnis der Entrainmentrechnung auswirkt. Es wird deshalb unterstellt, daß Dampf und Tropfen an der jeweiligen radialen Position des Rohrquerschnittes mit der gleichen Geschwindigkeit strömen. Damit kann für

$$w_{\mathrm{Ent}} = w_{\mathrm{G}} = \dot{m}_{\mathrm{ges}} \left(\frac{r_0}{r_\mathrm{i}} \right)^2 \left[\frac{\dot{x}}{\rho_\mathrm{G}} + E \, \frac{(1-\dot{x})}{\rho_\mathrm{F}} \right] \tag{238}$$

gesetzt werden, woraus die Geschwindigkeit der Phasen im Gaskern leicht zu berechnen ist.

Weiterhin kann angenommen werden, daß sich die Dampf- bzw. Gasphase und die Tropfen als getrennte, sich gegenseitig nicht beeinflussende Stoffe im Zentrum des Strömungskanales befinden. Das schließt u.a. eine Verdampfung der Tropfen aus, was solange gerechtfertigt ist, als die Dampftemperatur nicht wesentlich über der Temperatur der Tropfen liegt. Schließlich sei noch vorausgesetzt, daß die Tropfen homogen über den Querschnitt verteilt sind, und daß sich diese radiale Verteilung auch über die Höhe dz nicht ändert. Die Homogenität der Tropfenverteilung wurde von Adorni [144] durch Messungen nachgewiesen. Diese Annahme erlaubt es, den Erdbeschleunigungsterm in den Gln. (237a–b) als die Summe aus dem Gewicht der Einzelphasen zu beschreiben. Mit diesen Annahmen und Vereinfachungen kann man schließlich die Impulsbilanz in der Form

$$\begin{aligned}
&\pi r_\mathrm{i}^2 \, \frac{\partial}{\partial z} \left[\dot{m}_{\mathrm{ges}}^2 \left(\frac{r_0}{r_\mathrm{i}} \right)^2 \left[\frac{\dot{x}}{\rho_\mathrm{G}} + \frac{E(1-\dot{x})}{\rho_\mathrm{F}} \right] [\dot{x} + E\,(1-\dot{x})] \right] dz \, + \\
&\pi r_\mathrm{i}^2 \left[\dot{m}_{\mathrm{ges}} (1-E) \, \frac{\partial \dot{x}}{\partial t} + \dot{m}_{\mathrm{ges}} (1-\dot{x}) \, \frac{\partial E}{\partial t} + (\dot{x} + E\,(1-\dot{x})) \, \frac{\partial \dot{m}_{\mathrm{ges}}}{\partial t} \right] dz = \\
&\pi r_\mathrm{i}^2 \left[p - \left(p + \frac{\partial p}{\partial z} \, dz \right) \right] - 2\pi r_\mathrm{i} \tau_\mathrm{i} \, dz - \pi r_\mathrm{i}^2 \, g \, (\rho_\mathrm{F} \, (1 - \epsilon_{\mathrm{Kern}}) \\
&+ \rho_\mathrm{G} \, \epsilon_{\mathrm{Kern}}) \, dz
\end{aligned} \tag{239}$$

ausdrücken. Für die numerische Lösung dieser Differentialgleichung müssen einmal die Randbedingungen und zum anderen die Schubspannung τ_i zwischen Flüssigkeitsfilm und Gaskern bekannt sein. Bei den Randbedingungen sind die zeitlichen und die örtlichen Grenzen zu beachten. Nehmen wir der Einfachheit halber zunächst stationäre Strömung an, so entfällt die zeitliche Randbedingung und man kann sich z.B. für die Auslegung des Siederohres eines Dampferzeugers vorstellen, daß aus Burnout-Gleichungen, z.B. Gl. (232), der Ort des Dryouts bekannt ist, und für diese axiale Position ist dann das bezogene Entrainment $E = 1$ zu setzen. Von dieser Dryout-Stelle muß dann rückwärts – stromaufwärts – integriert werden. Tritt kein Dryout im Rohr auf, so muß für die Integration das Entrainment am Austritt oder am Eintritt des Rohres bekannt sein, oder man versucht, von der Stelle des Siedebeginns an zu rechnen, wobei man dann aber

Informationen über die Ausbildung der Strömungsformen, insbesondere den Umschlag von der Schaumströmung zur Ringströmung haben müßte.

Wir wollen im folgenden nur stationäre Strömungen betrachten. Für instationäre Vorgänge und insbesondere für die Herleitung der Entrainment-Gleichung im Detail sei auf die Arbeit von Langner [9] verwiesen. Für stationäre Strömung ist die Massenstromdichte unabhängig vom Weg. Geht man weiter davon aus, daß Entrainmentrechnungen nur für kleine Dicken des Flüssigkeitsfilmes an der Wand interessant sind, so kann man in erster Näherung das Verhältnis zwischen Rohrradius und dem inneren Radius des Flüssigkeitsfilmes $r_o/r_i = 1$ setzen, so daß

$$\frac{d}{dz}\left(\frac{r_o}{r_i}\right)^2 = 0$$

wird. Damit läßt sich Gl. (239) vereinfachen und in die Form

$$\frac{dE}{dz} = -\left[\frac{\dfrac{2\tau_i}{r_i} - \dfrac{dp}{dz} + \dfrac{\dot{x} + E(1-\dot{x})}{\dot{x} + E(1-\dot{x})\,\rho_G/\rho_F}\,\rho_G\, g}{m_{ges}^2\left(\dfrac{r_o}{r_i}\right)^4\left[\left(\dfrac{1-\dot{x}}{\rho_F}\right)(\dot{x}+E(1-\dot{x})) + \left(\dfrac{\dot{x}}{\rho_G} \quad \dfrac{E(1-\dot{x})}{\rho_F}\right)(1-\dot{x})\right]} + \frac{T_1}{T_2}\,\frac{d\dot{x}}{dz}\right] \tag{239a}$$

$$T_1 = (\dot{x} + E(1-\dot{x}))\left(\frac{1}{\rho_G} - \frac{E}{\rho_F}\right) + \left(\frac{\dot{x}}{\rho_G} + \frac{E(1-\dot{x})}{\rho_F}\right)(1-E)$$

$$T_2 = (\dot{x} + E(1-\dot{x}))\left(\frac{1-\dot{x}}{\rho_F}\right) + \left(\frac{\dot{x}}{\rho_G} + \frac{E(1-\dot{x})}{\rho_F}\right)(1-\dot{x})$$

umschreiben.

Zur Lösung müssen jetzt aber noch Ansätze für die Schubspannung an der Phasengrenze τ_i und für den Druckabfall dp/dz längs des Strömungsweges herangezogen werden. Bei stationärer Strömung in konzentrischem Kanal ist dieser Druckabfall gleich dem Reibungsdruckverlust der Strömung und es kann hiefür eine der in Abschnitt I.5.1. diskutierten Beziehungen Verwendung finden. Langner [9] zog bei seinen Überlegungen hiefür den Ansatz von Baroczy-Chisholm, Gl. (102), heran, der sich für die Substanzen Wasser und Kältemittel R 12 gut bewährte. Es bieten sich aber auch andere Gleichungen, wie z.B. die von Friedel, Gl. (104), an.

Auch für die Schubspannung zwischen Gaskern und Flüssigkeitsfilm an der Wand gibt es in der Literatur verschiedene Ansätze. Einer der einfachsten stammt von Ishii [145]

$$\tau_i = 0{,}005\left(1 + 300\,\frac{r_i}{r_o}\right)\rho_G\,\frac{(w_G - w_{F\,Film})^2}{2} \tag{240}$$

der in Anlehnung an Messungen in adiabaten Luft-Wasser-Ringströmungen auf empirischem Wege aufgestellt wurde. Man kann ihn auch für beheizte Zweiphasenströmungen heranziehen, wenn sehr hohe Dampfgehalte vorliegen und der Flüssigkeitsfilm an der Wand dünn sowie auf seiner Oberfläche nicht zu wellig ist.

Ein weiterer wesentlich aufwendigerer Ansatz stammt von Oeda und Tanaka [146], die von Betrachtungen der reinen Gasschubspannung zwischen Flüssigkeitsfilm und Gaskern sowie des Impulsaustausches beim Einlagern und beim Auslösen eines Tropfens aus der Flüssigkeitsschicht ausgehen.

Langner fand bei seinen Untersuchungen, daß sich der von Levy [147] vorgeschlagene Ansatz für die Schubspannungsübertragung an der Oberfläche des Flüssigkeitsfilmes sehr gut zur Verwendung in seiner Entrainmentbeziehung eignet, da sich damit die beste Übereinstimmung mit Entrainmentmessungen ergab. Die Gleichung von Levy beruht auf der Modellvorstellung, daß sich die Schubspannung an der Phasengrenzfläche aus zwei Termen zusammensetzt,

– einem Reibungsterm aufgrund der Geschwindigkeitsdifferenz der beiden Phasen und

– einem Impulsterm aufgrund des Tropfenmitrisses an der Flüssigkeitsoberfläche.

Levy greift auf die aus der einphasigen Strömung wohlbekannten Turbulenzmodelle zurück und führt in seine Schubspannungsbetrachtung eine örtliche Schwankungskomponente von Dichte und Geschwindigkeit in Strömungsrichtung sowie eine Schwankungskomponente der Geschwindigkeit rechtwinkelig zur Strömungsrichtung ein. Für diese Schwankungskomponenten benötigt er jeweils einen Mischungsweg 1, wobei er die Prandtlsche Mischungswegtheorie verwendet. Schließlich nimmt Levy noch ein lineares Geschwindigkeitsprofil in der Nähe der Phasengrenzfläche an.

Die Levysche Theorie soll hier nicht im einzelnen behandelt werden, hiefür sei auf die Literatur [147] verwiesen. Von Interesse für die Entrainmentrechnung ist hier lediglich das von Levy erarbeitete Ergebnis. Er kommt nach verschiedenen Vereinfachungen zu 2 Ansätzen für die Schubspannung an der Phasengrenze, je nachdem, ob der Druckabfall längs der Kanalachse vom Reibungsdruckverlust oder von der Schwere der Flüssigkeit bestimmt wird.

$$\tau_i = \left(\frac{F(0)\,\delta}{F(1)}\right)^2 \bar{w}\,(\bar{w} - w_{Film})\,(\rho_F - \rho_{Kern}) \quad \text{für} \quad \frac{dp}{dz} \geqslant g\,\rho_F \tag{241}$$

$$\tau_i = \left(\frac{F(0)\,\delta}{F(1)\,F(2)}\right)^2 \bar{w}\,(\bar{w} - w_{Film})\,(\rho_F - \rho_{Kern}) \quad \text{für} \quad \frac{dp}{dz} < g\,\rho_F \tag{242}$$

In den Gleichungen (241) und (242) bedeuten

$\bar{w}$ die mittlere Geschwindigkeit des Gaskerns

ρ_{Kern} die mittlere Dichte des Gaskerns und

δ die mittlere Dicke der Flüssigkeitsschicht an der Wand.

Die Gleichungen enthalten weiterhin die empirischen Korrekturfaktoren $F(0)$, $F(1)$ und $F(2)$. Der Korrekturfaktor $F(0)$ soll die Vorgänge im Flüssigkeitsfilm berücksichtigen und ist unter der Annahme, daß die Mischungswege nach Prandtl, analog zur Einphasenströmung, ausschließlich eine Funktion des Wandabstandes sind, wie in Abb. 90 dargestellt, nur von der Dicke der Flüssigkeitsschicht abhängig. $F(1)$ stellt eine Dichtekorrektur dar, die Abb. 91 zu entnehmen ist.

Für den Fall, daß die Kraft aus der Druckänderung längs der Rohrachse größer ist als die Schwerkraft, kann an der Kanalwand im Flüssigkeitsfilm mehr

Schub aufgenommen werden, als an der Grenzfläche entsteht. Deshalb bilden sich hier nur kleine Oberflächenwellen am Flüssigkeitsfilm aus und das Prandtlsche Abstandsgesetz ist hinreichend im Korrekturfaktor $F(0)$ berücksichtigt.

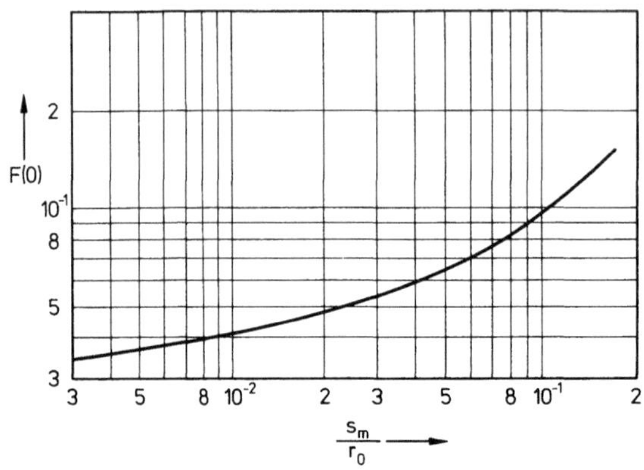

Abb. 90. Faktor $F(0)$ in Gl. (238) und (239) nach Levy, Korrektur für Filmdicke

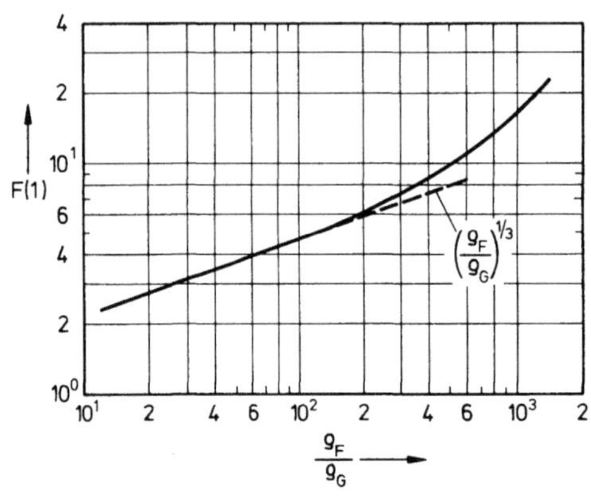

Abb. 91. Faktor $F(1)$ in Gl. (238) und (239) nach Levy, Korrektur für Dichteverhältnis zwischen Flüssigkeit und Gas

Überwiegt die Schwerkraft gegenüber dem Druckverlust längs der Strömungsrichtung, so können stärkere Oberflächenwellen entstehen. Dies bringt aber auch eine Vergrößerung des Mischungsweges mit sich, was im Korrekturfaktor $F(2)$

$$F(2) = \left(\frac{g\, \rho_F}{-dp/dz} \right)^{-\frac{1}{3}}$$

Ausdruck finden soll.

Mit diesen Informationen kann schließlich Gl. (239a) integriert und daraus die Änderung des Entrainments längs des Strömungsweges berechnet werden.

Die Bereiche überwiegenden Tropfenmitrisses und überwiegender Tropfenablagerung seien nochmals anhand von Abb. 92 erläutert. Im oberen der dort gezeigten Diagramme ist die Abnahme des Flüssigkeitsfilmes an der Wand über dem

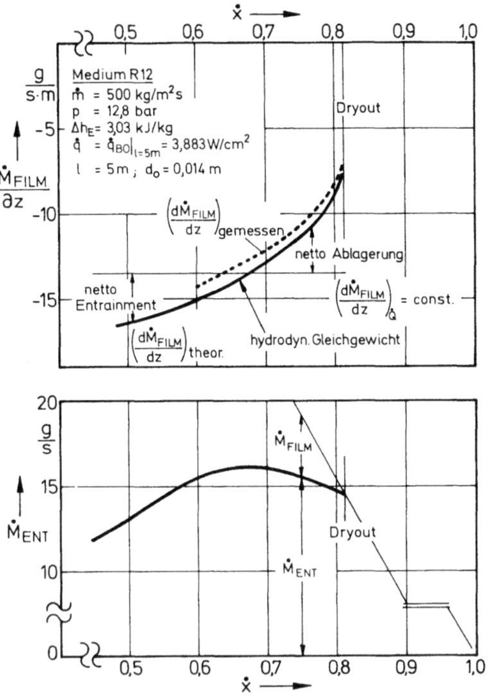

Abb. 92. Erläuterung der Entrainmentbereiche

Dampfgehalt aufgetragen und das untere gibt den im Dampfkern enthaltenen Tropfenstrom über derselben Abszisse wieder. Da die Flüssigkeit auf dem Weg durch das Rohr verdampft, ist die Änderung des Dampfgehaltes $\dot{x}$ auch ein Maß für den vom Gas-Flüssigkeits-Gemisch zurückgelegten Weg. Die Abszisse kann deshalb – wenn auch mit verzerrtem Maßstab – auch als Koordinate des Strömungsweges längs der Rohrachse aufgefaßt werden. Im oberen Teil der Abb. 92 sind sowohl nach der Theorie von Langner berechnete Werte als auch am Kältemittel R 12 gemessene eingetragen. Würde die Abnahme des Flüssigkeitsfilmes nur durch die durch Wärmezufuhr bedingte Verdampfung bewirkt, so wäre

$$\left(\frac{d\dot{M}_{\text{Film}}}{dz}\right)_{\dot{Q}_{ZU}} = \text{Konst.}$$

da das Rohr konstante Heizflächenbelastung über die Länge aufwies. Die Heizflächenbelastung wurde so eingeregelt, daß am Ende des 5 m langen Rohres gerade Dryout auftrat. Dies hatte den Vorteil, daß für die Berechnung der Filmdicke und des Entrainments eine exakt definierte Randbedingung existierte.

Bei kleinen Dampfgehalten, also im unteren Teil des Rohres, ist die Abnahme der Filmdicke stärker, als es der Verdampfung entsprechen würde. Dies bedeutet, daß zusätzlich Flüssigkeitspartikel aus dem Film herausgerissen werden, was auf einen entrainmentkontrollierten Bereich hinweist. Bei hohen Dampfgehalten ist die Abnahme des Flüssigkeitsfilmes geringer, als es der Schwächung des Filmes durch Dampfproduktion entspräche. Hier wird also die Abdampfung durch Tropfenwiederanlagerung teilweise kompensiert. Von hydrodynamischem Gleichgewicht könnte man in dieser beheizten Strömung an der Stelle sprechen, an der die tatsächliche Entrainmentkurve die Linie konstanter Verdampfungsrate schneidet. Wenn wir in das untere Diagramm von Abb. 92 blicken, so sehen wir, daß diese Stelle mit dem Maximum des Entrainmentstromes längs der Rohrachse zusammenfällt.

In beschleunigten Strömungen kann der Entrainmentstrom wesentlich höher sein als unter stationären Bedingungen. Beschleunigungen treten z.B. bei Druckentlastungen auf, wenn ein Sicherheitsventil geöffnet wird oder sich eine Leckstelle ausbildet. Abb. 93 kann man entnehmen, daß bei hohen Beschleunigungen des Gemisches im Rohr, also raschen und großen Druckabsenkungen, mehr als doppelt so viel Flüssigkeit im Gaskern getragen wird, als dies unter stationären Bedingungen und bei sonst gleichen thermo- und fluiddynamischen Gegebenheiten der Fall wäre. Die dort gezeigten Ergebnisse lassen sich mit guter Genauigkeit auch mit Gl. (237b) nachrechnen, wie Langner [9] gezeigt hat.

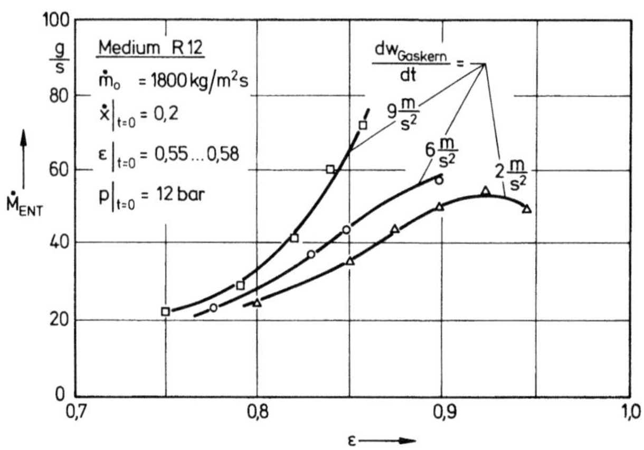

Abb. 93. Entrainment bei Druckentlastung

II.4.3. Wärmeübergang nach Überschreiten der kritischen Heizflächenbelastung

In Kapitel II.2. hatten wir bereits gesehen, daß die Wärmeübertragung beim Sieden in 2 große Bereiche eingeteilt werden kann, nämlich in einen, bei dem die verdampfende Flüssigkeit die wärmeabgebende Wand benetzt, und einen zweiten, in dem der direkte Kontakt zwischen Flüssigkeit und Wand aus thermodynamischen oder hydrodynamischen Gründen nicht mehr möglich ist. Der Übergang vom ersten zum zweiten Bereich ist durch die kritische Wärmestromdichte gekennzeichnet, die von den Strömungsbedingungen und von verschiedenen thermodynamischen Zustandsgrößen der siedenden Flüssigkeit abhängt. Bei niedrigem Dampfgehalt geht Blasensieden in Filmsieden über, und bei hohem Dampfgehalt wird der Flüssigkeitsfilm an der Wand durch Strömungskräfte und durch stilles Sieden – manchmal auch Grenzflächensieden genannt – zerstört, und der weitere Wärmetransport erfolgt dann von der Wand unmittelbar an den Dampfstrom, der überhitzt wird und dabei die in ihm noch mitgetragenen Flüssigkeitstropfen langsam verdampft. Diesen Wärmetransportprozeß nennt man Sprühkühlung oder auch Wärmeübergang bei Flüssigkeitsmangel (liquid deficient region). Zwischen den Wärmeübergangsbereichen mit benetzter und unbenetzter Wand liegt ein Übergangsgebiet, das wir Übergangssieden (transition boiling) nannten, und in dem noch kurzzeitiges und örtliches Benetzen auftritt.

Die Wärmeübertragung jenseits der kritischen Heizflächenbelastung sei hier in Anlehnung an den englischen Sprachgebrauch mit Post-Dryout-Wärmeübergang bezeichnet. Die Kenntnis des Wärmetransportes im Post-Dryout-Gebiet ist seit langem für die Auslegung von Zwangsdurchlauf-Dampferzeugern von großer Bedeutung. In jüngerer Zeit haben sicherheitstechnische Überlegungen für Kernreaktoren die gründliche Erforschung dieser Wärmetransportbedingungen ganz besonders vordringlich gemacht. Im Falle eines Kühlmittelverlustes erfolgt die Notkühlung des Reaktorkernes in einem ersten, zwar kurzen, aber für die Integrität des Reaktorkernes wichtigen Zeitbereich durch Post-Dryout-Wärmeübergang. Weitere Anwendungsgebiete sind in der Tieftemperaturtechnik mit kryogener Flüssigkeit sowie bei der spanlosen Metallverarbeitung zu finden. Wie wir einleitend gesehen haben, erfolgt der Wärmeübergang im Post-Dryout-Bereich nach verschiedenen fluiddynamischen und thermodynamischen Mechanismen, und man muß zwischen

Sprühkühlung
Filmsieden und
Übergangssieden

unterscheiden. Während Sprühkühlung fast nur in Zwangskonvektion auftritt, kann Filmsieden sowohl bei freier Konvektion als auch bei Zwangskonvektion existieren. Getrennt nach diesen Phänomenen soll auch im folgenden die Diskussion der Post-Dryout-Wärmeübergangsmechanismen vorgenommen werden.

II.4.3.1. Sprühkühlung

Wärmeübergang durch Sprühkühlung entwickelt sich, wie in Abb. 94 skizziert, aus einer Ringströmung, wobei der anfänglich vorhandene Flüssigkeitsfilm

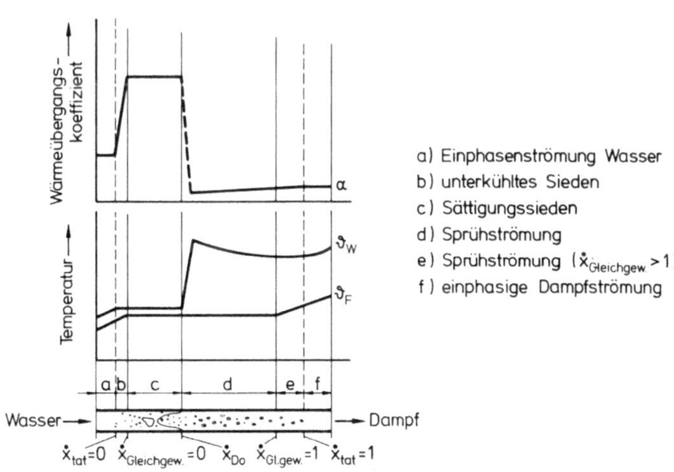

Abb. 94. Wärmeübergangsbereiche im Zwangsdurchlauf-Dampferzeuger

an der Wand mangels Flüssigkeitsnachfuhr und durch Verdampfen verschwindet. Durch die starke Verringerung des Wärmeübergangskoeffizienten beim Übergang vom stillen Sieden zum Post-Dryout-Wärmetransport steigt die Temperatur der wärmeabgebenden Wand stark an. Der Wärmetransport von der Wand erfolgt jetzt unmittelbar an den Dampf und nicht mehr oder höchstens in verschwindend kleinem Maße an kurzzeitig benetzende Flüssigkeitstropfen, die im Dampfstrom aus den stromaufwärts gelegenen Gebieten des Blasensiedens und des stillen Siedens noch mitgetragen werden. Der Dampf wird an der Wand überhitzt und kann je nach thermo- und fluiddynamischen Bedingungen diese Flüssigkeitstropfen teilweise bei genügend langem Strömungsweg auch vollständig verdampfen.

Bei der Beurteilung der Dampftemperatur im Post-Dryout-Bereich kann man zunächst von 2 Grenzbetrachtungen ausgehen, nämlich der Annahme vollständigen thermischen Gleichgewichts zwischen Dampf und Flüssigkeitstropfen, was bedeutet, daß der Dampf sofort seine Überhitzungswärme zur Verdampfung der Tropfen wieder abgibt, oder vollständigen thermischen Ungleichgewichts, wobei man annimmt, daß der Wärmeübergang zwischen Dampf und Tropfen verschwindend klein ist. Für die Berechnung der Wandtemperatur kann man dabei zunächst einphasige Gasströmung in der Grenzschicht unterstellen, und man erhält dann zwei Grenzkurven für mögliche Wandtemperaturen, nämlich, wie in Abb. 95 an einem Beispiel gezeigt, hohe Werte für thermisches Ungleichgewicht und entsprechend niedrigere Wandtemperaturen unter der Annahme thermischen Gleichgewichts. In Abb. 95 sind zum Vergleich auch Wandtemperaturmessungen von Hein [148] eingetragen, die für die hier gewählten fluiddynamischen und thermodynamischen Bedingungen die Annahme vollkommenen thermischen Ungleichgewichts zu rechtfertigen scheinen. Dieses Ergebnis von Hein ist in Übereinstimmung mit Beobachtungen von Bailey [149], der feststellte, daß bei kleinen Geschwindigkeiten ($\dot{m} < 700$ kg/m^2 s) selbst bei hohen Drücken die Verdampfung der Tropfen vernachlässigt werden kann. Mit zunehmender Dampfgeschwin-

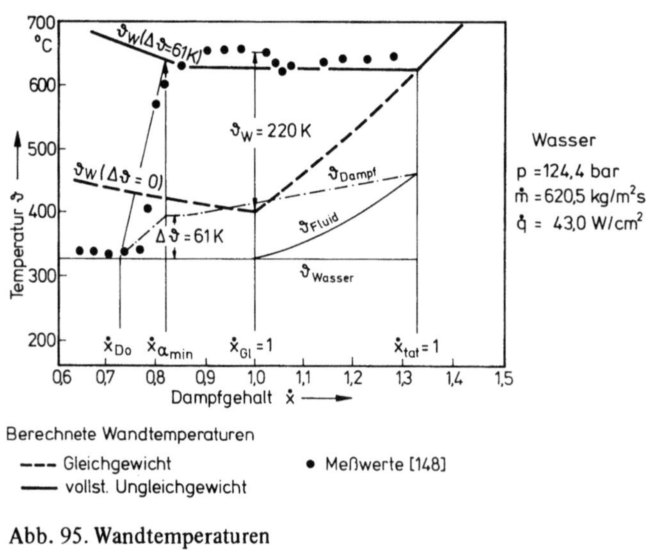

Abb. 95. Wandtemperaturen

digkeit und damit auch größer werdenden Relativgeschwindigkeiten zwischen Tropfen und Dampf verbessert sich der Wärmetransport zwischen den Phasen, und die Verhältnisse streben dem thermischen Gleichgewicht zu.

Die Temperatur des Dampfes ist über den Querschnitt nicht konstant, und Tropfen, die in die überhitzte wandnahe Grenzschicht gelangen, ohne die Wand zu benetzen, werden eher verdampfen als Tropfen im weniger überhitzten Dampfkern. Schließlich ist bei hohen Wandtemperaturen die Wärmestrahlung an den Dampf und an die Tropfen zu berücksichtigen. Auf der anderen Seite aber können bei niedrigen Wandtemperaturen die Tropfen auch kurzzeitig die Wand benetzen. Damit ergeben sich folgende Effekte und mögliche Wärmetransportwege von der Wand an das Fluid.

a) Wärmetransport von der Wand an Flüssigkeitstropfen, welche in die thermische Grenzschicht gelangen, jedoch die Wand nicht benetzen (Dry Collisions).

b) Wärmeübertragung von der Wand an Tropfen, die die Wand kurzzeitig benetzen (Wet Collisions).

c) Konvektive Wärmeübertragung von der Wand an den Dampf.

d) Konvektive Wärmeübertragung vom Dampf an die im Dampfkern mitgetragenen Tropfen.

e) Strahlungswärmeübertragung von der Wand an die Flüssigkeitstropfen.

f) Strahlungswärmeübertragung von der Wand an den Dampf.

Eine kurzzeitige Benetzung der Wand durch Flüssigkeitstropfen von entsprechend hoher kinetischer Energie kann, wie erwähnt, nur bei mäßigen Übertemperaturen der Wand erfolgen, wobei Iloeje [150] davon ausgeht, daß sich, wie Abb. 96 zeigt, an der Kontaktfläche des Tropfens Dampfblasen bilden, welche die Flüssigkeit in kleinere Tropfen zerteilen, die dann durch den Expansionseffekt des gebildeten Dampfes abgeschleudert werden, und ein dünner Flüssigkeitsfilm an der Wand zurückbleibt, der dann verdampft.

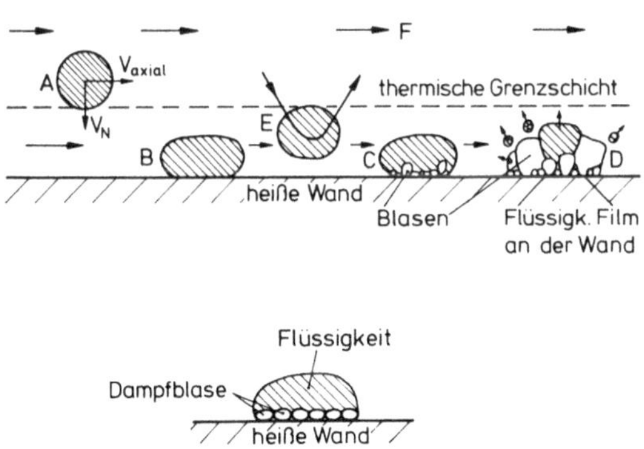

Ideal. Blasengeometrie am Ende des Blasenwachstums unter Tropfen

Abb. 96. Wärmetransport durch Sprühkühlung

Die in der Literatur vorhandenen Messungen zur Wärmeübertragung bei Sprühkühlung kann man in 3 Kategorien einordnen, nämlich in

Untersuchungen zum Notkühlverhalten von Kernreaktoren, wie sie z.B. in [151–155] dargestellt sind,

die Ermittlung unmittelbarer Auslegungsdaten für wärmetechnische Apparate, wie Benson-Kessel und Kältemittelverdampfer, die meist bei hohen Drücken durchgeführt wurden [156–159], und

Messungen zum besseren Verständnis des Wärmeübergangsmechanismus für die Erstellung theoretisch besser fundierter Rechenmodelle und Wärmeübergangsgleichungen [160–162].

Plummer [161], der Grundlagenuntersuchungen mit Stickstoff durchführte, demonstrierte deutlich, wie aus der seiner Arbeit entnommenen Abb. 97 hervorgeht, den Einfluß des Mengenstromes, d.h. der Dampfgeschwindigkeit auf das thermische Ungleichgewicht zwischen Flüssigkeitstropfen und Dampf. Niedrige

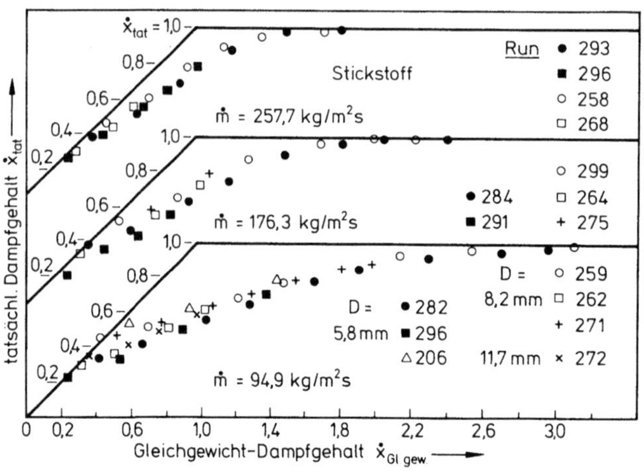

Abb. 97. Abweichung vom thermodynamischen Gleichgewicht bei Wärmeübergang an Sprühströmung nach Plummer [161]

Strömungsgeschwindigkeiten führen zu sehr hohen Dampfüberhitzungen, wie aus den Unterschieden zwischen Meßpunkten und der aus dem 1. Hauptsatz der Thermodynamik abzuleitenden Gleichgewichtslinie zu ersehen ist. Plummer untersuchte bei seinen Experimenten auch den Einfluß der Wand und stellte keinen Materialeffekt auf den Wärmeübergang fest. Er konnte jedoch beobachten, daß mit zunehmender Rauhigkeit und Oberflächenverschmutzung die Neigung zur Wiederbenetzung stieg und auch der Wärmeübergang, wie aus der einphasigen Strömung bekannt, leicht erhöht wurde.

Ein systematischer Vergleich der Meßergebnisse und eine zuverlässige Auslegung von Verdampfern kann nur mit Hilfe von Korrelationen erfolgen, die einen möglichst weiten Bereich fluiddynamischer und thermodynamischer Parameter umfassen und auch unterschiedliche Fluide, wie kryogene Flüssigkeiten, Kältemittel und Wasser, einheitlich beschreiben. In der Literatur sind verschiedene Typen von Korrelationen zu finden, namlich:

– Rein empirische Korrelationen – meist älteren Datums –, die auf den Gesetzen des einphasigen Wärmeübergangs (z.B. Dittus-Boelter-Gleichung) aufgebaut sind, thermisches Gleichgewicht voraussetzen, aber Korrekturen für den Flüssigkeitsgehalt in der Strömung beinhalten.

- Beziehungen die Abweichungen vom thermischen Gleichgewicht berücksichtigen und empirisch den tatsächlichen Dampfgehalt zu beschreiben versuchen. Sie gehen ebenfalls von einem Potenzansatz für die einphasige Gasströmung aus.
- Halbtheoretische Modelle, welche die individuellen fluiddynamischen und thermodynamischen Transportprozesse zu erfassen suchen, wie sie einleitend zu diesem Kapitel kurz skizziert wurden.

Die erstgenannten Korrelationen sollen hier nicht näher erörtert werden. Eine Auswahl ist in Tabelle 11 zusammengestellt. Die empirischen Modelle geben sehr unterschiedliche Vorhersagen und gestatten es nicht, wie in Abb. 98 an einem Beispiel [163] demonstriert, die tatsächliche Wandtemperatur zuverlässig zu berechnen.

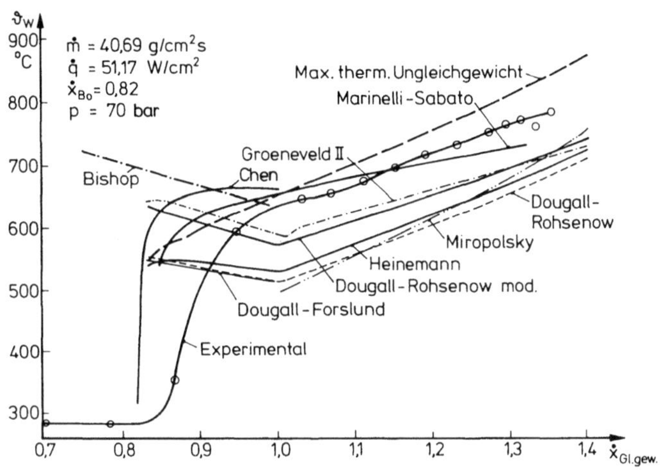

Abb. 98. Vorhersage der Wandtemperatur mit verschiedenen empirischen Wärmeübergangsbeziehungen für Sprühströmung aus der Literatur

Zwei dieser empirischen Beziehungen seien stellvertretend hier kurz erläutert. Ihre Auswahl erfolgte, da sie von Genehmigungsbehörden für die Berechnung des Wärmeübergangs während der Notkühlung von Kernreaktoren empfohlen werden. Groenevelds Gleichung hat die Form

$$Nu = a \left[Re_D \left[\dot{x} + \frac{\rho_D}{\rho_F} (1 - \dot{x}) \right] \right]^b Pr_{DW}^c \, Y^d$$
$$Y = 1 - 0{,}1 \left(\frac{\rho_F}{\rho_D} - 1 \right)^{0{,}4} (1 - \dot{x})^{0{,}4} \tag{243}$$

Die Konstante a und die Exponenten b, c und d sind für die jeweilige Kühlkanalgeometrie Tabelle 12 zu entnehmen. Gleichung (243) ist eine Modifikation der bekannten Dittus-Boelter-Gleichung und berücksichtigt nicht thermisches Ungleichgewicht. Der Einfluß der Tropfenverdampfung auf die Strömungsge-

Tabelle 11. *Gleichungen und deren Anwendungsbereiche für Sprühkühlung und Filmsieden*

Gleichungen	Anwendungsbereich				Kommentar
	p [bar]	$\dot{m}$ [kg/m² s]	$\dot{x}$	Geometrie	
Miropolski (1963): $\alpha = 0{,}023 \, \frac{\lambda_D}{d_h} \, Re^{0,8} \, Pr^{0,8} \, Y$ $Y = 1 - 0{,}1 \left(\frac{\rho_D}{\rho_F} - 1 \right)^{0,4} (1 - \dot{x})^{0,4}$	40 .. 220	700 .. 2000	0,06 .. 1,0	Rohr	
Dougall-Rohsenow (1963): $\alpha = 0{,}023 \, \frac{\lambda_D}{d_h} \, Re^{0,8} \, Pr^{0,4}$ $Re = \frac{\dot{m}\, d_h}{\eta_D} \left(\frac{\rho_D}{\rho_F} (1 - \dot{x}) + \dot{x} \right)$	< 35	1660 .. 3650	< 0,5	Rohr	
Groeneveld (1969): $\alpha = 3{,}27 \cdot 10^{-3} \, \frac{\lambda_D}{d_h} \, Re_D^{0,9} \, Pr^{1,33} \, Y^{-1,5}$	34 .. 215	700 .. 5300	0,1 ... 0,9	Rohr und Ringraum	γ siehe Miropolski (1963)
Groeneveld (1971) – Regressionsanalyse $Nu = a \left(Re_D \left(\dot{x} + \frac{\rho_D}{\rho_F} (1 - \dot{x}) \right) \right)^b Pr_w^c \, Y^d \, q^e$	68 .. 215	700 .. 5300	0,1 ... 0,9	Rohr und Ringraum	
Bishop (1964): $\alpha = 0{,}0193 \cdot Re^{0,8} \, Pr^{1,23} \left(\frac{\rho_D}{\rho_F} \right)^{0,068} \left(\frac{\rho_D}{\rho_F} (1 - \epsilon) + \epsilon \right)^{0,18}$	165 .. 215	1350 .. 3400	0,1 ... 1,0	Rohr	
Herkenrath, Mörk-Mörkenst. (1969): $Nu = 0{,}06 \left\{ \left(Re_F \left(\dot{x} + \frac{\rho_D}{\rho_F} (1 - \dot{x}) \right) \frac{\rho_w}{\rho_D} \, Pr_w \right\}^{0,8} \left(\frac{\dot{m}}{1000} \right)^{0,4} \left(\frac{p}{p_{krit}} \right)^{2,7}$	140 .. 220	750 .. 4100	0,1 ... 1,0	Rohr	$\dot{m}$ in kg/m² s

Cumo, Brevi (1969): $\alpha = 8{,}9 \cdot 10^{-3} \frac{\lambda_D}{d_h} Re^{0,84} Pr^{1,33} \left(\frac{1 - \dot{x}_{Do}}{\dot{x} - \dot{x}_{Do}} \right)^{0,124}$	50	500 . . 3000	0,4 . . . 1,0	Rohr	Zweistufenmodell. schließt Wärmeübergang Tropfen – Wand ein
Polomik (1961, 1967): $Nu = 1{,}36 \cdot 10^{-3} \cdot Re_F^{0,853} Pr_F^{0,33} [\dot{x}/(1-\dot{x})]^{0,147} (\rho_D/\rho_F)^{0,66}$ $Nu = 0{,}0039 \cdot (Re_D (x + \rho_D/\rho_F (1-\dot{x})))^{0,9}$ $Nu = 0{,}023 \cdot Re_F^{0,292} Pr_F^{0,33} [\dot{x}/(1-\dot{x})]^{0,01} \dot{q}^{0,47}$	55 . . 100	1000 . . 2450	0,4 . . . 0,7	Ringraum	$\dot{q}$ in BTU
Lee (1970): $T_W - T_s = 1{,}915 \left[\frac{\dot{q}}{\dot{m} [\dot{x} + (1-\dot{x})/4{,}15]} \right]$	140 . . 180	1000 . . 4000	0,3 . . . 0,75	Rohr	
Tong (1964): $Nu = 0{,}005 \left(\frac{d_h \bar{w} \rho_D}{\eta_D} \right)^{0,8} Pr_W^{0,5}$	> 138	> 700	< 0,1	Rohr	Gleichung für kleinen Dampfgehalt. Filmsieden.
Polomik (1967): $Nu = 0{,}00115 (Re_D)^{0,9} Pr_D^{0,3} \left(\frac{T_W}{T_s} - 1 \right)^{-0,15}$	40 . . 100	700 . . 2700	0,2 . . . 1,0	2 parallele Stäbe	
Collier (1972): $\dot{q} \left[\frac{d_h^{0,2}}{(\dot{m}\dot{x})^{0,8}} \right] = \frac{1}{389} (T_W - T_s)^m$ $m = 1{,}284 - 0{,}00312\,\dot{m}$	69	> 1000	0,15 . . 1,0	Rohr und Ringraum	Filmsieden $T_W - T_s < 200°$ C
Bishop (1965): $Nu = 0{,}055 \left[Re_{D,W} \frac{\rho_{D,W}}{\rho_D} \left(\dot{x} + \frac{\rho_D}{\rho_F} (1-\dot{x}) \right) \right]^{0,82}$ $Pr_W^{0,96} \left(\frac{\rho_D}{\rho_F} \right)^{0,34} \left(1 + \frac{26{,}9}{L/d_h} \right)$	165 . . 215	1350 . . 3400	0,1 . . . 1,0	Rohr	

schwindigkeit des Fluids ist durch einen vom Dampfgehalt abhängigen Korrekturfaktor der Reynolds-Zahl berücksichtigt.

Tabelle 12. *Konstanten und Exponenten in Groenevelds Gleichung (Gl. (243))*

Geometrie	*a*	*b*	*c*	*d*
Rohre	$1{,}09 \times 10^{-3}$	0,989	1,41	−1,15
Ringkanal	$5{,}20 \times 10^{-2}$	0,688	1,26	−1,06
Rohre und Ringkanal	$3{,}27 \times 10^{-3}$	0,901	1,32	−1,50

Dougall-Rohsenows Beziehung

$$Nu = 0{,}023 \left[\frac{\dot{m}\, d}{\eta_D} \left(\dot{x} + (1 - \dot{x}) \frac{\rho_D}{\rho_F} \right) \right]^{0{,}8} Pr_{DS}^{0{,}4} \tag{244}$$

ist völlig analog aufgebaut, sie unterscheidet sich von Groenevelds Gleichung im wesentlichen nur dadurch, daß bei Groeneveld die Prandtl-Zahl auf die Dampftemperatur an der Wand und bei Dougall-Rohsenow auf die Verdampftemperatur bezogen ist.

In der Literatur sind auch empirische Gleichungen zu finden, die nur auf einer Regressionsanalyse von Meßpunkten beruhen. Zu nennen sind die Gleichungen von Condie und Bengtson [164] sowie aus früherer Zeit die von Groeneveld [165], von Mattson [166] und von Slaughterbeck [167].

Vorschläge und erste Ansätze, das in der realen Strömung vorhandene thermische Ungleichgewicht zu berücksichtigen, wurden schon früh gemacht. Erwähnt seien hier die Arbeiten von Laverty und Rohsenow [168] und von Cumo und Brevi [169]. Offenbar stimuliert durch den akuten Bedarf in der Praxis, sei es für die Auslegung wassergekühlter Kernreaktoren oder fossil beheizter Kessel, wurden in jüngster Zeit eine Reihe neuer Ungleichgewichtsmodelle entwickelt, die den tatsächlichen Dampfgehalt entweder durch einen empirischen Ansatz zu erfassen suchen oder welche die Wärmetransportmechanismen von der Wand zwischen den Phasen beschreiben. Einen ausführlichen Überblick über solche empirische und halbempirische Modelle gibt Chen [170], der auch ein eigenes umfangreiches Rechenverfahren zur Bestimmung der Wärmeübergangskoeffizienten und der Wandtemperaturen vorschlägt.

Den halbtheoretischen Modellen ist gemeinsam, daß sie den Wärmestrom von der Wand $\dot{q}(z)$ additiv zusammensetzen

$$\dot{q}(z) = \dot{q}_{D\,K} + \dot{q}_{F\,K} + \dot{q}_{F\,Ben} + \dot{q}_{D\,Str} + \dot{q}_{F\,Str}$$

aus den Teilströmen

$\dot{q}_{D\,K}$ konvektiver Wärmetransport von der Wand an den Dampf,
$\dot{q}_{F\,K}$ konvektiver Wärmetransport an die Flüssigkeitstropfen,
$\dot{q}_{F\,Ben}$ Wärmetransport durch Benetzen der Wand durch Tropfen,
$\dot{q}_{D\,Str}$ Wärmestrahlung von der Wand an den Dampf,
$\dot{q}_{F\,Str}$ Wäımestrahlung von der Wand an die Tropfen.

Die Strahlungsanteile werden durchweg als vernachlässigbar klein betrachtet und Tropfenkontakt mit der Wand ist nur bei Übergangssieden und im Übergang vom Übergangssieden zum Filmsieden bzw. zur Sprühkühlung zu berücksichtigen.

Phänomenologische Modelle geben empirische Korrekturen für die Abweichung des tatsächlichen Dampfgehaltes von dem unter der Annahme thermischen Gleichgewichts berechneten. Groeneveld und Delorme [171] paßten in der Literatur bekannte empirische Gleichgewichtsmodelle durch Einführen des tatsächlichen Dampfgehaltes $\dot{x}_{tat}$ und der tatsächlichen Dampftemperatur $T_{D\,tat}$ an die Gegebenheiten des Ungleichgewichtes an und beschreiben damit den Wärmefluß durch Konvektion von der Wand an den Dampf.

$$\frac{\dot{q}}{T_W - T_{D\,tat}} = \alpha = \frac{\lambda_F}{d_{hyd}} \, 0{,}008348 \left[\frac{\dot{m}\, d_{hyd}}{\eta_D} \left(\dot{x}_{tat} + \frac{\rho_D}{\rho_F} (1 - \dot{x}_{tat}) \right) \right]^{0{,}8774} Pr_{D\,Film}^{0{,}6112} \tag{245}$$

Der tatsächliche Dampfgehalt $\dot{x}_{tat}$ ist um den Anteil

$$\frac{h_{D\,tat} - h_{D\,Gl}}{h_{FG}}$$

kleiner, da die Überhitzungsenthalpie $h_{D\,tat} - h_{D\,Gl}$ noch nicht als Verdampfungswärme h_{FG} den Flüssigkeitstropfen zugeflossen ist und diese teilweise verdampft hat. Die spezifische Enthalpie $h_{D\,tat}$ des überhitzten Dampfes ergibt sich aus der Dampftemperatur $T_{D\,tat}$, die aber unbekannt ist und deshalb in Groenevelds Rechnung durch eine Parameterstudie ersetzt wird. Die auf die Verdampfungswärme bezogene Überhitzungsenthalpie ist eine Funktion von

$$\frac{h_{D\,tat} - h_{D\,Gl}}{h_{FG}} = f\left(\dot{x}_{Gl}, Re, Pr, \frac{p}{p_{krit}}, \frac{\dot{q}\, d_{hyd}\, c_{PD}}{\lambda_D\, h_{FG}}, \frac{L}{d_{hyd}}\right)$$

und Groeneveld macht hiefür den Ansatz

$$\frac{h_{D\,tat} - h_{D\,Gl}}{h_{FG}} = e^{-\tan(\psi)} \tag{246}$$

Gleichung (246) beschreibt nichts anderes als einen Faktor, mit dem der tatsächliche Dampfgehalt $\dot{x}_{tat}$ multipliziert werden muß, um den unter thermischem Gleichgewicht theoretisch möglichen Dampfgehalt $\dot{x}_{Gl}$ zu erhalten.

$$\dot{x}_{tat} = \frac{\dot{x}_{Gl}}{e^{-\tan(\psi)} + 1} \tag{247}$$

Der Parameter ψ wird unter Annahme homogener Strömung mit der Reynolds-Zahl

$$Re = \frac{\dot{m}\, d_{hyd}}{\eta_{D\,Gl}} \left[\dot{x}_1 + \left(\frac{\rho_D}{\rho_F} (1 - \dot{x}_1) \right) \right]$$

$$\begin{aligned} \dot{x}_1 &= \dot{x}_{Gl} && \text{wenn } 0 \leqslant \dot{x}_{Gl} \leqslant 1 \\ \dot{x}_1 &= 0 && \text{wenn } \dot{x}_{Gl} < 0 \\ \dot{x}_1 &= 1 && \text{wenn } 1 < \dot{x}_{Gl} \end{aligned} \tag{248}$$

gebildet, wobei

$$\psi = a_1 \, Pr_D^{a_2} \, Re^{a_3} \left(\frac{\dot{q}\, d_{hyd}\, c_{PD\,Gl}}{\lambda_{D\,Gl}\, h_{FG}} \right)^{a_4} \sum_{i=0}^{i=2} b_i \, (\dot{x}_{Gl})^i$$

$$\psi = 0 \qquad \text{wenn} \quad \psi < 0 \tag{249}$$

$$\psi = \pi/2 \qquad \text{wenn} \quad \psi > \pi/2$$

ist.

Die Konstanten und Koeffizienten der Gl. (249) sowie der Gültigkeitsbereich des Groeneveldschen Ansatzes können Tabelle 13 entnommen werden.

Tabelle 13. *Koeffizienten der Gl. (249) und Gültigkeitsbereich des Groeneveld-Delorme-Ansatzes (Gln. (245) bis (249))*

Koeffizient	Wert	Gültigkeitsbereich	
a_1	+ 0,13864	Geometrie	Rohr
a_2	0,2031	Fluid	Wasser
a_3	0,20006	p	41 – 205 bar
a_4	– 0,09232	$\dot{m}$	27 – 515 g/cm² s
b_0	1,3072	$\dot{q}$	15 – 270 W/cm²
b_1	– 1,0833	$\dot{x}_{Gl}$	0,1 – 1,5
b_2	0,8455	T_W	400 – 845° C

In Abb. 99 ist der Einfluß des Druckes, der Heizflächenbelastung und der Mengenstromdichte auf den Überhitzungsgrad und auf die Überhitzungstemperatur des Dampfes für das Beispiel einer Wasser-Dampf-Strömung von 69 bar aufgetragen, wie sie sich nach dem Ansatz von Groeneveld-Delorme ergeben. Man sieht, daß vor allem bei kleinen Massenstromdichten und hohen Heizflächenbelastungen auf das thermische Ungleichgewicht zu achten ist. Im Bereich niedriger Drücke können selbst bei mäßigen Heizflächenbelastungen Überhitzungstemperaturen von mehr als 100 K auftreten.

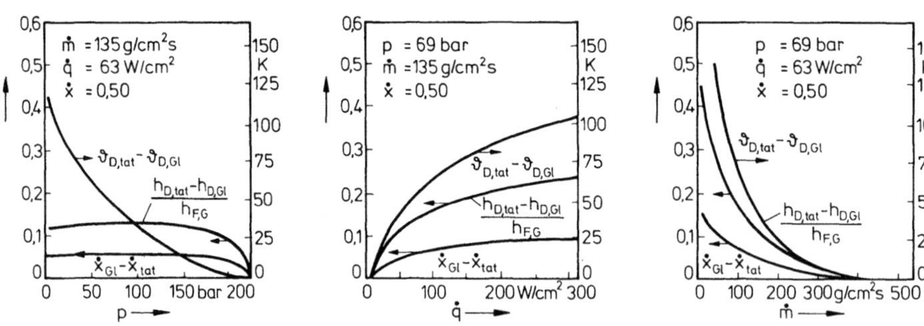

Abb. 99. Thermodynamisches Ungleichgewicht und Überhitzung des Dampfes bei Wärmeübergang an Sprühströmung nach [171]

Historisch gesehen waren Iloeje u.a. [150] die ersten, die vorschlugen, den Wärmetransport bei der Sprühkühlung im Post-Dryout-Bereich in einzelne Wärmeteilströme

– durch kurzzeitigen Kontakt der Tropfen mit der Wand

– durch Aufheizen der Flüssigkeitstropfen in der wandnahen Grenzschicht und

– durch konvektiven Transport von der Wand an den Dampf

aufzuteilen, was dann in verschiedenen Rechenmodellen aufgegriffen wurde. Bei der Anwendung dieser Wärmeteilstrommodelle, die in der Literatur auch Mehrstufenmodelle genannt werden, stellt sich stets die Frage, welchen quantitativen Anteil die Wärmeteilströme unter den verschiedenen fluiddynamischen und thermodynamischen Bedingungen haben. Iloeje schätzte mit seinem Rechenansatz diese Anteile ab und man sieht aus Abb. 100, daß nur bei geringen Wandüberhitzungen überwiegend der Tropfenkontakt die Wandkühlung übernimmt.

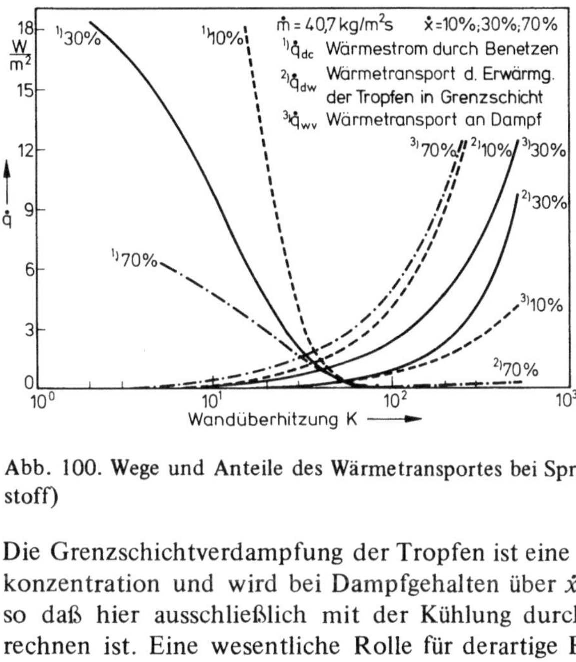

Abb. 100. **Wege und Anteile des Wärmetransportes bei Sprühkühlung (Beispiel flüssiger Stickstoff)**

Die Grenzschichtverdampfung der Tropfen ist eine starke Funktion der Tropfenkonzentration und wird bei Dampfgehalten über $\dot{x} = 0{,}5$ vernachlässigbar klein, so daß hier ausschließlich mit der Kühlung durch den überhitzten Dampf zu rechnen ist. Eine wesentliche Rolle für derartige Rechenansätze spielt die Vorhersage des Tropfenspektrums, wozu meist die kritische Weber-Zahl – zwischen 7 und 14 – und verschiedentlich eine statistische Verteilungsfunktion herangezogen werden. Anhaltspunkte für das Tropfenspektrum in einer Sprühströmung und stromaufwärts des Dryout-Punktes können bei Ueda [172] und Langner [9] gefunden werden, die Messungen – allerdings nicht mit Wasser, sondern mit den Kältemitteln R 113 und R 12 – durchführten. Ueda untersuchte das Tropfenspektrum im Post-Dryout-Bereich und fand, wie in Abb. 101 zu ersehen, Tropfendurchmesser im Bereich von 0,01 bis 0,06 mm. Langner dagegen führte seine Untersuchungen stromaufwärts von der Dryout-Stelle, also in benetzender Ringströmung durch und stellte dort wesentlich größere Tropfendurchmesser zwischen 0,1 und 0,9 mm fest.

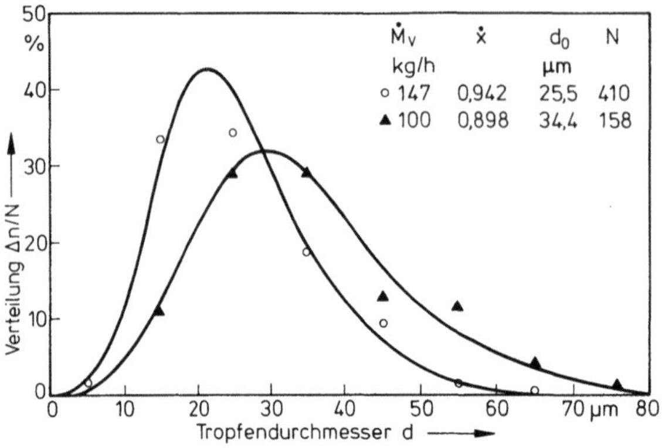

Abb. 101. Tropfendurchmesser bei Sprühströmung in Kältemitteln

Aus der Reihe der Mehrstufenmodelle zur Berechnung des Wärmeübergangs bei Sprühkühlung wollen wir hier nur das von Plummer [161] kurz diskutieren. Plummer teilt den Wärmestrom von der Wand an das Fluid in nur zwei Anteile auf

$$\dot{q} = \alpha_{WD}(T_W - T_D) + \alpha_{W\,Tr}(T_W - T_S) = \dot{q}_{DK} + \dot{q}_{F\,Ben} \tag{250}$$

nämlich in einen konvektiven Wärmetransport von der Wand an den Dampf $\dot{q}_{DK}$ und in einen Wärmetransport durch Benetzen der Wand durch die Tropfen $q_{F\,Ben}$. Für den erstgenannten ist als treibendes Temperaturgefälle die Temperaturdifferenz zwischen Wand und Dampf einzusetzen, während der zweite auf die Sättigungstemperatur der Flüssigkeit zu beziehen ist. Der Wärmeübergangskoeffizient für den konvektiven Wärmetransport berechnet sich in der bekannten Weise zu

$$\alpha_{WD} = 0{,}023\,\frac{\lambda_D}{d_{hyd}}\left(\frac{\dot{m}\,\dot{x}_{tat}\,d_{hyd}}{\eta_D}\right)^{0,8} Pr^{\frac{1}{3}}\left(\frac{\eta_D}{\eta_{DW}}\right)^{0,14} \left(1 + 0{,}3\,\frac{d_{hyd}}{L_{DO} + 0{,}01\,d_{hyd}}\right)^{0,7} \tag{251}$$

wobei die Prandtl-Zahl auf die mittlere Dampftemperatur zu beziehen ist. In Gleichung (251) bedeuten

η_{DW} die Viskosität des Dampfes bei Wandtemperatur und

L_{DO} die Entfernung stromaufwärts zur Dryout-Stelle.

Für den Wärmeübergangskoeffizienten an die benetzenden Tropfen setzt Plummer

$$\alpha_{W\,Tr} = \frac{\lambda_{DS}}{\delta_F}\,(1-\epsilon)\,e^{-\frac{2\,d_{hyd}}{L_{Do}}} \tag{252}$$

Der Wärmeleitkoeffizient λ_{DS} bezieht sich auf den Dampf bei Sättigungstemperatur und δ_F ist eine gedachte Flüssigkeitsdicke, die sich ergäbe, wenn die benetzenden Tropfen gleichmäßig über den Rohrumfang verteilt wären. Für die Berechnung der Wärmeübergangskoeffizienten in den Gln. (251) und (252) benötigt Plummer Angaben über den tatsächlichen Dampfgehalt $\dot{x}_{tat}$ und über die fiktive Dicke δ_F der Flüssigkeitsschicht. Für das thermodynamische Ungleichgewicht geht er davon aus, daß eine lineare Beziehung zwischen dem tatsächlichen Dampfgehalt $\dot{x}_{tat}$ und dem Gleichgewichtsdampfgehalt $\dot{x}_{Gl}$ existiert

$$(\dot{x}_{tat} - \dot{x}_{DO}) = K\,(\dot{x}_{Gl} - \dot{x}_{DO}) \tag{253}$$

wobei K eine Korrelationsgröße ist

$$K = 0{,}07 \ln \left[\dot{m} \sqrt{\frac{d_{hyd}}{\rho_D\, \sigma}}\, (1 - \dot{x}_{DO})^5 \right] + 0{,}4 \tag{254}$$

und $\dot{x}_{DO}$ den Dampfgehalt an der Dryout-Stelle darstellt. Für die fiktive Flüssigkeitsschicht nimmt Plummer eine konstante Dicke von

$\delta_F = 0{,}01$ mm

an. Die in Gleichung (250) enthaltene unbekannte Dampftemperatur T_D korreliert Plummer über die Änderung des Dampfgehalts stromabwärts der Dryout-Stelle sowie mittels der Korrelationsgröße K.

$$T_D = \frac{h_{FG}\,(1 - K)}{c_{PD}}\; \frac{\dot{x}_{Gl} - \dot{x}_{DO}}{\dot{x}_{DO} + K\,(\dot{x}_{Gl} - \dot{x}_{DO})} + T_S \tag{255}$$

Der Gleichgewichtsdampfgehalt $\dot{x}_{Gl}$ wird nach dem 1. Hauptsatz der Thermodynamik unter der Annahme, daß der Dampf Sättigungstemperatur besäße, berechnet. Für den örtlichen volumetrischen Dampfgehalt ϵ, der nach den bekannten Definitionen mit dem Schlupf s und dem tatsächlichen Strömungsdampfgehalt $\dot{x}_{tat}$ zusammenhängt

$$\epsilon = \frac{\dot{x}_{tat}}{\dot{x}_{tat} + \rho_D/\rho_F\; s\,(1 - \dot{x}_{tat})}$$

müßte man eigentlich eine beliebige, in der Literatur zu findende zuverlässige Dampfgehalts- oder Schlupfbeziehung heranziehen können. Plummer empfiehlt auch hier den eigenen Ansatz

$$\frac{1 - s}{1 - s_{DO}} = \left(1 - \frac{K\,(\dot{x}_{Gl} - \dot{x}_{DO})}{1 - \dot{x}_{DO}} \right)^{\frac{2{,}5}{K^{0{,}264}}} \tag{256}$$

wobei sich der Schlupf an der Dryout-Stelle zu

$$s_{DO} = \frac{1}{2} \left[\frac{(\rho_F/\rho_D)^{0{,}205}}{\left(\frac{\dot{m}\, d_{hyd}}{\eta_F} \right)^{0{,}016}} - 1 \right] + 1 \tag{257}$$

ergibt.

Diese Mehrstufenmodelle, welche die Tropfenanlagerung an der Wand berücksichtigen, führen bereits über zu der Betrachtung des Übergangssiedens (transition boilings), bei dem die kurzzeitige Wandbenetzung eine größere Rolle spielt. Beim Übergangssieden muß man aber beachten, ob man aus dem Blasensieden oder aus dem stillen Sieden kommt. Die Siedekrisis bei der Dünnschichtverdampfung des stillen Siedens hatten wir Dryout genannt und Messungen von Roko [143] zeigen, daß hinter der Dryout-Stelle Übergangssieden und damit stärkere Tropfenablagerung nur über eine Länge von 5 – 20 cm festzustellen ist, wobei die kleinen Längen hohen Drücken – bei Wasser 120 – 150 bar – und die größeren entsprechend niedrigeren Drücken – 80 bar – zuzuordnen sind. Übergangssieden im Anschluß an Blasensieden ist ein wesentlich komplexeres Phänomen und in der Literatur bisher sehr widersprüchlich beschrieben. Wir wollen jedoch zunächst das Filmsieden diskutieren.

II.4.3.2. Filmsieden

Beim Filmsieden liegen grundsätzlich andere Wärmeübertragungsphänomene als unter Sprühkühlungsbedingungen vor. Trotz genügend hohen Flüssigkeitsangebotes bildet sich nach Überschreiten der kritischen Heizflächenbelastung, wie in Abb. 102 skizziert, zwischen der wärmeabgebenden Wand und der Flüssigkeit ein Dampffilm, aus dem sich Blasen ablösen und in der Flüssigkeit fortgetragen werden. Hiebei ist der Wärmeübertragungsprozeß theoretisch dann am besten zugänglich, wenn man vereinfachend annehmen kann, daß der Dampf im Film laminar strömt, vernachlässigbar kleine Schubspannung an der Phasengrenze hat und die Abstände δ der sich aus dem Film lösenden Blasensäulen je nach Orientierung der Taylor- oder der Helmholtz-Instabilität gehorchen. Man kommt dann für den Wärmeübergang zu den wohlbekannten Ansätzen nach Bromley oder Berenson. Diese Wärmeübertragungsmodelle sind analog den Ansätzen für die Filmkondensation, die auf die Nusseltsche Wasserhauttheorie zurückgehen. Für einen detaillierten Überblick über diese Rechenmodelle sei auf die Arbeiten von Hsu [174] und Bressler [175] verwiesen.

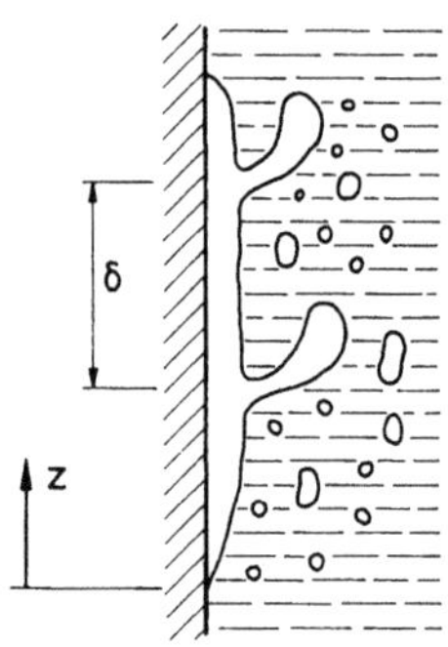

Abb. 102. Schematische Darstellung des Filmsiedens

Bei der Annahme turbulenter Strömung im Dampffilm kann man für vertikale Orientierung auch von den Gesetzen der Mischkonvektion ausgehen und bekommt dann den Wärmeübergangskoeffizienten als Funktion der auf die Dampffilmdicke bezogenen Reynolds-Zahl, einer modifizierten Grashof-Zahl und der Prandtl-Zahl. Es gibt auch Ansätze auf der Basis der turbulenten Grenzschichttheorie, die auch den Effekt der Oszillationen zwischen den Phasen, welche den Wärmeübergang verbessern, in Betracht ziehen. Die Verbesserung des Wärmetransportes hat ihren Grund in der Welligkeit der Phasengrenze gegenüber einer glatten Oberfläche.

Aufbauend auf der Gleichung von Bromley

$$\alpha_{\text{vert}} = 0{,}62 \left[\frac{\lambda_D^3 \, \rho_D \, (\rho_F - \rho_D) \, h_{FG} \, g}{\eta_D \, (T_D - T_S) \, \delta_{\text{hor}}} \right]^{0{,}25} \tag{258}$$

hat Hsu [176] die Beziehung

$$\alpha_{hor} = 1{,}456 \cdot 10^3 \exp\left(-3{,}76 \cdot 10^{-3}\, p^{0{,}1733}\, \triangle T_S\right) + + 0{,}62 \left[\frac{\lambda_D^3\, \rho_D\, (\rho_F - \rho_D)\, g\, h_{FG}}{\eta_D\, (T_D - T_S)\, \delta_{hor}}\right]^{0{,}25} \tag{259}$$

angegeben, worin er abweichend von Bromley als charakteristische Länge die über die Taylor-Instabilität berechnete Wellenlänge δ

$$\delta_{hor} = 2\pi \left[\frac{\sigma}{g(\rho_F - \rho_D)}\right]^{0{,}5} \tag{260}$$

der Phasengrenze einsetzt und den Druckeinfluß durch eine empirische Funktion additiv berücksichtigt. Für vertikale Orientierung zieht Leonhard [177] nicht die Taylor- sondern die Helmholtz-Instabilität für die charakteristische Länge

$$\delta_{vert} = 16{,}24 \left[\frac{\sigma^4\, h_{FG}^3\, \eta_D^5}{\rho_D\, (\rho_F - \rho_D)^5\, g^5\, \lambda_D^3\, (T_W - T_{DS})^2}\right]^{0{,}5} \tag{261}$$

heran, die er in die Bromley-Gleichung einsetzt.

In jüngster Zeit machten für vertikal orientierte Wände Sherman und Sabersky [178] einen interessanten Vorschlag zur Berechnung des Wärmeübergangskoeffizienten beim Filmsieden. Sie führen einen dimensionslosen Wärmeübergangskoeffizienten N_α ein

$$N_\alpha = \frac{\alpha}{\rho_D\, c_{PD} \left(\frac{\eta_D\, g}{\rho_D}\right)^{\frac{1}{3}}} \tag{262}$$

den sie als Funktion der Stoffwerte des Dampfes im Film darstellen.

$$N_\alpha = 0{,}22 \left(\frac{\rho_F}{\rho_D}\right)^{\frac{1}{3}} Pr_D^{-0{,}65} \left(\frac{c_{PD}\,(T_W - T_S)}{h_{FG}}\right)^{-0{,}23} \tag{263}$$

Verglichen mit der Literatur über Sprühkühlung sind die verfügbaren Meßergebnisse über Filmsieden wesentlich weniger zahlreich und von erheblich geringerer Genauigkeit. Der Grund für den Mangel an experimentellen Daten hohen Zuverlässigkeitsgrades ist hier sowohl darin zu suchen, daß die Experimente bei extrem hohen Wandtemperaturen vorgenommen werden müssen, als auch, daß sie nur unter transienten Bedingungen, z.B. während der Abkühlung eines glühenden Metallkörpers im Flüssigkeitsbad durchgeführt werden können. Wenn die Flüssigkeit unterkühlt ist, liegen nur ganz wenige Informationen über den Wärmeübergang beim Filmsieden vor. Hier ändert sich gegenüber den Sättigungsbedingungen der Stoff- und Impulsaustausch an der Phasengrenze erheblich, da durch Kondensationseffekte des Dampfes an der unterkühlten Flüssigkeit heftige Beschleunigungskräfte in Richtung der Wand hervorgerufen werden, welche die Turbulenz des Dampffilmes stark erhöhen und sogar zu kurzzeitiger Benetzung führen können. Lauer [179], Nishikawa [180] und Sparrow [181] zeigten, wenn auch nicht einheitlich, wie aus Abb. 103 hervorgeht, daß durch Filmsieden an unterkühlte Flüssigkeit erheblich höhere Wärmestromdichten übertragen werden können als an Flüssigkeit im Sättigungszustand bei sonst gleichen thermodynamischen Bedingungen.

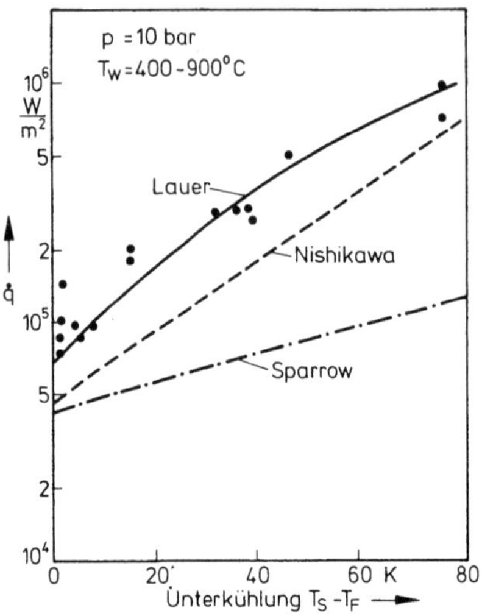

Abb. 103. Filmsieden: Verbesserung des Wärmeflusses bei Unterkühlung der Flüssigkeit

II.4.3.3. Übergangssieden

Nach Überschreiten der kritischen Heizflächenbelastung und vor Ausbildung des Filmsiedens wird verschiedentlich ein Wärmeübertragungsmechanismus beobachtet, der mit größer werdender Temperaturdifferenz zwischen Wand und Fluid abnehmende Wärmeübergangskoeffizienten liefert und der bei einer Versuchsführung mit aufgeprägter Heizflächenbelastung, z.B. durch Joulesche Erwärmung der wärmeabgebenden Wand als elektrischer Widerstand, nicht stabil aufrechtzuerhalten ist, da kleinste Störungen entweder zum Blasen- oder zum Filmsieden führen. Stabile Messungen wären nur mit vorgegebener Übertemperatur der Wand durch Beheizung mit einem wärmeabgebenden Fluid möglich, was aber z.B. bei Wasser wegen der notwendigen hohen Wärmestromdichten nicht oder nur schwer durchführbar ist.

Ein umfassender Überblick über die Literatur auf dem Gebiet des Übergangssiedens kann der Arbeit von Groeneveld und Fung [182] entnommen werden, welche alle verfügbaren experimentellen und theoretischen Untersuchungen sammelten und kritisch verglichen. Groeneveld und Fung definieren das Übergangssieden als eine Kombination von instabilem Filmsieden und instabilem Blasensieden. Letzteres spielt die wesentliche Rolle für den Wärmetransport von der Wand. Dies bedeutet, daß die beim Blasensieden bekannten Parametereinflüsse auch für das Übergangssieden gelten. Nach den Untersuchungen von Groenefeld und Fung haben die für das Übergangssieden in der Literatur zu findenden Gleichungen nur in engen Bereichen Gültigkeit und sind auch dort mit erheblichen Unsicherheiten behaftet.

In Anlehnung an den Gedanken, daß das Übergangssieden stark von den intermittierenden Benetzungsvorgängen beeinflußt wird und damit an das Blasensieden anklingt, findet man in der Literatur häufig den Ansatz

$$\dot{q} = A\, e^{-B(\Delta T)} \qquad (264)$$

wobei jedoch die Schwierigkeit besteht, für die Koeffizienten A und B geeignete und physikalisch sinnvolle Funktionen zu finden. Im einfachsten Fall werden A und B als Funktion der Stoffeigenschaften dargestellt. Jedoch spielt auch die Differenz $\triangle T$ zwischen Benetzungstemperatur – auch Leidenfrost-Temperatur genannt – und Sättigungstemperatur eine Rolle. Stellvertretend für diese Art der Gleichungen sei hier die Beziehung von Tong [183] vorgestellt.

$$\dot{q} = \dot{q}_{Zk} \exp \left[-0{,}001 \frac{\dot{x}_{Gl}}{\frac{d\dot{x}_{Gl}}{dz}} (\triangle T/100)^{1 + 0{,}0016 \triangle T} \right] \tag{265}$$

Diese Gleichung wurde speziell für Kühlphänomene in Siede- und Druckwasserreaktoren von Kernkraftwerken unter Störfallbedingungen entwickelt. Ihre Anwendung erfordert die Kenntnis oder Berechnung des Wärmeflusses $\dot{q}_{Zk}$ unter den Bedingungen einphasiger Zwangskonvektion, also wenn kein Sieden vorhanden wäre, und der Änderung des Dampfgehaltes $\dot{x}_{Gl}$ bei Annahme thermodynamischen Gleichgewichtes, was einfach aus einer Wärmebilanz zu bestimmen ist.

Eine andere Form der Darstellung des Wärmeüberganges beim Übergangssieden wählte Dhir [184], der Messungen beim Eintauchen von Kupfer- und Silberkugeln in Wasser bis zu Unterkühlungen von 60 K durchführte und die Jakob-Zahl als beschreibenden Parameter heranzog.

Für die praktische Anwendung hat das Übergangssieden nicht dieselbe Bedeutung wie das Filmsieden oder der Wärmeübergang bei Sprühkühlung, da meist konservativ angenommen wird, daß bei Überschreiten der kritischen Heizflächenbelastung Blasensieden unmittelbar in Filmsieden übergeht, wodurch bei der Auslegung die Temperatur der Heizfläche überschätzt wird. Interessant und wesentlich ist das Verständnis des Übergangssiedens jedoch im Zusammenhang mit Untersuchungen der Notkühlung von Kernreaktoren, da hieraus grundlegende Informationen für die Aufstellung verbesserter Wiederbenetzungsmodelle abgeleitet werden können.

II.4.3.4. Wiederbenetzen

Ebenso wie das Übergangssieden ist auch das Wiederbenetzen zwischen Post-Dryout-Wärmeübergang und Blasensieden einzuordnen. Vielfach wird es in der Literatur so behandelt, daß man die Vorkühlung der heißen Wand durch den nicht benetzenden Wärmeübertragungsprozeß sowie die Längswärmeleitung im festen Material vom Post-Dryout-Bereich zum benetzten Teil betrachtet, und eine Temperatur, z.B. die Leidenfrost-Temperatur, vorgibt, bei der bleibende Benetzung erfolgen kann. In der Literatur sind eine Reihe von Experimenten auch neueren Datums [185 – 191] über die Wiederbenetzung von heißen Flächen zu finden. Die Übereinstimmung der Ergebnisse ist jedoch mäßig. Einen Überblick über Berechnungsmethoden zur Beschreibung der Wiederbenetzungsphänomene und zur Vorhersage der Wiederbenetzungstemperaturen gibt Yu [188]. Lee [187] nahm sich des Einflusses der Flüssigkeitsunterkühlung an und wies nach, daß mit zunehmender Unterkühlung die Wiederbenetzung rascher vor sich geht, was plausibel damit zu erklären ist, daß der Wärmeübergang in den Bereichen des Filmsiedens und des Übergangssiedens erheblich verbessert wird und durch Kondensationseffekte und Beschleunigungkräfte auf die Flüssigkeit senkrecht zur Wand der Wandkontakt erheblich unterstützt wird. Lee untersuchte auch den Einfluß der Orientierung der zu benetzenden Wand und zeigte, daß die Wiederbenetzungsraten an horizontalen Flächen um 20 – 30 % kleiner sind als an vertikalen. Vermutlich ist dies auch darauf zurückzuführen, daß durch Auftriebskräfte vertikale Flächen oberhalb der Wiederbenetzungsfront besser vorgekühlt werden.

Wie erwähnt, ist für den Wärmetransport durch Längswärmeleitung die Wärmeabfuhr im benetzten Teil, in dem Blasensieden herrscht, maßgebend und Jacob [189] ging in diesem Zusammenhang der Frage nach, ob unter den instationären Bedingungen des Wiederbenetzens Wärmeübergangsbeziehungen für stationäres Blasensieden verwendet werden können. Er stellte kurz nach der Benetzung höhere Temperaturdifferenzen zwischen Wand und siedender Flüssigkeit fest, als dies unter stationären Bedingungen der Fall wäre, und schloß daraus auf geringere Wärmeübergangskoeffizienten.

Intensiv diskutiert wird in der Literatur auch die Frage, bei welcher maximalen Übertemperatur der Wand, oberhalb der Sättigungstemperatur der Flüssigkeit, Wiederbenetzen erfolgen kann. Verschiedentlich werden hier die sogenannte homogene Keimbildungstemperatur und die Leidenfrost-Temperatur herangezogen. Yao [190] bestätigt frühere Beobachtungen, daß die Wiederbenetzungstemperatur stark von der Oberflächenbeschaffenheit – Rauhigkeit, Schmutzschichten – abhängt, und bei thermisch stabilen Materialien bei wesentlich tieferen Temperaturen Wiederbenetzen einsetzt, als es der verschiedentlich für diesen Effekt vorausgesetzten homogenen Keimbildungstemperatur entspricht. Das Leidenfrost-Phänomen und damit auch die Leidenfrost-Temperatur untersuchte Rhodes [191] mit dem Kältemittel R 114. Eine zusammenfassende Darstellung der Wiederbenetzungstemperaturen für die Fluide Wasser und R 12, geprüft an eigenen Messungen, gibt Hein [192]. Bei Wasser liegt die Wiederbenetzungstemperatur nach Hein im Bereich niedriger Drücke, 1 – 40 bar, rund 100 K über der Sättigungstemperatur, wie Abb. 104 verdeutlicht. Das bedeutet, daß der Dampffilm des Filmsiedens zusammenbricht oder bei Sprühströmung die Trop-

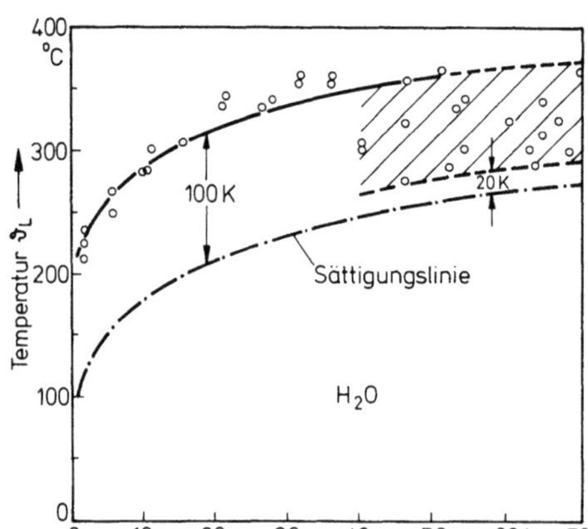

Abb. 104. Benetzungstemperatur (Leidenfrost-Temperatur) für Wasser nach Hein [192]

fen die Wand benetzen, wenn es gelingt, die Wand durch Dampfströmung oder Wärmeleitung soweit abzukühlen, daß ihre Temperatur weniger als 100 K über der Sättigungstemperatur des Wassers liegt. Bei hohen Drücken verringert sich sogar diese Spanne im günstigsten Fall auf rund 20 K. Die Messungen weisen allerdings hier einen großen Streubereich auf.

Qualitativ ähnlich sind die Verhältnisse beim Kältemittel R 12, wie man aus Abb. 105 sieht. Auch hier verringern sich die Übertemperaturen mit zunehmendem Druck und zeigen hier sogar ein wesentlich homogeneres Verhalten.

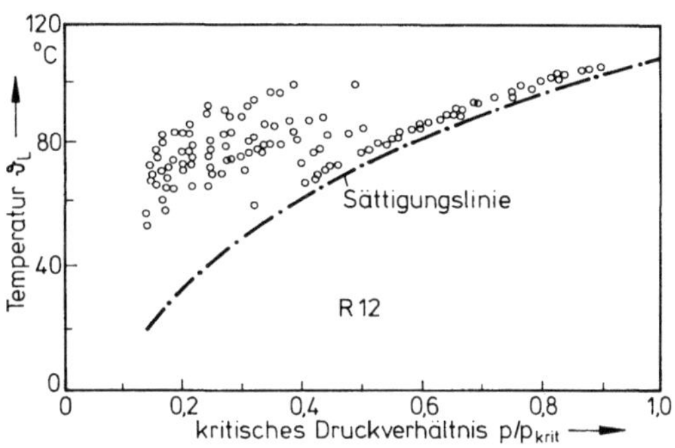

Abb. 105. Benetzungstemperatur (Leidenfrost-Temperatur) für Kältemittel R 12, Hein [192]

Wie oben erwähnt, können die verbesserten Wärmeübergangsbedingungen in unterkühlten Flüssigkeiten ein frühzeitiges – also zu höheren Temperaturen verschobenes – Benetzen bewirken. Lauer [179], Tong [183] und Hein [192] fanden übereinstimmend, wie in Abb. 106 dargestellt, daß die Leidenfrost-Temperatur linear mit der Unterkühlung steigt und für Wasser bei 5 bar eine 500° C heiße Wand bei einer Unterkühlung der Flüssigkeit von 25 K bereits benetzt werden kann.

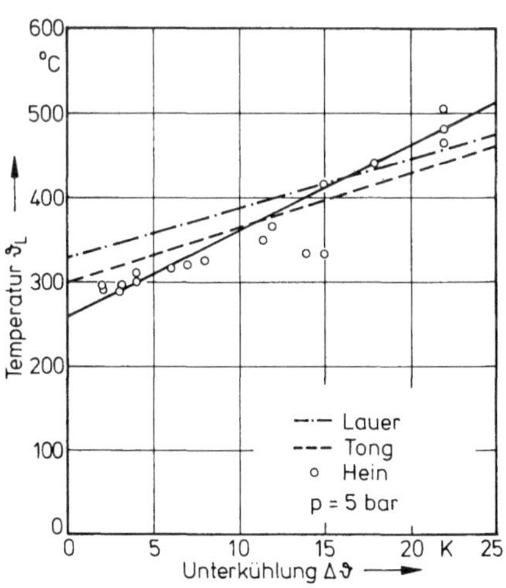

Abb. 106. Einfluß der Unterkühlung auf das Benetzen (Leidenfrost-Temperatur) von Wasser

II.5. Wärme- und Stofftransport über die Phasengrenzen

Beim Wärme- und Stofftransport über feste Wände ist die Austauschfläche fest und unveränderlich vorgegeben. Dies gilt nicht mehr, wenn wir den Wärme- und Stoffaustausch in Gas-Flüssigkeits-Gemischen über die Phasengrenzen betrachten. Die ausgetauschten Mengen sind hier eine starke Funktion, nicht nur der fluiddynamischen Verhältnisse in der Nähe der Phasengrenzfläche, sondern auch der Größe der Phasengrenzfläche selbst, die sich rasch verändern kann, und der Gleichgewichtsbedingungen zwischen den Phasen. Für den Stofftransport können auch hemmende Phasengrenzflächeneffekte, wie z.B. die Ansammlung einer monomolekularen Fremdstoffschicht, eine Rolle spielen.

Bei der Betrachtung des Wärme- und Stoffaustausches über die Phasengrenzen müssen wir zwischen den beiden fluiddynamischen Systemen unterscheiden, nämlich

– dem der dispergierten Partikel – Blasen oder Tropfen – in einer kontinuierlichen Phase und
– dem zweier kontinuierlicher Phasen, wie z.B. beim Rieselfilm.

Die Strömungsbedingungen – dispergiert oder kontinuierlich – sind, wie wir wissen, eine Funktion der Kräfte, die auf die Phasen wirken, wie z.B. Druckabfall, Schubspannung, Auftrieb und Oberflächenspannung.

Abhängig von ihren Auslegungsdaten arbeiten technische Apparate für die Wärme- und Stoffübertragung in Gas-Flüssigkeits-Gemischen in einem weiten Bereich möglicher Strömungszustände, wobei die Phasengrenzfläche, ihre Ausbildung und Umformung sowie ihre Grenzschichtturbulenz meist zur Erzielung optimaler Betriebsverhältnisse konstruktiv und fluiddynamisch beeinflußt werden. Theoretische Überlegungen und Grundlagenexperimente gehen oft von einem Einzelpartikel in einem unendlich ausgedehnten Fluid aus, und für die Anwendung in der Praxis besteht dann die Schwierigkeit, wie man den Einfluß benachbarter Partikel, also des Partikelschwarmes und daraus resultierender Wechselwirkungsphänomene, berücksichtigen soll. Dies ist ein Grund, warum für die Auslegung von wärme- und stoffübertragenden Apparaten oft empirische Gleichungen verwendet werden. Besonders in sehr komplizierten fluiddynamischen Systemen, wo sich die Phasengrenzflächen stetig, rasch und intensiv umbilden, sind meist nur phänomenologische Beschreibungen für den Wärme- und Stofftransport verfügbar.

II.5.1. Grundsätzliche Überlegungen

In der Literatur gibt es zahlreiche Modelle, die den Mechanismus der Wärme- und Stoffübertragung zwischen den Phasen beschreiben. Detailliert werden diese Modelle in den Arbeiten von Sideman [193] und von Johannisbauer [194] behandelt. Vereinfachend kann man die Rechenmodelle in 3 Gruppen, nämlich in

1. die Zweifilmtheorie,
2. die Penetrationshypothese und
3. das Turbulenzmodell

unterteilen. Das Zweifilmmodell nimmt eine stationäre Diffusion in den Grenzschichten auf jeder Seite der Phasengrenze an. Mit einer Grenzschichtdicke δ

kann der Stofftransportkoeffizient β in jeder Phase aus dem Diffusionskoeffizienten D mit der einfachen Gleichung

$$\beta = \frac{D}{\delta} \tag{266}$$

berechnet werden. Für nahezu alle praktischen Fälle gibt diese Gleichung jedoch viel zu niedrige Stofftransportkoeffizienten.

Higbie [195] schlug das Penetrationsmodell vor, nach dem Fluidballen, die ihren Ursprung im turbulenten Bereich der Strömung haben, die dünne laminare Grenzschicht an der Phasengrenze durchdringen. Während ihres Aufenthaltes an der Phasengrenzfläche erfolgt ein instationärer Stofftransport aufgrund molekularer Diffusion mit der anderen Phase. Dankwerts [196] entwickelte aus diesem Penetrationsmodell ein Oberflächenerneuerungs-Modell, indem er die ursprüngliche Higbie-Idee fallen ließ, daß alle Fluidelemente dieselbe Zeit an der Phasengrenzfläche verweilen, und eine Verteilungsfunktion für die Verweilzeit einführte. Mit der Annahme einer konstanten Verweilzeit t nach Higbie ergibt sich der Stofftransportkoeffizient zu

$$\beta = 2\sqrt{\frac{D}{t}} \tag{267}$$

Dankwerts Theorie führt mit dem Grenzflächenerneuerungsfaktor S, der das Verhältnis der pro Zeiteinheit gebildeten neuen Grenzfläche zur gesamten Phasengrenzfläche ist, zu der Gleichung

$$\beta = \sqrt{D\,S} \tag{268}$$

Das Zweifilmmodell und Higbies Penetrationsmodell wurden von Toor und Marchello [197] zu dem sogenannten Film-Penetrationsmodell vereinigt.

Die bisher erwähnten Modelle gehen von der Vorstellung aus, daß die Fluidelemente sich wie feste Körper verhalten, und daß der Wärme- und Stofftransport durch unveränderliche Phasengrenzflächen erfolgt. Beides entspricht nicht der physikalischen Realität bei Gas-Flüssigkeits-Gemischen. Deshalb wurden zahlreiche Theorien entwickelt, welche die Turbulenz in der unmittelbaren Umgebung der Phasengrenze beschreiben. Die Theorien von Lamont [198], Fortescue [199], Ruckenstein [200] oder Banerjee [201] betrachten eine innere Bewegung der Fluidelemente in der Nähe der Phasengrenze und geben daraus eine Geschwindigkeitsverteilung in dieser Strömung vor. Während diese Modelle die Mikrostruktur der Turbulenz nahe der Phasengrenze behandeln, gibt es auch andere Theorien, die sich auf turbulente Austauschkoeffizienten abstützen und nur die Makrostruktur der Turbulenz berücksichtigen. Sie beschränken sich hauptsächlich auf den turbulenten Rieselfilm und definieren turbulente Diffusionskoeffizienten für den Impuls-, Massen- und Wärmetransport. Die Gleichungen für diese Transportkoeffizienten sind nach Bousinesq [202] über die mittlere Transportgeschwindigkeit gekoppelt. Die Methode der turbulenten Austauschkoeffizienten ist wohlbekannt aus der einphasigen Grenzschichttheorie. Für den Stofftransport an der Phasengrenze wird häufig angenommen, daß der turbulente Diffusionskoeffizient ϵ_I proportional zum Quadrat des Abstandes y von der Phasengrenze ist.

$$\epsilon_I \sim y^2$$

Lamourelle und Sandall [203], gestützt auf die Gleichung von King [204]

$$b \sim Re^{1,789} \tag{269}$$

fanden für den Rieselfilm

$$\epsilon_I = b\, y^n \qquad n = 2$$

Dies ist nur richtig für große Werte des Produktes aus der Reynolds- und der Schmidt-Zahl. Für welligen Rieselfilm erhielt Javdani [205] einen Ausdruck für ϵ_I, indem er die Impulsgleichung für wellige Rieselströmung löste. Limberg [206] schließlich führte Analogiebetrachtungen zwischen Impuls-, Wärme- und Stofftransport durch und berechnete den Stofftransportkoeffizienten über das Geschwindigkeitsprofil der Strömung. Spaldings Theorie [207] für den turbulenten Impulsaustausch ist die Basis für Iribanes Gleichung [208] zur Berechnung des Stofftransportes durch eine feste Phasengrenze für Einlaufströmungen kurzer Länge.

Alle diese Theorien sind prinzipiell nur richtig für regelmäßige Wellenbewegung in einem Rieselfilm bei großen Werten $Re \cdot Sc$. Für unregelmäßige Wellen ($12 \leqslant Re \leqslant 400$) gibt es keine theoretische Lösung für den Wärme- und Stofftransport, die zufriedenstellend mit Messungen übereinstimmt. Auch für turbulente Rieselfilme ist die theoretische Vorhersage nicht sehr gut. In jüngerer Zeit fand Carruba [209], daß das Geschwindigkeitsprofil keinen Einfluß auf den Stofftransport hat und daß in Übereinstimmung mit der üblichen Annahme in der Literatur die gesamte Massenstromdichte in unmittelbarer Nachbarschaft der festen Phasengrenze näherungsweise konstant und gleich der an der Gas-Flüssigkeits-Grenzfläche bei welligem Rieselfilm ist.

Empirisch wird der Stofftransportkoeffizient oft in der Form

$$Sh = C\, Re^m\, Sc^n\, Ga^0 \tag{270}$$

angesetzt, wobei

$$Sh = \frac{\beta\, \delta}{D} \tag{271}$$

die Sherwood-Zahl

$$Re = \frac{\overline{w}\, \delta}{\nu} \tag{272}$$

die Reynolds-Zahl

$$Sc = \frac{\nu}{D} \tag{273}$$

die Schmidt-Zahl und

$$Ga = \frac{z^3\, g}{\nu^2} \tag{274}$$

die Galilei-Zahl bedeuten. Gleichung (270) darf nur für getrennte Strömung der Phasen, wie bei der Rieselfilmströmung, herangezogen werden. In der Galilei-

Zahl *Ga* ist der Abstand vom Zulauf, also der vom Rieselfilm zurückgelegte Weg, mit *z* bezeichnet.

Gelöste oberflächenaktive Stoffe, wie Entspannungsmittel, können die Stabilität der Phasengrenze erheblich beeinflussen. Palmer [210] zeigte, daß solche Zugaben einen erheblichen Stabilisierungseinfluß auf die dampfströmungsinduzierte Konvektion, aber keinen merklichen Effekt auf Instabilitätskriterien über die Trägheitsmechanismen des Fluids haben. Umfangreiche Arbeiten über Widerstandseffekte an der Phasengrenze wurden von Nitsch [211] jedoch an Flüssig-Flüssig-Systemen durchgeführt. Änderungen in der Oberflächenspannung, hervorgerufen durch Konzentrations- oder Temperaturunterschiede, können eine Mikrokonvektion in der Nähe der Phasengrenze verursachen.

II.5.2. Tropfen- und Partikelsysteme

Die Transportphänomene von Tropfen an eine Gasströmung oder umgekehrt sind hauptsächlich interessant für Sprühtrockner oder Sprühverdampfer sowie für Absorptionsapparate, wie sie z.B. zur Reinigung von Luft oder anderen Gasen verwendet werden. Wenn sich kleine Tropfen langsam in einem Gasstrom bewegen, so können die Strömungsbedingungen um jeden Tropfen laminar angenommen werden, was in einem konstanten Wert für die Nußelt- oder Sherwood-Zahl

$$Nu = 2{,}0 = Sh$$

resultiert. Der Transportwiderstand ist fast ausschließlich auf der Gasseite, da die Leit- oder Diffusionswege im Tropfen klein sind. Mullin [212] betrachtet den Einfluß von Nachbartropfen auf den Stofftransport. In jüngerer Zeit wurden hiezu auch von Miura [213] Untersuchungen durchgeführt. Miura fand in seinen Messungen für den Stofftransport an Einzeltropfen gute Übereinstimmung mit früheren experimentellen und theoretischen Arbeiten [214 – 219], wie Abb. 107 beweist. Aus dieser Abbildung ersieht man auch, daß die Nußelt- bzw. Sherwood-Zahl als einfache Funktion der Reynolds- und Prandtl- bzw. Schmidt-Zahl ausgedrückt werden können.

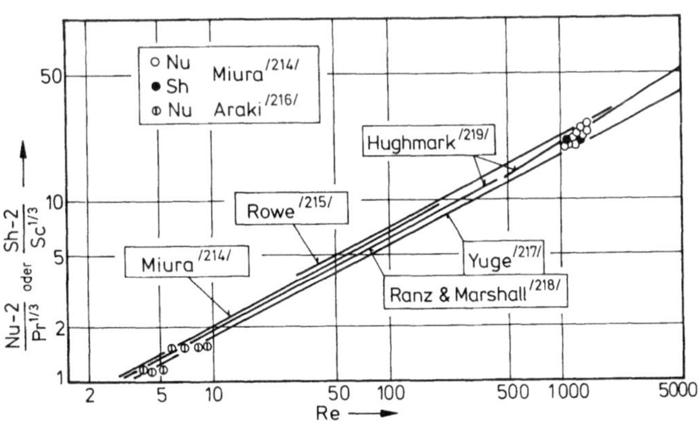

Abb. 107. Wärme- und Stoffübertragung an Einzeltropfen

In Fortsetzung ihrer Arbeiten untersuchten dann Miura u.a. auch den Einfluß von Nachbartropfen auf den Wärme- und Stofftransport unter Verwendung von Glasperlen. Sie fanden, daß die Beeinträchtigung des Transportes im Schwarm sowohl vom Durchmesser des betrachteten Tropfens d_p als auch dem seiner Nachbarn d_g und dem Tropfenabstand b abhängt. Abb. 108 gibt den Reduktionsfaktor, der für die Nußelt-Zahl bei Anwesenheit von Nachbartropfen gegenüber der Nußelt-Zahl Nu_0 eines einzelnen Tropfens beachtet werden muß.

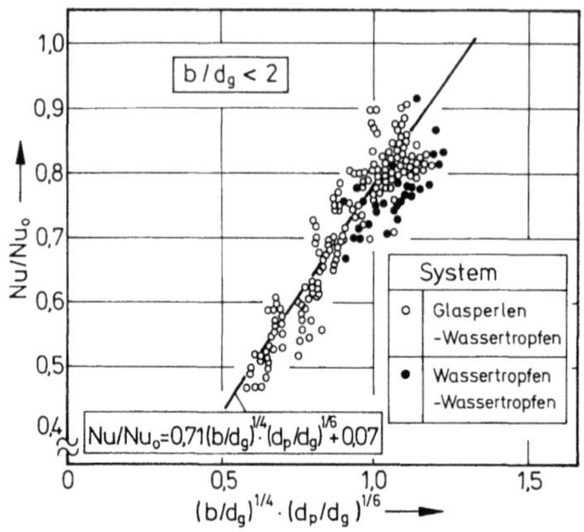

Abb. 108. Verringerung des Wärmetransportes durch Nachbartropfen im Tropfenschwarm. Nu_0 = Nußelt-Zahl des Einzeltropfens, b = mittlerer Abstand der Tropfen, d_p = Durchmesser des betrachteten Tropfens, d_g = Durchmesser der Nachbartropfen

Die in Abb. 108 dargestellten geometrischen Einflüsse lassen sich auch in Formeln kleiden. Miura [213] empfiehlt hiefür die Beziehungen

$$\frac{Nu}{Nu_0} = \frac{Sh}{Sh_0} = 0{,}71 \left(\frac{b}{d_g}\right)^{\frac{1}{4}} \left(\frac{d_p}{d_g}\right)^{\frac{1}{6}} + 0{,}07 \quad \text{für } \frac{b}{d_g} \leqslant 2 \qquad (275)$$

$$\frac{Nu}{Nu_0} = \frac{Sh}{Sh_0} = 0{,}42 \left(\frac{b}{d_g}\right)^{\frac{1}{8}} + 0{,}41 \quad \text{für } \frac{b}{d_g} > 2 \qquad (276)$$

Bei großen Tropfen muß auch der Wärme- und Stofftransport innerhalb des Tropfens in Betracht gezogen werden. Dieser Transport wird durch Zirkulationsströmungen innerhalb des Tropfens gefördert, wie Brauer [220] nachwies. Die Zirkulationsströmungen werden durch Schubspannungen verursacht, die vom außenumströmenden Gas an die Flüssigkeit übertragen werden.

In manchen Apparaten, wie z.B. in Venturi-Wäschern, herrschen sehr hohe Geschwindigkeiten und die Flüssigkeit wird nicht durch Hochdruckeinsprühen über eine Düse verteilt, sondern durch die Scherkräfte des daran angreifenden Gases. Hiebei ist es sogar vorteilhaft, die Flüssigkeit in einem kontinuierlichen Strahl nicht zu hoher Geschwindigkeit in die Mischzone einströmen zu lassen. Durch die hohen Scherkräfte des Gases, das Geschwindigkeiten zwischen 60 und 120 m/s aufweist, wird dann die Flüssigkeit zunächst nicht in Tropfen, sondern in lamellenartige, filigrane Partikel zerteilt. Neumann [221] studierte diese Flüssigkeitszerteilung in Venturi-Wäschern und fand extrem große Werte für die Phasengrenzflächen.

Die photographische Aufnahme in Abb. 109 wurde mit den Mitteln der Hochgeschwindigkeitskinematographie erstellt und zeigt ein Beispiel einer solchen

Flüssigkeitsmembran, die in der Kehle – der engsten Stelle – eines Venturi-Wäschers gebildet wurde. Der die Flüssigkeit zerteilende Luftstrom hatte eine Geschwindigkeit von 80 m/s. Abb. 109 ist eine sogenannte Doppelbelichtungsaufnahme, da die Membran in einem zeitlichen Abstand von 10^{-5} s zweimal photographiert wurde. Aus dem Vergleich beider Belichtungen kann man erken-

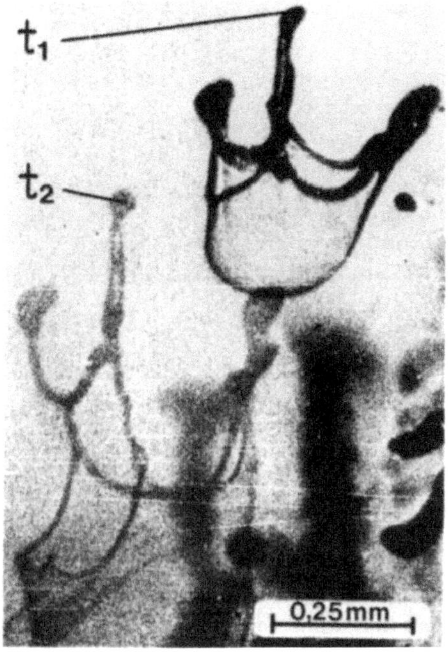

Abb. 109. Flüssigkeitsmembran in der engsten Stelle eines Venturi-Wäschers [221]

nen, daß die Membran, aufgrund der an sie angreifenden Strömungskräfte des Gases, auf ihrem Weg durch die Düse expandiert. Stromabwärts des in Abb. 109 sichtbaren Bereiches verringert sich die Differenzgeschwindigkeit zwischen Gas und Flüssigkeitsmembran merklich, wodurch die Schub- und Impulskräfte an der Flüssigkeitsoberfläche abnehmen. Damit kommen die Kräfte aus der Oberflächenspannung wieder zum Tragen, und die quallenförmige Membran bildet sich zur Tropfenform zurück. Verschiedentlich aber sind die Strömungskräfte in der Venturi-Kehle so hoch, daß die Membran, wie in Abb. 110 gezeigt, zerreißt, und es bilden sich dann zahlreiche äußerst kleine Tröpfchen. Aus diesen hydrodynamischen Vorgängen ist leicht erklärbar, warum am Abströmende von Venturi-Wäschern häufig zwei Tropfenspektren unterschiedlicher Häufigkeitsverteilung beobachtet werden. Die eine Gruppe von Tropfen entstand durch Rückbildung lamellenartiger Flüssigkeitsfragmente zu Tropfen unter der Oberflächenspannung, die andere rührt vom Zerplatzen größerer Membranen her.

Diese Art der Grenzflächenbildung garantiert nicht nur eine hohe Austauschfläche für den Wärme- und Stofftransport zwischen den Phasen, sondern besorgt auch eine rasche und heftige Erneuerung der Phasengrenzen. Die Phasengrenzfläche ist eine äußerst starke Funktion des Strömungsweges, wie man aus Abb. 111 erkennt, und die Phasengrenzfläche erreicht ein Maximum wenige cm

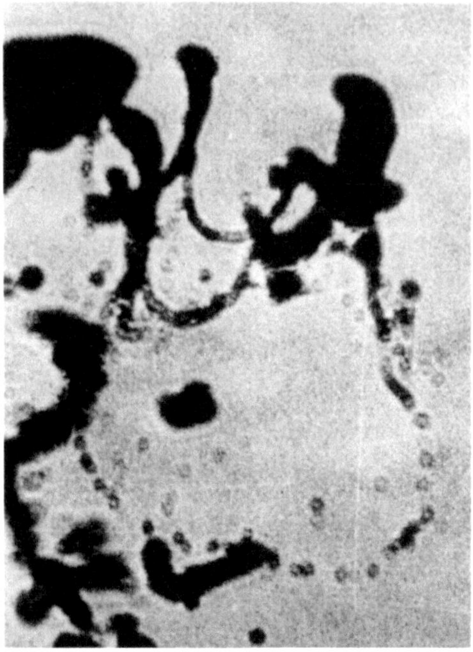

Abb. 110. Zerstörung einer Flüssigkeitsmembran und Zerfall in kleinste Tropfen [221]

unterhalb der Stelle, an der das Wasser in den Gasstrom des Venturi-Wäschers eingegeben wird. Von da an nimmt dann die Phasengrenzfläche wegen der geringer werdenden Gasgeschwindigkeit im expandierenden Teil des Venturi-Wäschers sehr stark ab. In Abb. 111 ist die Änderung der Phasengrenzfläche pro durchströmtem Volumen über dem Strömungsweg aufgetragen.

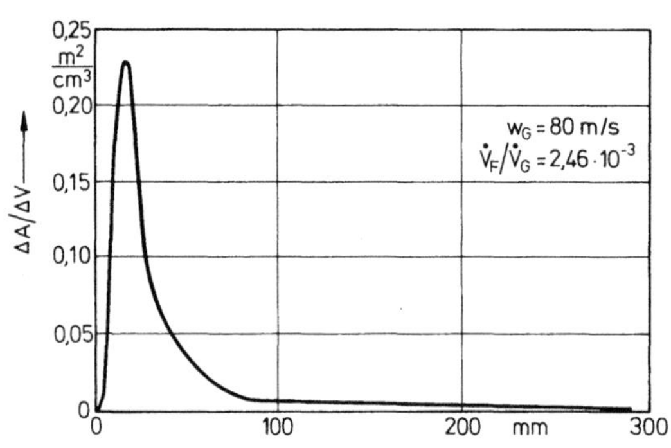

Abb. 111. Phasengrenzfläche im Venturi-Wäscher längs des Strömungsweges

Eine theoretische Beschreibung des Mechanismus für die Bildung der Phasengrenzfläche und des Prozesses für den Stofftransport scheint wenig aussichtsreich oder zumindest mathematisch so aufwendig, daß die praktische Anwendung ausgeschlossen ist. Neumann faßte deshalb seine Meßergebnisse in einer empirischen

Formel zusammen und stellte das Produkt aus Stofftransportkoeffizient β und der effektiven Austauschfläche A als Funktion verschiedener Kennzahlen dar.

$$\frac{\beta A}{\dot{V}_G} = 94{,}9\ Re^{0,1}\ Eu^{-0,2}\ We^{0,24}\ \frac{1-\dot{x}}{\dot{x}} \left(\frac{w_S}{w_G}\right)^{0,2} \qquad (277)$$

Gleichung (277) enthält die Weber-, Reynolds- und Euler-Zahl, die wie folgt definiert sind:

$$We = \frac{d_p\, \rho_G\, w_G}{\sigma}$$

$$Re = \frac{w_G\, d_p}{\nu_G}$$

$$Eu = \frac{\Delta p}{\rho_G\, w_G^2}$$

Die Sinkgeschwindigkeit w_S in Gl. (277) ist eine fiktive Größe, die sich aus dem Verhältnis der am Staubteilchen oder Aerosol angreifenden Schwerkraft und dem Strömungswiderstand unter der Annahme laminarer Umströmung ergibt.

$$w_S = \frac{d_{St}^2\, \rho_{St}\, g}{18\, \nu_G\, \rho_G}$$

Es bedeuten:

w_G die Gasgeschwindigkeit in der engsten Stelle der Venturi-Düse

d_{St} den mittleren Durchmesser der Staubteilchen oder des Aerosols

d_p den mittleren Durchmesser der Flüssigkeitspartikel.

Die Methoden zur Messungen der Phasengrenzfläche kann man in optische und in chemische unterscheiden. Die optische Methode verwendet meist die Hochgeschwindigkeitskinematographie und gibt die geometrische Phasengrenzfläche, die nicht unbedingt maßgebend sein muß, für den Wärme- und Stofftransportprozeß. Sie kann meist nur bei Blasen- und Sprühströmung eingesetzt werden, wenn die diskontinuierliche Phase in niedriger Konzentration vorliegt.

Die chemische Methode nutzt chemische Reaktionen, wie z.B. die Oxidation von Natriumsulfit (Na_2SO_3) zu Natriumsulfat (Na_2SO_4), und die Phasengrenzfläche wird aus der Konzentrationsänderung in der flüssigen Phase oder aus dem Sauerstoffverbrauch in der gasförmigen Phase berechnet. Die chemische Methode gibt im strengen Sinne keine geometrische Grenzfläche und kann von verschiedenen Effekten beeinflußt werden, wie z.B. von der Reaktionsgeschwindigkeit, dem Stofftransport und der Erneuerung der Grenzschicht auf der Gasseite. Man muß auch darauf achten, daß die zur Reaktion vorgesehene Komponente – z.B. Sauerstoff – nicht zu rasch erschöpft ist oder in zu geringer Konzentration vorliegt, so daß inerte Komponenten erhebliche Stofftransportwiderstände darstellen. Diese Gefahr besteht vor allem beim Messen von Blasenoberflächen nach der chemischen Methode. Auf der anderen Seite kann die chemische Methode bei intensiver und häufiger Erneuerung der Phasengrenzflächen einen aus der Sicht des Stofftransportes brauchbaren Mittelwert liefern.

Meist ist es nicht möglich, bei Gas-Flüssigkeits-Systemen Stoffübergangskoeffizient und Phasengrenzfläche getrennt darzustellen. Man findet deshalb häufig Ansätze, die beide Parameter kombiniert enthalten.

II.5.3. Blasensysteme

Der Impuls- und Stofftransport durch die Phasengrenze von Blasen mit und ohne Änderung der Grenzfläche und ihrer Form wurde im Detail von Glaeser und Brauer [222] diskutiert. Nur sehr kleine Blasen haben während ihres Aufstieges in einer Flüssigkeit kugelförmige Gestalt. Oberflächenaktive Stoffe, wie Tenside, können die Kugelgestalt einer Blase stabilisieren. Mit zunehmendem Durchmesser neigt die Blase zu Oszillationen zwischen kugelförmiger und elliptischer Form, woraus eine Zirkulationsströmung innerhalb der Blase resultiert. Noch größere Blasen weichen schließlich völlig von der Kugelgestalt ab, sie haben pilz- bzw. schirm- oder scheibenförmige Gestalt.

Ein Versuch einer theoretischen Erklärung des Einflusses von Tensiden auf das Verhalten von Blasen wurde von Levich [223] unternommen. Nach seiner Theorie werden oberflächenaktive Moleküle auf die Lee-Seite der Blase transportiert, wodurch ein Gradient in der Tensid-Konzentration über die Phasengrenze entsteht. Dies wiederum führt zu Unterschieden in der Oberflächenspannung über den Blasenumfang, was schließlich der Flüssigkeitsbewegung in der Nachbarschaft der Phasengrenze entgegenwirkt.

Der Stofftransport durch die Grenzfläche einer kugelförmigen, stabilen Blase kann nach Gl. (278) berechnet werden [224].

$$Sh = 2 + \frac{0{,}651\,(Re \cdot Sc)^{1{,}72}}{1 + (Re \cdot Sc)^{1{,}22}} \tag{278}$$

In die Reynolds- und Schmidt-Zahl sind die Stoffwerte der Flüssigkeit einzusetzen, und die Reynolds-Zahl ist mit dem Durchmesser und der Relativgeschwindigkeit der Blase zu bilden.

Eine detaillierte und den tatsächlichen physikalischen Verhältnissen besser angepaßte Beschreibung des Stofftransportes aus einer oder in eine kugelförmige Blase erfordert eine numerische Lösung [225] der Differentialgleichungen für den Stoff- und Impulstransport. Man erhält dann auch Informationen über die örtliche Verteilung der Sherwood-Zahl am Umfang der Blase und man findet, daß die Blase auf der Anströmseite eine wesentlich höhere Sherwood-Zahl aufweist als am hinteren Staupunkt, was aus der Umströmung kugelförmiger oder zylindrischer Körper durchaus geläufig ist.

Wenn die Blase während des Aufstieges ihre Form ändert, ist der Stofftransportkoeffizient in hohem Maße von den örtlichen Bedingungen am Umfang der Blase abhängig. Eine eingehende theoretische Analyse von Glaeser und Brauer [222] ergab die in Abb. 112 gezeigte starke Änderung der Sherwood-Zahl über den Umfang der Blase. Glaeser und Brauer betrachteten auch den Einfluß der Turbulenz und in Abb. 112 ist die örtliche Sherwood-Zahl mit (a) und ohne (b) einen Korrekturfaktor für die turbulente Austauschgröße angegeben. Mit zunehmender Reynolds-Zahl werden die örtlichen Unterschiede in der Sherwood-Zahl über den Umfang der Blase erheblich größer, wie man aus Abb. 113 ersieht.

Völlig andere Verhältnisse liegen vor, wenn die Blase in der Flüssigkeit ganz

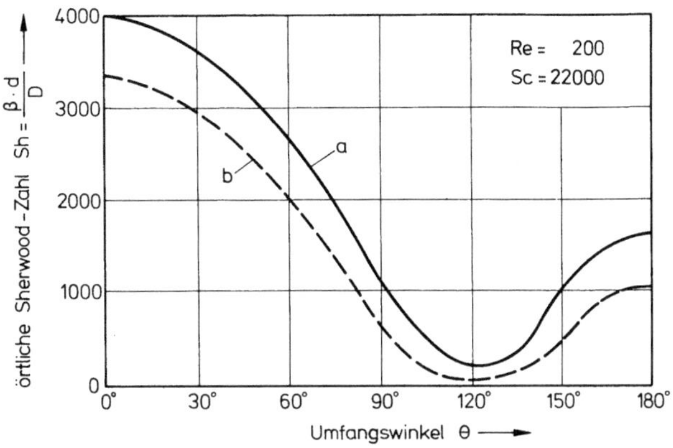

Abb. 112. Verlauf der Sherwood-Zahl über den Umfang einer in einer Flüssigkeit aufsteigenden Blase (θ = 0° vor deren Staupunkt) [225]

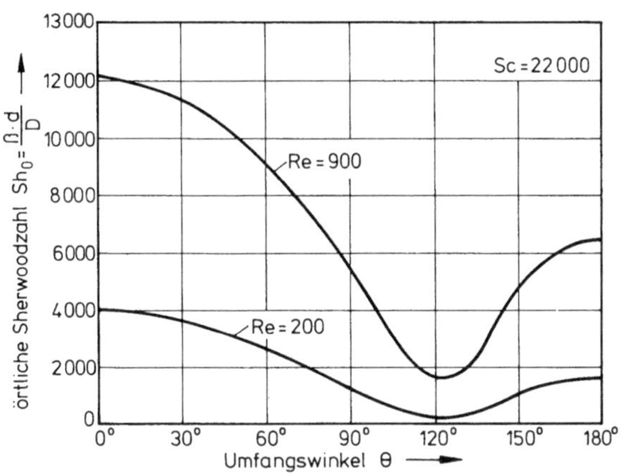

Abb. 113. Einfluß der Reynolds-Zahl auf die örtliche Sherwood-Zahl über den Umfang einer Blase [225]

oder teilweise kondensiert, was z.B. dann der Fall ist, wenn Sattdampf in unterkühlte Flüssigkeit eingeblasen wird. Der Kondensationsvorgang kann nicht nur durch den Wärmetransport an der Phasengrenze, sondern bei hohen Unterkühlungsgraden auch durch die Trägheit der Flüssigkeitsmasse, die der Volumenabnahme der Blase nicht schnell genug folgen kann, gesteuert werden. Nordmann [226, 227] untersuchte die Kondensation von durch eine Düse in unterkühltes Wasser eingebrachten Dampfblasen und stellte fest, daß das Überwiegen des einen oder anderen Steuerungsphänomens – Wärmetransport oder Trägheit – aus Drucksignalen abgeleitet werden kann, welche in der Flüssigkeit während des Ablösens der Blase und ihrer Kondensation zu beobachten sind. In Abb. 114 sind solche Drucksignale, zusammen mit photographischen Aufnahmen der Volumenabnahme der Blase, für kleine und große Unterkühlung dargestellt. In beiden Fällen sind zwei Oszillogramme wiedergegeben, wobei jeweils das untere nur diejenigen Druckimpulse enthält, deren Frequenz größer als 3 kHz ist. Man sieht

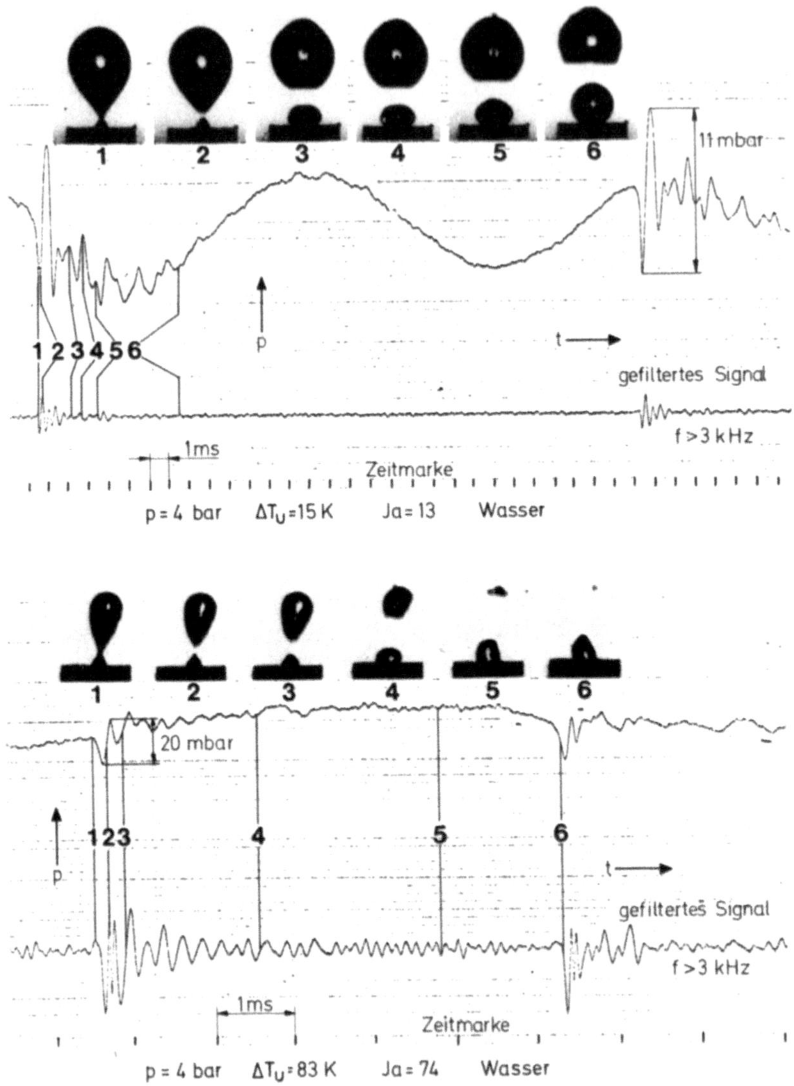

Abb. 114. Zeitlicher Verlauf der Druckimpulse während der Kondensation bei kleinen und großen Unterkühlungen

deutlich, daß bei hoher Unterkühlung die Druckimpulse wesentlich höhere Amplituden haben und auch der Anteil an höherfrequenten Druckimpulsen größer ist.

Der Unterkühlungsgrad läßt sich dimensionslos auch in Form einer modifizierten Jakob-Zahl

$$Ja = \frac{\rho_F \, c_F \, \triangle T_U}{\rho_D \, h_{FG}} \tag{279}$$

darstellen, die als Temperaturdifferenz die Unterkühlung $\triangle T_U$ enthält und die das Verhältnis der in der Flüssigkeit bis zur Aufwärmung auf Sättigungstemperatur speicherbaren Wärme zu der Verdampfungswärme der gleichen Menge Dampf repräsentiert. Trägt man nun die gegen Ende der Kondensation beobachteten maximalen Druckamplituden $\tilde{p}_K$ über der Kondensationszeit t_K auf, so erhält man, wie Abb. 115 zeigt, 2 in ihrer Tendenz stark unterschiedliche Kurven, je nachdem, ob die Jakob-Zahl größer oder kleiner als 100 ist. Große Jakob-Zahlen bedeuten hohe Unterkühlungen und man kann deshalb davon ausgehen, daß bei Jakob-Zahlen über 100 die Trägheit die Kondensation steuert.

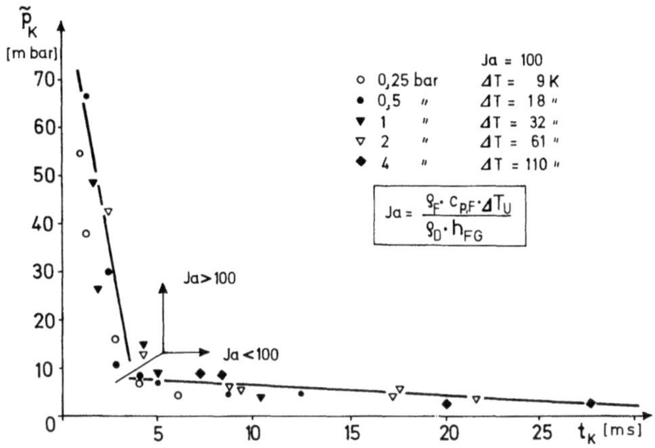

Abb. 115. Maximale Druckamplituden p_K zum Kondensationsende in Abhängigkeit von der Kondensationszeit t_K

Nordmann hat aber auch den Wärmeübergang an der Phasengrenze beim Ablösen und bei der Kondensation der Dampfblase untersucht. Er bediente sich hiebei eines optischen Meßverfahrens, der holographischen Interferometrie [228], das so abgewandelt wurde, daß die Ablenkung vorgegebener Interferenzstreifen in erster Näherung ein Maß für den Temperaturgradienten in der flüssigen Grenzschicht unmittelbar an der Phasengrenze ist. Daraus läßt sich dann in einfacher Weise der Wärmeübergangskoeffizient bzw. die Nußelt-Zahl errechnen. Dieses optische Verfahren in Verbindung mit der Hochgeschwindigkeitskinematographie erlaubt es, trägheitsfrei und berührungslos die Abhängigkeit des Wärmetransportes von den verschiedenen Entwicklungsstufen der Dampfblase zu messen.

Mit der einsetzenden Aufwärtsbewegung der an der Düse wachsenden und aus der Düse gespeisten Blase bildet sich eine vom Kopf zum Fuß gerichtete Strömung aus, die zu einer Verbesserung des Wärmeübergangs führt, wie man für die ersten 10 ms – Szenen 1 – 3 – in Abb. 116 erkennt. Im weiteren zeitlichen Verlauf kann durch die Einschnürung des Blasenhalses nicht mehr genügend Dampf nachströmen, die Aufwärtsbewegung der Blase stagniert und damit reduziert sich auch vorübergehend die Umströmung. Als Folge nimmt die Grenzschichtdicke zu, die Nußelt-Zahl wird zuerst am Scheitelpunkt der Blase, später auch an der Seite kleiner (Szenen 4 und 5). Nach dem Ablösen setzt die Umströmung wieder stärker ein, da das vom Blasenfuß bis dahin eingenommene

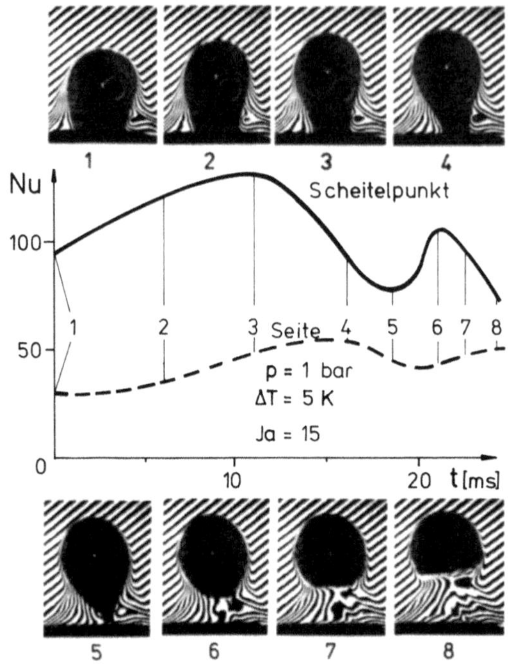

Abb. 116. Zeitlicher Verlauf der Nußelt-Zahl an der Phasengrenze bei zu Beginn stetigem Blasenwachstum

Volumen von der Flüssigkeit aufgefüllt werden muß. Der Wärmeübergang am Blasenscheitel steigt wieder an, um dann stetig abzunehmen, während die Nußelt-Zahl seitlich an der Blase noch etwas größer wird.

Zu Beginn der Blasenbildung an der Düse und vor dem Blasenablösen müssen das Nachströmen von Dampf aus der Düse und die Abnahme des Dampfvolumens an der Kondensationsfront zumindest im Gleichgewicht sein, wenn die Blase ihre Größe erhalten soll, bzw. der Dampfstrom muß überwiegen, soll die Blase wachsen und sich ablösen. In dem in Abb. 117 gezeigten Beispiel reicht der Dampfstrom aus der Düse nicht aus, um ein stetiges Blasenwachstum zu ermöglichen. Kurzzeitig überwiegt die Kondensation an der Phasengrenze und die Blase wird kleiner (Szene 2). Dieses Geschehen spiegelt sich auch im zeitlichen Verlauf der Nußelt-Zahl wider. Als Folge der Volumenabnahme wird die zuvor diskutierte Umströmung der Blase unterbrochen. Die durch den Kondensationsprozeß der Flüssigkeit zugeführte Wärme lagert sich in den grenzflächennahen Gebieten an und heizt die Grenzschicht bis nahe der Sättigungstemperatur auf, wodurch der Wärmetransport vorübergehend abnimmt. Die danach wieder einsetzende Volumenzunahme ist mit einer Aufwärtsbewegung der Blase verbunden. Die Umströmung setzt ein und spült die erwärmte Flüssigkeitsschicht weg. Der Wärmeübergang steigt zunächst am Kopf und später auch seitlich an der Blase (Szenen 3 und 4) wieder an. Oberflächenwellen führen anschließend zu wechselnden Wärmeübergangsverhältnissen (Szenen 4 – 6).

Der zeitliche Mittelwert des Wärmetransportes läßt sich nach Nordmann

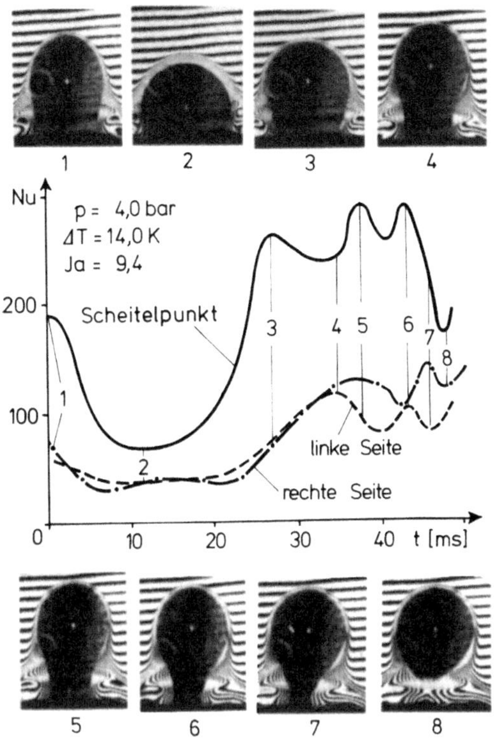

Abb. 117. Verlauf der Nußelt-Zahl bei nicht stetigem Blasenwachstum

[227] in einfachen empirischen Gleichungen mit dimensionslosen Kennzahlen darstellen. Für den Scheitelpunkt gibt Nordmann die Gleichung

$$Nu_0 = 4 \cdot 10^3\, Re^{0,25}\, Pr^{0,66}\, Ja^{0,17} \left(\frac{\rho_D}{\rho_F}\right)^{0,76} \tag{280}$$

und für die Blasenseite die Beziehung

$$Nu_{90} = 253\, Re^{0,41}\, Pr^{0,66}\, Ja^{0,36} \left(\frac{\rho_D}{\rho_F}\right)^{0,82} \tag{281}$$

an. Die Reynolds-Zahl wird mit dem Blasenradius R und der Relativgeschwindigkeit zwischen Blase und Flüssigkeit w_{rel} gebildet.

$$Re = \frac{2\, R\, w_{rel}}{\nu_F}$$

Für die Stoffwerte in der Prandtl-Zahl sind die der Flüssigkeit einzusetzen. Ein über den Umfang gemittelter Wert des Wärmetransportes läßt sich wie folgt formulieren:

$$Nu_m = 10^3\, Re^{0,33}\, Pr^{0,66}\, Ja^{0,27} \left(\frac{\rho_D}{\rho_F}\right)^{0,79} \tag{282}$$

Die Streuung der Meßergebnisse in Abb. 118 um die aus den Gln. (280) und (281) errechneten Werte ist, wenn man die erzielbare Meßgenauigkeit berücksichtigt, gering. Die Ansätze gelten nur für Wasser bei Drücken zwischen 0,2 und 5 bar, für andere Fluide, insbesondere mit kleinen Verdampfungswärmen und hohen Viskositäten, liegen noch keine Messungen vor.

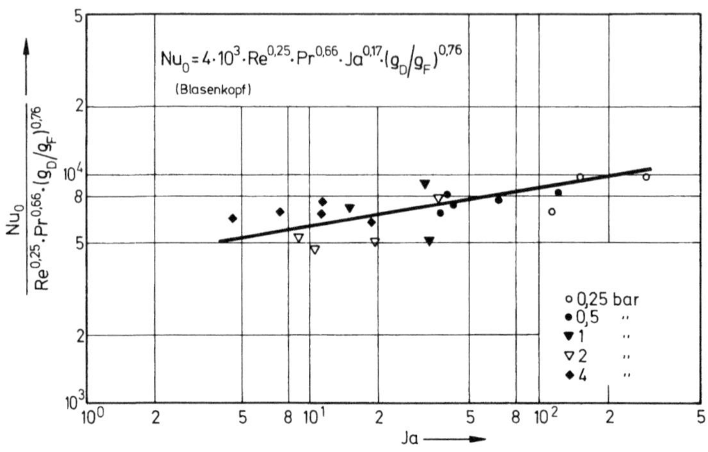

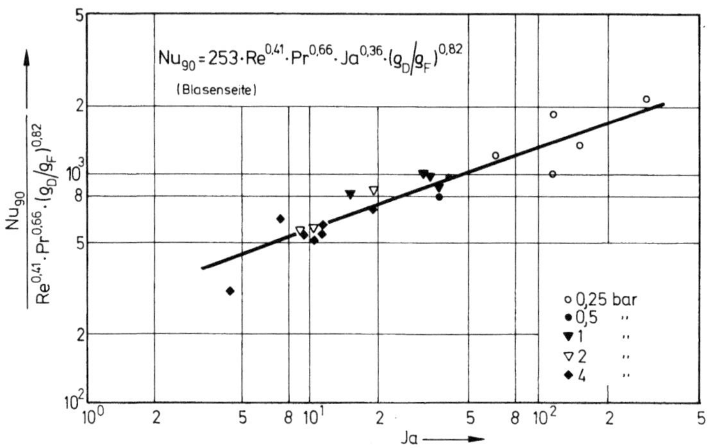

Abb. 118. Wärmeübergang an der Grenzfläche einer kondensierenden Blase, oben: im Scheitelpunkt ($\theta = 0°$), unten: an der Seite ($\theta = 90°$)

II.5.4. Rieselfilme

In der Literatur findet sich eine Vielzahl von Arbeiten, die sich mit der Fluiddynamik sowie dem Wärme- und Stofftransport in Rieselfilmen beschäftigen. In den meisten praktischen Fällen ist der Rieselfilm dick genug, um, wie in Abb. 119 skizziert [229], Oberflächenwellen zu bilden, die Wirbel im Film hervorrufen, was schließlich sogar zu Rückströmbereichen in den Wellentälern führen kann. Für eine detaillierte fluiddynamische Beschreibung der welligen Rieselfilmströmung sowie ihres Wärme- und Stofftransportes müssen die Wellenlänge, die Phasengeschwindigkeiten und die Amplituden der Wellen bekannt sein. Zur Beschreibung der Welligkeit bedient man sich üblicherweise der Weber-Zahl. Weiterhin muß sorgfältig geprüft werden, ob der Rieselfilm stabil bleibt. Die Stabilität kann durch den Marangoni-Effekt – unterschiedliche Oberflächenspannung – und durch Wechselwirkungen mit der festen Wand beeinflußt werden. Die Stabilität von verdampfenden Rieselfilmen wurde z.B. von Coulon [230] und von Dammann [231] untersucht. Wirbel können aber nicht nur in der Flüssigkeit, sondern auch auf der Gasseite entstehen und den Wärme- und Stofftransport beeinflussen.

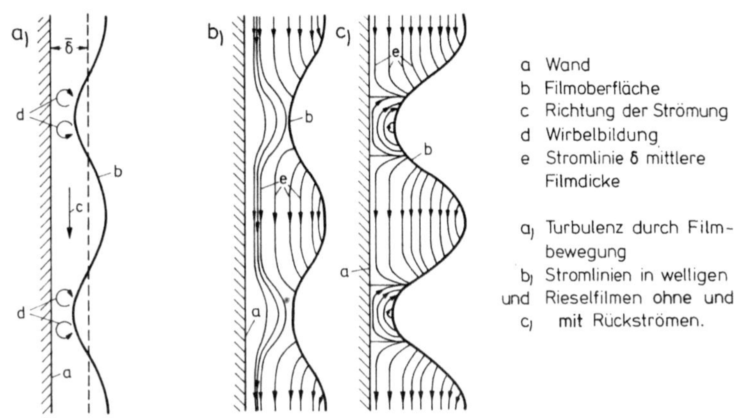

Abb. 119. Strömung im Rieselfilm

Der Massentransport durch die Phasengrenzfläche eines Rieselfilms wurde verschiedentlich gemessen. In Abb. 120 sind Meßwerte von Kamei [232],

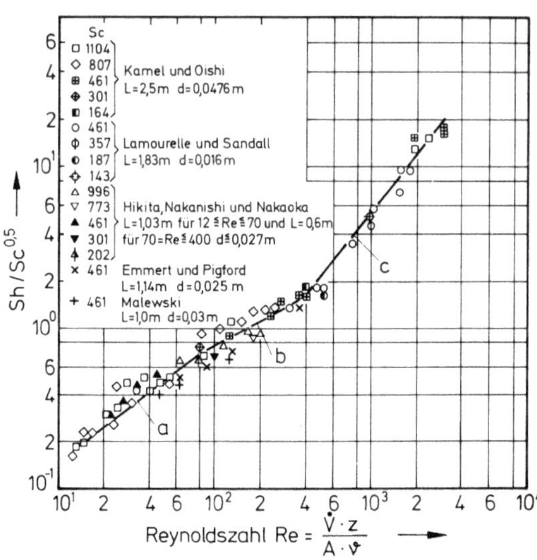

Abb. 120. Stofftransport im Rieselfilm, Vergleich verschiedener Meßwerte

Lamourelle [233], Hikita [234], Emmert [235] und von Maleski [236] verglichen. Als Abszisse wurde die Reynolds-Zahl verwendet, die mit dem Volumenstrom $\dot{V}$ des Rieselfilms, dem Querschnitt des Rieselfilms A und der Lauflänge z gebildet wird. Die Gleichungen (283) bis (285) geben gestaffelt nach Reynolds- und Schmidt-Zahl die Daten der Abb. 120 in analytischer Form wieder

$$Sh = 2{,}24 \cdot 10^{-2}\, Re^{0{,}8}\, Sc^{0{,}5}$$
$$\text{für} \quad 12 \leqslant Re \leqslant 70 \qquad \text{und } Sc \geqslant \frac{2{,}32 \cdot 10^4}{Re^{1{,}6}} \tag{283}$$

$$Sh = 8{,}0 \cdot 10^{-2}\, Re^{0{,}5}\, Sc^{0{,}5}$$
$$\text{für} \quad 70 \leqslant Re \leqslant 400 \qquad \text{und } Sc \geqslant \frac{1{,}82 \cdot 10^3}{Re} \tag{284}$$

$$Sh = 8{,}9 \cdot 10^{-4}\, Re^{1{,}25}\, Sc^{0{,}5}$$
$$\text{für } 400 \leqslant Re \qquad \text{und } Sc \geqslant \frac{1{,}47 \cdot 10^7}{Re^{2{,}5}} \tag{285}$$

Die Beziehungen gelten nur nach vollständiger Ausbildung des Rieselfilmes, also nicht in den Einlaufzonen.

Zu erwähnen ist auch eine Theorie von Carrubba [209] zur Vorhersage des Wärme- und Stoffaustausches in welligem Rieselfilm, wenn der Transportwiderstand ausschließlich auf der flüssigen Seite liegt. Carrubba verwendete den bekannten Ansatz, bei dem der Turbulenzeinfluß durch Addition einer turbulenten Austauschgröße zum molekularen Diffusionskoeffizienten zugeschlagen wird. Ein Beispiel, um welchen Faktor der turbulente Stoffaustauschkoeffizient ϵ_m den Stofftransport im Rieselfilm gegenüber der reinen Diffusion mit dem Diffusionskoeffizienten D verbessert, zeigt Abb. 121. Es ist dort über dem dimensions-

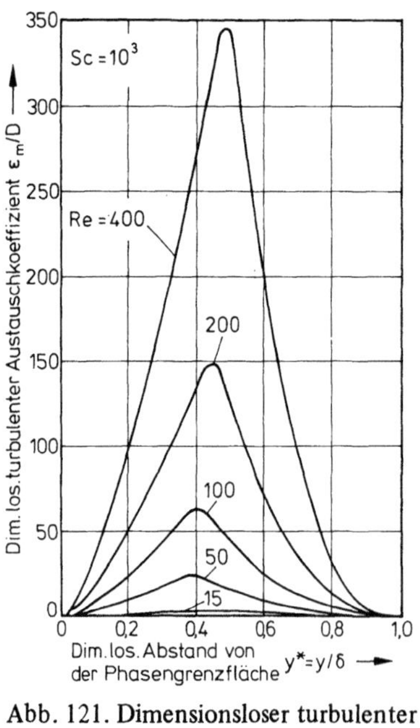

Abb. 121. Dimensionsloser turbulenter Austauschkoeffizient im Rieselfilm

losen Wandabstand der dimensionslose turbulente Stoffaustauschkoeffizient aufgetragen. In etwa halber Rieselfilmdicke finden sich die stärksten turbulenten Transportvorgänge.

II.5.5. Technische Systeme

Wärme- und Stofftransport durch die Phasengrenzflächen von Gas-Flüssigkeits-Gemischen interessiert für Apparate unterschiedlicher Konstruktion in der chemischen Industrie und in der Energiewirtschaft. Genannt seien Blasensäulen, Füllkörpersäulen, Wirbelschichten, Sprühkolonnen und Strahlmischer. Für ihre technische Auslegung werden zuverlässige Daten der Wärme- und Stofftransportkoeffizienten sowie der Phasengrenzfläche benötigt. Häufig aber ist der Auslegung ein Entscheidungsschritt vorgelagert, in dem die Art des zum Einsatz kommenden Apparates und dessen generelle konstruktive Gestaltung und fluiddynamische Arbeitsweise festgelegt wird. Für diese Entscheidung interessiert neben den Investitionskosten vor allem der Aufwand an Energie, die zur Bewerkstelligung des Wärme- und Stoffaustausches benötigt wird. Gestützt auf Versuche berechnete Nagel [237, 238] die pro Volumeneinheit des Apparates erzielbare Phasengrenz- und damit Austauschfläche als Funktion der durch Druckverlust im selben Volumen dissipierten Energie. In Abb. 122 ist für verschiedene Apparate die spezifische Austauschfläche zur aufzubringenden Gebläse- bzw. Pumpenergie in Beziehung gesetzt. Generell bestätigt sich das bekannte Gesetz, daß für intensiveren Wärme- und Stofftransport entsprechend mehr Energie aufgewandt werden muß. Die Apparate zeigen aber deutlich unterschiedliche Wirkungsgrade. So ist die Blasensäule der Strahldüse unterlegen und auch der Venturi-Wäscher bringt nach dieser Darstellung bei gleichem Energieaufwand weniger Stoffaustauschfläche als der Rohrreaktor mit Strahldüse. Hier muß man aber eine weitere Einflußgröße berücksichtigen. Die in Abb. 122 von Nagel verwendete spezifische Austauschfläche ist eine fiktive Größe, da sie einfach aus den umgesetzten Mengen – von der Gasphase in die Flüssigphase oder umgekehrt – berechnet wurde. Wenn diesem Stoffaustausch eine Reaktion überlagert ist, die im Verhältnis zur Verweilzeit des Fluids im Apparat nicht hinreichend schnell läuft, hemmt dies den Massentransport. Dies ist ein Grund, warum der Venturi-Wäscher zum Rohrreaktor mit Strahldüse ungünstiger liegt. Wichtig ist weiterhin,

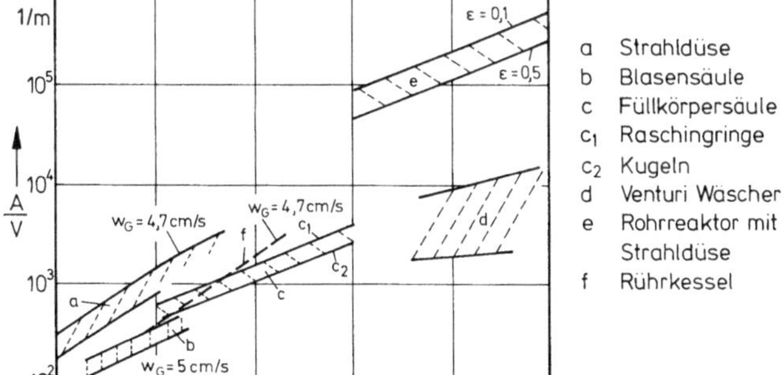

Abb. 122. Energieaufwand und Stoffaustauschfläche für verschiedene Apparate

ob der Austauschwiderstand nur auf einer Seite der Phasengrenze oder in beiden Phasen vorhanden ist. Bei der Absorption hängt dies davon ab, ob die Bindung aus der Gasphase aufgenommener Komponenten physikalisch oder chemisch erfolgt.

Trotz der großen Zahl experimenteller und theoretischer Arbeiten zum Wärme- und Stofftransport an Phasengrenzen, die sich aber vornehmlich mit Grundlagenuntersuchungen an geometrisch einfachen Verhältnissen befassen, ist die Auslegung solcher Apparate immer noch mit großen Unsicherheiten behaftet. Dies rührt einmal daher, daß sich Grundlagenexperimente nicht oder nur mit großen Einschränkungen auf die Verhältnisse im technischen Apparat übertragen lassen, da großräumig Strömungsverteilung und Grenzflächenbildung eine wesentlich größere Rolle spielen als der Stofftransport in einer idealisierten Grenzschicht. Zum anderen aber bewirken oft Umgebungseinflüsse, wie z.B. benachbarte Tropfen oder Blasen, eine starke Änderung im Stofftransport, im Vergleich zu dem an einem einzeln und isoliert betrachteten Element. Experimente in großem Maßstab müssen deshalb die Grundlagenforschung ergänzen, um Modellgesetze zu finden und die Laborversuche auf industrielle Bedingungen extrapolieren zu können. Diese Modellübertragung oder Skalierung, wie sie auch genannt wird, erfordert sorgfältigere Überlegungen und gilt im wesentlich eingeschränkterem Maße als bei einphasigen Strömungen.

II.6. Ähnlichkeitsbetrachtungen und Modellgesetze

Die Übertragung von Ergebnissen aus Modellversuchen auf die Originalbedingungen der großtechnischen Anlage ist ein altes ingenieurwissenschaftliches Problem. Der in der Literatur häufig zu findende Hinweis, daß die den Vorgang wesentlich beeinflussenden Parameter im Versuch und in der Originalanlage ähnlich sein müssen, ist eine selbstverständliche Voraussetzung, hilft aber in dieser allgemeinen Form dem Ingenieur wenig weiter. Diese Ähnlichkeit kann geometrischer, mechanischer, statischer, dynamischer, thermischer und thermodynamischer Natur sein.

Bei der Strömung und der Wärmeübertragung in einphasigen Fluiden sind wir es seit langem gewohnt, Übertragungs- und Modellgesetze zu nutzen. Die Vorgänge in einer Strömung mit Wärmetransport sind ähnlich, wenn

das Geschwindigkeitsfeld
das Temperaturfeld und
das Druckfeld (Überschallströmung)

ähnlich sind. Überschallströmung wollen wir hier außer acht lassen und wir können dann das Geschwindigkeits- und Temperaturfeld mit Hilfe der wohlbekannten Erhaltungssätze für Masse, Energie und Impuls beschreiben. Von diesen Erhaltungssätzen können wir dimensionslose Kennzahlen, wie das Geometrieverhältnis, die Reynolds-Zahl, die Froude-Zahl, die Euler-Zahl, die Nußelt-Zahl, die Grashof-Zahl und die Prandtl-Zahl

$$\frac{x}{l} \qquad \frac{y}{l} \qquad \frac{z}{l}$$

$$Re = \frac{w\,l}{\nu} \qquad Fr = \frac{w^2}{g\,l} \qquad Eu = \frac{\Delta p}{\rho\, w^2}$$

$$Nu = \frac{\alpha\, l}{\lambda} \qquad Gr = \frac{l^3 g \beta \vartheta}{\nu^2} \qquad Pr = \frac{\eta\, c}{\lambda}$$

ableiten. Ähnlichkeit wird dann vorausgesetzt, wenn diese dimensionslosen Kennzahlen – soweit sie für den Vorgang relevant sind – im Versuch und unter Originalbedingungen identisch sind.

Die geometrische Ähnlichkeit kann normalerweise ohne Schwierigkeiten gewahrt werden, indem man dieselben Längenverhältnisse x/l, y/l, z/l wählt, d.h. indem man alle Maße des Versuchsobjektes – häufig auch Modell genannt – proportional zu denen des Originals macht. Die nicht-geometrischen Kennzahlen repräsentieren meist das Verhältnis von Kräften oder von Energien, die nicht in allen Fällen für Modell und Original identisch gestaltet werden können, wie man leicht aus den unterschiedlichen Exponenten bei den verschiedenen Einflußgrößen sieht. So steht z.B. die Geschwindigkeit in der Reynolds-Zahl in der ersten und in der Froude-Zahl in der zweiten Potenz. Die Reynolds-Zahl ist bekanntlich das Verhältnis der Trägheits- zu den Zähigkeitskräften und die Froude-Zahl enthält die Auftriebskraft. Das bedeutet, daß bei einem Strömungsvorgang, bei dem Trägheits- und Auftriebskräfte gleichermaßen die Fluiddynamik bestimmen, keine vollständige Ähnlichkeit erzielt werden kann. Bei dieser Mischkonvektion kann entweder der Anteil der Zwangskonvektion oder der der freien Konvektion richtig nachgebildet werden. Das Geschwindigkeits- und Temperaturfeld wird aber zusätzlich noch durch die thermodynamischen Zustandsgrößen beeinflußt. Dies sind bei einphasiger Strömung hauptsächlich die Viskosität, die Dichte, die spezifische Wärme und die Wärmeleitfähigkeit des Fluids. Will man verschiedene Flüssigkeiten oder Gase auf ihr strömungsmechanisch-ähnliches Verhalten untersuchen, so ist es im allgemeinen nicht möglich, alle diese Stoffeigenschaften ähnlich zu gestalten.

Geschwindigkeits- und Temperaturfeld können in der allgemeinen Form

$$\frac{w}{w_0} = f_w\,(x/l, y/l, z/l, Re, Pr, Gr) \tag{286}$$

$$\frac{\vartheta}{\vartheta_0} = f_\vartheta\,(x/l, y/l, z/l, Re, Pr, Gr) \tag{287}$$

$$Nu = f_\alpha\,(Re, Pr, Gr) \tag{288}$$

beschrieben werden. In der Praxis eliminieren wir eine der dimensionslosen Kennzahlen, nämlich die Reynolds-Zahl oder die Grashof-Zahl, je nachdem, ob freie oder erzwungene Konvektion vorherrscht. Wir sehen daraus, daß bereits in der einphasigen Strömung das Ähnlichkeitsgesetz auf eine Strömungsart – z.B die erzwungene Konvektion – beschränkt bleiben muß, und bei Überlagerung einer zweiten – der freien Konvektion – nurmehr näherungsweise gültig ist. Diese Limitierung der Modellgesetze und Ähnlichkeitsbetrachtungen müssen wir gut im Gedächtnis behalten, wenn wir jetzt die Ähnlichkeit zweiphasiger Fluide ohne und mit Wärmeaustausch betrachten.

II.6.1. Kennzahlen für Gas-Flüssigkeits-Gemische und Wärmeübertragung beim Sieden

Der theoretisch am besten fundierte Weg zur Gewinnung dimensionsloser Kennzahlen ist deren Ableitung aus Differentialgleichungen, die den Strömungs- und Wärmetransportprozeß exakt beschreiben. Eine andere systematische Methode besteht darin, daß man aus den Einflußgrößen, deren Exponenten und Dimensionen, wie in Tabelle 14 an einem einfachen Beispiel dargestellt, eine Matrix bildet. Die Zahl der Einflußgrößen abzüglich dem Rang der Matrix gibt die Zahl der dimensionslosen Gruppen und auch diese Kennzahlen selbst können durch Auswerten der Matrix erarbeitet werden. Eine dritte Möglichkeit, zu dimensionslosen Kennzahlen zu kommen, besteht schließlich darin, durch Probieren ausgewählte Parameter solange miteinander zu multiplizieren und zu dividieren, bis man glaubt, die wichtigen, dimensionslosen Gruppen zu haben.

Tabelle 14. *Methode und Matrix für das Auffinden von Kennzahlen*

F =	w^a	$\triangle p^b$	l^c	ρ^d	η^e
	$(m/s)^a$	$(kg/ms^2)^b$	$(m)^c$	$(kg/m^3)^d$	$(kg/ms)^e$
Masse (kg)	0	b	0	d	e ...
Länge (m)	a	−b	c	−3d	−e ...
Zeit (s)	−a	−2b	0	0	−e ...
.	.	.	.	.	.
.	.	.	.	.	.
.	.	.	.	.	.

oder

	a	b	c	d	e ...
kg	0	1	0	1	1 ...
m	1	−1	1	−3	−1 ...
s	−1	−2	0	0	−1 ...
.	.	.	.	.	.
.	.	.	.	.	.
.	.	.	.	.	.

Auf diese verschiedene Art und Weise wurden auch für Gas-Flüssigkeits-Gemische – zum Teil schon vor vielen Jahren – eine Reihe dimensionsloser Kennzahlen gefunden. Tabelle 15 gibt beispielhaft eine Zusammenstellung einiger Kennzahlen. Sie sind uns zum großen Teil aus unseren früheren Betrachtungen bereits bekannt, und insbesondere die Martinelli-Zahl hat sich als sehr vielseitig zur Beschreibung verschiedener Transportprozesse erwiesen. Nicht dimensionslos in Tabelle 15 ist die Laplace-Konstante, die schon sehr früh zur Beschreibung der Blasenablösung beim Sieden herangezogen wurde und bis auf einen Faktor den Ablöseradius der Blase darstellt.

Tabelle 15. *Beispiele für Kennzahlen von Gas-Flüssigkeits-Gemischen*

Weber-Zahl	$We = \dfrac{\rho\, d_h\, w^2}{\sigma}$
Laplace-Konstante	$La = \dfrac{\sigma}{g(\rho_F - \rho_G)}\ [m^2]$
Jakob-Zahl	$Ja = \dfrac{c\,\rho_F\,(\vartheta_W - \vartheta_\infty)}{h_{FG}\,\rho_G}$
Siedezahl	$N_{Bo} = \dfrac{\dot{q}}{h_{FG}\,\rho_G\,w_G}$
Unterkühlungszahl	$N_U = \dfrac{\Delta h_U\,(\rho_F - \rho_G)}{h_{FG}\,\rho_G}$
Phasenwechsel-Zahl	$N_{ph} = \dfrac{\dot{m}_G\,(\rho_F - \rho_G)}{\rho_G\,\rho_F\,w_F}$
Auftriebszahl	$N_{Auf} = \dfrac{\rho_F - \rho_G}{\rho_F}$
Reynolds-Zahl (Auf Blasen bezogen)	$Re_{Bl} = \dfrac{\rho_G\,w_{Bl}\,d_{Bl}}{\eta_G}$
Schlupf-Verhältnis	$s = \dfrac{w_G}{w_F}$
Driftzahl	$N_D = \dfrac{w_{G,\,\text{Phasengrenze}}}{w_{F,\,\text{Phasengrenze}}}$
Martinelli-Zahl	$X = \left(\dfrac{\rho_G}{\rho_F}\right)^{0,5} \left(\dfrac{\eta_F}{\eta_G}\right)^{0,1} \left(\dfrac{1-\dot{x}}{\dot{x}}\right)^{0,9}$

In einphasigen Systemen reiner Stoffe muß nur das Geschwindigkeits- und das Temperaturfeld betrachtet werden. Bei der Strömung von Gas-Flüssigkeits-Gemischen haben wir aber zusätzlich auf die Dichteverteilung – ausgedrückt durch den örtlichen Dampfgehalt – im System zu achten. Für Mehrstoffsysteme wäre schließlich auch noch das Konzentrationsfeld in Betracht zu ziehen. Da wir annehmen, daß bei Zweikomponenten – Zweiphasen-Gemischen – sich Gas und Flüssigkeit nicht ineinander lösen, wollen wir Überlegungen zum Konzentrationsfeld nicht weiter verfolgen. Demnach benötigen wir für Gas-Flüssigkeits-Gemische, mit oder ohne Sieden, Information über

das Geschwindigkeitsfeld
das Phasen-Verteilungsfeld und
das Temperaturfeld.

Letzteres kann vernachlässigt werden, wenn man thermodynamisches Gleichgewicht annimmt.

Die 2. Phase bringt für die Ähnlichkeitsbetrachtungen eine Reihe von Komplikationen und Schwierigkeiten mit sich. Die hydrodynamischen und thermodynamischen Eigenschaften müssen für beide Phasen ähnlich sein, und auch der Phasenwechsel muß vergleichbar vor sich gehen. Bevor wir diese Ähnlichkeitsbedingungen diskutieren, müssen wir zunächst darüber nachdenken, warum wir mit Gas-Flüssigkeits-Gemischen Modellversuche durchführen wollen, und was wir dabei zu skalieren beabsichtigen.

In der einphasigen Strömung müssen wir in der Regel die Größe des Apparates skalieren, d.h. wir führen die Experimente mit maßstabsgetreu verkleinerten Versuchsobjekten durch. Sicherlich besteht dieser Wunsch der Maßstabsverkleinerung für die Versuche auch bei Untersuchungen in Gas-Flüssigkeits-Gemischen, aber hier erhebt sich ein noch weit schwierigeres Problem für die Versuchsdurchführung, nämlich das der extrem großen Wärmezufuhr für Zweiphasen- und Siedeexperimente. Will man z.B. Untersuchungen an einem repräsentativen Ausschnitt des Brennstabbündels eines wassergekühlten Kernreaktors durchführen, so benötigt man mehrere MW zur elektrischen Beheizung des Testobjektes. Eine geometrische Verkleinerung des Brennstabbündels für das Experiment ist kaum möglich, da die Dampfblasen eine bestimmte, von den geometrischen Randbedingungen weitgehend unabhängige Größe haben, und sich dann das Verhältnis zwischen Stababstand und Blasendurchmesser so verkleinern würde, daß der Siedevorgang wesentlich beeinflußt würde. Es gibt jedoch eine andere Möglichkeit, den Leistungsbedarf der Versuchsanlage zu verringern, nämlich die, daß man statt Wasser ein anderes Fluid – Modellfluid genannt – mit geringerer Verdampfungswärme verwendet. Deshalb ist bei Gas-Flüssigkeits-Gemischen es weit eher üblich, das Originalfluid durch ein Modellfluid zu ersetzen, als die geometrischen Daten zu skalieren.

Da die thermodynamischen Zustandsgrößen der gasförmigen und der flüssigen Phase des Modellfluids eine wichtige Rolle spielen, ist es wesentlich, daß dessen Stoffeigenschaften gut bekannt sind und ähnliche Abhängigkeiten von Druck und Temperatur zeigen wie das Originalfluid.

Neben Wasser sind Kältemittel (R 11, R 12, R 113) in ihren Stoffeigenschaften am besten untersucht. Zusätzlich bieten sie bequeme Versuchsbedingungen sowohl im Hinblick auf den Druck als auch auf die Temperatur. Dies hat dazu geführt, daß Kältemittel häufig als Modellfluide für Wasser herangezogen werden. Die Auswahl, welches Kältemittel man dabei bevorzugt, könnte nach erster oberflächlicher Betrachtung nach den bequemsten Experimentierbedingungen hinsichtlich Druck und Temperatur getroffen werden. Man sollte jedoch auch beachten, daß bei starker Wärmezufuhr, insbesondere in Verbindung mit Filmsieden oder Sprühkühlung, chemische Veränderungen des Modellfluids vermieden werden müssen. Das Kältemittel R 12 hat sich in dieser Hinsicht als am stabilsten erwiesen.

II.6.2. Thermodynamische Ähnlichkeit

Die in der Literatur häufig zu findende Forderung, daß die Ähnlichkeit der thermodynamischen Bedingungen einfach dadurch herzustellen sei, daß man den thermodynamischen Zustand des Modellfluids so wählt, daß die den Strömungsvorgang beeinflussenden Zustandsgrößen vergleichbar seien, klingt zunächst einfach und einleuchtend. Im allgemeinen kann diese Ähnlichkeitsbedingung jedoch exakt nur für eine Zustandsgröße und für die anderen näherungsweise erfüllt werden. In der Literatur finden wir häufig, daß bei Modellversuchen der thermodynamische Zustand des Modellfluids so gewählt wurde, daß das Dichteverhältnis ρ_F/ρ_G der beiden Phasen im Modell und im Original identisch ist. Dies kann bereits eine sehr einschneidende Beschränkung darstellen, da andere Zustandsgrößen von ebenso großem Einfluß auf das spezielle Strömungsverhalten sein mögen wie das Dichteverhältnis.

Würde eine universelle, allgemeingültige Zustandsgleichung existieren, die das Zustandsverhalten beider Fluide – des Modellfluids und des Originalfluids – zufriedenstellend in einer dimensionslosen, auf charakteristische Zustände reduzierten Form beschreibt, so wäre es möglich, mit Hilfe der thermodynamischen Konsistenz vom Theorem der übereinstimmenden Zustände Gebrauch zu machen. Eine der einfachsten Zustandsgleichungen ist sicherlich die Van der Waals-Gleichung, die in reduzierter Form wie folgt geschrieben werden kann:

$$\left(\frac{p}{p_{\text{krit}}} + \frac{3}{v/v_{\text{krit}}}\right)\left(3\,\frac{v}{v_{\text{krit}}} - 1\right) = 8\,\frac{T}{T_{\text{krit}}} \tag{289}$$

Reduziert mit den kritischen Daten enthält die Van der Waals-Gleichung nur universelle Konstanten, die nicht auf einen bestimmten Stoff bezogen sind, sondern einfach, wie aus der Thermodynamik bekannt, über die Bedingung abgeleitet wurden, daß im p, v-Diagramm die kritische Isotherme am kritischen Punkt eine waagrechte Wendetangente hat. Sicherlich erlaubt die Van der Waals-Gleichung nur eine sehr rohe und ungenaue Beschreibung der thermodynamischen Zustandsgrößen von Kältemitteln. Sie gibt aber den einfachen Hinweis, daß die kritischen Daten p_{krit}, T_{krit} und v_{krit} brauchbar sein könnten, um korrespondierende Zustände für thermische und kalorische Zustandsgrößen beim Original- und Modellfluid zu erhalten. Grigull [239] zeigte, daß diese thermodynamische Konsistenzbetrachtung auch auf Transportgrößen, wie Wärmeleitfähigkeit und Viskosität, ausgedehnt werden kann, und daß übereinstimmendes Zustandsverhalten zwischen Transportgrößen und bestimmten kalorischen Zustandsgrößen besteht.

Im Einstoffsystem und unter thermodynamischen Gleichgewicht können die beiden Phasen nur längs der Sättigungslinie existieren, was bedeutet, daß durch eine thermodynamische Zustandsgröße alle anderen ausgedrückt werden können. Wenn wir nun die kritischen Daten zum Skalieren von Original auf Modell benützen, so können wir entweder das kritische Druckverhältnis

$$\left(\frac{p}{p_{\text{krit}}}\right)_{\text{Original}} = \left(\frac{p}{p_{\text{krit}}}\right)_{\text{Modell}} \tag{290}$$

oder das kritische Verhältnis anderer Zustandsgrößen, wie z.B. Temperatur, Dichte oder Viskosität

$$\left(\frac{T}{T_{\text{krit}}}\right)_O = \left(\frac{T}{T_{\text{krit}}}\right)_M \qquad \left(\frac{\rho}{\rho_{\text{krit}}}\right)_O = \left(\frac{\rho}{\rho_{\text{krit}}}\right)_M$$

$$\left(\frac{\eta}{\eta_{\text{krit}}}\right)_O = \left(\frac{\eta}{\eta_{\text{krit}}}\right)_M \tag{291}$$

heranziehen. Beim Kältemittel R 12 hat sich das Druckverhältnis als der am besten geeignete Skalierparameter erwiesen. Wie man aus Abb. 123 ersieht, besteht über den gesamten Zustandsbereich nur eine Abweichung von wenigen Prozent im Dichteverhältnis ρ_F/ρ_G für Wasser und R 12, wenn man mit dem kritischen Druckverhältnis skaliert. Man kann diese Erkenntnis allerdings auch anders ausdrücken, nämlich so: Ein Skalieren mit dem Druckverhältnis und mit dem Dichteverhältnis gibt etwa gleiche Resultate. Dies wäre nicht der Fall, wenn wir statt des Druckverhältnisses das kritische Temperaturverhältnis gewählt hätten, wie Abb. 124 demonstriert.

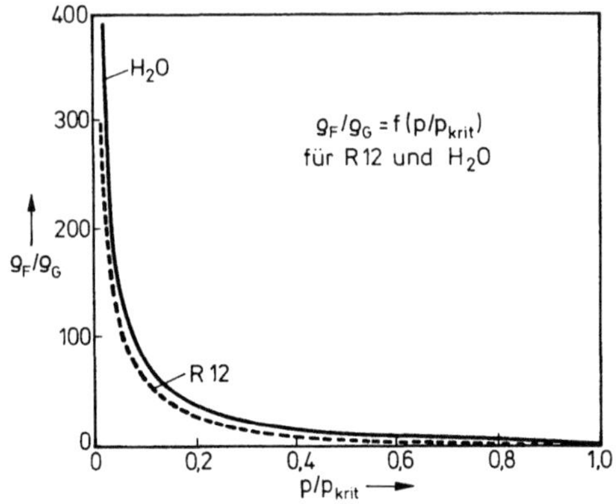

Abb. 123. Dichteverhältnis von Wasser und Kältemittel R 12 als Funktion des reduzierten Druckes

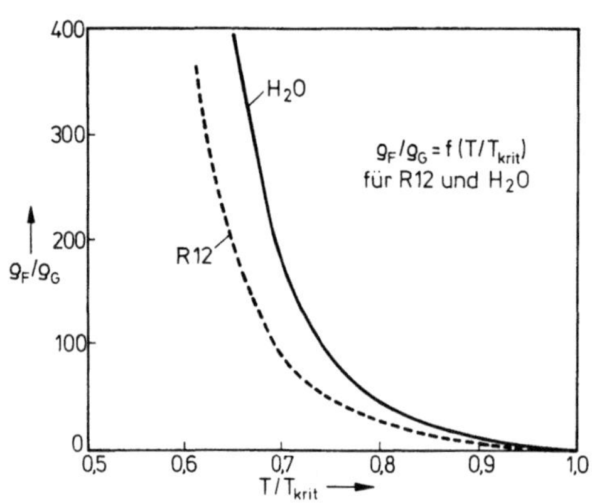

Abb. 124. Dichteverhältnis von Wasser und Kältemittel R 12 als Funktion der reduzierten Temperatur

Das Dichteverhältnis mag, wie bereits erwähnt, für viele Phänomene der Fluiddynamik und des Wärmetransportes die entscheidende Rolle spielen, es gibt aber auch andere Vorgänge, wie z.B. die Blasenbildung, die Entspannungsverdampfung, das Entrainment usw., wo andere Stoffeigenschaften, wie Oberflächenspannung, Viskosität oder Wärmeleitfähigkeit das fluiddynamische Verhalten steuern. Deshalb erhebt sich die Frage, ob auch andere Stoffeigenschaften mit dem kritische Druckverhältnis zufriedenstellend skaliert werden können. Eine erste Antwort hierauf mag Abb. 125 geben. Es sind dort die thermodynamischen Daten für Viskosität, Wärmeleitfähigkeit, Oberflächenspannung, Prandtl-

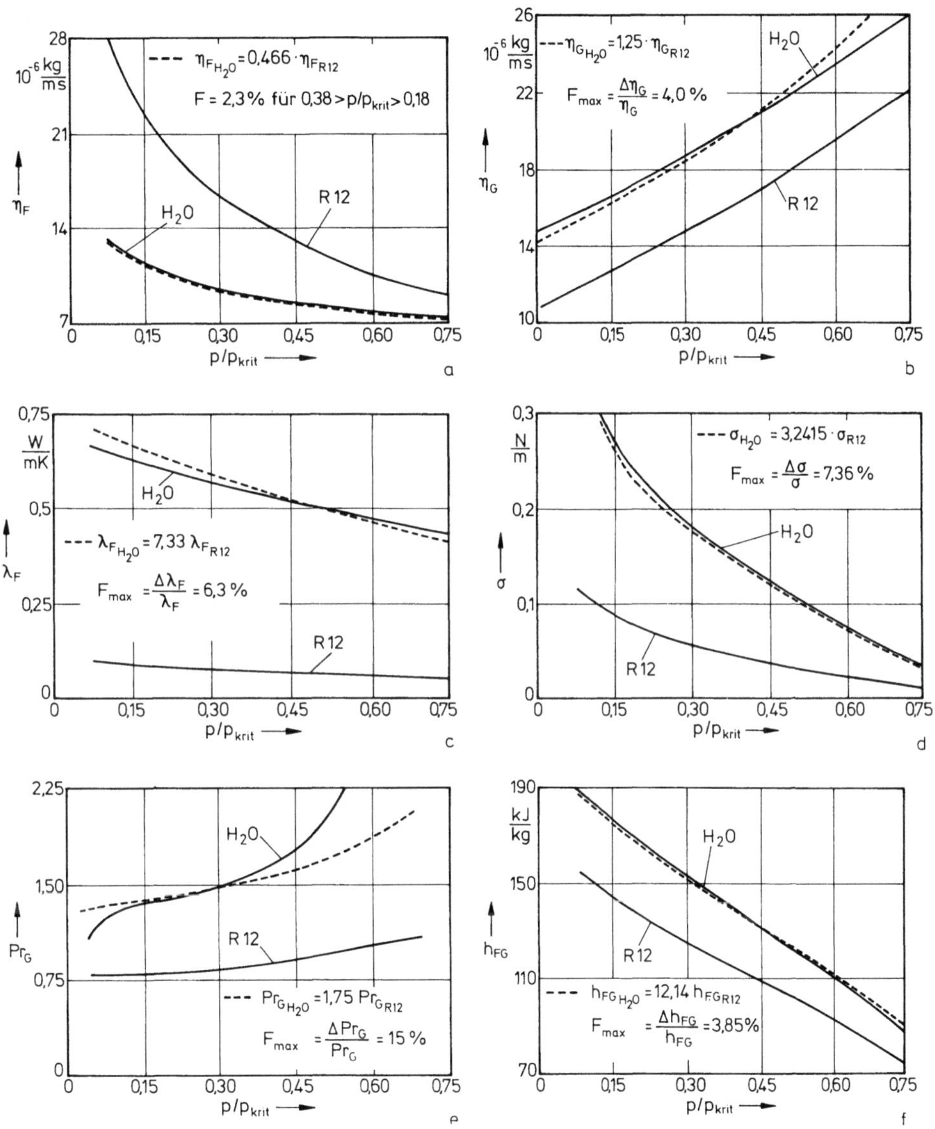

Abb. 125 a–f. Vergleich von Stoffwerten für Wasser und für das Kältemittel R 12

Zahl und Verdampfungswärme dargestellt. Man sieht, daß die absoluten Werte dieser Zustandsgrößen für Wasser und für R 12 erheblich differieren. Man kann jedoch die Wasser- und die R 12-Daten einfach mittels Multiplikation oder Division mit einem zwar individuellen, aber über den Zustandsbereich konstanten Faktor ineinander überführen, wie die gestrichelten Linien in den einzelnen Diagrammen der Abb. 125 demonstrieren. Dieser Multiplikator oder Divisor muß dann natürlich auch bei der fluiddynamischen Skalierung beachtet werden. Ein sehr einfaches Beispiel soll dies erläutern. Wenn wir den Mengenstrom für den Modellzustand z.B. aus der Reynolds-Zahl ableiten, so müssen die Bedingungen

$$Re = \frac{\dot{m}\, d}{\eta} \qquad Re_O = Re_M \qquad \dot{m}_M = \dot{m}_O\, \frac{\eta_M}{\eta_O} = k\, \dot{m}_O\, \eta_M \tag{292}$$

erfüllt sein, wobei sich der Faktor k, gemäß Abb. 125, für die Flüssigkeit zu $k_F = 2{,}15$ und für das Gas zu $k_G = 0{,}8$ ergibt. Dieses einfache Beispiel lehrt uns, daß wir in Gas-Flüssigkeits-Gemischen 2 Korrekturfaktoren, einen für die Flüssigkeit und einen anderen für die gasförmige Phase, zu beachten haben. Man muß sich deshalb entscheiden, welche der beiden Phasen die für den interessierenden fluiddynamischen Vorgang maßgebende ist, da wir für die Skalierung des Mengenstromes zunächst nur die Viskosität der flüssigen oder gasförmigen Phase benützen können. Für das Verhältnis des flüssigen und des gasförmigen Massenstromes existiert jedoch eine zusätzliche Bedingung, nämlich die des Dampfgehaltes $\dot{x}$ oder ϵ. Wir können also, wenn wir den Mengenstrom der Flüssigkeit festgelegt haben, den des Gases nicht mehr entsprechend den Viskositätsdaten wählen. Das bedeutet, daß wir für eine der beiden Phasen den Einfluß der Viskosität vernachlässigen müssen, wenn wir dem Dampfgehalt für die Skalierung des Mengenstromes der zweiten Phase Priorität geben. Dies führt uns zu einer zweiten Erkenntnis, nämlich, daß wir beim Skalieren von Strömungen mit Gas-Flüssigkeits-Gemischen zwischen primären und sekundären Parametern in weit stärkerem und einschneidenderem Maße zu unterscheiden haben, als wir dies aus der Einphasenströmung gewohnt sind.

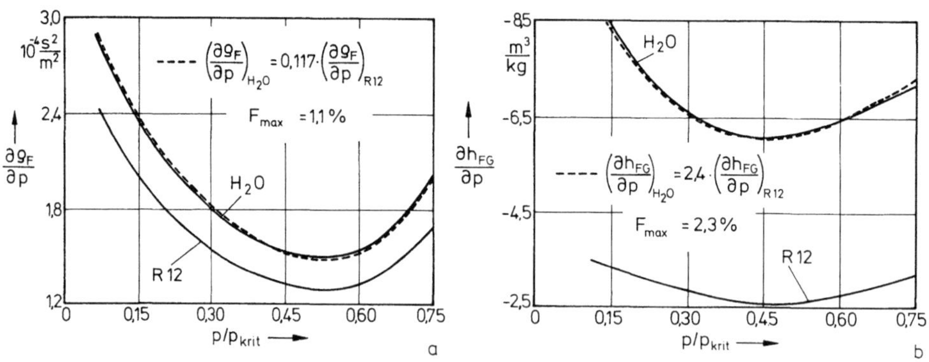

Abb. 126 a–b. Vergleich abgeleiteter Zustandsgrößen für Wasser und für das Kältemittel R 12

Für transiente Vorgänge, wie sie z.B. bei einer raschen Druckentlastung auftreten, benötigen wir auch die ersten Ableitungen nach dem Druck für eine thermodynamische Zustandsgröße. Wie Abb. 126 an zwei Beispielen zeigt, kann auch für diese abgeleiteten Größen gute Übereinstimmung durch Multiplikation mit einem konstanten Faktor zwischen Zustandsverhalten von Original- und Modellfluid herbeigeführt werden.

Ein ähnlicher Vergleich, wie hier für die thermodynamischen Zustandsgrößen diskutiert, jedoch beschränkt auf die Oberflächenspannung und auf die Viskosität, ist in einem Aufsatz von Baker [240] zu finden. Einen detaillierten Stoffvergleich zwischen Wasser und R 12 gibt Belda [241].

II.6.3. Modellbetrachtungen für einfache, nicht kombinierte fluiddynamische Phänomene

Beim Skalieren haben wir zwei Schritte zu unterscheiden, nämlich

1. die Auswahl und Festlegung der fluiddynamischen Zustände in der Modellanlage und
2. die Übertragung der Versuchsergebnisse aus der Modellanlage auf die Originalbedingungen.

Bei strömenden Gas-Flüssigkeits-Gemischen können beide Schritte nur unter sehr einfachen Randbedingungen und fluiddynamischen Zuständen mit Hilfe von dimensionslosen Kennzahlen vorgenommen werden, wie wir das z.B. gewohnt sind für den Druckabfall und den Wärmetransport in einphasiger Strömung. Für kompliziertere Strömungszustände geben dimensionslose Kennzahlen nur näherungsweise die hydro- und thermodynamischen Bedingungen, unter denen die Modellversuche durchzuführen sind, und die Übertragung auf die Großanlage hat mit Hilfe einer detaillierten mathematischen Beschreibung der physikalischen Vorgänge – meist in Form von Differentialgleichungen, die numerisch auf einer elektronischen Rechenmaschine zu integrieren sind – zu erfolgen. Wir wollen zunächst einfache physikalische Phänomene für sich separat betrachten, d.h. wir wollen dabei annehmen, daß das interessierende Phänomen nicht mit anderen fluiddynamischen Vorgängen in Wechselwirkung steht.

Ein solches einfaches und separates Phänomen in der Zweiphasen-Strömung kann z.B. die Ausbildung der Strömungsformen, d.h. die Verteilung der beiden Phasen über den Querschnitt des Strömungskanales sein. Quandt [7] leitete, wie wir in Kap. I.3. sahen, einfache Ansätze für die Vorhersage der Strömungsformen ab, wobei er von der Annahme ausging, daß die auf das Fluid wirkenden Kräfte – Oberflächenspannung, Auftrieb und Druckabfall – für die Phasenverteilung maßgebend sind. Aus den Quandtschen Betrachtungen kann man in einfacher Weise dimensionslose Kennzahlen herleiten, und man kommt dabei zu der Weber-Zahl und zu einer dimensionslosen Gruppe, die das Produkt aus der Laplace-Konstanten und einer charakteristischen Länge – z.B. des Blasendurchmessers – darstellt.

$$N_{\mathrm{Ring\,Str}} = \frac{\rho w^2 d}{\sigma} \tag{293}$$

$$N_{\mathrm{Bl\,Str}} = \frac{\sigma}{\rho g d^2} \tag{294}$$

Die Kennzahl in Gl. (293) stellt die Weber-Zahl dar und müßte nach Quandt die Abgrenzung zwischen Ring- und Kolbenblasenströmung markieren. Die aus der Laplace-Konstanten gebildete Kennzahl in Gl. (294) sollte den Übergang von Blasenströmung zu Kolbenblasenströmung charakterisieren. Die Methode von Quandt erwies sich jedoch nicht als sehr erfolgreich bei der Vorhersage von Strömungsformen.

Für horizontale Strömung wurden von Baker, wie wir ebenfalls in Kap. I.3.3. sahen, andere dimensionslose Gruppen, nämlich sogenannte Stoffeigenschaftsparameter, die im strengen Sinne eigentlich keine Kennzahlen sind, vorgeschlagen.

$$\psi = \left(\frac{\sigma_{H_2O}}{\sigma}\right) \left[\frac{\eta_F}{\eta_{H_2O}} \left(\frac{\rho_{H_2O}}{\rho_F}\right)^2\right]$$

$$\lambda = \left[\left(\frac{\rho_G}{\rho_L}\right) \left(\frac{\rho_F}{\rho_{H_2O}}\right)\right]^{0,5}$$

Baker verwendete diese Stoffwertparameter zur Darstellung seiner Strömungsbilderkarte, die wir in Abb. 15 kennenlernten, wobei man die dort gewählte Abszisse, nämlich das Produkt aus dem Mengenstromverhältnis von Flüssigkeit und Gas und dem Stoffwertparameter ψ als Kennzahl bezeichnen könnte. Ähnliche Versuche einer dimensionslosen Darstellung der Strömungsformen wurden auch für vertikale Strömung gemacht, wie wir sie z.B. in den Abb. 9 und 10 kennenlernten.

Ähnlichkeitsbetrachtungen für den Druckverlust wurden schon sehr früh von Martinelli [41] angestellt. Er gab die einfache Beziehung zwischen dem Zweiphasenmultiplikator Φ^2 und dem dimensionslosen Parameter X – auch Martinelli-Kennzahl genannt –, die wir bereits in den Gln. (90) und (91) des Kapitels I.5.1. kennenlernten. Aufbauend auf den Überlegungen von Baroczy [45] erarbeitete Friedel [40] in einer eingehenden experimentellen und theoretischen Analyse Modell- und Übertragungsgesetze für den Druckverlust in strömenden Gas-Flüssigkeits-Gemischen. Er zeigte, daß der Zweiphasenmultiplikator, Gl. (90), in Wasser und in R 12 identisch ist, wenn die dimensionslosen Gruppen

$$\left.\frac{(\eta_F/\eta_G)^{0,2}}{(\rho_F/\rho_G)^{0,9}}\right|_O = \left.\frac{(\eta_F/\eta_G)^{0,2}}{(\rho_F/\rho_G)^{0,9}}\right|_M$$

$$\left.\frac{Fr_F}{Re_F^{0,25}}\right|_O = k \left.\frac{Fr_F}{Re_F^{0,25}}\right|_M \qquad \dot{x}|_O = \dot{x}|_M$$

unter Modell- und unter Originalbedingungen gleich gehalten werden. Die dimensionslose Gruppe mit dem Verhältnis zwischen Froude- und Reynolds-Zahl enthält einen Übertragungs- oder Anpassungsfaktor k, der eine schwache Funktion des Druckes ist und dessen Wert zwischen 1,68 und 1,75 mit dem Druck variiert. Man kann jedoch mit hinreichend guter Genauigkeit einen Mittelwert von 1,7 für k wählen, wenn man die Druckbereiche $50 < p_{H_2O} < 90$ bar und $6 < p_{R\,12} < 11$ bar nicht überschreitet. Den thermodynamischen Zustand paßt Friedel dadurch an, daß er dasselbe Viskositäts-/Dichteverhältnis im Modell und im Original wählt. Dann ist der Mengenstrom im Modell durch den Übertragungsfaktor $k = 1,7$ über die auf den Flüssigkeitsanteil bezogene Reynolds-Zahl bestimmt.

Wendet man diese Übertragungsmethode auf Messungen in Wasser und in R 12 an, so liegen die Meßergebnisse beider Fluide auf ein- und derselben Linie, wie Abb. 127 an Beispielen von Strömungskanälen mit runden und rechteckigen Querschnitten zeigt, in der der Zweiphasenmultiplikator über dem Strömungsdampfgehalt $\dot{x}$ aufgetragen ist. Wie man sieht, reichen einfache Kennzahlen für die Umrechnung des Druckverlustes von einem Fluid auf ein anderes aus.

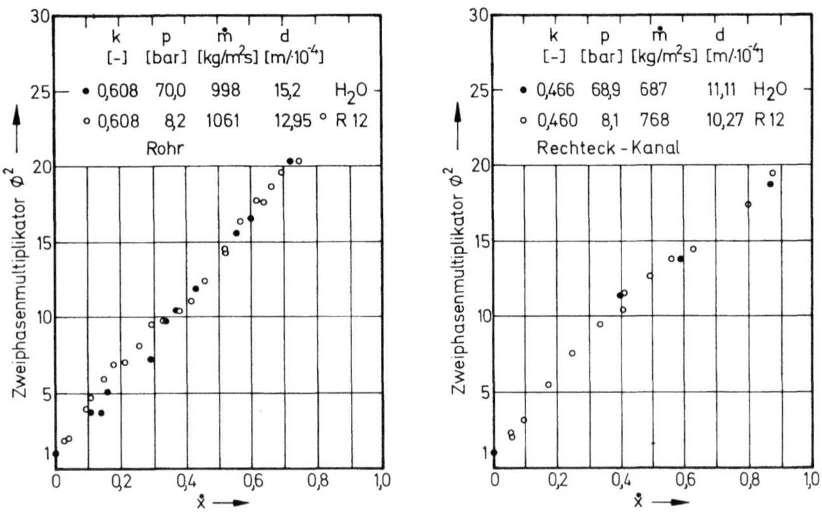

Abb. 127. Ähnlichkeit des Druckverlustes bei Wasser und dem Kältemittel R 12 nach Friedel

Verwickelter werden die Verhältnisse, wenn man den örtlichen volumetrischen Dampfgehalt ϵ und den Schlupf $s = w_G / w_F$ betrachtet, die über Gl. (12) miteinander verknüpft sind. Der Schlupf und durch ihn der örtliche volumetrische Dampfgehalt werden durch die Auftriebskräfte und durch den Druckabfall im Strömungskanal beeinflußt, weshalb empirische Ansätze für die Vorhersage des örtlichen volumetrischen Dampfgehaltes, wie wir sie in Kap. I.4. kennenlernten, meist die Froude-Zahl oder die Martinelli-Zahl X enthalten. Diese einfachen Beziehungen mit den genannten dimensionslosen Kennzahlen haben jedoch keine Allgemeingültigkeit für verschiedene Fluide. Ein erfolgversprechender Schritt für die Verallgemeinerung der Vorhersage des volumetrischen Dampfgehaltes wurde von Nabizadeh [30] unternommen. Er ging aus von der von Zuber und Findlay [25] angegebenen Gl. (73) und entwickelte, wie wir in Kap. I.4.2. sahen, eine Beziehung für den C_0-Faktor, d.h. den Strömungsverteilungsfaktor, was ihn schließlich zu Gl. (74) führte, die wir ebenfalls bereits in Kap. I.4.2. diskutierten. Mit Hilfe des allgemeinen Ausdruckes für den C_0-Faktor erzielte Nabizadeh sehr gute Übereinstimmung zwischen berechneten und gemessenen Daten für die Stoffe H_2O, D_2O, R 12 und R 113, wie Abb. 128 demonstriert. Die Skalierung hat hier also über eine Gleichung zu erfolgen. Für die Wahl der Modellbedingungen ist es jedoch ausreichend, wie Nabizadeh zeigt, den Dampfgehalt $\dot{x}$, das Dichteverhältnis zwischen Flüssigkeit und Gas und die Massenstromdichte m des gesamten Gemisches den Originalbedingungen genau nachzubilden. Man erhält dann für Original und Modell etwa den gleichen Verteilungsfaktor C_0.

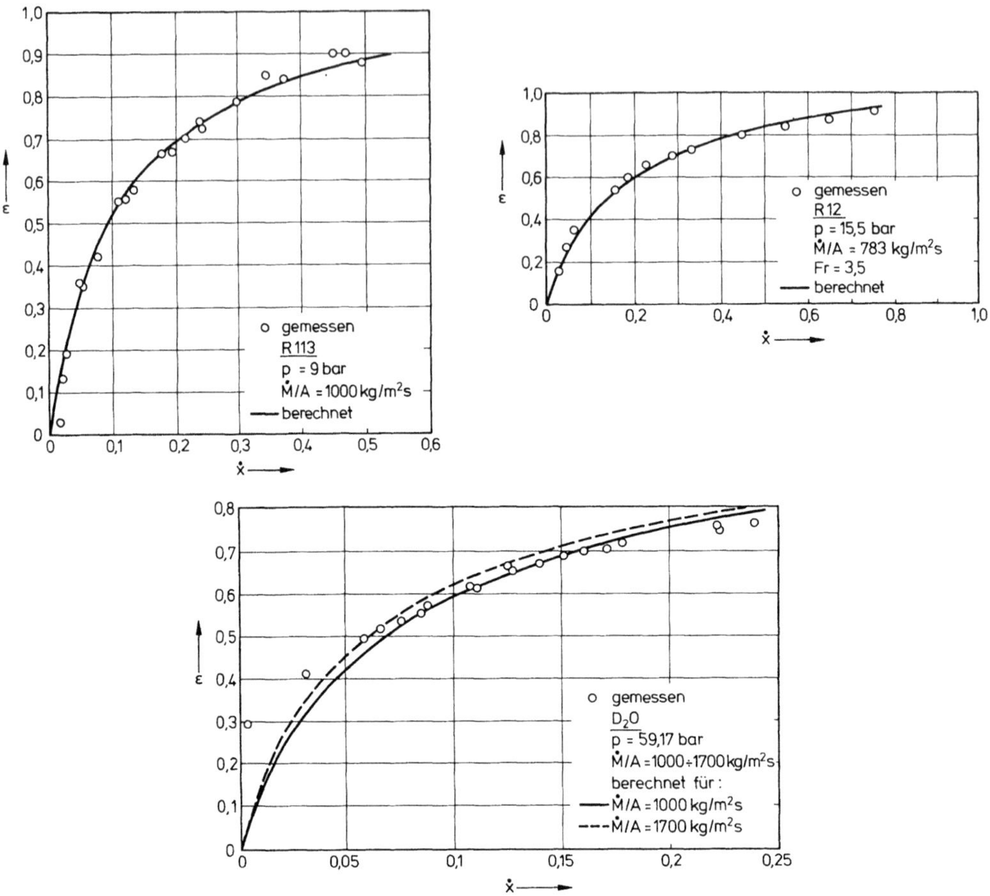

Abb. 128. Dampfgehalt, Anwendung des Modellgesetzes nach Nabizadeh, Vergleich Wasser – Kältemittel R 12

Für den Wärmeübergang beim Sieden hatten wir in den Abschnitten II.1. bis II.3. einfache Potenzbeziehungen, aufgebaut aus dimensionslosen Kennzahlen, diskutiert. Für Blasensieden sind aber die Verhältnisse so kompliziert, daß zuverlässige Modellgesetze mit einem Gültigkeitsbereich, der auch sehr unterschiedliche Fluide über eine große Druckspanne umfaßt, nicht angegeben werden können. Etwas aussichtsreicher ist die Situation bei hohen Dampfgehalten, bei denen sich ein dünner flüssiger Film an der Wand bewegt, durch den die Wärme mittels Leitung und Konvektion transportiert wird, und bei dem die Verdampfung erst an der freien Phasenoberfläche erfolgt. Wir hatten in Kap. II.2. gesehen, daß sich der Wärmeübergangskoeffizient für diesen Verdampfungsvorgang als Funktion der Siedezahl (Tab. 15), der Martinelli-Zahl und des Wärmeübergangskoeffizienten für einphasige, nicht siedende Strömung darstellen läßt (Gl. (185)). Der Wärmeübergangskoeffizient für die einphasige Strömung enthält, wie bekannt, die Reynolds-Zahl und die Prandtl-Zahl. Eine Skalierung müßte so erfolgen, daß man versucht, die Martinelli-Zahl, die Siedezahl und den Dampfgehalt für Modell und Original jeweils identisch zu gestalten. Da diese Kennzahlen aber unterschiedliche Stoffwerte enthalten, ist diese Bedingung kaum oder nur näherungsweise einzuhalten. Will man deshalb Wärmeübergangskoeffizienten von einem Fluid auf ein anderes übertragen, z.B. von Kältemittel auf Wasser oder von Wasser auf organische Substanzen, so müssen empirische Konstanten eingeführt und angepaßt werden, wie wir es in Gl. (185) gesehen hatten. Eine Nachbildung der Originalbedingungen im Modell ist also hier exakt nicht möglich, und man muß mit einer geeigneten Beziehung – z.B. Gl. (185) – inter- bzw. extrapolieren.

Der Wärmetransport bei Sprühkühlung läßt sich in Modellversuchen gut analysieren, solange thermisches Ungleichgewicht zwischen den Phasen keine große Rolle spielt, also solange der Dampf gegenüber den auf Sättigungstemperatur befindlichen Tropfen nur wenig überhitzt ist. Der Wärmetransport von der Wand wird dann durch die fluid- und thermodynamischen Eigenschaften der Dampfphase bestimmt, und wir können den Wärmeübergangskoeffizienten, wie wir z.B. in Gl. (243) gesehen hatten, mit der Reynolds-Zahl und der Prandtl-Zahl beschreiben, die beide auf den Dampf bezogen sind. Als zusätzliche Kenngröße ist der Dampfgehalt im Modell wie im Original einzustellen. Vergleiche von Messungen in Wasser und in Kältemitteln zeigten gute Übereinstimmung.

Bei thermischem Ungleichgewicht zwischen den Phasen kann man zwar auch davon ausgehen, daß sich der Wärmetransportmechanismus zwischen überhitztem Dampf und den Flüssigkeitstropfen in den verschiedenen Fluiden ähnlich gestaltet, solange die Viskositäts- und die Dichteverhältnisse angepaßt werden können. Hier ist aber besonders auf das Verhältnis von spezifischer Wärme des Dampfes zur Verdampfungswärme der Flüssigkeit zu achten. Wasser unterscheidet sich in der Verdampfungswärme gegenüber Kältemitteln um eine Größenordnung, die spezifischen Wärmen liegen aber nicht so weit auseinander. Folglich wird sich in beiden Fluiden ein völlig unterschiedliches thermisches Ungleichgewicht einstellen. Selbstverständlich wird man die Heizflächenbelastung entsprechend dem Verhältnis der Verdampfungswärmen anpassen, aber der Abbau von 1 K Überhitzungstemperatur produziert beim Kältemittel eine wesentlich dickere Sattdampfschicht um den Tropfen als beim Wasser.

II.6.4. Ähnlichkeitsbetrachtungen für kombinierte Phänomene

In technischen Apparaten, wie z.B. einem Dampferzeuger, einem Kernreaktor, einer Destilliersäule oder einer Absorptionskolonne, wird das fluiddynamische Verhalten von einer Vielzahl von Phänomenen bestimmt, die sich gegenseitig eng beeinflussen. Häufig ist es dabei auch so, daß nicht nur die Fluiddynamik den Wärmetransport bestimmt, sondern daß auch umgekehrt Mengenstrom und Strömungsgeschwindigkeit vom Wärmetransport abhängig sind. Es ist nicht zu erwarten, daß eine generelle und einfache Regel für die Behandlung dieser Probleme existiert. Hier soll der Versuch gemacht werden, an einigen ausgewählten Beispielen, wie der kritischen Heizflächenbelastung beim Sieden und der Druckentlastung in Apparaten, Wege zur Aufstellung von Übertragungs- und Ähnlichkeitsgesetzen aufzuzeigen. Die bei diesen beiden Beispielen ablaufenden fluiddynamischen Prozesse sind im Rahmen von sicherheitstechnischen Untersuchungen zum Störfallverhalten von Kernreaktoren am besten untersucht und die Gültigkeit von Ähnlichkeitsgesetzen sowie deren Grenzen deshalb in der Literatur gut belegt.

In der Literatur existieren verschiedene Vorschläge für Modellbetrachtungen zur kritischen Wärmestromdichte und ihre Übertragung von Wasser auf Kältemittel und umgekehrt. Alle diese Vorschläge gehen aus von der einfachen thermodynamischen Anpassung, daß das Dichteverhältnis zwischen Flüssigkeit und Dampf im Modellfluid und im Originalfluid gleich sein muß. Stevens [242, 243] schlug für Ähnlichkeitsbetrachtungen und die Erarbeitung von Übertragungsgesetzen für die kritische Heizflächenbelastung beim Sieden einen empirischen Weg vor. Er machte einen direkten Vergleich zwischen Messungen der kritischen Heizflächenbelastung in R 12 und in Wasser mit einfachen Übertragungsfaktoren, die er Scaling-Faktoren nannte. Dabei ging er von dem Postulat aus, daß zusätzlich zum selben Dichteverhältnis und zur identischen Geometrie des Strömungskanales der Dampfgehalt oder die Unterkühlung am Eintritt des beheizten Kanales für Modell und Original gleich sein müssen, d.h. es bleibt nur der Mengenstrom als freie Variable, um die Modellbedingungen an das Original anzupassen. Diese Anpassung erfolgt empirisch und auf graphischem Wege, indem man über dem Dampfgehalt am Austritt des Siederohres $\dot{x}_A$ das Produkt aus diesem Scaling-Faktor und dem Mengenstrom-Geometrie-Parameter

$$\left[\dot{m}\, d_{\text{hyd}}^{0,25} \left(\frac{d_{\text{hyd}}}{l}\right)^{0,59}\right]$$

aufträgt. Wählt man für den Scalierungs-Faktor K den Wert 0,8, so erhält man die in Abb. 129 dargestellte Abhängigkeit zwischen Dampfgehalt und Mengenstromdichte $\dot{m}$. Man sieht, daß die Skalierung nach Stevens nur für hohe Dampfgehalte am Austritt des Siederohres sinnvoll anzuwenden ist, da sonst im Versuch mit Kältemittel ein um ein Vielfaches niedrigerer Mengenstrom einzustellen wäre als unter Wasser-Bedingungen, was die fluiddynamische Ähnlichkeit verletzen würde.

Systematischer behandelte Barnett [244] das Problem. Er baute seine Überlegungen auf der Dimensionsanalyse auf und leitete daraus Ähnlichkeits- bzw. Übertragungsregeln ab. Dabei listete er zunächst alle Parameter und Einflußgrößen auf, die nach dem Stand des Wissens die kritische Heizflächenbelastung beeinflussen.

$$\dot{q}_{\text{krit}} = f\left(d, l, \dot{m}, p, \triangle h_U, h_{FG}, \rho_F, \rho_G, c_F, \lambda_F, \nu_F, \sigma, \frac{d(\rho_F/\rho_G)}{dp} \ldots.\right) \tag{295}$$

Diese Einflußgrößen arrangierte er schließlich zu dimensionslosen Kennzahlen, z.B. in der Form

$$\frac{\dot{q}_{\text{krit}}}{h_{FG}^{1,5}\,\rho_G} = f\left(\frac{l}{d}, \frac{d\,\rho_G\,h_{FG}^{0,5}\,c_{PF}}{\lambda_F}, \frac{\dot{m}}{\rho_G\,h_{FG}^{0,5}}, \frac{\triangle h_U}{h_{FG}}, \frac{\rho_F}{\rho_G},\right.$$
$$\left.\frac{\nu_F\,\rho_G\,c_{PF}}{\lambda_F}, \frac{\sigma\,c_{PF}}{h_{FG}^{0,5}\,\lambda_F}, h_{FG}\,\rho_G\,\frac{d(\rho_G/\rho_G)}{dp}, \ldots\ldots\right) \tag{296}$$

Aus diesen dimensionslosen Gruppen entwickelte Barnett dann eine Reihe

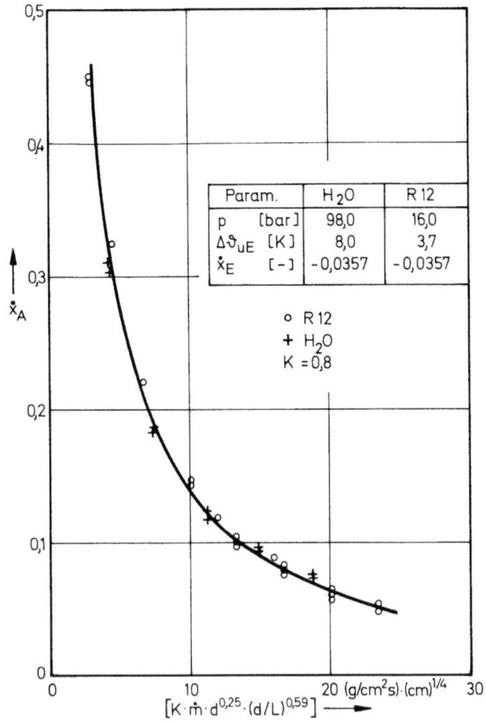

Abb. 129. Scaling-Faktor für den Mengenstrom beim Vergleich kritischer Heizflächenbelastungen nach Stevens

von Scaling-Faktoren F, für die kritische Heizflächenbelastung F_q, für die Geometrie $F_{d,l}$, für den Mengenstrom F_m und für die zu wählende Eintrittsunterkühlung $F_{\Delta h}$, je nachdem welche Einflußparameter er für maßgeblich hielt. Die Auswahl der Einflußgrößen, die daraus abgeleiteten dimensionslosen Gruppen und die sich dann ergebenden Scaling-Faktoren sind in Tabelle 16 zusammengestellt. Die Scaling-Faktoren in Tab. 16 sind dabei so zu lesen, daß sie das Vielfache des Wertes in Wasser gegenüber dem im Kältemittel angeben. So ist z.B. die kritische Heizflächenbelastung im Wasser rund um den Faktor 22 größer als im Kältemittel, und die Strömungsgeschwindigkeiten sind so anzupassen, daß im Wasser nahezu eine doppelt so hohe Massenstromdichte vorliegen muß wie in R 12, wenn die Verhältnisse vergleichbar sein sollen. Die Überlegungen von Barnett zeigten deutlich, daß man aus der Zahl der möglichen Einflußgrößen eine eng begrenzte Auswahl treffen muß, und je nachdem, wie dies geschieht, gelangt man zu unterschiedlichen Scaling-Faktoren, wie man aus Tab. 16 ablesen kann.

Diesen Unterschied zwischen primären und sekundären Einflußgrößen auf die kritische Heizflächenbelastung trifft auch Bouré [245] und er versucht letztere durch experimentell zu bestimmende Korrekturfaktoren anzupassen. Bouré wies als erster darauf hin, daß umfassende und allgemeingültige Übertragungsgesetze für die kritische Heizflächenbelastung nicht angegeben werden kön-

Tabelle 16. *Dimensionslose Gruppen zum Skalieren der kritischen Heizflächenbelastung nach Barnett*

Ausgewählte Einflußgröße	Gleichung	F_q	$F_{d,1}$	$F_{\dot{m}}$	$F_{\Delta h}$
$h_{FG}, \rho_F, \rho_G, c_{pF}, \lambda_F, \gamma$	$\frac{\dot{q}_{krit}\,\gamma^{0,5}}{\lambda\sqrt{\rho_F}} = f\left(\frac{l}{d}, \frac{d\,c_{pF}\sqrt{\rho_F}}{\lambda_F\,\gamma^{0,5}}, \frac{\dot{m}\,\gamma^{0,5}}{\sqrt{\rho_F}}, \frac{\rho_F}{\rho_G}, \frac{\Delta h}{h_{FG}}\right)$	22,43	0,717	1,914	11,72
$h_{FG}, \rho_F, \rho_G, \beta, \lambda_F, \gamma$	$\frac{\dot{q}_{krit}\,\gamma^{0,5}}{h_{FG}\sqrt{\rho_F}} = f\left(\frac{l}{d}, \frac{d\,h_{FG}\,\gamma^{0,5}\sqrt{\rho_F}}{\beta\,\lambda_F}, \frac{\dot{m}\,\gamma^{0,5}}{\sqrt{\rho_F}}, \frac{\rho_F}{\rho_G}, \frac{\Delta h}{h_{FG}}\right)$	22,43	0,482	1,914	11,72
$h_{FG}, \rho_F, \rho_G, \mu_G, \gamma$	$\frac{\dot{q}_{krit}\,\gamma^{0,5}}{h_{FG}\sqrt{\rho_F}} = f\left(\frac{l}{d}, \frac{d\sqrt{\rho_F}}{\mu_G\,\gamma^{0,5}}, \frac{\dot{m}\,\gamma^{0,5}}{\sqrt{\rho_F}}, \frac{\rho_F}{\rho_G}, \frac{\Delta h}{h_{FG}}\right)$	22,43	0,814	1,914	11,72
$h_{FG}, \rho_F, \rho_G, c_{pG}, \lambda_G, \beta$	$\frac{\dot{q}_{krit}\sqrt{\beta\,c_{pG}}}{h_{FG}^{1,5}\,\rho_F} = f\left(\frac{l}{d}, \frac{d\sqrt{c_{pG}\,h_{FG}\,\rho_F}}{\lambda_G\sqrt{\beta}}, \frac{\dot{m}\sqrt{\beta\,c_{pG}}}{\sqrt{h_{FG}\,\rho_F}}, \frac{\rho_F}{\rho_G}, \frac{\Delta h}{h_{FG}}\right)$	23,06	0,317	1,968	11,72

$$\gamma = \frac{d\,(\rho_F/\rho_G)}{d\,p_s} \qquad \beta = \frac{d\,\vartheta_s}{d\,p_s}$$

nen, sondern daß nur eine beschränkte Ähnlichkeit verifiziert werden kann. Er reduzierte schließlich seine Ähnlichkeitsbetrachtungen auf die folgenden 4 dimensionslosen Kennzahlen $N_1 - N_4$.

$$N_1 = K_1 \frac{\rho_F}{\rho_G} \qquad N_2 = K_2 \frac{\Delta h_{UE}}{h_{FG}}$$
$$N_3 = K_3 \frac{\dot{q}\, l}{h_{FG}\, \dot{m}\, d} \qquad N_4 = K_4 \frac{\dot{m}}{\rho_F \sqrt{g\, l}} \tag{297}$$

Die in diesen Kennzahlen enthaltenen Korrektur- oder Anpassungsfaktoren hängen sowohl von der Geometrie des Siedekanales als auch vom Druck des Fluids ab. 2 dieser Korrekturfaktoren kann man willkürlich wählen, und wenn man z.B. davon ausgeht, daß das Dichteverhältnis in Wasser und in R 12 das gleiche sein soll, so wird der Übertragungsfaktor $K_1 = 1$. Für das praktische Vorgehen ist es dann zweckmäßig, den Übertragungsfaktor K_4 im Bereich zwischen 1 und 2,5 zu wählen, und die Übertragungsfaktoren K_2 sowie K_3 können dann Abb. 130 entnommen werden.

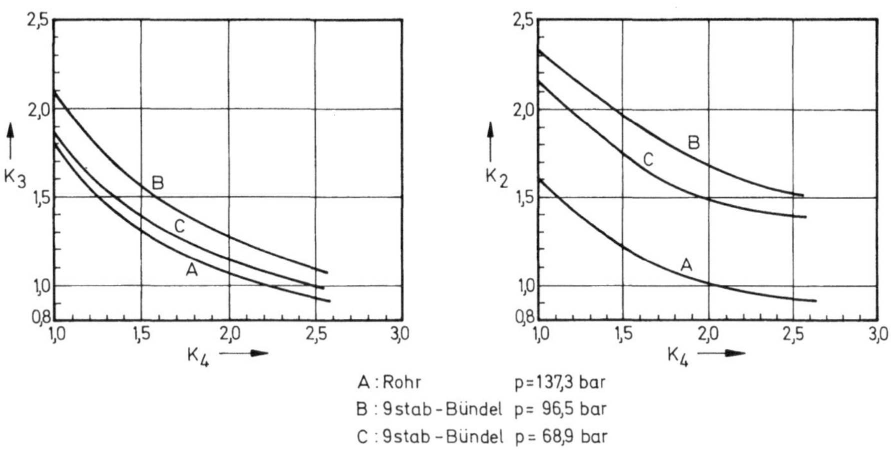

Abb. 130. Scaling-Faktoren für die kritische Heizflächenbelastung nach Bouré

Schließlich seien noch die Überlegungen von Ahmad [246] erwähnt, der die Einflußgrößen ebenfalls in zwei Gruppen, eine primäre, das System beschreibende, und eine sekundäre aufteilte. Er gelangte zu 13 dimensionslosen Kennzahlen, aus denen er 3 für die Skalierung der kritischen Heizflächenbelastung auswählte und zu einem Modellparameter ψ zusammenfaßte.

$$\psi = \underbrace{\left(\frac{\dot{m}^2 d}{\rho_F\, \sigma}\right)^{0,67}}_{We} \underbrace{\left(\frac{\dot{m}\, d}{\eta_F}\right)^{-0,133}}_{Re_F} \underbrace{\left(\frac{\dot{m}\, d}{\eta_G}\right)^{-0,2}}_{Re_G} \tag{298}$$

Diese Auswahl stellt nichts anderes als die Kombination der Weber-Zahl und der auf die Flüssigkeit sowie auf das Gas bezogenen Reynolds-Zahlen dar. Die kritische Heizflächenbelastung drückte er in der Form einer modifizierten Siedezahl N_{Bo}^* als Funktion dieses Ähnlichkeitsparameters aus.

$$N_{Bo}^* = \frac{\dot q}{\dot m\, h_{FG}} = f\left(\psi, \frac{\Delta h_{UE}}{h_{FG}}, \frac{\rho_F}{\rho_G}, \frac{l}{d}\right) \tag{299}$$

Dabei nahm er noch die Verhältnisse von Eintrittsunterkühlung zur Verdampfungswärme, von den Dichten der beiden Phasen und der Länge zum Durchmesser des Siederohres hinzu. Die Modellversuche sind unter identischen Geometriebedingungen, gleichem Dichteverhältnis und gleichem Strömungsdampfgehalt durchzuführen. Gegenüber Barnett und Bouré, die ihre dimensionslosen Gruppen hauptsächlich an Energie- und Stoffwertverhältnissen orientierten, führte Ahmad neu den Strömungseinfluß in Form der Reynolds-Zahlen und den Blasenbildungsmechanismus über die Weber-Zahl ein.

Hein und Kastner [247] verglichen Messungen in Wasser und in R 12 mit Hilfe der Ähnlichkeitsbedingungen und Übertragungsfaktoren, wie sie von Bouré angegeben wurden und in Abb. 130 dargestellt sind. Sie fanden, wie man Abb. 131 entnehmen kann, einen Einfluß der Mengenstromdichte auf den Faktor K_3 (Gl. (297) und Abb. 130), den sie durch eine einfache mengenstromabhängige Korrekturfunktion, wie ebenfalls Abb. 131 verdeutlicht, berücksichtigten. Die in R 12 gemessenen Werte der kritischen Heizflächenbelastung sind mit dem Faktor $F_{\dot q}$ = 14,59 multipliziert, der sich aus Abb. 130 und Gl. (297) ergibt, um sie mit den Wasserwerten zur Deckung zu bringen. Bei der Beurteilung der Zuverlässigkeit der Übertragungsgesetze für kritische Heizflächenbelastungen in Wasser und in R 12 ist zu beachten, daß selbst bei großem experimentellen Aufwand Meßungenauigkeiten in der Größenordnung von ± 10 % in Kauf genommen werden müssen. Im Vergleich dazu ist die Übereinstimmung zwischen den mit Hilfe der Ähnlichkeitsbetrachtungen umgerechneten R 12-Werten und den in Wasser gemessenen Werten der kritischen Heizflächenbelastung als gut zu bezeichnen.

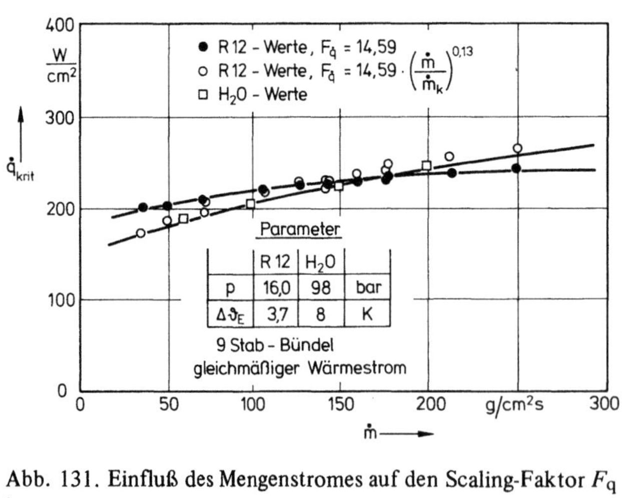

Abb. 131. Einfluß des Mengenstromes auf den Scaling-Faktor F_q bei kritischer Heizflächenbelastung

Die hier diskutierten Ähnlichkeitsgesetze versagen jedoch, wenn man sie auf Stabbündel anwendet, bei denen die einzelnen Stäbe stark unterschiedlich beheizt sind, d.h. bei denen über den Querschnitt des gesamten Kanales eine nicht gleichförmige Wärmefreisetzung erfolgt und damit stark unterschiedliche Dampfgehalte in den einzelnen Unterkanälen existieren. Eine Erklärung dafür läßt sich sofort aus dem Mischvorgang zwischen den Unterkanälen geben. Dieser Queraustausch von Masse und Energie ist in den oben behandelten Ähnlichkeitsgesetzen nicht berücksichtigt, und dies mag als Hinweis dienen, wie vorsichtig man bei der Anwendung von Ähnlichkeitsgesetzen in der Gas-Flüssigkeits-Strömung vorzugehen hat.

Die thermohydraulischen Bedingungen werden noch weit komplizierter, wenn man transiente, d.h. stark instationäre Vorgänge betrachtet, wie dies z.B. bei der Druckentlastung eines Kühlmittelverlust-Störfalles in einem Kernreaktor der Fall ist. Trotzdem gaben Versuche, durchgeführt mit R 12 [241] und verglichen mit ähnlichen Experimenten, die in Wasser vorgenommen wurden [248], das Ergebnis, daß eine erfolgreiche Übertragung möglich ist, wenn die thermohydraulischen Bedingungen sorgfältig im Versuch an die Originalbedingungen angepaßt sind. Für die Wahl der Modellparameter entwickelte Belda [241] einen Satz von dimensionslosen Gruppen N_1 bis N_6

Heizflächenbelastung $$N_1 = \frac{\dot{q}(z)\, l\, U_{\text{beh}}}{\dot{m}_{\text{ges}} A_{\text{ges}} h_{\text{FG}}}$$

Druck $$N_{21} = \frac{p}{\rho_F}\frac{\partial \rho_F}{\partial p} \qquad N_{23} = \frac{p}{h_{FG}}\frac{\rho_G}{\rho_F}\frac{\partial h_F}{\partial p}$$

$$N_{22} = \frac{p}{h_{FG}}\frac{\partial h_F}{\partial p} \qquad N_{24} = \frac{p}{h_{FG}}\frac{\partial h_{FG}}{\partial p}$$

$$N_{25} = \frac{(p/p_{\text{krit}})_O}{(p/p_{\text{krit}})_M} = 1$$

Beschleunigung $$N_3 = \frac{\Delta p\, \rho_F}{\dot{m}^2_{\text{ges}}} = Eu_F$$

$$N_4 = \frac{\Delta p\, \rho_G}{\dot{m}^2_{\text{ges}}}\frac{\rho_G}{\rho_F} = Eu_G \frac{\rho_G}{\rho_F}$$

Massenstrom $$N_5 = \zeta_F \cong Re = \frac{\dot{m}_{\text{ges}}\, d}{\eta_F}$$

Geometrie $$N_6 = \frac{\sqrt{A_{\text{ges}}}}{l} \cong \frac{d_{\text{hyd}}}{l}$$

die er aus folgenden Bedingungen ableitete:

1. Der Wärmefluß muß sich aus den Modellüberlegungen zur kritischen Heizflächenbelastung ergeben.

2. Die Beschleunigung des Gemisches bei der Druckentlastung muß unter

Original- und Modellbedingungen in den einzelnen Apparaten der Anlage gleich sein und

3. Die Geometrieverhältnisse sind in Wasser und in Frigen identisch.

Für die Wahl des Druckes im Modellversuch ergaben sich verschiedene miteinander konkurrierende Ähnlichkeitsbedingungen. Der thermodynamische Stoffwertvergleich schreibt uns vor, das gleiche kritische Druckverhältnis p/p_{krit} zu wählen, die einzuhaltenden Beschleunigungsverhältnisse führen zu anderen Kennzahlen für die Wahl des Druckes, so daß der Druck schließlich über 5 Kennzahlen N_{21} bis N_{25} konkurrierend festgelegt wäre. Man hat deshalb zunächst zu entscheiden, welche der 5 den Modelldruck vorschreibenden dimensionslosen Gruppen N_{21} bis N_{25} dominierenden Einfluß auf die Druckentlastung haben und welche vernachlässigt werden können. Eine erste Auswahl fällt insofern leicht, als die Änderung der Flüssigkeitsenthalpie mit dem Druck wesentlich kleiner ist als die der Verdampfungswärme. Damit können die beiden Kennzahlen N_{22} und N_{23} eliminiert werden. Die verbleibenden Kennzahlen ergeben für den Vergleich zwischen Wasser und R 12 glücklicherweise fast übereinstimmende Werte sehr nahe bei 0,19 für die Umrechnung des Druckes, d.h. der Anfangs- und Enddruck der Druckentlastungsphase ist bei R 12 um den Faktor 0,19 kleiner zu wählen als bei Wasser. Diese mehrfache Überbestimmung des Druckes durch verschiedene dimensionslose Gruppen lehrt uns aber auch, daß das Modellfluid sehr sorgfältig auszuwählen ist. Bei Wahl eines anderen Kältemittels statt R 12 wäre die Übereinstimmung der Kennzahlwerte nicht so gut gewesen und der Druckentlastungsvorgang könnte dann nicht hinreichend genau skaliert werden.

Die diskutierten Kennzahlen geben zunächst nur die Auslegungsdaten für das Experiment mit dem Modellfluid R 12. Sie sagen noch nichts darüber aus, ob auch alle einzelnen Vorgänge des Wärme- und Impulstransportes im Original und im Modell ähnlich verlaufen. Für eine vollständige Übertragung muß deshalb ein Gleichungssystem zur Verfügung stehen, das interessierende Phänomene des Druckentlastungsvorganges sowohl für R 12 als auch für Wasser vorhersagt. Die Verknüpfung von Modellversuchen und Originalbedingungen erfolgt dann über diese theoretische Analyse, wobei zunächst Wasser- und R 12-Versuche mit den Ergebnissen der theoretischen Ansätze verglichen werden, daraus gegebenenfalls eine Ertüchtigung der Theorie erfolgt und dann mit der Theorie auf die Originalbedingungen extrapoliert wird.

Im vorliegenden Fall gestaltet sich, zumindest für den zeitlichen Verlauf von Druck, Dampfgehalt und Mengenstrom der Vergleich zwischen Wasser- und R 12-Bedingungen einfacher, wie man aus Abb. 132 ersieht. Nachgebildet wurde dabei der Primärkreis eines wassergekühlten Reaktors mit einem Druckentlastungsvorgang, wie er dem Bruch einer großen Kühlmittelleitung entspräche. Die Nachbildung erfolgte einmal in einem mit R 12 betriebenen Versuchskreislauf [249], das andere Mal an einer an anderer Stelle errichteten Versuchsanlage, die Wasser als Fluid enthielt [248]. Die Vergleiche ermutigen zu der Folgerung, daß auch in instationären zweiphasigen Strömungen eine Übertragung mit Hilfe einer theoretischen Analyse erfolgversprechend ist und keineswegs auf unüberwindliche Schwierigkeiten stößt, selbst wenn die interessierenden Phänomene komplex sind und sich gegenseitig erheblich beeinflussen.

Es gibt eine Vielzahl anderer komplizierter zweiphasiger Strömungspro-

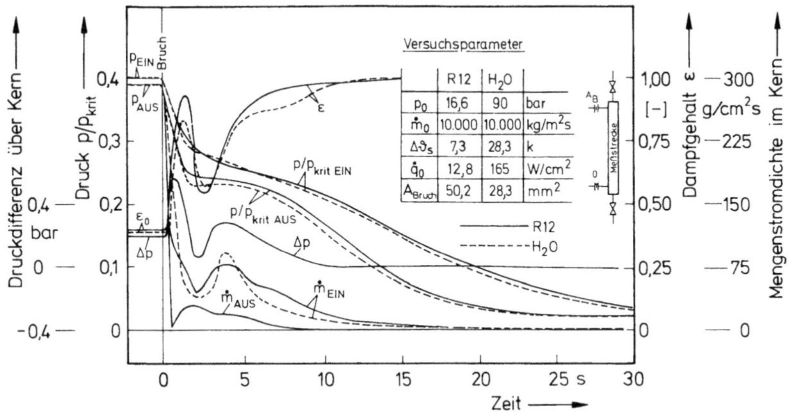

Abb. 132. Druckentlastung mit Wasser und mit Kältemittel R 12 – Vergleichbarkeit des Ablaufes

bleme, die von großem technischen Interesse sind. Zu erwähnen sind z.B. die erzwungene und freie Konvektion in den Siederohren eines Dampferzeugers, die Entspannungsverdampfung in den Überströmkammern einer Anlage für die Meerwasserentsalzung und die Mischungs- und Entmischungsvorgänge in Komponenten verschiedener Strömungsmaschinen. Bei der Verwendung dimensionsloser Kennzahlen für die Übertragung von den Gegebenheiten des Modells auf das Original muß man sorgfältig zwischen primären, das System bestimmenden Einflußgrößen und sekundären Parametern unterscheiden, die nur von untergeordneter Bedeutung sind.

In nicht zu komplizierten Fällen kann die Übertragung mit Hilfe empirischer Beziehungen erfolgen, die aus den wichtigen, den Strömungsprozeß bestimmenden physikalischen Gesetzen abgeleitet sind. Für viele technische Anwendungen ist man jedoch gezwungen, auf eine sehr umfassende mathematische Beschreibung der physikalischen Phänomene einzugehen, wobei dann die Lösung eines solchen Systems von Differentialgleichungen nurmehr mit Hilfe des Computers möglich ist. Man kann dann natürlich argumentieren, daß dies nicht mehr Ähnlichkeitsmechanik in engerem Sinne sei, da je eine theoretische Beschreibung existiere, an der die Modellversuche gemessen werden können.

Für ein eingehenderes Studium der Ähnlichkeitsbedingungen in strömenden Gas-Flüssigkeits-Gemischen sei auf Arbeiten von Bouré [245]. Mayinger [250, 251] und Ishii [252] verwiesen.

III. Meßmethoden in Gas-Flüssigkeits-Gemischen

In einphasigen Fluiden kann die Dichte sowohl über den Querschnitt als auch über den Strömungsweg konstant gesetzt werden, solange die Geschwindigkeit nicht zu nahe bei der Schallgeschwindigkeit liegt und der Druckabfall nur wenige Prozent des Systemdruckes beträgt. Damit reicht für die Beschreibung der Strömung die Kenntnis der örtlichen Geschwindigkeiten aus. In Gas-Flüssigkeits-Gemischen herrscht immer ein Dichteunterschied über den Strömungsquerschnitt, und zur Darstellung der fluiddynamischen Verhältnisse muß man neben der Geschwindigkeit auch die örtliche Dichte, d.h. die Dampfgehaltsverteilung erfassen. Der Mengenstrom ergäbe sich dann aus einer Integration der Geschwindigkeit und der Dichte über den Querschnitt.

Damit konzentriert sich das Augenmerk bei der Untersuchung von Gas-Flüssigkeits-Strömungen auf die Messung der Werte von Dichte und Geschwindigkeit. Geschwindigkeiten können nicht mehr, wie wir das bei einphasigen Fluiden gewohnt sind, mit Prandtl- oder Pitot-Sonden gemessen werden, da Gas und Flüssigkeit unterschiedliche Staudrücke aufweisen und meist weder zeitlich noch örtlich exakt zu trennen sind. Auch Blenden- und Venturi-Düsen versagen in der Regel, da ihr Wirkdruck in Gas-Flüssigkeits-Gemischen nicht nur eine Funktion des Mengenstromes, sondern auch des Gasgehaltes ist und bei Einkomponenten-Gemischen auch von der Entspannungsverdampfung in der Blende bzw. Düse beeinflußt wird.

Aber selbst eine einfache Differenz-Druckmessung, z.B. längs eines Rohrabschnittes, erfordert in Gas-Flüssigkeits-Gemischen besondere Vorkehrungen, um Meßfehler zu vermeiden. Es ist darauf zu achten, daß in den Zuleitungen zum Differenzdruck-Manometer, wie in Abb. 133, unmittelbar an der Anschlußstelle zum Strömungskanal Gas-Flüssigkeits-Separatoren das Eindringen von Gasblasen in diese Zuleitungen verhindern. Infolge der Oberflächenspannung würden diese Gasblasen die Druckübertragung zum Manometer behindern. Durch kurzzeitiges Öffnen von Ventilen an diesen Separatoren ist vor jeder Messung dafür zu sorgen, daß im gesamten Druckübertragungssystem nur Flüssigkeit vorhanden ist. Für genaue Messungen muß auch das Gewicht der Flüssigkeit in der Manometer-Steigleitung bekannt sein, was man leicht über eine Temperaturmessung ermitteln kann. Das Gewicht dieser Flüssigkeitssäule ist stets größer als das des Zweiphasen-Gemisches im Strömungskanal und bei kleinen Druckdifferenzen kann deshalb das Manometer einen scheinbaren höheren Druck stromabwärts anzeigen. Für die Korrektur dieser Anzeige benötigt man die exakte mittlere Dichte des Gemisches zwischen den beiden Druckmeßstellen.

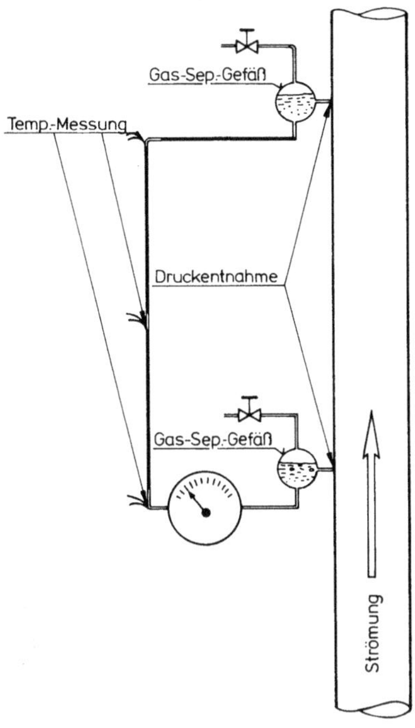

Abb. 133. Differenzdruckmessung bei Gas-Flüssigkeits-Strömungen

Bei Siedeversuchen werden meist sehr hohe Wärmestromdichten benötigt, die man häufig dadurch erzeugt, daß die Rohr- oder Kanalwand als ohmscher Widerstand für einen elektrischen Strom hoher Ampère-Zahl dient, d.h. in der Rohrwand wird Joulesche Wärme freigesetzt. Wenn die Kanalwand elektrischen Strom führt, kann man Thermoelemente nicht mehr unmittelbar auf die Kanalwand geben, da wegen der hohen Stromstärken auch über sehr kleine Lötstellen ein Spannungsabfall erzeugt wird, der die elektromotorische Kraft des Thermoelementes um ein Vielfaches übersteigt. Eine elektrische Isolierung zwischen Lötstelle und Rohrwand bedeutet aber auch immer einen Wärmewiderstand, wodurch bei instationären Vorgängen die wahre zeitliche Temperaturänderung nicht oder nur mit sehr aufwendigen und mit großen Unsicherheiten behafteten Korrekturen erfaßt werden kann.

Einen Ausweg aus dieser Schwierigkeit bietet eine von Henkel [253] vorgeschlagene Meßanordnung, bei der zwei Thermoelemente zu einer Wheatstoneschen Brücke zusammengeschaltet sind. Die z.B. aus Nickel und einer Nickel-Chrom-Legierung bestehenden Thermodrähte werden auf das Rohr, in einem Abstand von ca. 0,5 mm, geschweißt oder gelötet und die Rohrabschnitte zwischen den Drähten bilden 2 Widerstände der Wheatstoneschen Brücke. Die beiden anderen Widerstände R_1 und R_2 sind verstellbare Potentiometer. Diese Potentiometer werden so abgeglichen, daß bei plötzlichem Abschalten des Heizstromes der in der Diagonale der Brücke befindliche Spannungsmesser keinen plötzlichen Sprung in der Anzeige mehr aufweist, sondern eine stetige Spannungsänderung anzeigt, entsprechend der aus der Abkühlung der Rohrwand resultierenden Abnahme der elektromotorischen Kraft des Thermoelementes. Als Anzeigeinstrument für diese Abgleichjustierung verwendet man am besten einen Lichtstrahloszillographen.

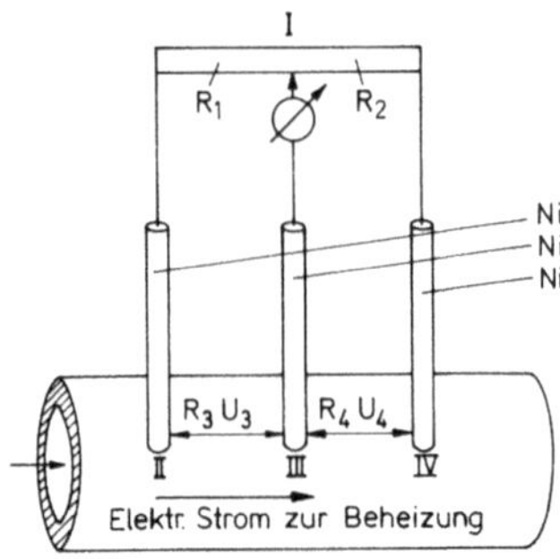

Abb. 134. Spezielle Thermoelementanordnung auf stromführenden Heizflächen

Versuchsanlagen für Experimente mit siedenden oder kondensierenden Gas-Flüssigkeits-Gemischen bestehen meist aus wenigen einfachen Komponenten, nämlich, wie in Abb. 135 skizziert, aus dem eigentlichen Versuchsobjekt – im einfachsten Fall einem durchströmten Rohr oder einem längsangeströmten Stabbündel –, einem Kondensator und Kühler, der zur Vermeidung von Kavitation in der Pumpe die Flüssigkeit etwas unter die Sättigungstemperatur kühlt, und einem Vorwärmer, der hinter der Pumpe wieder auf die Zuströmtemperatur zum Versuchsobjekt aufheizt. Weiterhin muß zur Konstanthaltung des Druckes im Kreislauf ein Behälter vorhanden sein, der zu etwa 2/3 mit Flüssigkeit und zu 1/3 mit Dampf gefüllt ist. Durch eine elektrische Heizung wird in diesem Behälter – Druckhalter genannt – die Flüssigkeit auf einer Temperatur gehalten, die der Sättigungstemperatur des im Kreislauf einzustellenden Druckes entspricht. Statt elektrischer Beheizung kann auch ein Wärmeträgerfluid, z.B. Öl, vorgesehen werden, das über einen Thermostat auf konstanter Temperatur gehalten wird.

Der in Abb. 135 gezeigte Versuchskreislauf ist auch für Druckentlastungs-Versuche geeignet. Hiezu wird am Eintritt oder Austritt des Versuchskanales eine Berstscheibe zum Platzen gebracht, und der Inhalt des Kreislaufes strömt dann in einen großen Behälter. Versuchsfluide mit Dampfdruckkurven im Bereich niedriger Drücke und niedriger Temperaturen erfordern eine Vorkühlung dieses Behälters, damit der entspannte Dampf dort sofort wieder kondensiert wird. Man kann dann Entspannungsverhältnisse wie unter Originalbedingungen, nämlich von 1:100 bis 1:200, erreichen, wobei allerdings die Speichermasse im Behälter – Kupferdraht oder Kupferrohrleitungen – auf -60 bis $-70°$ C vorgekühlt werden müssen. Mit Kältemitteln als Versuchsfluid kann man dann Entspannungsdrücke von 0,05 bis 0,2 bar erreichen.

Für die Dichtemessung im Versuchskanal ist bei dem in Abb. 135 gezeigten Beispiel die γ-Strahl-Schwächungsmethode vorgesehen, wobei diese Meßvorrichtung über die Höhe des Versuchskanales verfahren werden kann und mehrere γ-Strahlen den Versuchskanal in unterschiedlicher Richtung durchdringen. Die Mengenstrommessung erfolgt bei stationären Versuchen am besten in denjenigen Abschnitten des Versuchskreislaufs, in denen einphasige Strömung vorliegt, also im Nahbereich der Pumpe.

Meßsonden sind häufig empfindlich gegen Schmutzpartikel. Es empfiehlt sich deshalb im Bypass- oder im Hauptstrom zwischen Pumpe und Versuchskanal ein Filter einzubauen. Bei Verwendung von Kältemitteln müssen auch geringste Wasseranteile entfernt werden, die z.B. aus Wandfeuchtigkeit vor dem Einfüllvorgang entstanden sind, da sonst die Gefahr der Bildung freien Chlors und Fluors besteht. Deshalb sollte ein Trockner im Kreislauf vorgesehen werden.

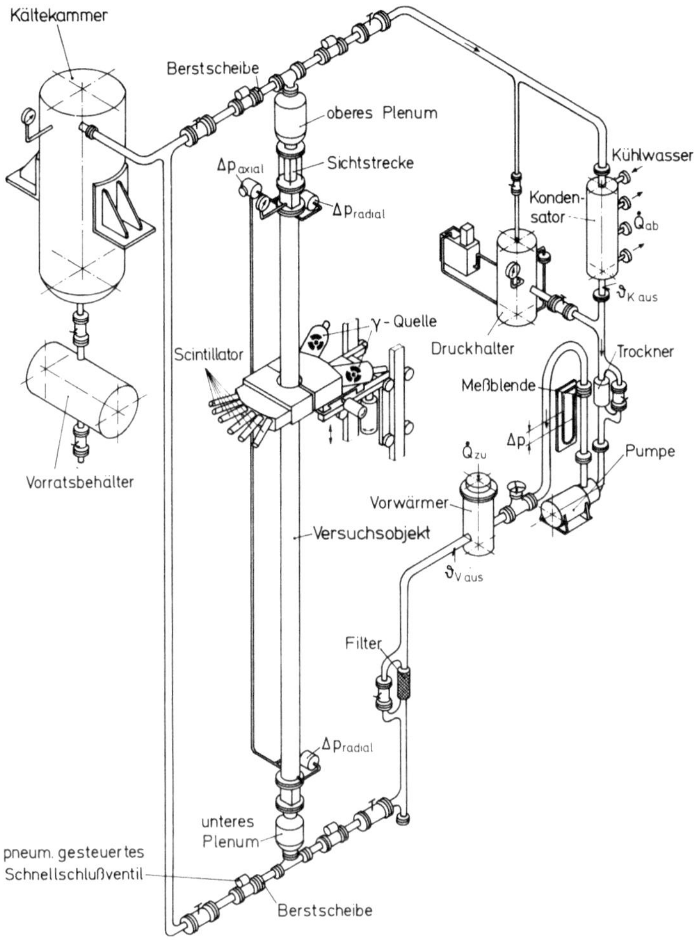

Abb. 135. Beispiel für Versuchskreislauf zur experimentellen Untersuchung von Gas-Flüssigkeits-Strömungen

III.1. Messung des Dampfgehaltes

Der Strömungsdampfgehalt $\dot{x}$ wird zweckmäßigerweise dadurch bestimmt, daß man bei Gemischen aus nichtkondensierbaren Gasen und Flüssigkeiten hinter der Versuchsstrecke einen Separator vorsieht und die Menge des Gas- und des Flüssigkeitsstromes jeweils für sich mißt. Bei Einkomponenten-Gemischen mit kondensierbaren Dämpfen kann man den Dampfgehalt $\dot{x}$ aus einer Energiebilanz entnehmen, die man entweder über Vorwärmer und Versuchskanal oder über den Kondensator legt.

Wesentlich schwieriger ist es, den örtlichen Dampfgehalt x oder ϵ meßtechnisch zu erfassen. Ein theoretisch sehr einfach überschaubares, aber konstruktiv wie betriebsmäßig aufwendiges Verfahren bietet die Anordnung schnell schließender Ventile vor und hinter „B" dem Versuchskanal, die gleichzeitig und innerhalb weniger Millisekunden das im Versuchskanal befindliche Gas-Flüssigkeits-Gemisch nach außen absperren. Zur Vermeidung von Druckstößen muß, wie in Abb. 136 skizziert, ein 3. schnell schließendes Ventil „A" vorhanden sein, das für den Kreislauf einen Bypass zum abgesperrten Versuchskanal öffnet.

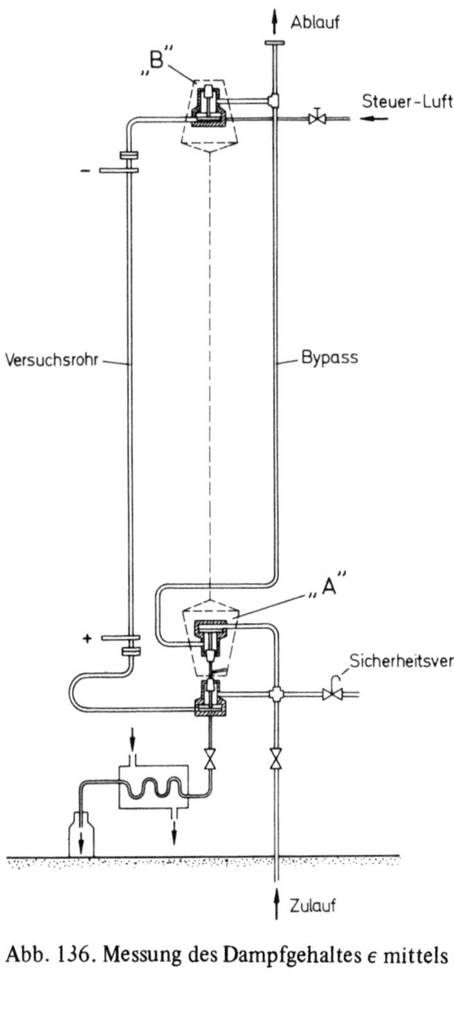

Abb. 136. Messung des Dampfgehaltes ϵ mittels Schnellschluß-Ventilen

Das im Versuchskanal isolierte Gemisch wird abgekühlt und die Flüssigkeit abgelassen. Aus der ablaufenden Flüssigkeitsmenge und dem Volumen des Versuchskanales läßt sich in einfacher Weise der zum Schließzeitpunkt vorhandene volumetrische Dampfgehalt bestimmen. Für den im Versuchskanal verbleibenden Dampf muß eine geringfügige Korrektur mit Hilfe der aus Dampftafeln bekannten spezifischen Dichte angebracht werden.

Dieses Meßverfahren hat zwar den Vorteil, daß es keinerlei Eichung bedarf, ist aber aufwendig zu handhaben und jede Messung unterbricht den stationären Strömungszustand. Deshalb werden häufig stationäre und kontinuierlich arbeitende Verfahren bevorzugt. Für Blasenströmung bieten sich Blasendetektoren an, die auf elektrischer oder auf optischer Basis arbeiten. Hiebei wird ein Sensor in das strömende Gemisch gebracht, der, je nachdem ob Flüssigkeit oder Dampf an ihm ansteht, unterschiedliche Signale abgibt. Im einfachsten Fall ist das, wie in Abb. 137 skizziert, ein metallischer Draht, der bis auf die vorne herausragende Spitze mit Glas, Quarz oder auch Kunststoff isoliert ist. Als Meßsignal kann man den Unterschied in der elektrischen Leitfähigkeit zwischen Flüssigkeit und Gas oder bei isolierenden Flüssigkeiten auch die Impedanz der Phasen verwenden, wobei dann allerdings eine hochfrequente Wechselstromversorgung notwendig ist.

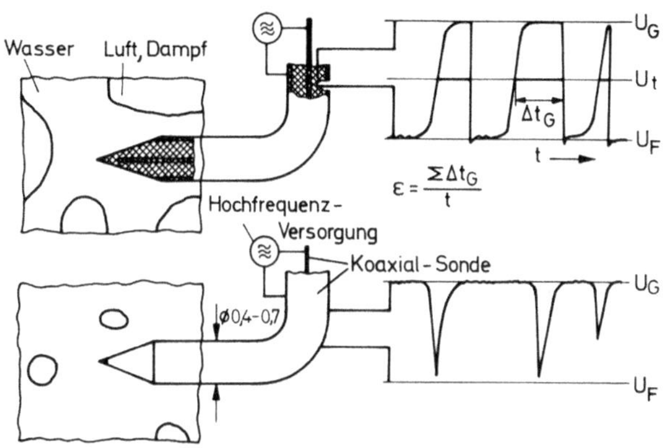

Abb. 137. Dampfgehaltsmessung durch Impedanzmessung

Je nachdem, ob sich Gas oder Flüssigkeit an der Sondenspitze befindet, erhält man eine unterschiedliche Spannung, und aus dem zeitlichen Anteil von Gas- und Flüssigkeitsanzeige kann man durch Integration und Mittelung den örtlichen volumetrischen Dampfgehalt ϵ bestimmen. Hiebei ist aber zu beachten, daß die Flüssigkeit die Spitzensonde benetzt und es einer gewissen Zeit bedarf, bis diese dünne Schicht der Netzflüssigkeit durch die Gasströmung abgetragen ist. Das von der Sonde abgegebene Signal hat deshalb beim Übergang von Flüssigkeit auf Gas keine vertikale, sondern eine schräge Flanke, die zudem oben abgerundet ist. Die Korrekturen für dieses Haften eines Flüssigkeitsrestes erfordern sorgfältige Überlegung zum Trocknungsvorgang. Deshalb werden häufig die Sondenspitzen leicht beheizt, um den dünnen Flüssigkeitsfilm rasch abzudampfen.

Die elektrische Schaltung für diese Art der Hochfrequenz-Impedanzmessung zeigt Abb. 138. Zwischen Hochfrequenzgenerator, der bei 30 bis 300 MHz arbeitet, und Meßgerät ist in der Regel ein Resonanzfilter einzuschalten.

Eine kapazitive Verarbeitung der Signale aus einer solchen Sonde zeigt

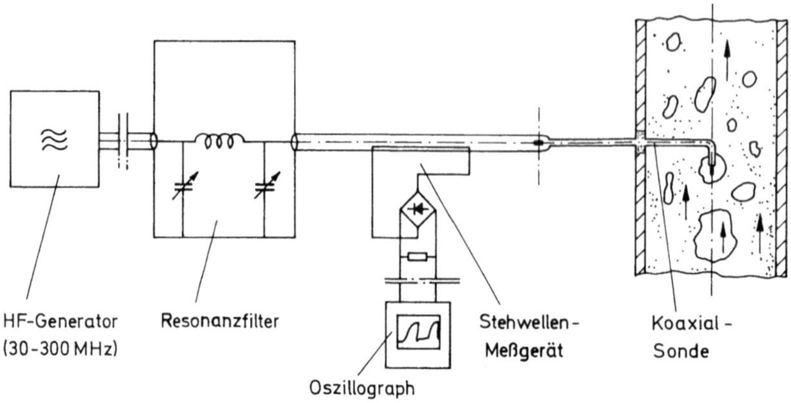

Abb. 138. Elektrische Schaltung der Hochfrequenz-Impedanzmessung

Abb. 139. Diese kapazitive Schaltung ist insbesondere bei Kältemitteln vorteilhaft, da dort sowohl Gas als auch Flüssigkeit vollkommene Isolatoren sind, aber sich in der Dielektrizitätskonstanten erheblich unterscheiden.

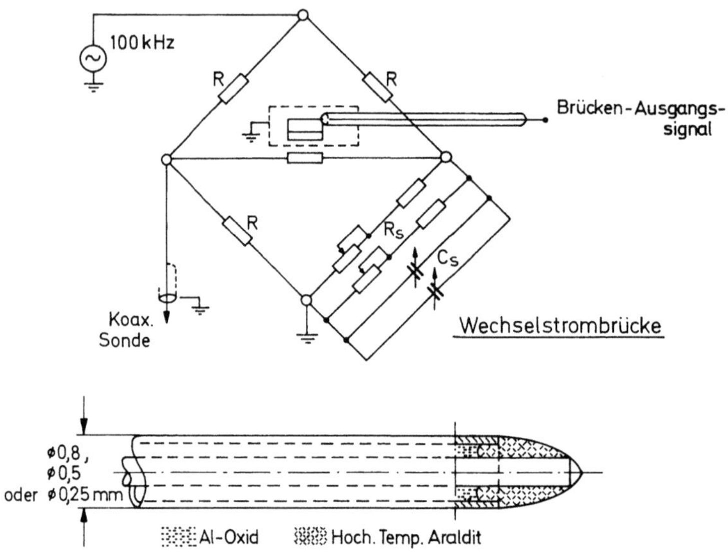

Abb. 139. Kapazitive Schaltung der Koaxial-Sonde

Unter Nutzung des gleichen Effektes, nämlich dem der Benetzung, aber unter Verwendung einer unterschiedlichen Detektionsmethode der Blasen- oder der Gasphase arbeiten die Glasfasersonden. Anstelle des metallischen, elektrisch isolierten Drahtes tritt die Glasfaseroptik, die an ihrer Spitze, wie in Abb. 140 skizziert, so angeschliffen ist, daß bei Benetzung durch Flüssigkeit der über eine Lampe in die Glasfasern eingegebene Lichtstrahl in die Flüssigkeit austreten kann, während, wenn Gas an der Sondenspitze ansteht, dieser Lichtstrahl wegen des geringeren Brechungsindexes des Gases in der Glasfaser reflektiert wird und

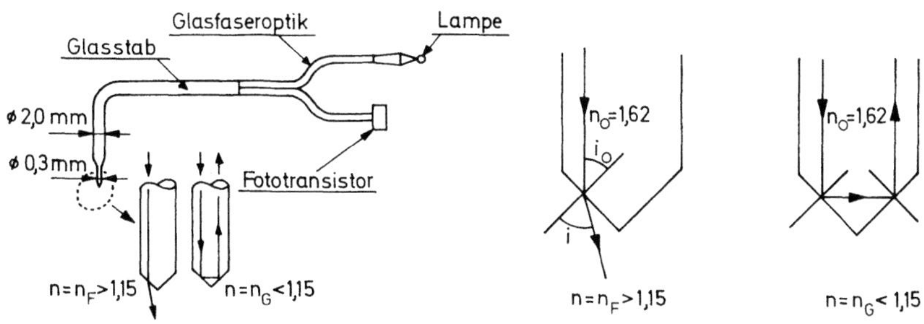

Abb. 140. Glasfaseroptik zur Blasendetektion und Gasgehaltsmessung

zu einem Phototransistor gelangt. Die Integration der Hell-Dunkelperioden über der Zeit ergibt den örtlichen volumetrischen Dampfgehalt. Wie bei den elektrischen Blasensonden besteht auch hier das Problem der Benetzung durch Haftflüssigkeit. Für einen zeitlichen und örtlichen Mittelwert müssen die Sonden über den Strömungsquerschnitt verschoben werden.

Nach einem völlig anderen Verfahren arbeitet die in der technischen Anwendung bevorzugte γ-Strahl-Schwächungsmethode. Sie beruht darauf, daß energiereiche Strahlung – hier γ-Strahlung – beim Durchgang durch Materie geschwächt wird. Der Grad der Schwächung hängt von der Dichte des durchstrahlten Materials ab. Für Gas-Flüssigkeits-Gemische bedeutet das, daß die Schwächung bei reiner Flüssigkeit im Meßquerschnitt am größten ist und mit wachsendem Gasgehalt abnimmt. Zu beachten ist dabei aber auch, daß die Strahlung im Strukturmaterial – den meist aus Metall hergestellten Wänden des Strömungskanals – erheblich geschwächt wird.

Als γ-Strahler verwendet man meist Cäsium 137 oder Iridium 192. Cäsium hat den Vorteil großer Halbwertszeit und damit den der längeren Verwendbarkeit der Quelle, ohne die Strahlungsintensität stets nacheichen zu müssen. Iridium ist der weichere Strahler und bietet deshalb bei Gas-Flüssigkeits-Gemischen ein besseres Auflösungsvermögen als Cäsium, hat aber nur eine Halbwertszeit von wenigen Wochen.

Die Kugelwelle der γ-Strahlung trifft, wie in Abb. 141 skizziert, zunächst auf

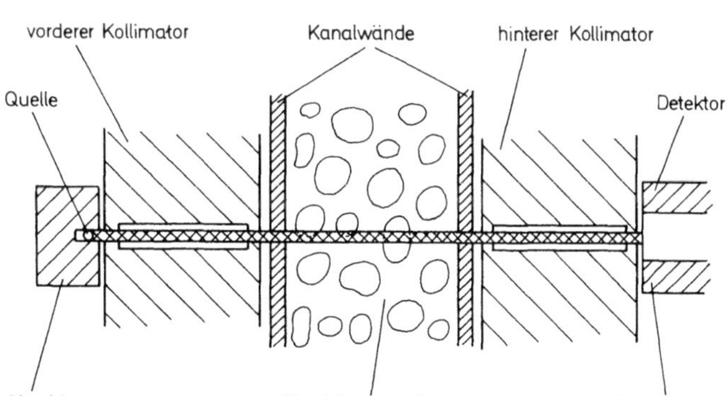

Abb. 141. Schema der γ-Strahl-Absorptionsmethode

eine Bleiplatte, in der sich ein schmaler Schlitz oder eine kleine Bohrung befinden, welche bewirken, daß nur ein dünner, eng gebündelter γ-Strahl den dahinter liegenden Strömungskanal durchdringt. Diese Bleiplatte wird Kollimator genannt. Hinter dem Strömungskanal befindet sich ein weiterer Kollimator. Beide Kollimatoren verhindern, daß primäre und sekundäre Streustrahlungen in das Meßgerät – den Detektor – eindringen und dadurch Randeffekte die Anzeige verfälschen. Der Detektor, der die auftreffenden γ-Quanten registriert, kann im einfachsten Fall ein Geigerzähler sein, meist wird ein Natriumjodit-Kristall verwendet, der proportional zur Zahl der ankommenden γ-Quanten Lichtblitze abgibt, die über einen Phototransistor in elektrische Signale umgewandelt und dann elektronisch weiter verarbeitet werden. Die Intensität I des austretenden Strahles, gemessen in Photonen pro Strahlquerschnitt und Zeit, ist proportional der Intensität des in den Strömungskanal eintretenden Strahles I_0 und einer Exponentialfunktion der Dichten der durchstrahlten Materien und der Länge l des jeweils durchstrahlten Weges [254].

$$I = I_0 \exp\left[-(\mu_W \rho_W l_W + \mu_F \rho_F l_F + \mu_G \rho_G l_G)\right] \tag{300}$$

In Gleichung (300) ist μ ein stoffspezifischer Absorptionskoeffizient, der jedoch bei Einkomponenten-Gas-Flüssigkeits-Strömungen für die flüssige und für die gasförmige Phase denselben Wert besitzt. Die genaue Kenntnis der Absorptionskoeffizienten und der durchstrahlten Längen l_W des Wandmaterials ist nicht notwendig, wenn man Eichmessungen vornimmt, bei denen man einmal mit dem vollständig mit Flüssigkeit gefüllten Kanal die Intensität I_2 und das andere Mal mit dem nur mit Gas oder Dampf gefüllten Kanal die Intensität I_1 am Detektor feststellt. Der während der Messung im Strömungskanal vorhandene örtliche volumetrische Dampfgehalt ϵ ergibt sich dann aus der momentan am Detektor angezeigten Intensität I zu

$$\epsilon = \frac{\ln (I/I_2)}{\ln (I_1/I_2)} \tag{301}$$

Aus Gleichung (301) ist leicht zu ersehen, daß die Genauigkeit dieses Meßverfahrens bei hohen Dampfgehalten und in der Nähe des kritischen Druckes des Fluides gering ist. Im erstgenannten Fall liegt das daran, daß dann die Intensität des Meßstrahles I annähernd gleich ist der bei reiner Dampfdurchstrahlung, und im zweiten Fall wird die Schwächung wegen der annähernd gleichgroßen Dichten bei Durchstrahlung von reiner Flüssigkeit und reinem Dampf kaum unterschiedlich ($I_1 \approx I_2$). Bei Betrachtungen zur Genauigkeit dieses Meßverfahrens muß man die statistischen Schwankungen beim Zerfall des γ-Präparates und damit bei der Emission von γ-Quanten sowie die ebenfalls statistischen Schwankungen unterworfene Einstrahlung von γ-Quanten aus der Atmosphäre beachten. Letztere kann man durch eine starke Abschirmung oder auch durch eine Kompensationsschaltung von 2 Detektoren eliminieren.

Für die Bestimmung eines über den Strömungsquerschnitt gemittelten Wertes des volumetrischen Dampfgehaltes ist es notwendig, die in Abb. 141 skizzierte Meßeinrichtung quer zum Strömungskanal zu verfahren. Hiebei ist darauf zu achten, daß die beiden Kollimatoren und der Detektor stets exakt fluchtend ausgerichtet bleiben, da bereits kleinste Verkantungen zu erheblichen Fehlern führen.

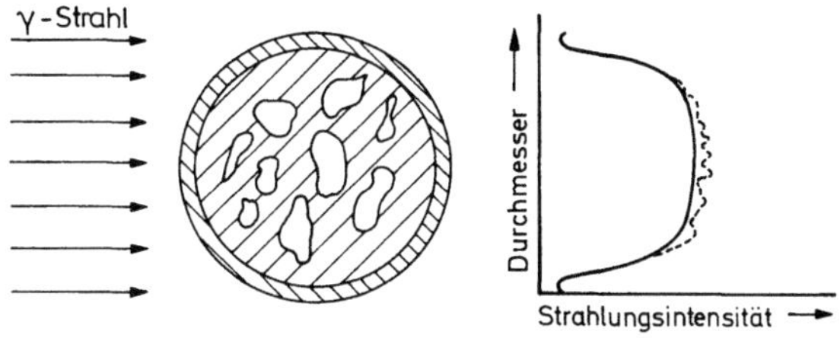

Abb. 142. Strahlungsintensität bei Durchlaufen von Stahl und Flüssigkeit —— und bei Durchlaufen von Stahl und Gas/Flüssigkeits-Gemisch – – – –

Da das meist aus Metall bestehende Strukturmaterial der Wand einen erheblich größeren Absorptionskoeffizienten besitzt als das Gas-Flüssigkeits-Gemisch sind die Unterschiede zwischen Eichwert – durchgezogene Linie in Abb. 142 – und Meßsignal – gestrichelte Linie – meist gering. Der steile Anstieg am Rande

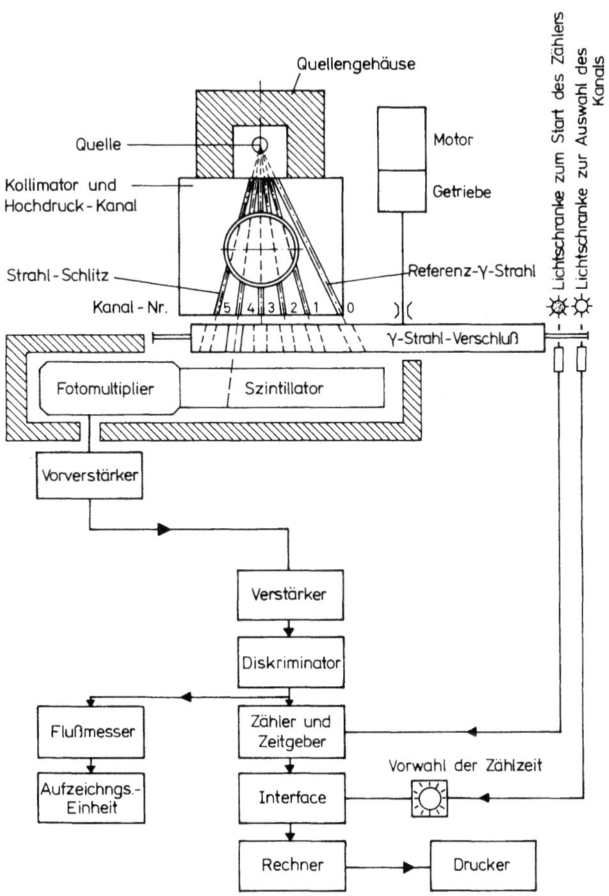

Abb. 143. Meßanordnung zur Bestimmung des Dampfgehaltes ϵ mittels γ-Strahl-Schwächungsmethode (Mehrfach-Strahl)

des rohrförmigen Kanales der Abb. 142 rührt daher, daß dort der γ-Strahl die Rohrwand tangential durchdringt und wesentlich größere Strahlwege durchlaufen muß als in Rohrmitte. Das Verfahren des γ-Strahles über den Strömungsquerschnitt ist zeitraubend und kann für instationäre Messungen nicht angewandt werden. Abhilfe schafft eine Vorrichtung, bei der mehrere γ-Strahlen den Strömungskanal in unterschiedlichen Winkeln durchdringen, wie in Abb. 143 skizziert. Hiebei sind nur in den Kollimator entsprechende Schlitze zu fräsen oder Löcher zu bohren. Zwischen dem 2. Kollimator und dem Detektor – in Abb. 143 Szintillator genannt – befindet sich ein γ-Strahlverschluß, der im einfachsten Fall aus einer Bleiplatte bestehen kann, die nur eine Bohrung für den Durchtritt des γ-Strahles besitzt und längs des Szintillatorkristalles so verschoben wird, daß diese Verschlußöffnung jeweils vor einer anderen Kollimatorbohrung zu liegen kommt. Statt dieses γ-Strahlverschlusses kann man selbstverständlich mehrere Detektoren – je einen vor jeder Kollimatoröffnung – anbringen.

Statt der γ-Strahlung kann man auch die Schwächung einer Röntgenstrahlung als Maß für den Dampfgehalt verwenden. Bei geeigneter Stromversorgung der Röntgenröhre kann man extrem kurze Röntgenblitze erzeugen, die es gestatten, auch stark transiente Vorgänge zu untersuchen. Ein Beispiel für die Schaltung einer solchen Röntgenblitzeinrichtung zeigt Abb. 144. Die Auswertung der Intensitätsunterschiede, die jetzt über einen Bildwandler als Grautöne auf der Platte oder dem Film einer Kamera sichtbar werden, kann ebenfalls wieder mit Gl. (300) und (301) erfolgen.

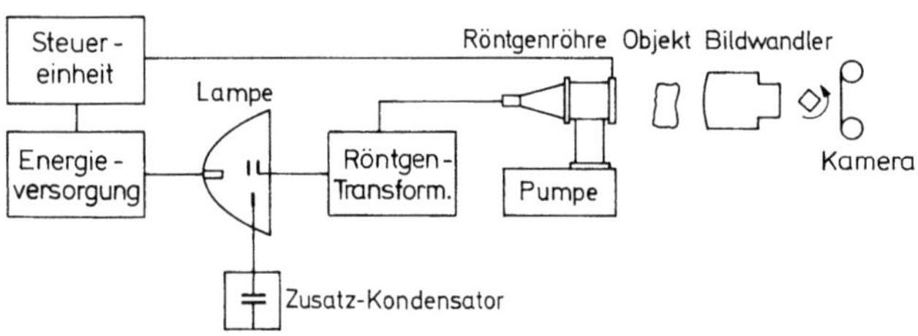

Abb. 144. Beispiel für Schaltung einer Röntgen-Blitzeinrichtung

Eine weitere Möglichkeit, den örtlichen volumetrischen Dampfgehalt zu bestimmen, bietet ein kapazitives Verfahren. Hiebei werden, wie in Abb. 145 skizziert, Kondensatorplatten in ringförmiger oder auch paralleler Anordnung in den Strömungskanal eingebracht und die Kapazität oder die Impedanz des von diesen Platten eingeschlossenen Raumes gemessen. Wegen der unterschiedlichen Dielektrizitätskonstante von Gas und Flüssigkeit läßt sich daraus auf den Dampfgehalt schließen. Die Anzeige ist jedoch strömungsformabhängig, da leicht einzusehen ist, daß sich Flüssigkeitsbrücken über 2 Kondensatorplatten anders auswirken als parallel zu den Platten liegende Flüssigkeitslamellen. Die Anzeige dieser kapazitiven Methode bedarf immer einer Eichung, was in der Regel mit der γ-Strahl-Schwächungsmethode geschieht.

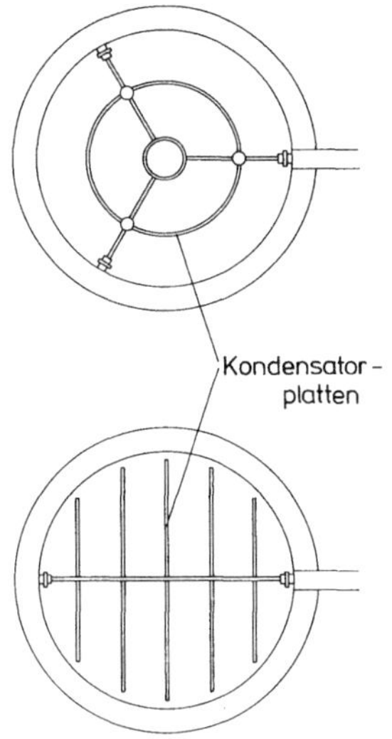

Abb. 145. Kapazitive Sonde zur Dampfgehaltsmessung

III.2. Mengenstrommessung

Für die experimentelle Ermittlung des Mengenstromes haben sich neuerdings hauptsächlich 2 Meßverfahren durchgesetzt, nämlich das der Impulssonde und das der Meßturbinen. Es werden auch beide Meßverfahren kombiniert und zusammen mit einer Dampfgehalts-Meßeinrichtung eingesetzt.

Die Impulssonde kann im einfachsten Fall eine kleine Scheibe oder Platte sein, die in die Strömung ragt und quer zu ihr, wie in Abb. 146 skizziert, ausgerichtet ist. Diese Scheibe ist an einem biegsamen Träger befestigt, auf dem sich Dehnmeßstreifen zur Anzeige der impulsbedingten Durchbiegung befinden. Bei gleicher Strömungsgeschwindigkeit ist der Widerstand, den die Scheibe der Strömung entgegensetzt, wegen der stark unterschiedlichen Dichten für Flüssigkeit und Gas verschieden. Man braucht also noch eine Aussage über die Zusammensetzung des auf die Scheibe auftreffenden Gemisches. Die Verarbeitung des Signals aus dem die Durchbiegung anzeigenden Dehnmeßstreifen erfolgt in herkömmlicher Weise mit Hilfe einer Wheatstoneschen Brückenschaltung. Will man einen Mittelwert über den gesamten Strömungsquerschnitt erhalten, so ist es nicht zweckmäßig, die Scheibe über den Querschnitt zu verschieben, da sich dabei Einspannungsprobleme ergeben. Auf der anderen Seite kann man aber auch die Scheibe nicht so groß machen, daß sie den Strömungsquerschnitt nahezu versperren würde. Man hilft sich dadurch, daß man statt der Scheibe ein Gitter anbringt, dessen ringförmige und radiale Maschen oder Streben den gesamten Querschnitt durchsetzen. Obwohl solche Impulsgeber seit längerer Zeit eingesetzt werden, gibt es nur wenig Angaben über die Bestimmung des Widerstandskoeffizienten in zweiphasigen Gemischen, über den Einfluß asymmetrischer Belastung und über die Anzeigengenauigkeit. Für Ansätze zur Auswertung der Anzeige solcher Impulssonden sei auf die Arbeit Bearden [255] verwiesen. Eine weitere in der Praxis häufiger genutzte Möglichkeit der Messung des Mengenstromes von

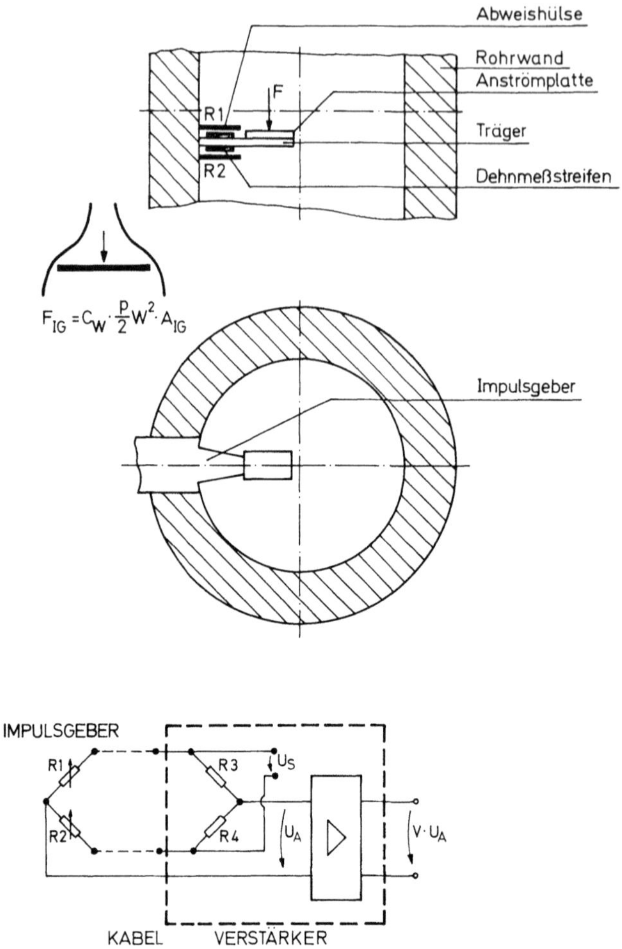

Abb. 146. Impulsgeber mit Schaltbild, *R 1* und *R 2* Dehnmeßstreifen, *R 3* und *R 4* Ergänzungswiderstände, U_S Speisespannung, U_A Ausgangsspannung des Impulsgebers, $V \cdot U_A$ Verstärkerausgang

Gas-Flüssigkeits-Gemischen bietet der Turbinendurchflußmesser. Hiebei wird eine kleine Axialturbine in den Kanal gebracht und parallel zur Strömung ausgerichtet. Sie trägt an einer oder mehreren ihrer Turbinenschaufeln einen kleinen Dauermagnet, der, wenn er bei der Drehung der Turbine an einem außen angebrachten induktiven Geber vorbeikommt, einen schwachen elektrischen Stromstoß erzeugt. Aus der Zahl der elektrischen Impulse pro Zeit ergibt sich die Drehzahl der Turbine und daraus läßt sich, allerdings mit sehr aufwendigen mathematischen Methoden, der Volumenstrom ableiten. Es sei hier darauf verzichtet, auf die verschiedenen in der Literatur zu findenden Ansätze für die Berechnung des Volumenstromes aus der Drehzahlanzeige der Turbine einzugehen. Eine zusammenfassende und kritische Darstellung der verschiedenen Theorien findet man bei Aya [256].

Eine kombinierte Anordnung von Turbinendurchflußmesser – auch Turbinenradzähler genannt –, Impulsgeber und Ringspalt-Impedanz – Dampfgehaltsmesser – zeigt Abb. 147. Da die Drehzahl der Turbine auch von der Phasenverteilung abhängig ist, wurden zwischen Turbinenradzähler und Impulsgeber Homogenisierungssiebe angeordnet, die eine gleichmäßige Verteilung von Gas und Flüssigkeit auf den Querschnitt bewirken sollen.

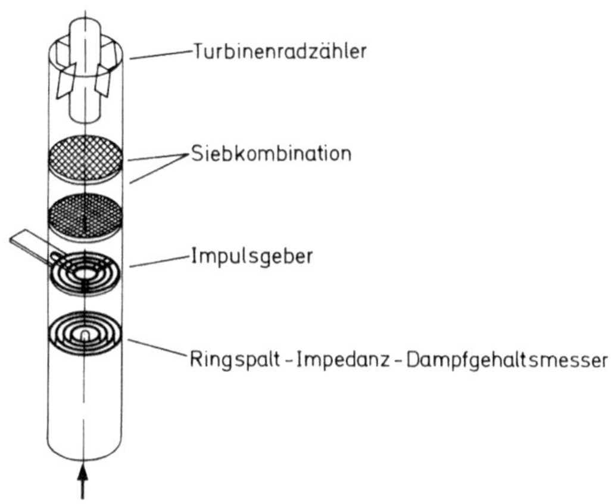

Abb. 147. Kombination von Meßsonden zur Bestimmung des Mengenstromes von Gas-Flüssigkeits-Gemischen

Wie unterschiedlich die Anzeigen verschiedener Meßsonden und ihrer Kombinationen sein können, davon gibt Abb. 148 eine Vorstellung. Es wurden dort in

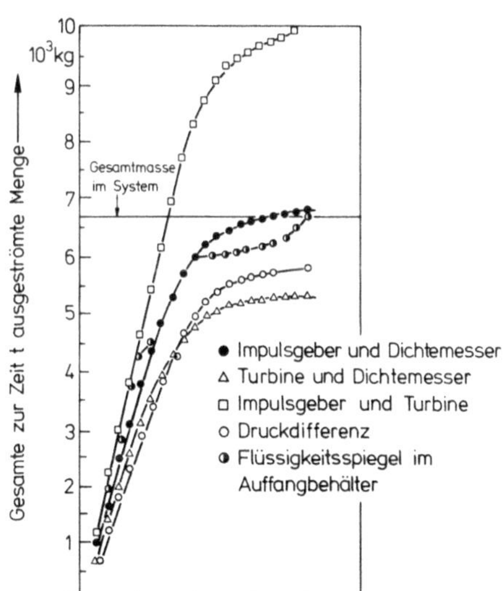

Abb. 148. Meßvergleich verschiedener Verfahren zur Mengenstrombestimmung instationärer Gas-Flüssigkeits-Strömungen (Druckentlastung)

einem Großexperiment [256] Impulsgeber, Turbinenradzähler und auch eine Druckdifferenzanzeige im Hinblick auf die Mengenstrommessung verglichen. Bei dem Versuch strömte aus einem System Gas-Flüssigkeits-Gemisch in einen Vorratsbehälter, wobei die ausströmende Dampfphase kondensiert wurde. Aufgetragen ist in Abb. 148 die bis zum jeweiligen Zeitpunkt nach Beginn der Druckentlastung ausgeströmte Gemischmenge. Die korrekte Anzeige müßte sich asymptotisch der mit „Gesamtmasse im System" bezeichneten waagrechten Linie in Abb. 148 annähern. Man sieht, daß zwischen den einzelnen Meßsonden erhebliche Unterschiede in der Anzeige bestehen.

Ein anderer Vorschlag zur Messung des Mengenstromes von Gas-Flüssigkeits-Gemischen arbeitet nach dem Prinzip der hydraulischen Kupplung bzw. des Drehmomentenwandlers. Dem Gemisch wird in einem Rotor ein Drall aufgeprägt, der wiederum in einem Stator ein Drehmoment erzeugt, das mit Dehnmeßstreifen leicht gemessen werden kann. Während für den Einsatz in einphasiger Strömung meist axiale Bauweisen üblich sind, hat Class [257], wie in Abb. 149 skizziert, ein solches Meßgerät mit radialer Beaufschlagung entwickelt. Der den Rotor verlassende Massenstrom $\dot{M}$ hat den Drall $\omega_{rotor} \cdot r^2$, der im Stator in

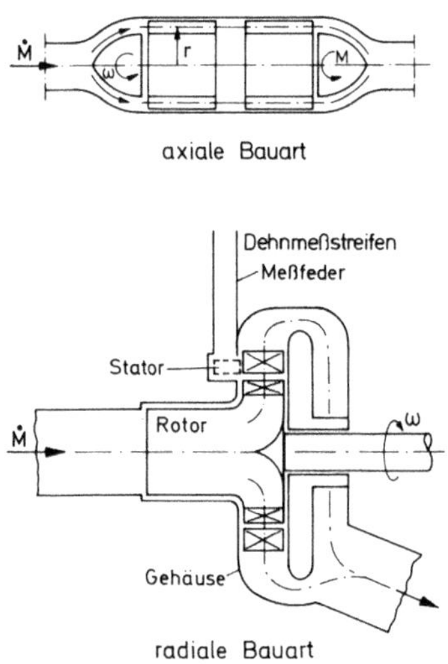

Abb. 149. Mengenstrommesser nach Class, Drehmomentenprinzip

einen Austrittsdrall nahe Null umgewandelt wird, wobei auf den Stator ein Drehmoment M wirkt. Aus dem mittels Dehnmeßstreifen gemessenen Drehmoment M erhält man den Massenstrom $\dot{M}$ zu:

$$\dot{M} = \frac{M}{\eta_{rotor} \cdot \eta_{stator}\, r^2\, \omega} \qquad (302)$$

In Gleichung (302) sind r der effektive Radius des Rotors, ω die Winkelgeschwindigkeit des Rotors und η_{rotor} und η_{stator} die hydraulischen Wirkungsgrade von Rotor und Stator, die sich mit dem inneren und äußeren Radius r_1 und r_2 von Rotor und Stator und der Zahl n der Schaufeln überschlägig zu

$$\eta = 1 - \frac{0{,}9}{n\,[1 - r_1/r_2]^2} \tag{303}$$

berechnen lassen.

Neben den genannten Verfahren zur Mengenstrommessung gibt es noch eine Reihe anderer Methoden. Erwähnt seien hier die sogenannten Laufzeitmessungen, wobei an der Stelle 1 des Strömungskanales dem Gemisch ein Signal aufgegeben wird, dessen Laufzeit bis zur stromabwärts gelegenen Stelle 2 gemessen wird. Eine elegante Möglichkeit für die Erzeugung eines solchen Signals ist z.B. die in Abb. 150 dargestellte Lumineszenz-Methode, bei der kleine Kristalle dem Gemisch zugegeben werden, die an der Stelle 1 durch einen ultravioletten Lichtblitz zum Lumineszieren aktiviert werden.

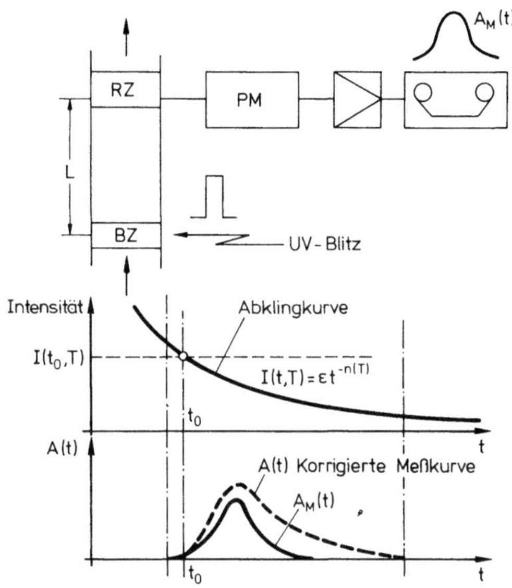

Abb. 150. Geschwindigkeitsmessung mit Tracer-Technik (Lumineszenzmethode), *RZ* Registrierzone, *BZ* Belichtungs- und Aktivierungszone, *L* Länge des Strömungsweges in der Meßzeit Δt; *PM* Photomultiplier

Statt lumineszierender Kristalle kann man dem Gemisch auch geringe Mengen schwach radioaktiver Radionuklide mit extrem kurzen Halbwertszeiten zusetzen. Hiefür eignen sich z.B. Argon für die Gasphase und Mangan für die Flüssigphase. Beide Radionuklide werden in wäßriger Lösung in Impulsen von etwa 10 ms Dauer bei 0,5 s Zeitabstand injiziert. Die beiden Radionuklide haben unterschiedliche Energiespektren und lassen sich deshalb separat detektieren. Damit ist es möglich, die Geschwindigkeit beider Phasen getrennt und relativ genau zu erfassen [258].

Statt der Zugabe gezielter Impulse kann man auch die Laufzeiten stochastischer Schwankungen – z.B. Temperatur- oder Dichteschwankungen – mit Hilfe von Auto- und Kreuzkorrelations-Methoden zur Geschwindigkeits- und Mengenstrommessung ausnutzen. Vorgeschlagen wurde auch, die Laser-Doppler-

Anemometrie einzusetzen, was jedoch nur in seltenen Fällen zuverlässige Signale liefert, nämlich bei Sprühströmung oder bei Blasenströmung, wenn die jeweils disperse Phase in sehr geringer Konzentration und in homogener Verteilung vorliegt.

III.3. Optische Verfahren

Optische Meßverfahren sind zweckmäßig dann einzusetzen, wenn man entweder die Strömungsform oder die Phasenverteilung sichtbar machen will oder wenn man bei nicht zu hohen Dampfgehalten in Blasenströmungen das Temperaturfeld interferometrisch erfassen will. Im erstgenannten Fall wird die Methode der Hochgeschwindigkeitskinematographie eingesetzt, aus deren zahlreichen Anordnungs- und Belichtungsmethoden hier nur ein Beispiel herausgegriffen sei, das extrem kurze Belichtungszeiten erlaubt.

Die in Abb. 151 skizzierte Cranz-Schardinsche Aufnahmetechnik beleuchtet das Objekt mit Blitzelektroden, die in kurzen zeitlichen Abständen – wenige Mikrosekunden – nacheinander gezündet werden. Jeder Blitz entwirft über Umlenkprismen auf einer feststehenden Photoplatte oder einem Film, jeweils seitlich oder in der Höhe versetzt, ein Bild des zu untersuchenden Objektes. Der Ver-

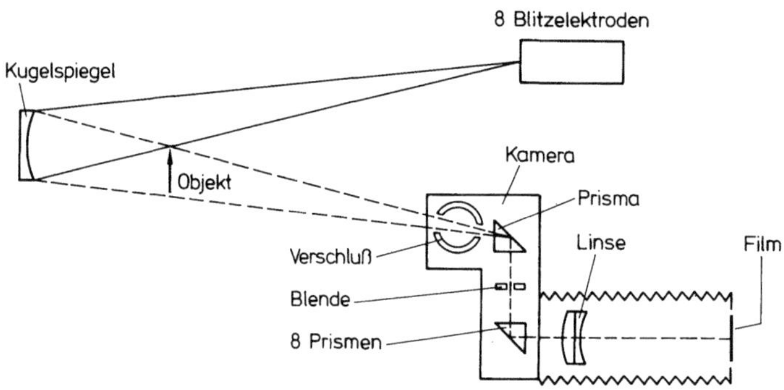

Abb. 151. Cranz-Schardinsche Aufnahmemethode

schluß der Spezialkamera bleibt so lange offen, bis alle Blitzelektroden gezündet sind. Die Leuchtdauer jeder Elektrode beträgt etwa 10^{-8} s. Mit dieser Methode ist es möglich, wie bereits in Abb. 109 und 110 demonstriert, auch kleinste und mit hoher Geschwindigkeit strömende Flüssigkeitspartikel festzuhalten. Die Aufnahme in Abb. 109 zeigte 2 in einem zeitlichen Abstand von 10^{-5} s gemachte Belichtungen einer kleinen Flüssigkeitsmembran in der Düse eines Venturi-Wäschers, die dort mit einer Geschwindigkeit von rund 80 m/s strömt. Aus den beiden Belichtungen läßt sich nicht nur die Geschwindigkeit hinsichtlich Richtung und Größe, sondern auch die Deformation der Membran deutlich entnehmen.

Die bisher diskutierten optischen Verfahren erlaubten die Phänomenologie zweiphasiger Strömungserscheinungen besser zu verstehen und auch Rückschlüsse auf die Geschwindigkeit hinsichtlich Größe und Richtung zu ziehen. Strömungen von Gas-Flüssigkeits-Gemischen sind aber auch häufig mit Wärmetransportvorgängen verbunden und es interessieren dann die Temperaturverhältnisse an der Heizfläche oder in der Nähe der Phasengrenzen. In einphasigen Fluiden sind für die Messung von Temperaturfeldern seit langem optische Interferenzverfahren in Gebrauch, wie z.B. das nach Mach-Zehnder. Sie erfordern ein Vergleichsobjekt, in dem alle fluiddynamischen Vorgänge identisch wie in der Meßkammer ablaufen, mit Ausnahme des interessierenden Wärmetransportprozesses. Für Gas-Flüssigkeits-Gemische kann ein solcher Vergleichszustand, der parallel zum Meßvorgang abläuft, in der Regel nicht dargestellt werden.

Eine wesentliche Hilfe bot da die vor etwa 10 Jahren entwickelte holographische Interferometrie [93], welche statt der optisch parallel geschalteten Vergleichskammer mit einer Doppelbelichtung der Versuchskammer arbeitet, wobei bei der ersten Belichtung alle fluiddynamischen und thermodynamischen Zustände eingestellt sind, mit Ausnahme desjenigen Vorganges, dessen Beeinflussung des Temperaturfeldes gemessen werden soll. Ein Beispiel für einen solchen holographischen Aufbau zeigt Abb. 152. Bei der holographischen Interferometrie muß man zwischen der Aufnahme des Hologramms als solcher und der Entstehung des Interferogramms unterscheiden [93]. Ein erstes Hologramm entsteht auf der lichtempfindlichen Platte, wenn sich der Vergleichsstrahl und der durch den Versuchsraum gehende Objektstrahl überlagern. Hiebei ist der zu

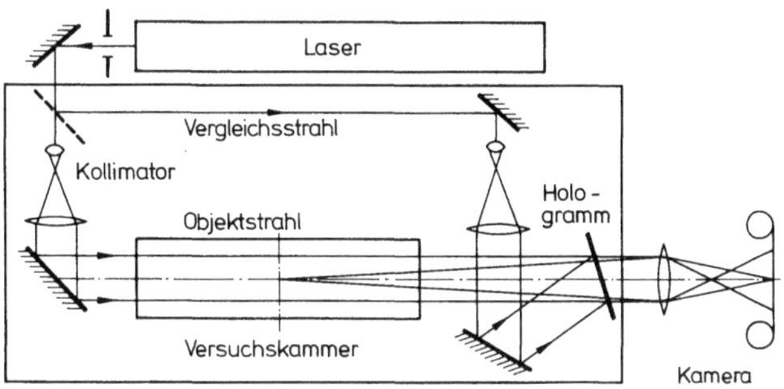

Abb. 152. Aufbau eines holographischen Interferometers

untersuchende wärmeübertragende Vorgang im Versuchsraum noch nicht in Gang gesetzt. Es liegen jedoch alle anderen thermodynamischen und auch fluiddynamischen Zustände, wie z.B. Druck, Mengenstrom und Fluidtemperatur, bei denen die Untersuchungen ablaufen sollen, bereits vor. Der durch den Versuchsraum tretende Lichtstrahl ist also bereits durch optische Unzulänglichkeiten der Autoklavenfenster, durch Strömungsturbulenz oder aber auch durch versuchsbedingte Temperaturfelder beeinflußt.

Für die zweite dann folgende Belichtung wird nun der interessierende Wärme- oder Stofftransport in Gang gesetzt und die den Versuchsraum jetzt durchdringende Lichtwelle wird im Vergleich zur 1. Aufnahme zusätzlich nur noch durch Änderungen aus diesem Transportvorgang beeinflußt. Auch diese 2. Belichtung wird auf der Platte gespeichert.

Die lichtempfindliche Platte enthält demnach die Information von 3 verschiedenen Wellenfronten, nämlich von 2 Objektwellen – vor und nach Einsetzen des zu messenden Teilvorganges – und von der jeweiligen Vergleichswelle, die aber bei beiden Aufnahmen identisch sein muß. Dies wird dadurch möglich, daß man in hohem Maße kohärentes Licht verwendet, wozu ein Laser, meist ein Helium-Neon- oder ein Argon-Laser, dient. Die Hologrammplatte enthält alle Informationen der Wellenfronten, nämlich deren Amplitude in Form unterschiedlicher Intensität, deren Wellenlänge in Form von Farbe und durch Vergleich mit der Vergleichswelle auch deren Phasenverteilung.

Die Interferenz erfolgt dann bei der Wiedergabe der beiden auf der Platte gespeicherten Hologramme dadurch, daß die entwickelte Photoplatte wieder mit der Vergleichswelle beleuchtet wird, die jetzt die Funktion einer Wiedergabewelle übernimmt. Bei dieser Beleuchtung wirkt die Photoplatte ähnlich wie ein Beugungsgitter mit örtlich variabler Gitterkonstanten, und die beiden aus dem Hologramm austretenden Wellen – nämlich aus der ersten und aus der zweiten Aufnahme – überlagern sich hinter dem Hologramm und es entsteht ein Interferenzstreifenmuster, welches das durch den Transportvorgang hervorgerufene Dichtefeld – bedingt durch Temperatur- oder Konzentrationsänderungen – beschreibt.

Die bisher diskutierte Aufnahme- und Wiedergabemethode des Interferogramms gestattet nur einen einzelnen augenblicklichen Zustand festzuhalten und ermöglicht darüberhinaus nicht die Verfolgung des thermohydraulischen Geschehens während der Messung, da das Interferenzbild erst nach der Entwicklung des Hologramms sichtbar wird. Diese Nachteile lassen sich durch eine einfache Änderung des Aufnahmeverfahrens umgehen, wie dies in Abb. 153 schematisch dargestellt ist. Die erste Belichtung des Hologramms erfolgt wie zuvor bei noch nicht vorhandenem Wärme- oder Stofftransport. Vor der zweiten Belichtung wird aber jetzt die photographische Platte chemisch behandelt, also entwickelt

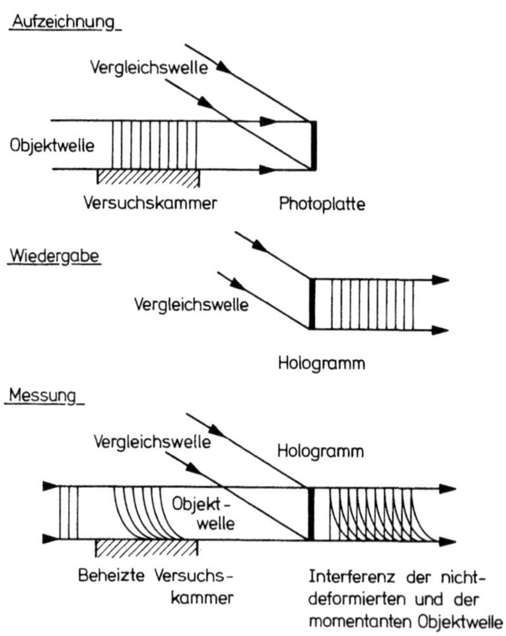

Abb. 153. Prinzip der holographischen Interferometrie (Echtzeitverfahren)

und fixiert, was z.B. an Ort und Stelle in einer einfachen überstülpbaren Küvette erfolgen kann. Entfernt man die Platte zu dieser Prozedur, so muß sie nachher wieder auf eine halbe Wellenlänge genau an die alte Stelle zurückpositioniert werden, was bei genügend feinjustierbarem Plattenhalter z.B. durch Piezo-Quarz-Verstellung durchaus möglich ist, da man nur darauf achten muß, daß bei der Beleuchtung mit der Bezugswelle keine Interferenzstreifen sichtbar sind.

Anschließend setzt man den Wärmetransportprozeß in Gang und beleuchtet nun die Hologrammplatte mit der den Versuchsraum durchdringenden Objektwelle sowie mit der Wiedergabewelle, welche die ursprünglich in der Hologrammplatte gespeicherte Vergleichswelle – die sogenannte Nullaufnahme – freisetzt. Hinter der Hologrammplatte interferieren dann beide Wellen und geben das im Versuchsraum herrschende Temperaturfeld wieder. Mit dieser Aufnahmemethode – im sogenannten Echtzeit- oder real-time-Verfahren – ist es möglich, das Temperaturfeld kontinuierlich, z.B. mit Hilfe einer Filmkamera, zu registrieren.

Die Auswertung der Interferenzlinien ist einfach, wenn sie eindeutig der Änderung einer Zustandsgröße, z.B. der Temperatur, zugeschrieben werden können und das Zustandsfeld über den Strahlweg weitgehend homogen ist. Die im Interferenzbild sichtbare Phasenverschiebung, ausgedrückt in Vielfachem S der Wellenlänge λ, berechnet sich nach Gl. (304)

$$S(x, y) \cdot \lambda = l\,[n(x, y)_2 - n(x, y)_1] \tag{304}$$

aus der Differenz der optischen Weglänge $n \cdot l$ von Meß- und Vergleichswelle. Dabei ist l die Länge des Weges, den der Strahl längs des zu erfassenden Temperaturfeldes durchläuft. Eine Auslöschung des Lichtes tritt ein, für $S = 1/2, 3/2, 5/2$ usw. und eine Verstärkung für $S = 1, 2, 3$ usw. Die Interferenzlinien sind also zunächst nur als Linien gleicher Brechzahldifferenzen zu deuten. Die Abhängigkeit der Brechzahl n von der Dichte ρ eines Mediums der Molmasse M ist durch die Lorenz-Lorentz-Gleichung gegeben.

$$\frac{n^2 - 1}{n^2 + 2}\;\frac{1}{\rho} = \frac{N}{M} \tag{305}$$

Hierin ist die Molekularrefraktion N eine von Druck und Temperatur unabhängige Stoffkonstante, die sich selbst bei Wechsel des Aggregatzustandes kaum ändert, aber eine Funktion der Wellenlänge ist. Für Gase deren Brechzahl sehr nahe bei 1 liegt, läßt sich die Lorenz-Lorentz-Gleichung stark vereinfachen und wird dann als Gladstone-Dale-Gleichung

$$\frac{2}{3}\,(n - 1)\,\frac{1}{\rho} = \frac{N}{M} \tag{306}$$

bezeichnet. Unter Einbeziehung des Boyle-Mariotteschen-Gesetzes ergibt sich dann mit der Gaskonstanten R und dem Druck p der in Gl. (307) dargestellte einfache Zusammenhang, mit Hilfe dessen aus dem aufgenommenen Brechzahlfeld die örtliche Temperatur

$$T(x, y) = \left[\frac{s(x, y)\,\lambda\,2R}{3\,N\,p\,l} + \frac{1}{T_0}\right] \tag{307}$$

unmittelbar angegeben werden kann, wenn an einer Stelle im Versuchsraum ein Temperaturwert – z.B. T_0 – mit einem herkömmlichen Meßfühler, z.B. einem Thermoelement, gemessen wird.

Für Flüssigkeiten mit kompliziertem thermodynamischen Zustandsverhalten muß man auf Gl. (304) zurückgreifen und die Abhängigkeit der Brechzahl n von der Temperatur T aus einer Zustandsgleichung oder aus Tabellenwerten entnehmen. Es läßt sich aber dann auch der Zusammenhang zwischen dem Temperaturfeld und den Interferenzstreifenmuster in einfacher Weise zu

$$s\,(x, y)\,\lambda = l\,\frac{d\,n}{d\,T}\,[\,T\,(x, y) - T_0\,] \tag{304a}$$

darstellen.

In unmittelbarer Nähe einer festen Wand und häufig auch in der Nähe von Phasengrenzen kann man eine laminare Grenzschicht voraussetzen, in der das Gesetz des molekularen Wärmetransportes gilt. Bei bekanntem Wärmeleitkoeffizienten k des wärmetransportierenden Stoffes läßt sich dann der Wärmeübergangskoeffizienten α allein aus dem über das Interferenzstreifenmuster gewonnenen Temperaturfeld ermitteln,

$$\alpha = \frac{k\,(d\,T/d\,y)_{\text{Wand}}}{T_{\text{Wand}} - T_0} \tag{308}$$

wobei zusätzlich nur noch ein Absolutwert der Temperatur, sei es an der Wand T_{Wand} oder im Fluid, nach einer anderen bekannten Methode zu erfassen ist.

An Phasengrenzen ist häufig eine sehr dünne laminare Grenzschicht zu beobachten, welche die Auswertung der nach der bisher diskutierten Methode aufgenommenen Interferenzbilder sehr schwierig gestaltet, da nur einige wenige Interferenzlinien im Hologramm vorhanden sind, wodurch die Auswertung hinsichtlich des Wärmeübergangskoeffizienten mit großer Ungenauigkeit behaftet ist. Eine Verbesserung bietet hier ein einfacher optischer Trick, durch den bereits im Vergleichszustand ein paralleles Muster von Hell-Dunkel-Streifen auf dem Hologramm erzeugt wird. Dieses Streifenmuster entsteht einfach dadurch, daß man, wie in Abb. 154 angedeutet, entweder den Zwischenspiegel „1" oder die Hologrammplatte selbst, „2", zwischen der Vergleichsaufnahme und der oder den eigentlichen Meßaufnahmen um wenige Bruchteile eines Grades kippt. Die dann während der Messung erzeugte Brechzahländerung verursacht nicht ein neues Streifenmuster, sondern je nach Temperaturänderung – wie in Abb. 155 an dem Beispiel einer kondensierenden Dampfblase gezeigt – eine Deformation und Krümmung des vorgegebenen Null-Streifenfeldes. Die Streifen sind jetzt nicht mehr Linien konstanter Temperatur, sondern ihre Abweichung von der ursprünglichen Nullfeld-Richtung gibt in erster Näherung den Temperaturgradienten an dieser Stelle wieder.

Die hier gemachten Erläuterungen zur Auswertung von Interferenzbildern gelten nur für ebene Temperaturfelder, bei denen sich die Temperatur längs des Strahlweges im interessierenden Meßbereich nicht ändert. Dampfblasen weisen stark gekrümmte Temperaturfelder auf, weshalb bei der Auswertung Korrekturen anzuwenden sind, wie sie von Grigull und Hauff [94] oder von Nordmann [226] beschrieben werden.

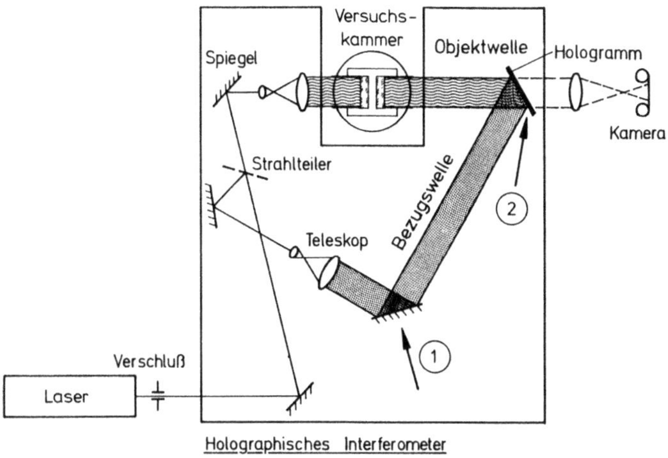

Abb. 154. Aufbau eines holographischen Interferometers mit Streifenvorgabe

Abb. 155. Interferogramm mit Streifenvorgabe, Temperaturgradienten in der Flüssigkeit um eine Dampfblase

Optische Meßverfahren machen keineswegs herkömmliche Meßmethoden mechanischer oder elektrischer Art teilweise oder ganz überflüssig. Jede Meßmethode hat ihre Anwendungsgrenzen sowie ihre Vor- und Nachteile. Bei hohen Strömungsgeschwindigkeiten und damit sehr geringen Grenzschichtdicken gibt die Interferometrie auch bei einphasigen Strömungen kein auswertbares Bild und die Hochgeschwindigkeitskinematographie kann nur eine Meßebene erfassen, wobei die Auswertung und die Integration über einen größeren zeitlichen oder räumlichen Bereich wegen des umfangreichen Bildmaterials äußerst mühsam und zeitraubend ist. Alle optischen Verfahren setzen selbstverständlich transparente Medien voraus, wodurch der Verwendung von Modellsubstanzen Grenzen gesetzt sind.

Für die Vermittlung klarer physikalischer Vorstellungen und für die Erarbeitung darauf aufbauender theoretischer Beschreibungen sind optische Meßverfahren ein hervorragendes Hilfsmittel, häufig aber auch die einzige Möglichkeit, das wegen der trägheitsfreien und berührungslosen Arbeitsweise unmittelbaren Zugang zum Problem gewährleistet. In vielen Fällen gestattet die Auswertung interferometrisch gemessener Temperaturfelder quantitative Aussage über den Wärme- und Stofftransport gleicher oder manchmal sogar höherer Genauigkeit wie die aufwendigen experimentellen kalorischen Verfahren.

Literatur

[1] Ishii, M., Thermo-fluid dynamic theory of two-phase flow. Eyrolles, Paris, 1975.

[2] Delhaye, J.M., Achard, J.L., On the use of averaging operators in two-phase flow modeling. Thermal and Hydraulic Aspects of Nuclear Reactor Safety, Vol. 1: Light Water Reactors (Jones, O.C., Bankoff, S.G., eds.). ASME 289–332 (1977).

[3] Delhaye, J.M., Achard, J.L., On the averaging operators introduced in two-phase flow modeling. Transient Two-Phase Flow, Proceedings of the CSNI Specialists Meeting (Banerjee, S., Weaver, K.R., eds.), Vol. 1, pp. 5–84, 1978.

[4] Bankoff, S.G., A variable density single-fluid model for two-phase flow with particular reference to steam-water flow. J. Heat Transfer 255–272 (1960).

[5] Wallis, G.B., Some hydrodynamics aspects of two-phase flow and boiling. International Developments in Heat Transfer. ASME 319–340 (1963).

[6] Zuber, N., Findlay, J.A., Average volumetric concentration in two-phase flow systems. J. Heat Transfer 354–468 (1965).

[7] Quandt, E., Analysis of gas-liquid flow patterns. AIChE Preprint 47, 6th National Heat Transfer Conference, Boston, 1963.

[8] Hewitt, G.F., Roberts, D.N., Studies of two-phase flow patterns by simultaneous X-ray and flash photography. AERE-M2159, 1969.

[9] Langner, H., Untersuchungen des Entrainment-Verhaltens in stationären und transienten zweiphasigen Ringströmungen. Dissertation, Technische Universität Hannover, 1978.

[10] Bennet, A.W., et al., Flow visualization studies of boiling at high pressure, Inst. Mech. Eng., Proc. 1965–1966, 180, Part 3C, 260–270, 1965.

[11] Taitel, Y., Dukler, A.E., Flow regime transitions for vertical upward gas-liquid flow: a preliminary approach through physical modelling, AIChE, 10th Annual Meeting, New York, Session on Fundamental Research in Fluid Mechanics, 1977.

[12] Oshinowo, T., Charles, M.E., Vertical two-phase flow. Part 1. Flow pattern correlations. The Canad. J. Chem. Engng. *52*, 25–35 (1974).

[13] Baker, O., Simultaneous flow of oil and gas. Oil Gas J. *53*, 185 (1954).

[14] Bell, K.J., Taborek, J., Fenoglio, F., Interpretation of horizontal intube condensation heat transfer correlations with a two-phase flow regime map. Chem. Engng. Prog. Symposium Series *66* (102), 150–163 (1970).

[15] Mandhane, J.M., Gregory, G.A., Aziz, K., A flow pattern map for gas-liquid flow in horizontal pipes. Int. J. Multiphase Flow *1*, 537–553 (1974).

[16] Taitel, Y., Dukler, A.E., A model for predicting flow regime transitions in horizontal and near horizontal gas-liquid flow. AIChE J. *22* (1), 47–55 (1976).

[17] Levy, S., Steam-slip – theoretical prediction from momentum model. Trans. ASME, Ser. C, J. Heat Transfer *82*, 113–124 (1960).

[18] Marchaterre, J.F., Hoglund, B.M., Correlation for two-phase flow. Nucleonics *20*, 142 (1962).

[19] Ahmad, S.Y., Axial distribution of bulk temperature and void fraction in a heated channel with inlet subcooling. Trans. ASME, J. Heat Transfer 595–609 (1970).

[20] Friedel, L., Modellgesetz für den Reibungsdruckverlust in der Zweiphasenströmung. Dissertation, Technische Universität Hannover, 1974.

[21] Kowalczewski, J.J., Two-Phase Flow in an Unheated and Heated Tube. Dissertation, ETH-Zürich, 1964.

[22] Kütükcüoglu, A., Nja, D.H., Dampfvolumenanteil (Void) beim Verdampfen. TM-IN-307, EIR-Würenlingen, Schweiz, 1965.

[23] Bankoff, S.G., A variable density single-fluid model for two-phase flow with particular reference to steam-water-flow, Trans. ASME, Ser. C, J. Heat Transfer *82*, 265–276 (1960).

[24] Jones, A.B., Hydrodynamic stability of a boiling channel. ICAPL 2170, KAPL 2290 (1964; Part 4), 1961.

[25] Zuber, N., Findlay, J.A., Average volumetric concentration in two-phase flow systems. Trans. ASME, J. Heat Transfer *87*, 453–468 (1965).

[26] Behringer, H., Die Strömung von Flüssigkeits-Gasgemischen in senkrechten Rohren. Z. ges. Kälteind. *43*, H. 3 (1936).

[27] Harmathy, T.Z., Velocity of large drops and bubbles in media of infinite or restricted extent. AIChE J. *6*, 281–288 (1960).

[28] Peebles, F.W., Garber, H.J., Studies on the motion of gas bubbles in liquids. Chem. Engng. Progr. *49*, 88–97 (1953).

[29] Dix, G.E., Vapor void fraction for forced convection with subcooled boiling at low flow rates. NEDO-10491, 1971.

[30] Nabizadeh-Araghi, H., Modellgesetze und Parameteruntersuchungen für den volumetrischen Dampfgehalt in einer Zweiphasenströmung. Dissertation, Technische Universität Hannover, 1977.

[31] Delhaye, J.M., Séméria, R., Flamand, J.C., Void fraction – vapor and liquid temperatures – local measurements in two-phase flow using a microthermocouple. AIChE-ASME Heat Transfer Conference, Denver, Colo., paper 72-HT-13, 1972.

[32] Wilson, J.F., The velocity of rising steam in a bubbling two phase mixture. ANS-Translation *5*, 151 (1962).

[33] Margulova, T.H., An experimental investigation of the velocity in bubbling through a layer of water at high pressures, Trans. of the Power Inst. M.V. Molotov, Vol. 11, Moscow, 1953.

[34] Behringer, P., Steiggeschwindigkeit von Dampfblasen in Kesselrohren. VDI-Forschungsheft 365.

[35] Mersmann, A., Auslegung und Maßstabsvergrößerung von Blasen und Tropfensäulen. Chem.-Ing.-Tech. *49*, 679–770 (1977).

[36] Sterman, L.S., The correlation of experimental data for vapour bubbling through a liquid. Zh. Tech. Fiz *26*, 1519 (1956).

[37] Kurbatov, A.V., The bubbling and the problem of critical loads in steam separators. Trans. of the Power Inst. M.V. Molotov, Vol. 11, Moscow, 1953.

[38] Labuncov, D.A., Teploenergetica *7*, 76–81 (1960).

[39] Viecenz, H.-J., Blasenaufstieg und Phasenseparation in Behältern bei Dampfeinleitung und Druckentlastung. Dissertation, Technische Universität Hannover, 1980.

[40] Friedel, L., Modellgesetze für den Reibungsdruckabfall in der Zweiphasenströmung. Dissertation, Technische Universität Hannover, 1974.

[41] Martinelli, R.C., Nelson, D.B., Prediction of pressure drop during forced-circulation boiling of water. Trans. ASME 695–702 (1948).

[42] Lockhart, R.W., Martinelli, R.C., Proposed correlation of data for isothermal two-phase, two-component flow in pipes. Chem. Engng. Progr. *45*, 39–48 (1949).

[43] Friedel, L., Druckabfall bei der Strömung von Gas/Dampf-Flüssigkeitsgemischen in Rohren. Chem.-Ing.-Tech. *50*, 167 ff. (1978).

[44] Friedel, L., Improved friction pressure drop correlation for horizontal and vertical two-phase pipe flow. European Two-Phase Flow Meeting 7, Ispra, Italien, Paper E 2, 1979.

[45] Baroczy, C.J., Chem. Engng. Progr. Symp. Ser. *61*, 57, 175 (1965).

[46] Chisholm, D., Int. J. Heat and Mass Transfer *16*, 347 ff. (1973).

[47] Lombardi, C., Pedrocchi, E., Energ. Nucl. *19*, 91 ff. (1972).

[48] Theissing, P., Eine allgemeingültige Methode zur Berechnung des Reibungsdruckabfalls der Mehrphasenströmung. Chem.-Ing.-Tech. *52*, 344, 345 (1980).

[49] Bandel, J., Druckverlust und Wärmeübergang bei der Verdampfung siedender Kältemittel im durchströmten waagrechten Rohr. Dissertation, Universität Karlsruhe, 1973.

[50] Mayinger, F., Modelling aspects of two-phase flow. Proc. of the Intern. Conference on Heat and Fluid Flow in Water Reactor Safety, Manchester, I. Mech. E., C 211/77, 131–141, 1977.

[51] Chisholm, D., Pressure losses in bends and tees during steam-water flow. NEL Report No. 318, 1967.

[52] Chenoweth, J.M., Martin, M.W., Turbulent two-phase flow. Petrol. Refin. *34*, 151–155 (1955).

[53] Fitzsimmons, D.E., Two-phase pressure drop in piping components. HW 80970 Rev. 1, 1964.

[54] Lottes, P.A., Expansion losses in two-phase flow. Nuc. Sci. Engng. *9*, 26–31 (1961).

[55] Richardson, B.E., Some problems in horizontal two-phase two-component flow. ANL-5949, 1958.

[56] Petrick, M., Swanson, B.S., Expansion and concentration of an air-water mixture in vertical flow. AIChE J. *5* (4), 440–445 (1959).

[57] Ferrel, J.K., McGee, J.W., Two-phase flow through abrupt expansions and contractions. TID-23394, Vol. 3, Rayleigh N.C. Dept. of Chem. Engng. North Carolina State Univ., 1966.

[58] Weisman, J., Two-phase pressure drop studies. University of Cincinnati, verbal report, 2nd Water Reactor Safety Information Meeting, Washington, 1974.

[59] Weisman, J., Husain, A., Harshe, B., Two-phase pressure drop across area changes and restriction. Two-Phase Transport and Reactor Safety IV (Veziroglu, T.N., Kakac, S., eds.), Hemisphere, 1281–1316, 1978.

[60] Fouda, A.E., Two-phase flow behaviour in manifolds and networks. Ph. D. Thesis, University of Waterloo, Canada, 1975.

[61] Kubite, J., Gardner, G.C., Two-phase gas-liquid flow through Y-junctions. Chem. Engng. Sci. *33*, 319–329 (1978).

[62] Collier, J.G., Single-phase and two-phase flow behaviour in primary circuit components. Proceedings of NATO Advanced Institute on Two-Phase Flows and Heat-Transfer, Bd. 1, 313–365, Hemisphere Corp., 1977.

[63] Miller, D.S., Internal flow, a guide to losses in pipe and duct systems. BHRA, Cranfield, Bedford, U.K., 1971.

[64] Gardel, A., Pressure drops in flows through T-shaped fittings. Bull. Techn. Suisse Rom. *83*, 9, 123–130 und 10, 143–148 (1957).

[65] Henry, R.E., Pressure wave propagation two-phase mixtures. Chem. Engng. Progr. Symp. Ser. *66*, 1 (1970).

[66] Hamilton, L.J., Propagation of pressure waves in two-phase media. Ph. D. Thesis, University of California, Berkeley, 1968.

[67] Henry, R.E., Grolmes, M.A., Fauske, H.K., Pressure-pulse propagation in two-phase one- and two-component mixtures. ANL-7792, 1971.

[68] Moody, F.J., Maximum flow rate of a single component, two-phase mixture. J. Heat Transfer, Trans. ASME *87*, 134 (1965).
[69] Henry, R.E., Fauske, H.K., The two-phase critical flow of one-component mixtures in nozzles, orifices, and short tubes. Trans. ASME, J. Heat Transfer *93*, 179 (1971).
[70] Henry, R.E., A study of one- and two-component, two-phase critical flows at low qualities. ANL-7430, 1968.
[71] Tangren, R.F., Dodge, C.H., Seifert, H.S., Compressibility effects in two-phase flow. J. appl. Phys. *20*, 736 (1949).
[72] Vogrin, J.A., An experimental investigation of two-phase, two-component flow in a horizontal converging-diverging nozzle. ANL-6754, 1963.
[73] Sozzi, G.L., Sutherland, W.A., Critical flow of saturated and subcooled water at high pressure. ASME Non-Equilibrium Two-Phase Flows Symp. (Ref. 1) 19–26, 1975.
[74] Richter, H.J., Minas, Se.E., Separated flow model for calculation of critical two-phase flow. Interner Bericht, EPRI, 1978.
[75] Rogers, J.T., Todreas, N.E., Coolant interchannel mixing in reactor fuel rod bundles single-phase coolants. The Winter Annular Meeting of the ASME, New York, 1968.
[76] Lahey, R.T., et al., Out-of-pile subchannel measurements in a nine-rod bundle for water at 1000 psia. Intern. Symposium on Two-Phase Systems, Paper 3, Haifa, Israel, 1971.
[77] Gonzalez-Santalo, J.M., Two-phase flow mixing in rod bundle subchannels. Universidad Nacional Autonoma de México M.S., 1971.
[78] Gonzalez-Santalo, J.M., Griffith, P., Two-phase flow mixing in rod bundle subchannels. ASME-Paper 72-WA/NE-19, 1972.
[79] Forti, G., The computer programme Matteo for subchannel analysis of BWR rod bundles in steady state and transient. EUR 5148e, Joint Research Center Ispra, Italy, 1974.
[80] Rowe, D.S., Angle, C.W., Crossflow mixing between parallel flow channels during boiling. Part III, Effect of spacers on mixing between two channels, BNWL-371 UC-80 Reactor Technology, 1969.
[81] Seiffert, V., Quervermischung in zweiphasig längsdurchströmten Stabbündeln bei stationären und instationären Bedingungen. Dissertation, Universität Hannover, 1981.
[82] Rowe, D.S., A digital computer program for steady state and transient thermal-hydraulic analyses of rod bundle nuclear fuel elements. COBRA-III, BNWL-B-82; COBRA-IIIC, BNWL-1695, 1973.
[83] Jakob, M., Mech. Engng. *58*, 643–660 und 729–739 (1936).
[84] Fritz, W., Physik. Z. *36*, 379–384 (1935).
[85] Jakob, W., Linke, Phys. Z. *36*, 267–280 (1935).
[86] Bosnjakovic, F., Tech. Mech. Thermo-Dynam. *1*, 358–362 (1930).
[87] Nukijama, V., J. Jap. Mech. Engr. *37*, 53–54, 367–374 (1934).
[88] Forster, H.K., Zuber, N., J. appl. Phys. *25*, 474–478 (1954).
[89] Han, C.Y., Griffith, P., Int. J. Heat and Mass Transfer *8*, 887–904 und 905–914 (1965).
[90] Plesset, M.S., Zwick, S.A., J. appl. Phys. *25*, 493–500 (1954).
[91] Beer, H., Progr. Heat Mass Transfer *2*, 311–370 (1969).
[92] Winter, E.R.F., Matekunas, F.A., An interferometric study of nucleate boiling. Int. Symposium on Two-Phase Systems, Haifa, Israel, 29. 8. bis 2. 9. 1971.
[93] Mayinger, F., Panknin, W., Holography in heat and mass transfer. Proceedings Int. Heat Transfer Conference 1974, Tokio, Vol. 6, 28–43 (1974).
[94] Grigull, U., Hauf, W., Advances Heat Transfer *6*, 133–136 (1970).
[95] Nordmann, D., Temperatur, Druck und Wärmetransport in der Umgebung kondensierender Blasen. Dissertation, Universität Hannover, Institut für Verfahrenstechnik, 1980.

[96] Cooper, M.G., Int. J. Heat and Mass Transfer *12*, 915–933 (1969).
[97] Katto, X., Shoji, M., Int. J. Heat and Mass Transfer *13*, 1299–1311 (1970).
[98] Stephan, K., Beitrag zur Thermodynamik des Wärmeübergangs beim Sieden. Abhandlung Deut. Kältetechn. Verein, No. 18, C.F. Müller, Karlsruhe, 1964.
[99] Prisnyakov, V.F., Heat Transfer-Soviet Research *3*, 113–117 (1971).
[100] Stephan, K., Abdelsalam, M., Heat-transfer correlations for natural convection boiling. Int. J. Heat and Mass Transfer *23*, 73–87 (1980).
[101] Stephan, K., Auracher, H., Correlations for nucleate boiling heat transfer in forced convection. Int. J. Heat and Mass Transfer *24*, 99–107 (1980).
[102] Rohsenow, W.M., Modern Developments in Heat Transfer. Academic Press, New York, 85–158, 1963.
[103] Levy, S., Forced convection subcooled boiling prediction of vapor volumetric fraction. GEAP-5157.
[104] Staub, F.W., The void fraction in subcooled boiling-prediction of the initial point of net vapour generation. ASME 67-HT-36, Aug. 1967.
[105] Vaihinger, D., Kaufmann, W.D., Chem.-Ing. Tech. 921–927 (1972).
[106] Calus, W.F., et al., Chem. Engng. J. *6*, 223–250 (1973).
[107] Dengler, C.E., Addams, J.N., Chem. Engng. Progr. Symp. Ser. *52*, 95–103 (1956).
[108] Guerrieri, S.A., Talty, R.D., Chem. Engng. Progr. Symp. Ser. *52*, 69–77 (1956).
[109] Schrock, V.E., Grossmann, L.M., Forced convection boiling studies. Univ. of California, Inst. of Eng. Research, Berkeley, Final Rept. Nov. 1959.
[110] Bennett, J.A.R., Collier, J.G., Pratt, H.R.C., Thorton, J.D., Trans. Instn. Chem. Engr. *39*, 113–126 (1961).
[111] Wright, R.M., Somerville, G.F., Sani, R.L., Bromley, L.A., Chem. Engng. Progr. Symp. Ser. *61*, 220–229 (1965).
[112] Somerville, G.F., Downflow boiling of n-Butanol in a uniformly heated tube. Univ. of California, Lawrence Radiation Laboratory, UCRL, 10527, Okt. 1962.
[113] Collier, J.G., Lacey, P.M.C., Pulling, D.J., Trans. Instn. Chem. Engr. *42*, T 127–139 (1964).
[114] Pujol, L., Stenning, A.H., Effect of flow direction on the boiling heat transfer coefficient in vertical tubes. Proc. Int. Symp. Concurrent Gas-Liquid Flow, Univ. of Waterloo, Canada, 401–453, Sept. 1968.
[115] Sani, R.L., Downflow boiling and non-boiling heat transfer in a uniformly heated tube. Univ. of California, Lawrence Radiation Laboratory, UCRL-9023, Jan. 1960.
[116] Chen, J.C., Correlation for boiling heat transfer to saturated liquids in convective flow. Int. Eng. Chem. Process Design and Development *5*, 322 (1966).
[117] Forster, H.K., Zuber, N., Dynamics of vapour bubbles and boiling heat transfer. AIChE J. *1* (4), 531–535 (1955).
[118] Bucher, B., Beitrag zum Siedebeginn beim unterkühlten Sieden mit Zwangskonvektion. Dissertation, Universität Hannover, Institut für Verfahrenstechnik, 1979.
[119] Bankoff, S.G., The prediction of surface temperature at incipient boiling. Chem. Engng. Progr. Symp. Ser. No. 29, 55, 87 (1959).
[120] Bankoff, S.G., Entrapment of gas in the spreading of a liquid on a rough surface. AIChE J. *4*, 24 (1958).
[121] Griffith, P., Wallis, J.D., The role of surface conditions in nucleate boiling. Chem. Engng. Progr. Symp. Ser. No. 30, 49 (1960).
[122] Bergles, A.E., Rohsenow, W.M., The determination of forced-convection surface boiling heat transfer. Trans. ASME, Series C *86*, 365–372 (1964).
[123] Davis, E.J., Anderson, G.H., The incipience of nucleate boiling in forced convection flow. AIChE J. *12* (4), 774–780 (1966).
[124] Hein, D., Köhler, W., Mayinger, F., Chem.-Ing. Tech. *42*, 1062 (1970).

[125] Bowring, R.W., Physical model, based on bubble detachment and calculations of steam voidage in subcooled region of a heated channel. HPR 10, 1962.

[126] Levy, S., Forced convection subcooled boiling-prediction of vapour volumetric fraction. GEAP-5157, April 1966.

[127] Lavigne, P., Modéle d'évolution du titre et du taux de vide en ébullition et zone de transition. Rapport G.E.A. No. 2365.

[128] Rouhani, S.Z., Calculation of steam volume fraction in subcooled boiling. J. Heat Transfer *90*, 158–164 (1968).

[129] Staub, F.W., The void fraction in subcooled boiling-prediction of the initial point of net vapour generation. Paper presented at the 9th National Heat Transfer Conf., Seattle, preprint, ASME 67-HT-36, Aug. 1967.

[130] Saha, P., Zuber, N., Point of net vapour generation and vapour void fraction in subcooled boiling. Proceedings of the Int. Heat Transfer Conf. Tokio, Vol. 4, Paper B 4.7, 1974.

[131] Dix, G.E., Vapour void fractions for forced convection with subcooled boiling at low flow rates. Ph. D. Thesis, University of California, Berkeley, 1971.

[132] Jens, W.H., Lottes, P.A., Analysis of heat transfer burnout, pressure drop and density data for high pressure water. ANL-4627, Mai 1951.

[133] Forster, K., Greif, R., Heat transfer to a boiling liquid-mechanism and correlations. J. Heat Transfer *81*, 43–53 (1959).

[134] Rouhani, S.Z., Void measurements in the region the subcooled and low quality boiling. Part 2, AE-239, 1966.

[135] Mayinger, F., et al., Der Einfluß der hydrodynamischen Bedingungen auf die kritische Heizflächenbelastung beim Sieden. BWK *18*, 6, 288–294 (1966).

[136] Macbeth, R.V., Burnout Analysis pt. 4: Application of local condition hypothesis to world data for uniformly heated round tubes and rectangular channels. AEEW-R 267, 1963.

[137] Biasi, L., et al., Studies on Burnout, part 3. Energia Nucleare *14* (9), 530–536 (1967).

[138] Bertoletti, S., et al., A general correlation for predicting the heat transfer crisis with steam water mixtures. Energia Nucleare *12* (3), 121–172 (1965).

[139] Hein, D., Kastner, W., Versuche zur kritischen Heizflächenbelastung unter stationären und instationären Bedingungen in Frigen 12 und Wasser. Teil 1, M.A.N.-Bericht Nr. 45.03.02.

[140] Moxon, D., Edwards, P.A., Dryout during flow and power transients. European Two-Phase Heat Transfer Meeting, Bournemouth, und AEEW-R 553, 1967.

[141] Wicks, M., Dukler, A.E., Measurements of drop-size distribution in two-phase flow. Vortrag, gehalten auf der Intern. Heat-Transfer-Conference, Chicago, 1966.

[142] Gill, L.E., Hewitt, G.F., Lacey, P.M.C., Sampling probe studies of the gas-core in annular two-phase flow, Part 2. Chem. Engng. Sci. *19*, 665 (1964).

[143] Bennet, A.W., Hewitt, G.F., Kearsey, H.A., Keeys, R.K., Heat transfer to steam-water-mixtures flowing in uniform heated tubes in which critical heat-flux has been exceeded. Paper presented at Inst. Mechanical Eng. Convention, Bristol, 1968.

[144] Adorni, N., Alia, P., Cravarolo, L., Hassid, A., An isokinetic sampling probe for phase and velocity distribution measurements in two-phase flow near the wall of conduit. CISE-Report 89, 1963.

[145] Ishii, M., Inception criteria for droplet entrainment in two-phase co-current film flow. AIChE J. *21* (2), 306 (1975).

[146] Ueda, T., Nose, S., Studies of liquid film flow in two-phase annular and annular mist flow regimes. Bulletin of ISME *17*, Nr. 107 (1974).

[147] Levy, S., Prediction of two-phase flow with liquid entrainment. Int. J. Heat and Mass Transfer *9*, 171 (1966).

[148] Hein, D., Köhler, W., The role of thermal non-equilibrium in post-dryout heat transfer. Paper presented at the "European Two-Phase Flow Group Meeting", Grenoble/France, 1976.

[149] Bailey, N.A., Dryout and post-dryout heat transfer at low flow in a single tube test section. AEEW-Report Nr. 1068, 1977.

[150] Iloeje, O.C., Plummer, D.N., Rohsenow, W.M., Griffith, P., A study of wall rewet and heat transfer in dispersed vertical flow. MIT Dept. of Mech. Engng., Report 72718-92, Sept. 1974.

[151] Yadigaroglu, G., The reflooding phase of the LOCA-State of the Art. Proceedings "NATO-Advanced Study Institute on Two-Phase Flow and Heat Transfer", Istanbul, Turkey, Hemisphere Publishing, New York, 1976.

[152] Belda, W., Viert, K.P., Mayinger, F., Theoretische und experimentelle Untersuchungen auf dem Gebiet der Reaktorsicherheit über Modellgesetze für instationäre Wärmeübergangsbeziehungen in wassergekühlten Reaktoren bei Notkühlung. BMFT-Forschungsbericht FB RS 48-05, Juli 1975.

[153] KWU, Erlangen, Notkühlprogramm-Hochdruckteil, Research-report FB RS 37/2. Teil II-A concerning blowdown-test with 4-rod bundles: Calculation of heat transfer coefficients, KWU-Erlangen RD 23, Sept. 1975.

[154] Collius, B.L., Crapo, H.S., Sackett, K.W., Experiment data report for semiscale Mod 1 Test S-02-6 – Blowdown heat transfer test –. TREE-NUREG-Report 1037, internal publication for USNRC, Jan. 1977.

[155] Farman, R.F., Cermak, J.O., Post-DNB heat transfer during blowdown. Westinghouse Electric Corporation WCAP 9005/3, 1975.

[156] Turner, D.M., ASME-Paper 77-HT-94, April 1977.

[157] Ueda, T., Tanaka, H., Koizumi, Y., Dryout of liquid film in high quality R 113 upflow in a heated tube. Proceedings Sixth International Heat Transfer Conference, Toronto, Canada, 1978.

[158] Janssen, E., Kervinen, J.A., Film boiling and rewetting. General Electric Report NEDO 20975, Aug. 1975.

[159] Fung, K.K., Forced convection boiling. M. Sc. Thesis, University of Toronto, 1977.

[160] Ganic, E.N., Rohsenow, W.M., Int. J. Heat and Mass Transfer *20*, 855 (1977).

[161] Plummer, D.N., Post critical heat transfer to flowing liquid in a vertical tube. Ph. D. Thesis, Massachusetts Institute of Technology, May 1974.

[162] Tagaki, T., Ogasawara, M., Some characteristics of heat and mass transfer in binary mist flow. Proceedings Fifth International Heat Transfer Conference, Tokio, Sept. 1974.

[163] Marinelli, V., Sabato, A., A correlation for convective heat transfer coefficient in post dryout regime. Paper presented at the "European Two-phase Flow Group Meeting", Grenoble/France, 1976.

[164] Condie, K.G., Bengtson, S.J., Richlen, S.L., Statistical regression analysis of Post-CHF experimental data. Aerojet nuclear company, interim report i. 212-74-2.1 11/1973.

[165] Groeneveld, D.C., An investigation of heat transfer in the liquid deficient region, AECL-Report 3281, 1969.

[166] Mattson, R.J., Condie, K.G., Bengtson, S.J., Obenchain, C.F., Regression analysis of post-CHF flow boiling data. Proceedings Fifth Intern. Heat Transfer Conference, Tokio, Sept. 1974.

[167] Slaughterbeck, D.C., Mattson, R.J., Ybarrondo, L.Y., Condie, K.G., ASME-Paper 73-HT-20, 1973.

[168] Laverty, W.F., Rohsenow, W.M., J. Heat Transfer *89*, 90 (1967).

[169] Brevi, R., Cumo, M., Int. J. Heat and Mass Transfer *14*, 483 (1971).

[170] Chen, J.C., Sundaram, R.K., Ozkaynak, F.T., A phenomenological correlation for post-CHF heat transfer. NUREG-Report-0237, 1977.

[171] Groeneveld, D.C., Delorme, G.G.J., Nuclear engineering and design *36*, 17–26, North Holland Publishing Company, 1976.

[172] Ueda, T., Tanaka, H., Koizumi, Y., Dryout of liquid film in high quality R 113 upflow in a heated tube. Proceedings Sixth Intern. Heat Transfer Conference, Toronto, Canada, 1978.

[173] Roko, K., Takitani, K., Yoshizaki, A., Shiraha, M., Dryout characteristics at low mass velocities in a vertical straight tube of a steam generator. Proceedings Sixth Intern. Heat Transfer Conference, Toronto, Canada, 1978.

[174] Hsu, Y.Y., Adv. Cryogenic Engng. *17*, 361 (1972).

[175] Bressler, R.G., Adv. Cryogenic Engng. *17*, 382 (1972).

[176] Hsu, Y.Y., Tentative correlations of reflood heat transfer. LOCA-research Highlights (April 1–June 30), 1975.

[177] Leonard, J.E., Sun, K.H., Dix, G.E., Solar and nuclear heat transfer. AIChE Symposium *73*, No. 164, 7 (1977).

[178] Shermann, D.C., Sabersky, R.H., Natural convection film boiling on a vertical surface, persönliche Mitteilung, noch unveröffentlicht.

[179] Lauer, H., Untersuchung des Wärmeübergangs und der Wiederbenetzung beim Abkühlen heißer Metallkörper. Dissertation, Universität Hannover, Institut für Verfahrenstechnik, 1976.

[180] Nishikawa, K.T., Ito, T., Int. J. Heat and Mass Transfer *9*, 103 (1966).

[181] Sparrow, E.M., Cess, R.D., J. Heat Transfer *84*, 55 (1962).

[182] Groeneveld, D.C., Fung, K.K., Forced convective transition boiling. Review of literature and comparison of prediction methods. AECL-Report 5543, Juni 1976.

[183] Tong, L.S., Young, J.D., A phenomenological transition and film boiling heat transfer correlation. Proceedings Fifth Intern. Heat Transfer Conference, Tokio, 1974.

[184] Dhir, V.K., Study of transient transition boiling heat fluxes from spheres subjected to forced vertical flow. Proceedings Sixth Intern. Heat Transfer Conference, Toronto, Canada, 1978.

[185] Duffey, R.B., Porthouse, D.T.C., The rewetting of hot surfaces by falling films and bottom flooding. U.K. Central Electricity Generating Board, RD/B/N 2530, 1973.

[186] Piggott, B.D.G., Porthouse, D.T.C., Water reactor emergency core cooling: The effect of pressure, subcooling and surface condition on the rewetting of hot surfaces. CEGB-Report RD/B/N 2692, 1973.

[187] Lee, Y., Chen, W.J., Groeneveld, D.C., Rewetting of very hot vertical and horizontal channels by flooding. Proceedings Sixth Intern. Heat Transfer Conference, Toronto, Canada, 1978.

[188] Yu, S.K.W., Farmer, P.R., Coney, M.W.E., Methods and correlations for the prediction of quenching rate on hot surfaces. Int. J. Multiphase Flow *3*, 415 (1977).

[189] Jacob, M.C., Dougall, R.S., The relationship of forced convection quench data to steady state nucleate boiling data. Proceedings Sixth Intern. Heat Transfer Conference, Toronto, Canada, 1978.

[190] Yao, S.C., Henry, R.E., Experiments of quenching under pressure. Proceedings Sixth Intern. Heat Transfer Conference, Toronto, Canada, 1978.

[191] Rhodes, T.R., Bell, K.J., The Leidenfrost phenomena at pressures up to the critical. Proceedings Sixth Intern. Heat Transfer Conference, Toronto, Canada, 1978.

[192] Hein, D., Modellvorstellungen zum Wiederbenetzen durch Fluten. Dissertation, Universität Hannover, Institut für Verfahrenstechnik, 1980.

[193] Sideman, S., Pinczewski, W.V., Turbulent heat and mass transfer at interfaces. Transport models and mechanisms. Technion R. & Found.Ltd., Chem. Engng. Res. Center Haifa, Israel, 1979.

[194] Johannisbauer, W., Stoffaustauschmodelle für den Rieselfilm. Diplomarbeit, Technische Hochschule Aachen, Institut für Verfahrenstechnik, 1971.

[195] Higbie, R., The rate of absorption of a pure gas into a still liquid during short period of exposure. Trans. Amer. Inst. Chem. Engng. *31*, 365–389 (1935).

[196] Dankwerts, P.V., Significance of liquid-film coefficients in gas absorption. Ind. Engng. Chem. *43*, 6, 1460–1467 (1951).

[197] Toor, H.L., Marchello, J.M., Film-penetration model for mass and heat transfer. AIChE J. *4*, 1, 97–101 (1958).

[198] Lamont, J.C., Scott, D.S., An eddy cell model of mass transfer into the surface of a turbulent liquid. AIChE J. *16*, 4, 513–519 (1970).

[199] Fortescue, G.E., Pearson, J.R.A., On gas absorption into a turbulent liquid. Chem. Engng. Sci. *22*, 1163–1176 (1967).

[200] Ruckenstein, E., On turbulent mass transfer near a liquid fluid interface. The Chem. Engng. J. *2*, 1–8 (1971).

[201] Banerjee, S., Scott, D.S., Rhodes, E., Mass transfer to falling wavy liquid films in turbulent flow. Ind. Engng. Chem. Fundamentals *7*, 1, 22–27 (1968).

[202] Bousinesq, J., Théorie de l'écoulement tourbillant. Mém. Prés. Acad. Sci. *XXIII* 46, Paris, 1877.

[203] Lamourelle, A.P., Sandall, O.C., Gas absorption into a turbulent liquid. Chem. Engng. Sci. *27*, 1035–1043 (1972).

[204] King, C.J., Turbulent liquid phase mass transfer at a free gasliquid interface. Ind. Engng. Chem. Fundamentals *5*, 1, 1–8 (1966).

[205] Javdani, K., Mass transfer in wavy liquid films. Chem. Engng. Sci. *29*, 61–69 (1974).

[206] Limberg, H., Über die turbulente Strömung in einem Rieselfilm. Ber. Dt. Akad. Wiss. Berlin *12*, 5, 333–341 (1970).

[207] Spalding, D.B., A single formula for the law of the wall. J. appl. Mech. *83*, 455–458 (1961).

[208] Iribane, A., Gosman, A.D., Spalding, D.B., A theoretical and experimental investigation of diffusion-controlled electrolytic mass transfer between a falling liquid film and a wall. Int. J. Heat and Mass Transfer *10*, 1661–1676 (1967).

[209] Carruba, G., Stoff- und Wärmetransport in welligen Rieselfilmen. Dissertation, Technische Universität Berlin, 1976.

[210] Palmer, H.J., The effect of surfactants on the stability of fluid interfaces during phase transformation. AIChE J. *23*, 6, 831–839 (1977).

[211] Nitsch, W., Matschke, K., Einfluß des Grenzflächenwiderstandes auf die Stoffübertragung zwischen flüssigen Phasen bei verschiedenen Strömungszuständen. Chem. Ing. Techn. *40*, 13, 625 (1968).

[212] Mullin, J.W., Treleaven, C.R., Proceedings of the Symposium of the Interaction between Fluids and Particles, London, 203, 1962.

[213] Miura, K., Miura, T., Ohtani, S., Heat and mass transfer to and from droplets. AIChE Symp. Ser. *73*, 163, 95–102 (1977).

[214] Miura, K., Ouchi, I., Atarashiya, K., Ohtani, S., Kagaku Kogaku *35*, 643 (1971).

[215] Rowe, P.N., Claxton, K.T., Lewis, J.B., Trans. Inst. Chem. Engrs., London *43*, T 14 (1965).

[216] Araki, N., Trans. Japan Soc. Mech. Engrs. *37*, 1178 (1971).

[217] Yuge, T., Trans. Amer. Soc. Mech. Engrs., Series C *82*, 214 (1960).

[218] Ranz, W.E., Marshall, W.R., J. Chem. Engng. Progr. *48*, 141, 174 (1952).

[219] Hughmark, G.A., AIChE J. *13*, 1219 (1967).

[220] Brauer, H., Stoffaustausch einschließlich chemischer Reaktionen. Verlag Sauerländer, Aarau, Kap. 14, 1971.

[221] Neumann, M., Ein Beitrag zum Abscheidemechanismus im Venturiwäscher. Dissertation, Technische Universität Hannover, Institut für Verfahrenstechnik, 1978.

[222] Glaeser, H., Brauer, H., Berechnung des Impuls- und Stofftransportes durch die Grenzfläche einer formveränderlichen Blase. VDI-Forschungsheft Nr. 581, 1977.

[223] Levich, V.G., Physicochemical hydrodynamics. Prentice Hall, Englewood Cliffs, N.J., 1962.
[224] Schmidt-Traub, H., Impuls- und Stoffaustausch an umströmten Kugeln unter Berücksichtigung der inneren Zirkulation und der freien Konvektion. Dissertation, Technische Universität Berlin, 1970.
[225] Oellrich, L., Schmidt-Traub, H., Brauer, H., Theoretische Berechnung des Stofftransports in der Umgebung einer Einzelblase. Chem. Engng. Sci. *28*, Nr. 3, 711–721 (1973).
[226] Nordmann, D., Mayinger, F., Temperatur, Druck und Wärmetransport in der Umgebung kondensierender Blasen. VDI Forschungsheft Nr. 605, 1–36, VDI Verlag 1981.
[227] Mayinger, F., Nordmann, D., Temperature, pressure and heat transfer near condensing bubbles. Proceedings of the ICHMT-Meeting, "Two Phase Momentum Heat and Mass Transfer" Dubrovnik, Bd. 1, Hemisphere Publ. Corp., New York, 1979.
[228] Mayinger, F., Panknin, W., Holography in heat and mass transfer. Proceedings of the Intern. Heat Transfer Conference, Tokio, 28–43, IL 3, 1974.
[229] Struve, H., Der Wärmeübergang an einem verdampfenden Rieselfilm. VDI-Forschungsheft 534, 1969.
[230] Coulon, H., Wärmeübergang und Stabilitätsverhältnisse bei Rieselfilmen. Dissertation, Technische Universität Braunschweig, 1971.
[231] Dammann, J., Wärmeübergang und Stabilitätsverhältnisse bei Rieselfilmen aus wäßrigen Lösungen. Dissertation, Technische Universität Braunschweig, 1973.
[232] Kamei, S., Oishi, I., Mass and heat transfer in a falling film of wetted wall tower. Mem. Fac. Engng. Kyoto University 17, 227–239, 1955.
[233] Lomourelle, A.P., Sandall, D.C., Gas absorption into a turbulent liquid. Chem. Engng. Sci. *27*, 1034–1043 (1972).
[234] Hikita, H., Nakanishi, K., Nakaoka, T., Liquid phase mass transfer in wetted wall columns. Chem. Engng., Japan *23*, 459–466 (1959).
[235] Emmert, R.E., Pigford, R.L., A study of gas absorption in falling liquid films. Chem. Engng. Progr. *50*, 2, 87–93 (1954).
[236] Malewski, W., Zusammenhang zwischen Stoffübergang und Wellenstruktur beim welligen Rieselfilm. Chem.-Ing.-Tech. *37*, 8, 815–825 (1965).
[237] Nagel, O., Kürten, H., Hegener, B., Die Stoffaustauschfläche in Gas/Flüssigkeits-Kontaktapparaten – Auswahlkriterien und Unterlagen zur Vergrößerung. Chem.-Ing.-Tech. *45*, Nr. 14, 913–920 (1973).
[238] Nagel, O., Kürten, H., Sinn, R., Stoffaustauschfläche und Energiedissipationsdichte als Auswahlkriterien für Gas/Flüssigkeits-Reaktoren. Chem.-Ing.-Tech. *44*, Nr. 14, 899–903 (1972).
[239] Grigull, U., et al., Die Eigenschaften von Wasser und Wasserdampf nach der "1968 IFC-Formulation". Wärme- und Stoffübertragung *1*, 202–213 (1968).
[240] Baker, J.L., Flow regime transitions in vertical two-phase flow. ANL 7093, 1965.
[241] Belda, W., Dryoutverzug bei Kühlmittelverlust in Kernreaktoren. Dissertation, Technische Universität Hannover, 1975.
[242] Stevens, G., Staniforth, R., Experimental studies of burnout using Freon 12 at low pressures with reference to burnout in water at high pressure. Proc. of the Inst. of Mech. Engng., Vol. 180, Part 3 C, Paper 10, 1965/66.
[243] Stevens, G., Macbeth, R., The use of Freon 12 to model forced convection burnout in water. ASME-Paper 70-HT-20, 1970.
[244] Barnett, P., The scaling of forced convection boiling heat transfer. UKAEA-AEEW-R R 134, 1963.
[245] Bouré, J., A method to develop similarity laws for two-phase flows. ASME-Paper 70-HT-25, 1970.

[246] Ahmad, S., Fluid to fluid modelling of critical heat flux: a compensated distortion model. AECL-3663, 1971.

[247] Hein, D., Kastner, W., Versuche zur kritischen Heizflächenbelastung unter stationären und instationären Bedingungen in Freon 12 und Wasser. M.A.N.-Bericht 45.03.02, 1972.

[248] KWU, Abschlußbericht über die Abblaseversuche mit 4 Stabbündeln. KWU/R 5-2885, Abschlußbericht Januar 1974.

[249] Belda, W., Mayinger, F., Viert, K., Blowdownuntersuchungen mit dem Kältemittel R 12. Proceedings der Reaktortagung des DAF, Berlin, 7, 1974.

[250] Mayinger, F., Scaling and modelling laws in two-phase flow and boiling heat transfer. Hemisphere Publ. Corp., 424–453, 1981.

[251] Mayinger, F., Scaling and modelling laws in two-phase-flow and boiling heat transfer. Proceedings of NATO Advanced Study Institute "Two-Phase-Flows and Heat Transfer" Hemisphere Publishing Corporation, Vol. *1*, 129–161, Washington, 1976.

[252] Ishii, M., Jones, O.C., jr., Derivation and application of scaling criteria for two-phase flows. Hemisphere Publ. Corp., 163–185, 1976.

[253] Henkel, D., Technischer Einzelbericht Nr. 1 des Euratomforschungsvertrages Nr. 057-61-RDD zwischen Euratom und M.A.N. M.A.N.-Bericht Nr. 09.32.01, November 1963.

[254] Schrock, V.E., Radiation attenuation techniques. Two-Phase Flow Instrumentation, 11th National ASME/AIChE Heat Transfer Conference, Minnesota, 1969.

[255] Bearden, R.G., LOFT progress report on drag disc-turbine upgrade. NUREG-0375, I.5-73, 1977.

[256] Aya, I., A model to calculate mass flow rate and other quantities of two-phase flow in a pipe with a densitometer, a drag disk, and a turbine meter. ORNL/TM-4759 (Nov. 1975).

[257] Class, G., Cramer, M., True mass flow meter – ein Meßgerät zur Messung instationärer Zweiphasenströme. DAtF-KTG-Reaktortagung, Nürnberg, Nr. 347, April 1975.

[258] Barschdorff, D., Class, G., Löffel, R., Reimann, J., Mass flow measuring techniques in transient two-phase flow. Transient Two-Phase Flow (Banerjee, S., Weaver, K.R., eds.), 835–867, AECL, Toronto, 1978.

Namen- und Sachverzeichnis

Grundlagen der Verfahrenstechnik

Von Dipl.-Ing. **B. Kögl,**
Prof. Dipl.-Ing. Dr. techn. **F. Moser,**
unter Mitarbeit von
Dipl.-Ing. Dr. techn. **H. Pointner**

1981. 99 Abbildungen. XI, 377 Seiten.
Gebunden DM 138,–, S 986,–
ISBN 3-211-81560-0
Preisänderungen vorbehalten

Im vorliegenden Buch werden einige der wichtigsten Grundlagen der Verfahrenstechnik, nämlich die aus den Erhaltungssätzen resultierenden Bilanzen (Stoff-, Wärme- und Impulsbilanzen), die für die Übertragung von Versuchsergebnissen so wesentliche Ähnlichkeitsphysik und die Analogie des Stoff-, Wärme- und Impulsaustausches behandelt. Neue, bisher nicht bekannte Methoden der Dimensionsanalyse werden vorgestellt. Die Darstellung legt besonderen Wert auf die den Austauschvorgängen zugrundeliegenden gemeinsamen Grundvorgänge und hebt diese aus didaktischen Gründen hervor.

Springer-Verlag
Wien New York

GPSR Compliance

The European Union's (EU) General Product Safety Regulation (GPSR) is a set of rules that requires consumer products to be safe and our obligations to ensure this.

If you have any concerns about our products, you can contact us on ProductSafety@springernature.com

In case Publisher is established outside the EU, the EU authorized representative is:

Springer Nature Customer Service Center GmbH
Europaplatz 3
69115 Heidelberg, Germany

Batch number: 10584556

Printed by Printforce, the Netherlands